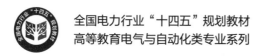 全国电力行业"十四五"规划教材
高等教育电气与自动化类专业系列

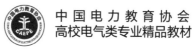 中国电力教育协会
高校电气类专业精品教材

U0159026

# 电力工程基础

## 第三版

主　编　温步瀛

副主编　唐　巍　万　星　刘天野　李　梅

编　写　洪　翠　江新琴　兰建容　张晓琴

　　　　江岳文　朱振山　史林军　任成红

主　审　程浩忠

中国电力出版社
CHINA ELECTRIC POWER PRESS

# 内 容 提 要

本书为全国电力行业"十四五"规划教材。

本书主要介绍电能生产、输送、变配等相关的电力系统工程基础理论和计算方法，对电力工程技术在工厂配电系统和建筑配电系统中的应用也做了相应介绍。本书主要内容包括发电厂概述、电气主接线、输电网运行分析、配电网运行分析、电气设备的选择、电力负荷特性和计算分析、继电保护基础、防雷与接地以及电力工程设计等。

本书可作为普通高等学校电气工程及其自动化、自动化等相关专业的教材，也可作为电力工程技术人员的参考用书。

**图书在版编目（CIP）数据**

电力工程基础/温步瀛主编 . —3 版 . —北京：中国电力出版社，2022.9（2024.5 重印）
ISBN 978 - 7 - 5198 - 6387 - 6

Ⅰ. ①电… Ⅱ. ①温… Ⅲ. ①电力工程－高等学校－教材 Ⅳ. ①TM7

中国版本图书馆 CIP 数据核字（2022）第 000583 号

出版发行：中国电力出版社
地　　址：北京市东城区北京站西街 19 号（邮政编码 100005）
网　　址：http://www.cepp.sgcc.com.cn
责任编辑：罗晓莉（010 - 63412547）
责任校对：王小鹏
装帧设计：郝晓燕
责任印制：吴　迪

印　　刷：三河市百盛印装有限公司
版　　次：2006 年 6 月第一版　2014 年 2 月第二版　2022 年 9 月第三版
印　　次：2024 年 5 月北京第二十五次印刷
开　　本：787 毫米×1092 毫米　16 开本
印　　张：22
字　　数：542 千字
定　　价：66.00 元

# 前　言

　　本书是根据普通高等学校人才的培养目标，以及社会对理论知识面广博和工程应用能力强的人才培养需求而编写的。内容丰富，浅显易懂，注重电力工程技术的实际应用。本书被中国电力教育协会评为电力行业精品教材。

　　本书可作为普通高等学校电气工程、工业自动化、电力电子技术、高电压技术、建筑电气、农业电气化和电力储能等相关专业的基础课程教材，也可作为电力工程技术人员的参考书。教师可根据不同专业的需要、课时的多少选择授课内容。

　　本书由福州大学温步瀛教授担任主编，中国农业大学唐巍教授、重庆交通大学万星教授、中北大学刘天野副教授和安徽理工大学李梅副教授担任副主编；福州大学洪翠、江新琴、江岳文、朱振山四位老师和福建农林大学兰建容、任成红两位老师及西南科技大学张晓琴老师及河海大学史林军老师承担了主要的编写工作。

　　本书的编写与出版，得到了中国电力出版的指导和支持，借鉴了相关的书籍和资料。全书由上海交通大学程浩忠教授担任主审，他对本书提出了许多宝贵意见和建议。在此一并表示衷心的感谢。

　　由于编者的能力和水平有限，书中难免存在错误和不妥之处，恳请专家和读者批评指正。

编　者

2022 年 1 月

# 目　　录

# 第一章 发电厂概述

## 第一节 能源开发与利用

### 一、能源资源

能源资源包括煤、石油、天然气、水能等，也包括太阳能、风能、生物质能、地热能、海洋能、核能等新能源。纵观社会发展史，人类经历了柴草能源时期、煤炭能源时期和石油、天然气能源时期，目前正向新能源时期过渡，并且无数学者仍在不懈地为社会进步寻找开发更新更安全的能源。但是，目前人们能利用的能源仍以煤炭、石油、天然气为主，在世界一次能源消费结构中，这三者的总和约占 93％。

能源按其来源可以分为下面四类：

第一类是来自太阳能。除了直接的太阳辐射能之外，煤、石油、天然气等石化燃料以及生物质能、水能、风能、海洋能等资源都是间接来自太阳能。

第二类是以热能形式储藏于地球内部的地热能，如地下热水、地下蒸汽、干热岩体等。

第三类是地球上的铀、钍等核裂变能源和氘、氚、锂等核聚变能源。

第四类是月球、太阳等天体对地球的引力，而以月球引力为主所产生的能量，如潮汐能。

能源按使用情况进行分类，如表 1-1 所示。

凡从自然界可直接取得而不改变其基本形态的能源称为一次能源。由一次能源经过加工或转换成另一种形态的能源称为二次能源。

表 1-1                        能 源 分 类

| 能源 | 一次能源 | 常规能源 | 可再生能源：水能 |
| --- | --- | --- | --- |
| | | | 非可再生能源：煤、石油、天然气、核裂变 |
| | | 新能源 | 可再生能源：太阳能、风能、生物质能、海洋能、地热能 |
| | | | 非可再生能源：核聚变能源 |
| | 二次能源 | | 电能、焦炭、煤气、汽油、煤油、柴油、重油、沼气、蒸汽、热水 |

在一定历史时期和科学技术水平下，已被人们广泛应用的能源称为常规能源。那些虽古老但需采用新的先进的科学技术才能加以广泛应用的能源称为新能源。凡在自然界中可以不断再生并有规律地得到补充的能源，称为可再生能源。经过亿万年形成的，在短期内无法恢复的能源称为非可再生能源。

### 二、资源的有效利用

在能源资源中，煤炭、石油、天然气等非再生能源，在许多工业、农业部门和人民生活中既能做原料，又能做燃料，资源相当紧缺。因此，如何优化资源配置，提高能源的有效利用率，对人类的生存繁衍、对国家的经济发展都具有十分重要的意义。

人类生产和生活始终面临着一个无法避免的和不可改变的事实，即资源稀缺。即使人类可通过自己的劳动来改变自然界的物品，创造更多的物质财富，但是在一定的时期内，物质资料生产不可能生产出无穷无尽的物质生活资料，不可能完全满足人类的一切需要。因此，需要的无限性和物质资料的有限性，将伴随人类社会发展的始终。

电能是由一次能源转换的二次能源。电能既适宜于大量生产、集中管理、自动化控制和远距离输送，又使用方便、洁净、经济。用电能替代其他能源，可以提高能源的利用效率。随着国民经济的发展，最终消费中的一次能源直接消费的比重日趋减少，二次能源的消费比重越来越大，电能在一次能源消费中所占比重逐年增加。目前，我国电力的供给仍不能满足国家经济的发展、科技的进步和人民生产、生活水平的提高对用电日益增长的需求。

我国的现代化建设，面临着能源供应的大挑战。为了缓解目前能源供应的紧张局面，我们要在全社会倡导节约，建设节约型社会。节约用电，不仅是节约一次能源，而且是解决当前突出的电力供需矛盾所必需的。节电是要以一定的电能取得最大的经济效益，即合理使用电能，提高电能利用率。即使电力丰富不缺电，也应合理有效地使用，不容随意挥霍。

根据国情我国制定了开源节流的能源政策，坚持能源开发与节约并重，并在当前把节能、节电放在首位。在开源方面要大力开发煤炭、石油、天然气，并加快电力建设的步伐，特别是开发水电。能源工业的开发要以电能为中心，积极发展火电，大力开发水电，有重点、有步骤地建设核电，并积极发展新能源发电。在节能方面则是大力开展节煤、节油、节电等节能工作。节电的出路在于坚持科学管理，依靠技术进步，走合理用电、节约用电、提高电能利用率的道路，大幅度地降低单位产品电耗，以最少的电能创造最大的财富。

## 第二节 水 力 发 电

水能是蕴藏于河川和海洋水体中的势能和动能，是洁净的一次能源，用之不竭的可再生能源。我国水力资源丰富，根据最新的勘测资料，我国水能资源理论蕴藏量达 6.89 亿 kW，其中技术可开发装机容量 4.93 亿 kW，经济可开发装机容量 3.95 亿 kW，居世界首位。截至 2020 年底，全国总装机容量 22.0 亿 kW，其中水电装机容量突破 3.70 亿 kW，占全国总装机容量的 16.8%。

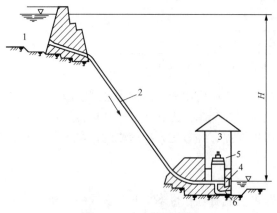

图 1-1　水电站示意图

1—水库；2—压力水管；3—水电站厂房；4—水轮机；
5—发电机；6—尾水渠道

水电站是将水能转变成电能的工厂，其能量转换的基本过程是：水能→机械能→电能。图 1-1 所示是水电站的示意图。在河川的上游筑坝集中河水流量和分散的河段落差，使水库 1 中的水具有较高的势能，当水由压力水管 2 流过安装在水电站厂房 3 内的水轮机 4 排至下游时，带动水轮机旋转，水能转换成水轮机旋转的机械能；水轮机转轴带动发电机 5 的转子旋转，将机械能转换成电能。这就是水力发电的基本过程。

水的流量（$Q$，$m^3/s$）和水头（$H$，m，上下游水位差，也叫落差）是构成水能的两大因素。

按利用能源的方式，水电站可分为：将河川中水能转换成电能的常规水电站，也是通常所说的水电站，按集中落差的方法它又有三种基本形式，即坝式、引水式和混合式；调节电力系统峰谷负荷的抽水蓄能式水电站；利用海洋能中的水流的机械能进行发电的水电站，即潮汐电站、波浪能电站、海流能电站。

## 一、坝式水电站

在河道上拦河筑坝建水库抬高上游水位，集中发电水头，并利用水库调节流量生产电能的水电站，称为坝式水电站。按照水电站厂房与坝的相对位置的不同，坝式水电站可分为河床式和坝后式两种基本形式。

河床式水电站（如图1-2所示），一般多建在河道宽阔、坡度较平缓的河段上，修建高度不大的闸（坝），集中的水头不高，发电厂房作为挡水建筑物的一部分。如葛洲坝水电站。

坝后式水电站，是在河流的中上游峡谷河段建坝，若允许一定程度的淹没，坝可以建得较高，以集中较大的水头。由于上游水压力大，将厂房移到坝后的河床上或河流的两岸，使上游水压力完全由大坝来承受。坝后式水电站的厂房

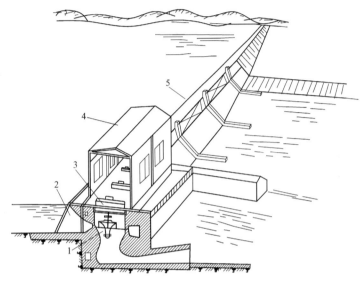

图1-2 河床式水电站示意图

1—水轮机；2—进水口；3—发电机；4—厂房；5—溢流坝

布置方式是我国水电站采用最多的一种，长江三峡水电站就采用坝后式厂房布置。

## 二、引水式水电站

在河流中上游河道多弯曲或坡降较陡的河段，修筑较短的引水明渠或隧道集中水头，用引水管把水引入河段下游进行发电的水电站，称作引水式水电站，如图1-3所示。还可以利用相邻两条河流的高程差，建设引水式水电站，进行跨河流引水发电。

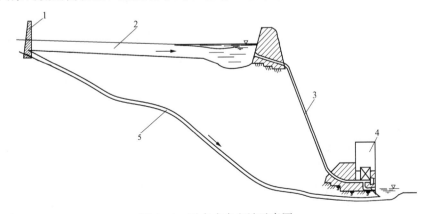

图1-3 引水式水电站示意图

1—堰；2—引水渠；3—压力水管；4—厂房；5—自然河道

引水式的特点是水电站的挡水建筑物较低，淹没少或不存在淹没，而水头集中常可达到很高的数值，但受当地天然径流量或引水建筑物截面尺寸的限制，其发电引水流量一般不会太大。

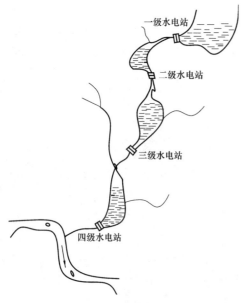

图 1-4　梯级水电站布置示意图

### 三、混合式水电站

如果条件适宜，则可较经济地建坝，集中部分水头，又用引水系统，共同集中水头，具有坝式和引水式两者的特点，称为混合式水电站。

一条河流上的天然落差往往很大，一般水电站开发利用有一定的限制，就要合理地分段开发利用。在河段上有若干水电站，一个接一个，可以采用不同的类型，称为梯级水电站，如图 1-4 所示。

### 四、抽水蓄能式水电站

抽水蓄能式水电站是一种特殊形式的水电站。当电力系统内负荷处于低谷时，它利用电网内富余的电能，机组采用电动机运行方式，将下游（低水池）的水抽送到高水池，能量蓄存在高水池中；在电力系统高峰负荷时，机组改为发电机运行方式，将高水池的水能用来发电，如图 1-5 所示。因此，在电力系统中抽水蓄能式水电站既是电源又是负荷，是系统内的削峰填谷电源，具有调频、调相、负荷备用、事故备用的功能。

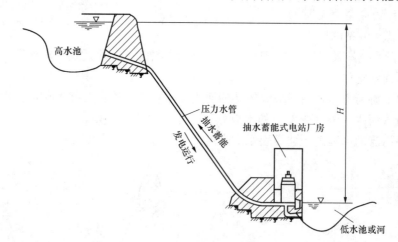

图 1-5　抽水蓄能式水电站

### 五、水电站的主要动力设备

常规水电站主要由挡水建筑物、泄水建筑物、排沙设施、发电引水系统、发电系统以及其他引水设施和过坝设施等组成。这里，仅介绍发电设备中的主要动力设备——水轮机。

水轮机是将水能转换成旋转机械能的水力原动机。按照水流作用于水轮机转轮时的能量转换方式，分为冲击式水轮机和反击式水轮机两大类。仅利用水流的动能转换为机械能的水轮机称为冲击式水轮机。同时利用水流的压力能、动能转换成机械能的水轮机称为反击式水轮机。反击式水轮机是应用最广泛的一种水轮机。

1. 冲击式水轮机

根据水流冲击转轮的部位和方向的不同，冲击式水轮机可分为水斗式、斜击式和双击式。后两种效率低，适用水头较小，只用于小型水电站。图1-6所示的是水斗式水轮机，是冲击式水轮机中应用最广泛的机型，它的主要部件有转轮、喷嘴、喷针、折向器、主轴和机壳。

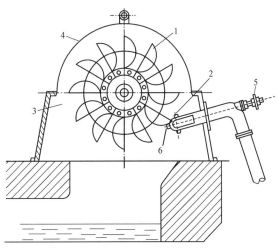

图1-6　水斗式水轮机
1—转轮；2—喷嘴；3—转轮室；4—机壳；
5—调节手轮；6—针阀

（1）喷嘴、喷针。水流经压力水管送入喷嘴，在喷嘴内将水流的压力能转换成高速水流的动能，喷嘴喷出的高速水流沿转轮的圆周切线方向射向转轮的轮叶，冲击转轮旋转做功。水轮机装有多个喷嘴，用以增加水轮机的进水流量。水斗式水轮机的喷嘴射流方向与转轮的旋转平面平行，而斜击式水轮机的喷嘴射流方向与转轮的旋转平面呈一定的相交角度（22.5°）。喷针用来调节流量的大小，从而改变水轮机的输出功率。

（2）转轮。水斗式水轮机的转轮是由转轮盘和均匀分布固定在转轮盘外圆周上的水斗式轮叶组成，并固定在水轮机的主轴上，主轴与发电机连接。转轮由机壳包覆，处于大气中运转。

（3）折向器（偏流器）。折向器位于喷嘴和转轮之间。当水轮机负荷突变时，折向器迅速地使喷向水斗的射流偏转，以避免压力管中产生过大的水击压力。此时喷针将缓慢地关闭到与新负荷相适应的位置。当喷针稳定在新位置后，折向器又回到射流原来位置，准备下一次动作。

（4）机壳。机壳的作用是使离开转轮后的水流通畅地流向下游尾水渠，防止水流向四周飞溅。机壳是非全封闭型，能保证空气自由进入，确保转轮在大气压力下平稳运转。

2. 反击式水轮机

反击式水轮机种类很多，有混流式、斜流式、轴流式（定桨式、转桨式）、贯流式（全贯流式、半贯流式），但构造上有着相同特点，主要由水轮机室、导水机构、转轮和泄水机构四大部分组成。

（1）水轮机室。水轮机室是反击式水轮机的引水机构，其形状像一个大的蜗牛壳，常称蜗壳，如图1-7所示。其作用是将引水管来的水流沿圆周方向均匀导向转轮。

（2）导水机构。导水机构的作用是使水流沿着有利的方向进入水轮机的转轮，并依靠调整导叶的开度改变水流流道断面，调节进入转轮的流量，从而改变水轮机的输出功率。关闭导水机构导叶，可使水轮机停止运行。

（3）转轮。水轮机的转轮是实现能量转换的核心部件，浸没在水流中。从导叶出来的旋转水流进入转轮，经扭曲的转轮

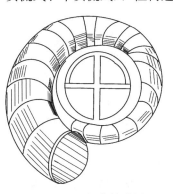

图1-7　蜗壳外形图

叶片组成的流道改变方向后流出转轮体,转轮叶片正反面形成压力差,水流对叶片产生反作用力,其在轮周方向的分力推动叶片旋转,将水流的压力能转换成转轮旋转的机械能。

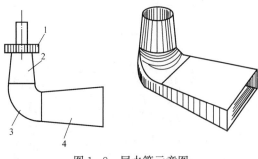

图 1-8　尾水管示意图

1—转轮;2—直锥段;3—弯头段;4—扩散段

各种类型的反击式水轮机通常都是由叶片、转轮体、泄水锥等组成,主要区别在于转轮的外形和工作特性的不同。

(4) 尾水管(如图 1-8 所示)是水流流过水轮机的最后部件,连接转轮与下游水面的泄水机构,也称吸出管。由于转轮出口的水流还有剩余动能未被利用,尾水管的作用就是回收部分动能提高水轮机的效率,并将水排至下游。

**六、水力发电的特点**

水力发电主要有以下特点:

(1) 水能是可再生能源,并且发过电的天然水流本身并没有损耗,一般也不会造成水体污染,仍可为下游用水部门利用。

(2) 水力发电是清洁的电力生产,不排放有害气体、烟尘和灰渣,没有核废料。

(3) 水力发电的效率高,常规水电站的发电效率在 80% 以上。

(4) 水力发电可同时完成一次能源开发和二次能源转换。

(5) 水力发电的生产成本低廉,无需燃料,所需运行人员较少、劳动生产率较高,管理和运行简便,运行可靠性较高。

(6) 水力发电机组起停灵活,输出功率增减快,可变幅度大,是电力系统理想的调峰、调频和事故备用电源。

(7) 水力发电开发一次性投资大,工期长。如三峡工程,1994 年 12 月开工,2003 年 7 月第一台机组并网发电。

(8) 受河川天然径流丰枯变化的影响,无水库调节或水库调节能力较差的水电站,其可发电力在年内和年际间变化较大,与用户用电需要不相适应。

因此,一般水电站需建设水库调节径流,以适应电力系统负荷的需要。现在电力系统一般采用水、火、核电站联合供电方式,既可弥补水力发电天然径流丰枯不均的缺点,又能充分利用丰水期水电电量,节省火电站消耗的燃料。潮汐能和波浪能也随时间变化,所发电能也应与其他类型能源所发电能配合供电。

(9) 水电站的水库可以综合利用,承担防洪、灌溉、航运、城乡生活和工矿生产用水、养殖、旅游等任务。如安排得当,可以做到一库多用、一水多用,获得最优的综合经济效益和社会效益。

(10) 建有较大水库的水电站,有的水库淹没损失较大,移民较多,并改变了人们的生产、生活条件;水库淹没影响野生动植物的生存环境;水库调节径流,改变了原有水文情况,对生态环境有一定影响。

(11) 水能资源在地理上分布不均,建坝条件较好和水库淹没损失较少的大型水电站站址往往位于远离用电负荷中心的偏僻地区,施工条件较困难并需要建设较长的输电线路,增加了造价和输电损失。

我国河川水力资源居世界首位，不过装机容量仅占可开发资源的 25％左右，作为清洁的可再生能源，水能的开发利用对改变我国目前以煤炭为主的能源构成具有现实意义。但是，我国的河川水能资源的 70％左右集中在西南地区，经济发达的东部沿海地区的水能资源极少，并且大规模的水电建设给生态环境造成的灾难性影响越来越受到人类的重视；而我国西南地区有着极其丰富的生物资源、壮观的自然景观资源和悠久的民族文化资源，相信在不久的将来，大规模的水电开发会慎重决策。

## 第三节　火　力　发　电

火力发电厂简称火电厂，是利用煤、石油、天然气或其他燃料的化学能生产电能的工厂。我国电源构成是以火电为主，截至 2020 年底，全国总装机容量为 22.0 亿 kW，其中火电装机容量为 12.5 亿 kW，占全国总装机容量的 56.6％。火电厂按使用燃料的不同可分为燃煤、燃油、燃气火电厂等几类。我国的煤炭资源比较丰富，燃煤火电厂是我国目前电能生产的主要方式。

### 一、火电厂的生产过程

火电厂按照原动机不同可分为汽轮机电厂、燃气轮机电厂、蒸汽—燃气轮机联合循环电厂。从能量转换观点分析，其基本过程都是燃料的化学能→热能→机械能→电能。

图 1-9 所示是蒸汽动力（汽轮机）发电厂的原理图。燃料送入锅炉 1 燃烧放出大量的热能，锅炉中的水吸收热量成为高压、高温的蒸汽，经管道有控制地送入汽轮机 2，蒸汽在汽轮机内降压降温，其热能转换成汽轮机转轴旋转的机械能，高速旋转的汽轮机转轴拖动发电机 3 发出电能，而做功后的乏汽（汽轮机的排汽）进入凝汽器 4 被冷却水冷却，凝结成水，由给水泵 7 重新打回锅炉，如此周而复始，不断生产出电能。

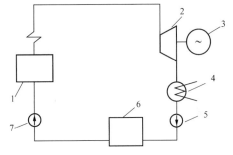

图 1-9　蒸汽动力发电厂原理图

1—锅炉；2—汽轮机；3—发电机；4—凝汽器；
5—凝结水泵；6—回热加热器；7—给水泵

锅炉将燃料的化学能转化为蒸汽热能，汽轮机将蒸汽热能转化为机械能，发电机将机械能转化为电能，锅炉、汽轮机、发电机是常规火电厂的三大主机。火电厂动力设备就是指锅炉、汽轮机及其附属设备与热力系统，如图 1-10 所示。

火电厂的实际生产过程要复杂得多，还需要很多辅助系统以维持其正常生产，如输煤系统、除灰系统、供水系统、水处理系统等。

火电厂（凝汽式）的发电热效率为发出的电量与燃料供给的热量之比，或为在循环效率的基础上再考虑各设备的效率，即发电热效率等于锅炉效率、管道效率和汽轮发电机组效率的乘积。通常也用发电煤耗率（发电标准煤耗）作为衡量各机组经济性的通用指标。发电煤耗率指每发 1kWh 电需要消耗多少克（千克）的标准煤（我国把每千克含热值为 7000 大卡的煤定为标准煤）。目前，国内大机组（300MW 和 600MW）的发电热效率在 37％～41％，相应发电煤耗率在 300～340g 标准煤／（kWh）。

上述经济指标没有考虑电厂的厂用电消耗，通常用厂用电率（厂用电量/发电量）来说

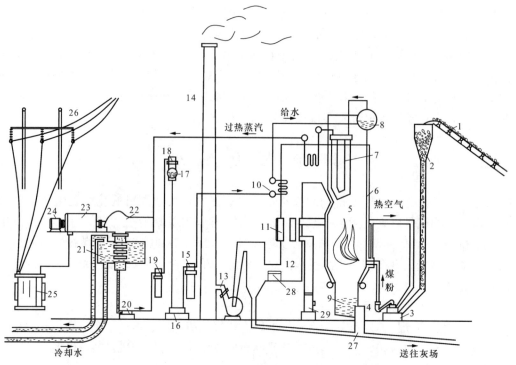

图 1-10　火力发电厂（凝汽式）生产系统组合示意图

1—输煤皮带；2—原煤斗；3—磨煤机；4—排粉机；5—炉膛；6—水冷壁；7—过热器；
8—汽包；9—渣斗；10—省煤器；11—空气预热器；12—烟道；13—引风机；14—烟囱；
15—高压加热器；16—给水泵；17—水箱；18—除氧器；19—低压加热器；
20—凝结水泵；21—凝结器；22—汽轮机；23—发电机；24—励磁机；25—变压器；
26—输电线路；27—冲灰沟；28—除尘器；29—送风机

明机组的辅机设备和运行管理水平，火电厂（凝汽式）的厂用电率一般在 4%～10%。因此，衡量电厂的热经济性应以对外所供电量为依据，即扣除厂用电率的电厂热效率为发电厂的净效率或供电效率，相应的供电煤耗率为每供 1kWh 电需要消耗多少克（千克）的标准煤（供电标煤耗）。目前，国内大机组的供电煤耗率在 312～360g 标准煤/kWh 左右，相当或接近世界先进水平。

**二、锅炉**

1. 锅炉

锅炉是火电厂的主要热力设备之一，其作用是：燃料在炉膛内燃烧将其化学能转变为烟气热能；烟气热能加热给水，水经过预热、汽化、过热三个阶段成为具有一定压力、温度的过热蒸汽。

锅炉由锅炉本体和辅助设备两大部分组成。

（1）锅炉本体实际上就是一个庞大的热交换器，由"锅"和"炉"两部分组成。

1）锅是指锅炉的汽水系统，用以完成水变为过热蒸汽的吸热过程。它主要是由直径不等、材料不同的钢管组成形状不同的各种受热面，根据受热面内工质（汽、水）的不同状态以及受热面在锅炉中所处的不同位置，给出相应的名称，如省煤器、汽包、水冷壁、过热器、再热器等。

2）炉是指锅炉的燃烧系统，用以完成煤的燃烧放热过程。它由炉膛、燃烧器、烟道、风道、空气预热器等组成。

（2）锅炉的辅助设备主要包括供给空气的送风机、排除烟气的引风机、煤粉制备系统以及除渣、除尘设备等。

2. 锅本体

（1）省煤器。省煤器是利用低温烟气加热给水的受热面，用来完成给水吸热的预热过程，可以降低排烟温度、节省燃料、提高锅炉效率。

省煤器布置在锅炉的尾部烟道中，由许多并列蛇形钢管组成，呈水平错列或顺列逆流布置。

（2）汽包。汽包是自然循环锅炉和控制循环锅炉蒸发设备中的重要部件，是汇集水和饱和蒸汽的一个厚壁圆筒形容器。其上半部是汽空间，下半部是水空间，水空间的高度就是水位。

汽包布置在锅炉炉墙外。它与下降管、水冷壁等构成水循环回路，接受省煤器来的给水，并向过热器输送饱和蒸汽，是连接预热、汽化、过热三阶段的枢纽部件。汽包内储存有一定数量的饱和水及饱和汽，具有一定的储热能力，故可适应负荷的骤然变化，减缓汽压的波动，有利于锅炉的运行调节。汽包内部有各种设备，进行汽水混合物的分离，清洗蒸汽，保证蒸汽品质。

（3）下降管。下降管的作用是把汽包中的水连续不断地供给水冷壁，布置在锅炉炉墙外不受热。大容量锅炉采用大直径下降管。

（4）水冷壁。水冷壁是锅炉的蒸汽受热面，依靠火焰对其的辐射传热，使未饱和水加热成饱和水，再部分蒸发成蒸汽。

水冷壁由许多单排平行管通过上下联箱组成如同墙壁式的受热面，紧贴炉墙，布满炉膛的四周。

（5）过热器。过热器是将汽包引出的饱和蒸汽加热成具有一定过热度的过热蒸汽的受热面。随着蒸汽参数的提高，过热段的吸热比例增加，大容量锅炉需要布置较多的过热器受热面，分布在炉内不同位置。

由于过热器内流过的是高压、高温的过热蒸汽，传热性能差，又处于高温烟气区，其管壁温度高，因而运行中要严格控制汽温，不允许超温。

过热器按换热方式不同，可以分为对流、辐射、半辐射三种形式。

（6）再热器。随着初参数的提高，机组普遍采用中间再热循环，再热器的作用是将汽轮机高压缸的排汽重新加热，使其温度提高后再回到汽轮机中低压缸继续膨胀做功。

再热器的结构与过热器类似，由于再热器中流过的是低压过热蒸汽，对管壁的冷却效果较差，以前国产锅炉的再热器一般布置在水平烟道后部或竖井烟道进口，为对流式布置。现在引进的大容量锅炉，再热器不仅布置在水平烟道中，还布置在炉膛内。炉膛内的再热器一般为单排管，垂直密排布置在炉膛上部、紧靠前墙和两侧墙水冷壁的向火面上，直接吸收炉膛火焰辐射热，称为壁式辐射再热器。其他再热器可以做成与过热器类似的管屏结构（后屏再热器）或蛇形管结构（对流再热器），悬挂在后屏过热器后面的水平烟道中。

3. 炉本体

（1）炉膛。炉膛是由四周水冷壁、炉顶围成的供燃料燃烧的立体空间。为了使燃料的化学能尽可能完善地转换为烟气热能，炉膛内温度水平很高并有足够的空间让燃料完全燃烧，同时控制炉膛出口的烟气温度，保证炉膛出口及其以后受热面的安全。

（2）燃烧器。燃烧器是将燃料及空气送入炉膛的设备。对于燃煤锅炉，主燃烧器是煤粉燃烧器，另有点火用的轻油燃烧器，助燃用的重油燃烧器。

（3）空气预热器。空气预热器是利用锅炉的低温烟气热量来加热燃烧用空气的热交换器。随着回热循环方式的应用，给水进入省煤器前已达到相当高的温度，省煤器出口烟气温度超过 400℃，采用空气预热器后，既能降低排烟温度（110～150℃），又可以改善炉内燃料的着火和燃烧，减少不完全燃烧损失，提高锅炉效率，成为现代锅炉不可缺少的重要受热面。

省煤器、水冷壁、过热器、再热器、空气预热器是电厂锅炉的五大受热面。

### 三、汽轮机

1. 汽轮机的工作原理

汽轮机是将蒸汽热能转换成机械能的高速旋转设备，具有功率大、效率高、结构简单、运行平稳的优点，是火电厂及核电厂中采用的原动机。汽轮机、燃气轮机、水轮机等都是涡轮机（又称透平），它们最基本的原理与风车相同，利用工质的动能做功，即利用具有一定速度的工质冲动其转动部分，从而输出机械功。

2. 汽轮机的组成及其工作过程

汽轮机由汽轮机本体和汽轮机辅助设备两部分组成，如图 1-11 所示。汽轮机本体由静止部分、转动部分、主汽门、调节汽门等组成。汽轮机辅助设备主要包括凝汽设备、回热水加热设备、调节保安装置、供油系统等。汽轮机本体及其辅助设备由管道和阀门连成一个整体，称为汽轮机设备。汽轮机和发电机的组合称为汽轮发电机组。

锅炉来的高温高压的蒸汽流经主汽阀、调节阀进入汽轮机，在压力差的作用下蒸汽依次通过各级向排汽口处流动。在流动中，蒸汽的压力、温度逐级降低，逐级将热能转变为机械能。压力、温度已很低的汽轮机排汽（乏汽）进入凝汽设备，被冷凝成凝结水后送往低压加热器加热，进入除氧器除去水中所含的气体，经给水泵升压再由高压加热器加热后送回锅炉循环使用。此外，汽轮机的

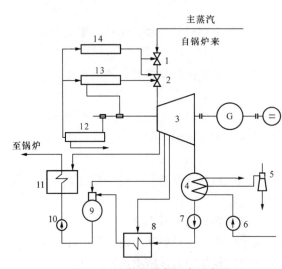

图 1-11　汽轮机设备组合示意图
1—主汽阀；2—调节阀；3—汽轮机；4—凝汽器；5—抽汽器；
6—循环水泵；7—凝结水泵；8—低压加热器；9—除氧器；
10—给水泵；11—高压加热器；12—供油系统；
13—调节装置；14—保护装置

调节系统用来调节进汽量，以适应外界负荷的变化，保证供电的数量和质量。保护装置则是用于监测汽轮机的运行，在危急情况下保证汽轮机的安全。调节系统和保护装置中用来传递信号和操纵有关部件的压力油，以及用来润滑和冷却汽轮机各轴承的用油，都来自汽轮机的供油系统。

3. 汽轮机本体主要结构

汽轮机本体由静止、转动两大部分组成。静子主要包括汽缸、喷嘴、隔板、汽封、轴承等；转子主要包括主轴、叶轮、动叶、联轴器等。

（1）汽缸。汽缸是汽轮机的外壳，其作用是将汽轮机的通流部分与大气隔开，形成蒸汽进行能量转换的封闭汽室。

汽缸的外形一般呈圆锥形或圆筒形，为便于加工、安装和检修，汽缸一般从水平面（中分面）分成上下两半，即上汽缸和下汽缸，上下缸之间通过法兰（水平结合面）用螺栓连接。内部有喷嘴、隔板、汽封等零部件，外部与进汽管、抽汽管、排汽管、疏水管等相连接。

（2）喷嘴和隔板。喷嘴也称静叶片，每两片组成喷嘴流道，蒸汽在其中完成热能到动能的转换。第一级的喷嘴分为 4 组或 6 组，布置在对应的喷嘴室出口，由相应的调节阀分别控制进入汽轮机的蒸汽流量来调节功率，称该级为调节级，以后各级统称为压力级。

（3）转子。汽轮机的转动部分总称为转子。冲动式汽轮机的转子为叶轮式结构，由主轴、叶轮、动叶片等组成；反动式汽轮机因在动叶中有较大的焓降，动叶两侧有较大的压力差，不宜采用叶轮式转子而为转毂式结构，由转毂和动叶片等组成，没有叶轮。

（4）汽封。汽轮机的动、静部件之间必须留有一定的间隙，在压力差的作用下会出现漏汽，即产生漏汽损失。汽封就是各动、静部件间隙处装设的密封装置，由很多薄金属片与主轴的凹凸处形成多个曲折间隙，以减少漏汽。

（5）轴承。轴承有支持轴承和推力轴承两种。支持轴承用于支持整个转子的重量以及转子质量不平衡所引起的离心力，并固定转子的径向位置，使转子中心与汽缸中心保持一致；推力轴承则用于承受转子上的轴向推力，并确定转子的轴向位置，以保持动、静部件之间合理的轴向间隙。

由于汽轮机的质量及轴向推力很大、转速很高，故其轴承不是通常的滚珠轴承而采用油膜润滑的滑动轴承，依靠油膜压力来平衡作用力。

（6）联轴器及盘车装置。联轴器也叫靠背轮，其作用是将汽轮机的高、中、低压转子以及发电机转子连接成一个整体。

汽轮机启动前，需要通过转子的低速转动以检查动、静部件是否存在碰撞和摩擦；汽轮机停机后，为使转子在上下温度不同的气缸内受热均匀，避免转子冷却不均而产生大轴弯曲，也要保持转子低速转动一段时间。

盘车装置就是能够人为盘动转子的一套装置，一般由电动机、蜗轮、蜗杆及减速齿轮组、离合器等部件组成。

**四、汽轮机的调节与保护系统**

1. 汽轮机的调节系统

由于电能不能大量储存，而用户的用电负荷随时在不断变化并对电的质量（电压和频率）的要求越来越高，因此发电设备必须根据用户的需要，随时调节供电量并保证供电质量。

汽轮机的调节系统就是根据用电负荷的大小自动改变进汽量，调整汽轮机的输出功率以满足用户用电负荷数量上的需求；控制转速在额定范围以保证供电质量。

当汽轮发电机组的发电量等于用户的用电量时，处于能量平衡状态，汽轮机保持一定负荷在额定转速下平稳运行。用户的用电负荷增大或减少，平衡状态被打破，汽轮机转速将随之减小或增大。因此发电量与用电量的平衡就反映在转速的变化上，如转速降低说明用电量大于发电量，汽轮机需要增加进汽量，以增大机组的发电量，重新回到平衡状态。

汽轮机调节系统的实质就是转速调节，其基本原理是利用转速的变化作为调节信号，通过调节系统各部件的一系列连锁反应，最终改变汽轮机进汽量，以适应外界负荷的变化。

2. 汽轮机的保护装置

为保证汽轮发电机组的安全运行，设有必要的保护系统，在事故或异常情况下及时切断汽源（关闭高中压主汽门和调节汽门）。该系统主要由超速（110%～114%额定转速）保护和参数超限保护组成。

我国现有发电主导机组是亚临界压力30万、60万kW机组，电厂效率偏低，供电煤耗偏高，水消耗大。对30万kW容量等级，国产机组的供电煤耗比进口亚临界压力机组高4～12g/kWh，比进口超临界压力机组高15～20g/kWh；对60万kW容量等级，国产机组的供电煤耗比进口亚临界压力机组高20～23g/kWh，比进口超临界压力机组高28～39g/kWh。

需要通过技术进步，不断提高火电机组参数和容量等级，减少电力生产过程中自身的能源消耗。今后火电建设的重点方向是采用超超临界、超临界压力等高参数、大容量、高效率、高调节性火电机组。超超临界压力发电技术是在短时间内实现优化火电结构、使燃煤发电技术更上一个台阶的重要发展方向，在电厂效率、供电煤耗指标上远优于目前水平。

**五、火电厂对环境的影响及防止措施**

火力发电采用的是化石燃料，其化学成分非常复杂，燃烧产物的排放难免对环境造成污染。火电厂生产时的污染排放主要是烟气污染物排放、灰渣排放、废水排放，其中烟气中的粉尘、硫氧化物和氮氧化物经过烟囱排入大气，这些一次污染物通过在大气中的迁移、转化生成二次污染物，会给环境造成更大的危害。

目前国内的粉尘排放控制主要是通过除尘器除尘，大机组通常采用静电除尘，效果较好。对硫氧化物的控制主要是采用烟气脱硫技术或在燃烧过程中加入适量的石灰石等碱性吸收剂来处理。对废水主要是通过废水处理系统加以净化或回收再利用。对灰渣，目前还不能全部加以综合利用。灰渣的利用方式很多，并有一定的经济效益，加大灰渣综合利用的力度是减少灰渣污染最有效的措施。某些煤中含有少量的天然铀、钍以及它们衍生的放射性物质，通过烟气或废水排入环境，会造成污染。因此，要加大力度减少火电厂排放污染物，减轻放射性污染的影响。

# 第四节　风　力　发　电

风是空气流动所产生的。由于地球的自转、公转以及地表的差异，地面各处接受太阳辐射强度也就各异，产生大气温差，从而产生大气压差，形成空气的流动。风能就是指流动的空气所具有的能量，是由太阳能转化而来的。因此，风能是一种干净的自然能源、可再生能源，同时风能的储量十分丰富。据估算，全球大气中总的风能量约为$10^{17}$kW，其中可被开发利用的风能约为$2×10^{10}$kW，比世界上可利用的水能大10倍。因此，风能的开发利用具有非常广阔的前景。

风能与近代广为开发利用的化石燃料和核能不同，它不能直接储存起来，是一种过程性能源，只有转化成其他形式的可以储存的能量才能储存。人类利用风能（风车）已有几千年的历史，主要用于碾谷和抽水，目前风能的利用主要是风力发电。由于火力发电和核裂变能发电在一次能源的开发、电能的生产过程中会造成环境污染，同时资源的储存量正在日益减少，而风力发电没有这些问题，且风力发电技术日趋成熟，产品质量可靠，经济性日益提高，发展速度非常快。

**一、风力发电机**

从能量转换观点来看，风力发电的能量转换过程为：空气动能→旋转机械能→电能，因此关键的发电设备在于将截获的流动空气所具有的动能转化为机械能的装置即风力发电机（简称风力机）。

如图 1-12 所示，如果将一块翼形薄板放在气流中，并且与气流方向呈一角度（也称冲角、攻角）时，在其上表面形成低压区而下表面形成高压区，则产生一垂直于气流方向的升力 $F_L$，同时沿气流方向将产生一正面阻力 $F_d$，若改变攻角的角度，升力与阻力的大小会发生变化。如果角度慢慢变大，开始时升力的增加大于阻力的增加，但攻角增大到某一个角度（约 $20°$）时，升力突然下降而阻力继续增加，这时翼形薄板已经失速。

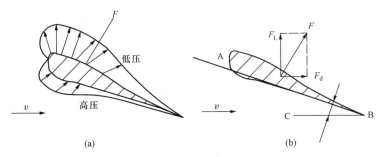

图 1-12　气流中的翼形薄板受力分析
(a) 翼形薄板压力分布图；(b) 翼形薄板受力

在以风轮作为风能收集器的风力机上，如果是由作用于风轮叶片上的阻力 $F_d$ 使风轮转动，称为阻力型风轮；若由升力 $F_L$ 使风轮转动，则称为升力型风轮。现代风力机一般都采用升力型风轮。

风力机形式多种多样，数不胜数。目前采用的风力机可分为两类：水平轴式，风轮转轴与风向平行；垂直轴式，风轮转轴垂直于风向或地面，如图 1-13 所示。目前广泛的应用是水平轴风力机，它需有对风装置，以便随风向改变而转动，又有很高的塔架；而垂直轴风力机无需对风装置，可不要塔架。

目前商用大中型水平轴风力机由风轮、升速齿轮箱、发电机、偏航装置（对风装置）、控制系统、塔架等部件组成。风轮的作用是将风能转换为机械能，它由气动性能优异的叶片（目前商用机组一般为 2～3 个叶片）装在轮毂上组成，低速转动的风轮通过传动系统由升速齿轮箱增速，以便与发电机运转所需的转速相匹配，并将动力传递给发电机。上述这些部件都安装在机舱内部并由高大的塔架支撑，以获得更多的风能。由于风向经常变化，为了有效地利用风能，必须要有对风装置，它根据风向传感器测得的风向信号，由控制器控制偏航电机，驱动与塔架上大齿轮咬合的小齿轮转动，使机舱始终对准来风的方向，如图 1-14 所示。由于风能是随机性的，风力的大小时刻变化，必须根据风力大小及电能需要量的变化及

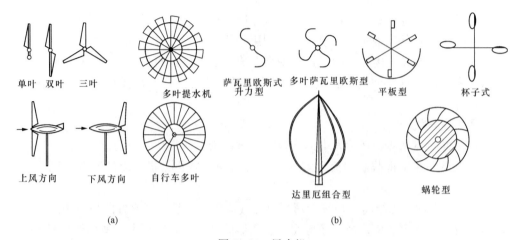

单叶　双叶　三叶　　多叶提水机　萨瓦里欧斯式　多叶萨瓦里欧斯型　平板型　杯子式
　　　　　　　　　　　　　　　　升力型

上风方向　下风方向　自行车多叶　　　　达里厄组合型　　　蜗轮型

(a)　　　　　　　　　　　　　　(b)

图 1 - 13　风力机
（a）水平轴风力机；（b）垂直轴风力机

时通过控制系统来实现对风力发电机的启动、调节（转速、电压、频率）、停机、保护（超速、振动、过负荷保护等）以及对电能用户所接负荷的接通、调整及断开等，现在普遍采用微机控制。

**二、风力发电的运行方式**

风力发电机组由风力机和发电机及其控制系统组成，其中风力机完成风能到机械能的转换，发电机及其控制系统完成机械能到电能的转换。

风力发电的运行方式通常可分为独立运行和并网运行。

1. 独立运行

发电机组的独立运行是指机组生产的电能直接供给相对固定的用户的一种运行方式。

独立运行风力发电系统（简称风电系统）包括以下主要部件，如图 1 - 15 所示。

（1）风力发电机组（简称风电机组）。与公共电网不相连，可独立运行的风力发电机系统。

（2）耗能负载。持续大风时，用于消耗风电机组发出的多余电能。

（3）蓄电池组。由若干台蓄电池经串联组成的储存电能的装置。

（4）控制器。系统控制装置，主要功能是对蓄电池进行充电控制和过放电保护，同时对系统输入、输出功率起到调节与分配作用，以及系统赋予的其他监控功能。

（5）逆变器。将直流电转换为交流电的电力电子设备。

（6）直流负载。以直流电为动力的装置或设备。

（7）交流负载。以交流电为动力的装置或设备。

为提高风电系统的供电可靠性，可设置柴油发电机组作为系统的备用电源和蓄电池组的

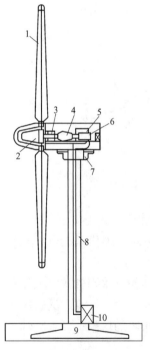

图 1 - 14　典型并网风力机的剖面图

1—叶轮；2—带叶片桨距机械系统的轮毂；3—叶轮刹车；4—齿轮箱；5—开关盒及控制；6—发电机；7—偏航系统；8—塔架；9—基础；10—电网引线

应急充电电源。

独立运行的风力发电机输出的电能经蓄电池蓄能，再供应用户使用。如用户需要交流电，则需在蓄电池与用户负荷之间加装逆变器。5kW 以下的风力发电机多采用这种运行方式，可供电网达不到的边远地区的负荷使用电。风能具有随机性，蓄能装置（多采用铅酸蓄电池和碱性蓄电池）是为了保证电能用户在无风期间内可以不

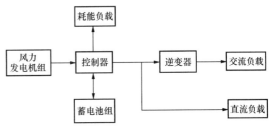

图 1-15 独立运行的风力发电系统

间断地获得电能而配备的设备；另外，在有风期间，当风能急剧增加或用户负荷较低时，蓄能装置可以吸收多余的电能。

为了实现不间断的供电，风力发电系统可与其他动力源联合使用，互为补充，如风力－柴油发电系统联合运行，风力－太阳能电池发电联合运行。

2. 并网运行

风力机与电网连接，向电网输送电能的运行方式称为并网运行，它是克服风的随机性而带来的蓄能问题的最稳妥易行的运行方式，并可达到节约矿物燃料的目的。10kW 以上直至兆瓦级的风力机皆可采用这种运行方式。在风能资源良好的地区，将几十、几百台或几千台单机容量从数十千瓦、数百千瓦直至兆瓦级以上的风力机组按一定的阵列布局方式成群安装组成的风力机群体，称为风力发电场，简称风电场。风电场属于大规模利用风能的方式，其发出的电能全部经变电设备送往大电网。风电场是在大面积范围内大规模开发利用风能的有效形式，弥补了风能能量密度低的弱点，风电场的建立与发展可带动和促进形成新的产业，有利于降低设备投资及发电成本。

**三、风力发电的特点**

（1）风能是可再生能源，不存在资源枯竭的问题。

（2）风力发电是清洁的电能生产方式，不会造成空气污染。

（3）风力机组建设工期短，单台机组安装仅需几周，从土建、安装到投产，只需半年至一年时间；投资规模灵活，可根据资金多少来确定，而且可安装一台投产一台。

（4）运行简单，可完全做到无人值守。

（5）实际占地少，机组与监控、变电等建筑仅占风电场约 1% 的土地，其余场地仍可供农、牧、渔使用，而且对土地要求低，在山丘、海边、河堤、荒漠等地形条件下均可建设，还可建设大型海上风力发电场。

（6）偏远地区地广、人稀，风力资源丰富，风力发电独立运行方式便于解决其供电问题。

（7）风能具有间歇性，风力发电必须和一定的其他形式供电或储能方式结合。

（8）风能的能量密度低，空气的密度仅约为水的密度的 1/800，因此，同样单机容量下，风力发电设备的体积大、造价高，最大单机容量也受到限制。

（9）风力机组运转时发出噪声，金属叶片对电视机与收音机的信号会造成干扰，对环境有一定影响。

# 第五节　太阳能发电

太阳能是太阳内部连续不断的核聚变反应过程产生的能量，它以光辐射的形式向太空发射约为 $3.83 \times 10^{20}$ MW/s 能量，到达地球大气层上界的能量仅为其总辐射能量的亿分之一，但已高达 $1.73 \times 10^{11}$ MW/s，相当于 500 万 t 煤的能量。即使经大气层的反射和吸收，仍有 $8.2 \times 10^{10}$ MW/s 到达地面，地球一年获得的太阳辐射能是全球能耗的上万倍。地球上几乎所有其他能源都直接或间接地来自太阳能（核能和地热能除外），巨大的太阳能是地球的能源之母、万物生长之源，据估计尚可维持数十亿年之久。太阳能是可再生能源，资源丰富、遍地都有，既可免费使用，又无需开采和运输，还是清洁而无任何污染的能源，但太阳能的能流密度较低，还具有间歇性和不稳定性，给开发利用带来不少的困难。

因此，在常规能源日益紧缺、环境污染日趋严重的今天，充分利用太阳能显然具有持续供能和保护环境双重伟大的意义。太阳能由于可以转换成多种其他形式的能量，其应用的范围非常广泛，主要有太阳能发电、太阳能热利用、太阳能动力利用、太阳能光化利用、太阳能生物利用和太阳能光利用等。

## 一、太阳能热发电

将吸收的太阳辐射热能转换成电能的发电技术称太阳能热发电技术，它包括两大类型：一类是利用太阳热能直接发电，如半导体或金属材料的温差发电、真空器件中的热电子和热离子发电以及碱金属热电转换和磁流体发电等。这类发电的特点是发电装置本体没有活动部件，但目前此类发电量小，有的方法尚处于原理性试验阶段。另一类是太阳热能间接发电，就是利用光—热—电转换，即通常所说的太阳能热发电。将太阳热能转变为介质的热能，通过热机带动发电机发电，其基本组成与火力发电设备类似，只不过其热能是从太阳能转换而来，就是说用"太阳锅炉"代替火电厂的常规锅炉。

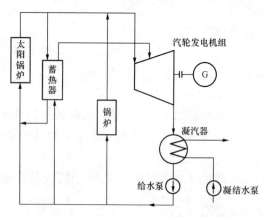

图 1-16　典型太阳能热发电系统原理图

1. 常规太阳能热发电系统（如图 1-16 所示）

太阳能热发电的种类不少，但都是太阳辐射能→热能→机械能→电能的能量转换过程，因此典型的太阳能热发电系统的构成由聚光聚热装置、中间热交换器、储能系统、热机与发电机系统等几部分组成。

（1）聚光聚热装置。聚光聚热装置是吸收太阳辐射能并转换为介质热能的装置，由聚光器、跟踪装置、接收器组成。

1）聚光器。用于收集阳光并将其聚集到一个有限尺寸面上，以提高单位面积上的太阳辐照度，从而提高被加热工质的工作温度以提高系统效率。

聚光方法有很多种，但在太阳能热发电系统中，目前常用的聚光方式有，平面反射镜和曲面反射镜两种。

平面反射镜聚光方式最具代表性的是采用若干大型平面反射镜（定日镜），将阳光集中到一个高塔的顶处（集中聚焦），聚光倍率可达 1000~3000，工作温度达 500~2000℃。

常用的曲面反射镜有如下两种型式：

槽型抛物面反射镜（一维抛物面反射镜），其整个反射镜是一个抛物面槽，阳光经抛物面槽反射聚集在一条焦线上（线聚焦），聚光倍率为 10~50，工作温度可达 400℃。

盘式抛物面反射镜（二维抛物面反射镜），形状像由一条抛物线旋转 360°所画出的抛物球面，所以也叫旋转抛物面反射镜，阳光经抛物面反射聚集在焦点上（点聚焦），聚光倍率可达 500~3000，工作温度达 800~1000℃。

2）跟踪装置。为使一天中所有时刻的太阳辐射能都能通过反射镜面反射到固定不动的接收器上，反射镜必须设置跟踪机构。它有程序控制和传感器控制两种方式。程序控制方式就是按计算的太阳运动规律来控制跟踪机构的运动，它的缺点是存在累积误差。传感器控制方式是由传感器瞬时测出入射太阳辐射的方向，以此控制跟踪机构的运动，它的缺点是在多云的条件下难以找到反射镜面正确定位的方向。现在多采用两者结合的方式进行控制，以程序控制为主，采用传感器瞬时测量作反馈，对程序进行累积误差修正。这样，能在任何气候条件下使反射镜得到稳定而可靠的跟踪控制。

3）接收器。通过接收经过聚焦的阳光，将太阳辐射能转变为热能，并传递给载热介质的部件，表面可涂覆选择性吸收膜以达到高的集热温度。根据不同的聚光方式，接收器的结构也有很大的差别。在双工质回路中载热介质也称传导工质，目前多用导热油，也可采用熔盐或导热性能好的液态金属钠，接收器采用真空集热管或空腔集热管。在单工质回路中载热介质就是做功工质，接收器本身也是中间热交换器，现采用空腔型或外部受光型换热器。

（2）储能系统。由于太阳能具有间歇性和不稳定性的特点，要保证太阳能热发电系统稳定地发电，储能系统是必不可少的组成部分。储能本身也是能量转换过程，在电能生产的任何一个环节都可进行，储能方式有不少种类。太阳能热发电系统多采用热储能系统，就是在保温性能好的蓄热容器里面存放蓄热材料进行蓄热和取热，目前采用的方式有显热蓄热、潜热蓄热和化学反应热储能。这样，可在集热器与发电机组之间提供一个缓冲环节。大型太阳能热发电系统一般还配有辅助能源系统，即常规燃料锅炉，以维持系统持续运行。

（3）热机和发电机。太阳能热发电系统中，热机采用的做功工质有水蒸气、有机工质（多为甲苯）、气体（空气、氦气、氢气）、低沸点工质等。采用水蒸气、有机工质（多为甲苯）、低沸点工质的热机与常规汽轮机基本类似，以气体为工质采用斯特林发动机（活塞式热气发动机，一种外部加热的闭式循环发动机）或燃气轮机。

2. 塔式太阳能热发电系统

塔式太阳能热发电系统如图 1-17 所示。该系统是集中式太阳能热发电系统的一种，利用数量众多的定日镜阵列，将太阳辐射能反射到置于高塔顶部的接收器上加热载热工质，

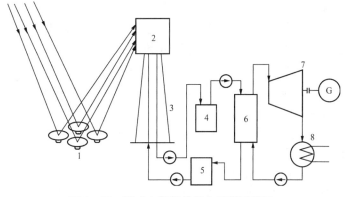

图 1-17　塔式太阳能热发电系统原理图
1—定日镜；2—接收器；3—塔；4—热盐槽；5—冷盐槽；
6—蒸汽发生器；7—汽轮发电机组；8—凝汽器

接收器的功率大、工作温度高，可采用单工质循环，故又称为"太阳锅炉"，系统循环类似常规火电厂，也可采用双工质（熔盐—蒸汽）循环。

3. 抛物面槽式太阳能热发电系统

抛物面槽式太阳能热发电系统如图 1-18 所示。该系统是分散式太阳能热发电系统的一种，将多套槽型抛物面聚光集热器，经过串并联的排列，将各套装置接收的热能汇集起来，从而可以收集较高温度的热能，进行热电转换。目前大多使用双工质循环（导热油—蒸汽），其基本流程为：导热油→集热器→中间热交换器→集热器；水→中间热交换器→汽轮机→凝汽器→中间热交换器。新一代采用单工质循环可简化系统、提高效率，其基本流程为：水→集热器→汽轮机→凝汽器→集热器。抛物面槽式太阳能热发电系统是太阳能热发电开发较成功的一种，已经商业化。

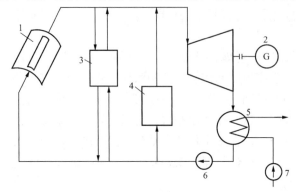

图 1-18　抛物面槽式太阳能热发电系统原理图
1—槽型抛物面聚光集热器阵列；2—汽轮发电机组；3—蓄热器；
4—辅助能源锅炉；5—凝汽器；6—给水泵；7—凝结水泵

4. 抛物面盘式太阳能热发电系统

抛物面盘式太阳能热发电系统也是一种分散式太阳能热发电系统，它以单个旋转抛物面反射镜为基础，构成一个完整的聚光、集热和发电单元。由于单个旋转抛物面反射镜不可能做得很大，因此这种太阳能热发电装置的单个功率都比较小，可以分散地单独运行发电，也可以由多个组成一个较大的发电系统。

5. 平板式太阳能热发电系统

采用平板型集热器，聚光倍率为 1，工作温度一般在 100℃ 以下，单工质循环采用减压扩容方式发电，系统效率不高，用双工质（蒸汽—低沸点工质）循环，效率要高些。

6. 太阳池热发电系统

太阳池热发电系统如图 1-19 所示。太阳池是一个具有一定浓度的盐水池，池的上部有一层密度小的新鲜水，底部（深色）为密度大的盐水，沿太阳池的竖直方向维持一定的盐度梯度；上层清水和底部盐水之间是有一定厚度的非对流层，起着隔热层的作用。在太阳照射下，盐水和池底吸收太阳辐射能，致使盐水温度也自上而下递升，只要保持稳定，可抑制池内盐水的对流，储存在池底部的热量只有通过传导才能向外散

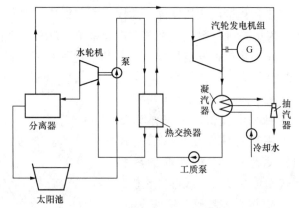

图 1-19　太阳池热发电系统原理图

失。这就是无对流的太阳池，是一种平面式的太阳集热器，利用池底部和池上部的温差进行热力循环，再通过热交换器加热低沸点工质产生蒸汽，驱动汽轮发电机组发电。一般太阳池都是依托天然盐湖建造，对地理条件有很高的要求。

7. 太阳能热气流发电系统

离地面一定高度用透明材料建一大蓬作地面空气集热器，阳光透过大蓬直接照射在大地上，太阳辐射能量部分加热大蓬内的空气、部分被蓬内大地吸收储存起来。大蓬中央，建造一高大的竖直烟囱，烟囱下部（大蓬内）开吸风口，烟囱中安装风力机。热空气从吸风口进入烟囱，形成热气流自然向上运动，驱动风力机带动发电机发电，这就是太阳能热气流发电的原理。其能量转换过程为太阳辐射能→空气热能→空气压能（动能）→机械能→电能。可以这样说，太阳能热气流发电是利用太阳能人为制造风能进行风力发电的系统。

**二、太阳能光发电**

太阳能光发电是指不通过热过程直接将太阳的光能转换成电能的太阳能发电方式，可分为光伏发电、光感应发电、光化学发电、光生物发电，其中光伏发电是太阳能光发电的主流，光感应发电和光生物发电目前还处于原理性实验阶段，光化学发电具有成本低、工艺简单等优点，但工作稳定性等问题尚需要解决，因此通常所说的太阳能光发电就指光伏发电。

光伏发电是根据光生伏打效应原理，利用太阳能电池（光伏电池）将太阳能直接转化成电能。太阳能电池是一种具有光－电转换特性的半导体器件，能直接将太阳辐射能转换成直流电，是光伏发电的最基本单元。太阳能电池特有的电特性是借助于在晶体硅中掺入某些元素（如磷或硼等），从而在材料的分子电荷中造成永久的不平衡，形成具有特殊电性能的半导体材料。在阳光照射下，具有特殊电性能的半导体内可以产生自由电荷，这些自由电荷定向移动并积累，从而在其两端形成电动势，当用导体将其两端闭合时便产生电流。这种现象被称为"光生伏打效应"，简称"光伏效应"。

目前应用最广的太阳能电池是晶体硅太阳能电池。它由半导体材料组成，厚度大约为0.35mm，分为两个区域：一个正电荷区，一个负电荷区。负电荷区位于电池的上层，这一层由掺有磷元素的硅片组成；正电荷区置于电池表层的下面，由掺有硼的硅片制成；正负电荷界面区域称为PN结。当阳光投射到太阳能电池时，太阳能电池内部产生自由电子－空穴对，并在电池内扩散，自由电子被PN结扫向N区，空穴被扫向P区，在PN结两端形成电压，当用金属线将太阳能电池的正负极与负载相连时，在外电路就形成了电流。每个太阳能电池基本单元PN结处的电动势大约为0.5V，此电压值大小与电池片的尺寸无关。太阳能电池的输出电流受自身面积和日照强度的影响，面积较大的电池能够产生较强的电流。

光伏发电具有安全可靠、无噪声、无污染、制约少、故障率低等优点，在包括西藏在内的我国西部广袤严寒、地形多样的农牧民居住地区，发展太阳能光伏发电有着得天独厚的条件和非常现实的意义。

太阳能电池（光伏电池）发电系统一般由太阳能电池方阵、防反充二极管、储能蓄电池、充放电控制器、逆变器等设备组成，如图 1-20 所示。

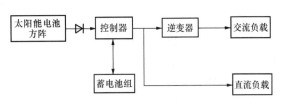

图 1-20　太阳能电池发电系统

（1）太阳能电池方阵。太阳能电池单体是光电转换的最小单元，输出电压低，一般不能单独作为电源使用。将太阳能电池单体进行串并联并封装后就成为太阳能电池组件，功率从零点几瓦到几百瓦不等，是可以单独作为电源使用的最小单元。两个或两个以上的太阳能电池组件再经过串并联装在支架上，就构成了太阳能电池方阵。太阳能电池方阵具有满足负载要求的输出功率，也可称为太阳能发电机。

（2）防反充二极管。利用二极管的单向导电性，防止蓄电池在无日照时通过太阳能电池放电。

（3）蓄电池。其作用是存储太阳能电池方阵受光照时所发出的电能并可随时向负载供电。常用的蓄电池有铅酸蓄电池和碱性镉镍蓄电池，其中铅酸蓄电池功率价格比最优，应用最广。

（4）控制器。它是太阳能电池发电系统的核心部件之一。在小型太阳能电池发电系统中，控制器也称为充放电控制器，主要起防止蓄电池过充电和过放电的作用，并具有简单的测量功能。在大、中型太阳能电池发电系统中，控制器担负着平衡管理系统能量、保护蓄电池及整个系统正常工作和显示系统工作状态等重要作用，需要配备数据采集系统和微机监控系统。

（5）逆变器。它是将直流电变换成交流电的设备。由于太阳能电池和蓄电池输出的是直流电，当用电负载是交流负载时，逆变器是不可缺少的。

综上所述，一套完整的太阳能电池发电系统主要由电子元器件构成，不涉及机械部件，因此光伏发电具有以下优点：结构简单，体积小且质量轻；容易安装，方便运输，建设周期短；容易启动，维护简单，随时使用，保证供应；清洁，安全，无噪声；可靠性高，寿命长；太阳能无处不有，应用范围广；降价速度快，投资偿还时间有可能缩短。其主要缺点：能量分散，占地面积大；间歇性大；地域性强。

总之，太阳能电池发电应用灵活，容量可大可小，可以作为独立电源（分布式电站），也可以并网发电。近年来，太阳能发电的利用主要体现在光伏发电上，一方面由于太阳能电池产业的快速发展，另一方面太阳能热发电成本高、占地面积大，而光伏发电诱人的是在太阳能与建筑一体化的过程中，太阳能电池组件不仅可以作为能源设备，供电节能，还可作为屋面和墙面材料，节省了建材。太阳能光伏电池是新能源中最先进的技术，也是今后若干年发展最快、被认为最有发展前途的一种新能源技术。

# 第六节　其他新能源发电

## 一、核能发电

在能源发展史上，核能的和平利用是一件划时代的大事。核电厂的迅速发展对解决世界能源问题有着现实意义和深远意义，加快发展核能是解决我国21世纪能源问题的一项根本性措施。

核电厂是利用核裂变能转化为热能，再按火电厂的发电方式，将热能转换为电能，它的原子核反应堆相当于锅炉。核反应堆中，除装有核燃料外，还以重水或高压水作为热交换介质，所以，反应堆又可分为重水堆、压水堆等。图1-21为压水堆核电厂发电方式示意图。

核反应堆内，铀—235在中子撞击下，使原子核发生裂变，产生的巨大能量主要以热能形式被高压水带至蒸汽发生器，在此产生蒸汽，送至汽轮发电机组。

1kg铀—235所发出的电力约等于2700t标准煤所发出的电力。

核电厂正常运行时的辐射环境影响主要来源于汽、液态流出物的排放和放射性固体废物的储存和处置，非辐射环境影响主要是废热、废水排放。因此，核电厂在设计上采取了多道

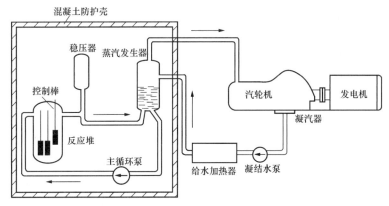

图 1-21 压水堆核电厂发电方式示意图

屏蔽的防护措施，可将一切可能的事故限制并消灭在安全壳内。因此，核能是一种安全、清洁、经济的能源。核电是目前解决能源紧缺的一种有效过渡方案。

我国正在加大核电建设规模，2020 年中国核电装机容量将达到电力总装机容量的 5%，核电装机达到 7000 万 kW 以上，将新建 30 个百万千瓦级核电机组。

**二、生物质能发电**

生物质能是绿色植物通过叶绿素将太阳能转化为化学能而储存在生物质内部的能量，一直是人类赖以生存的重要能源，通常包括木材和森林工业废弃物、农业废弃物、水生植物、油料植物、城市与工业有机废弃物和动物粪便等。生物质能由太阳能转化而来，是可再生能源。

开发利用生物质能，具有很高的经济效益和社会效益，主要体现在：生物质能是可再生能源，来源广、便宜、容易获得，并可转化为其他便于利用的能源形式，如燃气、燃油、酒精等；生物质燃烧产生的污染远低于化石燃料，并使得许多废物、垃圾的处置问题得到解决，有利于环境保护。以生物质能为能源发电，只是其中利用的一种形式。由于生物质能表现形式的多样性，以及将生物质原料转换成能源的装置的不同，生物质能发电厂的种类较多，规模大小受生物质能资源的制约，主要有垃圾焚烧发电厂、沼气发电厂、木煤气发电厂、薪柴发电厂、蔗渣发电厂等。尽管如此，从能源转换的观点和动力系统的构成来看，生物质能发电与火力发电基本相同。一种是将生物质原料直接或处理后送入锅炉燃烧把化学能转化为热能，以蒸汽作为工质进入汽轮机驱动发电机，如垃圾焚烧发电厂。另一种是将生物质原料处理后，形成液体燃料或气体燃料直接进入发电机驱动发电机发电，如沼气发电厂。

因此，利用生物质能发电关键在于生物质原料的处理和转化技术。除了直接燃烧外，利用现代物理、生物、化学等技术，可以把生物质资源转化为液体、气体或固体形式的燃料和原料。目前研究开发的转换技术主要分为物理干馏、热解法和生物、化学发酵法几种，包括干馏制取木炭技术、生物质可燃气体（木煤气）技术、生物质厌氧消化（沼气制取）技术和生物质能生物转化技术。

1. 生物质转化的能源形式

通过转化技术得到的能源形式有如下几种：

（1）酒精（乙醇）。它被称为绿色"石油燃料"，把植物纤维素经过一定的加工改造、发酵即可获得。用酒精作燃料，可大大减少石油产品对环境的污染，而且其生产成本与汽油基本相同。

（2）甲醇。它是由植物纤维素转化而来的重要产品，是一种环境污染很小的液体燃料。甲醇的突出优点是燃烧中碳氢化合物、氧化氮和一氧化碳的排放量很低，而且效率较高。

（3）沼气。它是在极严格的厌氧条件下，有机物经多种微生物的分解与转化作用产生的，是高效的气体燃料，主要成分为甲烷（55%～70%）、二氧化碳（占30%～35%）和极少量的硫化氰、氢气、氨气、磷化三氢、水蒸汽等。

（4）可燃气体（木煤气）。它是可燃烧的生物质，如木材、锯末屑、秸秆、谷壳、果壳等，在高温条件下经过干燥、干馏热解、氧化还原等过程后产生的可燃混合气体，其主要成分有可燃气体 $CO$、$H_2$、$CH_4$、$C_mH_n$ 及不可燃气体 $CO_2$、$O_2$、$N_2$ 和少量水蒸汽。不同的生物质资源气化产生的混合气体各成分含量有所差异。生物质气化产生的混合气体与煤、石油经过气化产生的可燃混合气体——煤气的成分大致相同，为了加以区别，俗称"木煤气"。另外，气化过程还有大量煤焦油产生，它是由生物质热解释放出的多种碳氢化合物组成的，也可作为燃料使用。

（5）固体燃料。它包括生物质干馏制取的木炭和生物质挤压成型的固体燃料。为克服生物质燃料密度低的缺点，采取将生物质粉碎成一定细度后，在一定的压力、温度和湿度条件下，挤压成棒状、球状、颗粒状的生物质固体燃料。生物质经挤压成型加工，使其密度大大增加，热值显著提高，与中质煤相当，便于贮存和运输，并保持了生物质挥发性高、易着火燃烧、灰分及含硫量低、燃烧产生污染物较少等优点。如果再利用生物质炭化炉还可以将成型生物质固体燃料进一步炭化，生产生物炭。由于在隔绝空气条件下，生物质被高温分解，生成燃气、焦油和炭，其中的燃气和焦油又从炭化炉释放出去，所以最后得到的生物炭燃烧效果显著改善，烟气中的污染物含量明显降低，是一种高品质的民用燃料，优质的生物炭还可以用于冶金工业。

（6）生物油。某些绿色植物能够迅速地把太阳能转变为烃类，而烃类是石油的主要成分。植物依靠自身的生物机能转化为可利用的燃料，是生物质能源的生物转化技术。对这些植物的液体（实际是一种低分子量的碳氢化合物）加以提炼，得到的"绿色石油"燃烧时不会产生一氧化碳和二氧化硫等有害气体，不污染环境，是一种理想的清洁生物燃料。

2．生物质能发电的特点

采用生物质能发电的特点概括如下。

（1）生物质能发电的重要配套技术是生物质能的转化技术，且转化设备必须安全可靠、维护方便。

（2）利用当地生物资源发电的原料必须具有足够数量的储存，以保证连续供应。

（3）发电设备的装机容量一般较小，且多为独立运行的方式。

（4）利用当地生物质能资源就地发电、就地利用，不需外运燃料和远距离输电，适用于居住分散、人口稀少、用电负荷较小的农牧业区及山区。

（5）城市粪便、垃圾和工业有机废水对环境污染严重，用于发电，则化害为利，变废为宝。

（6）生物质能发电所用能源为可再生能源，资源不会枯竭、污染小、清洁卫生，有利于环境保护。

目前我国城市垃圾处理以填埋和堆肥为主，既侵占土地又污染环境。垃圾焚烧技术可以在高温下对垃圾中的病原菌彻底杀灭达到无害化处理目的，焚烧后灰渣只占原体积的5%，达到减量化的目的。采用垃圾焚烧发电，不仅具有以上优点，还可回收能源，是目前发达国家广泛采用的城市垃圾处理技术。垃圾焚烧发电技术的关键在于：焚烧技术即垃圾焚烧炉技术，现有方式主要有层状焚烧、沸腾焚烧和旋转焚烧，其中以层状焚烧应用最广。层状焚烧的垃圾锅炉的垃圾焚烧过程，是通过可移动的、有一定倾斜角的炉排片使垃圾在炉床上缓慢移动，并不断地翻转、搅拌、松散，甚至开裂和破碎，以保证垃圾得到逐渐的干燥、着火燃烧，直至完全燃尽，垃圾焚烧产生的尾气中，有一定量的粉尘、HCl、$NO_x$、$SO_x$，因此要严格控制燃烧工况（空气量、燃烧温度、炉内停留时间）并安装各种尾气净化设备。此外，垃圾中可燃废弃物的质量和数量随季节和地区的不同而发生变化，垃圾发电的发电量波动性大，稳定性差。

我国经过 30 多年的发展，沼气发电在工矿企业、山区农村、小城镇以及远离电网、少煤缺水的地区得到应用，已研制出 0.5～250kW 不同容量的沼气发电机组，基本形成系列产品，并建成沼气电站 120 余座，总装机容量约 3000kW。沼气电站具有规模小、设备简单、建设快、投资省；制取沼气的资源丰富、分布广泛、价格低廉、不受季节影响可全年发电；可以净化环境、促进生态平衡；容易实现与太阳能、风能的联合利用等优点。以沼气利用技术为核心的综合利用技术模式，由于其明显的经济和社会效益而得到快速发展，已成为中国生物质能利用的特色。

沼气发电站主要由发电机组（沼气发动机和发电机）、废热回收装置、控制和输配电系统、气源工程和辅助建筑物等构成。生产过程为：消化池产生的沼气经汽水分离、脱硫化氢和脱二氧化碳等净化处理后，由储气柜输至稳压箱稳压后，进入沼气发动机驱动发电机发电。而沼气发动机排出的废气和冷却水中的热量，则通过废热回收装置进行回收后，作为消化池料液加温热源或其他用途而得到充分利用，如图 1-22 所示。

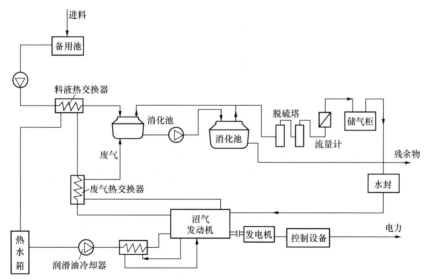

图 1-22　沼气发电系统工艺流程示意图

### 三、地热发电

地球本身就是一个巨大的热库，其内部蕴藏的热能即"地热能"，总量约为地球上储煤发热量的 1.7 亿倍，仅在地面以下 3km 之内可开发的热能就相当于 2.9 万亿 t 标准煤的能量，是取之不尽的可再生能源。地球表面的热能主要来自太阳辐射，地球内部的热能大多认为主要来自岩石中放射性元素蜕变产生的热量。在未来一段时期内，能够经济、合理地利用的地热能称为地热资源，目前人类只是开发利用了其中的极少一部分。

1. 地热资源的类型

地热资源根据其在地下储热中存在的形式不同，可以分为五种类型。

（1）蒸汽型地热资源。其地下储热以温度较高的过热蒸汽为主，掺杂有少量其他气体，水很少或没有。

（2）热水型地热资源。其地下储热以热水或湿蒸汽为主，根据其温度分为高温（150℃以上）、中温（90～150℃）和低温（90℃以下）。

（3）地压型地热资源。它以地压水的形式储于地表下 2～3km 以下的深部沉积盆地中，被岩石盖层封闭，有着很高压力，温度在 150～260℃。地压水中还溶有大量的甲烷等碳氢化合物，构成有价值的产物。

（4）干热岩型地热资源。它是比上述各种地热资源规模更为巨大的地热资源，广义上指地下普遍存在的没有水或蒸汽的热岩石，从现阶段来看，是专指埋深较浅、温度较高（150～650℃）、有较大开发利用价值的热岩石。

（5）岩浆型地热资源。它是蕴藏于熔融状和半熔融状岩石中的巨大能量，温度在 600～1500℃，埋藏部位最深，目前还难以开发。

2. 地热发电原理和分类

地热发电是利用高温地热资源进行发电的方式。其原理与常规火力发电基本相同，只不过高温热源是地下储热。根据地热资源的特点以及开发技术的不同，地热发电通常可分为以下几种。

（1）直接利用地热蒸汽发电。将蒸汽型地热资源现有的温度、压力较高的干蒸汽，从地热井引出，经井口分离装置分离掉蒸汽中所含的固体杂质，直接送入汽轮发电机组发电。这种方式投资少，系统最简单，经济性也高，但蒸汽型地热资源储量很少，只分布在有限的几个地热带上。

（2）闪蒸地热发电系统（减压扩容法）。在目前经济、技术条件下开发，普遍的是储量相对较多、分布较广的热水型地热资源，其热能存在形式是热水或湿蒸汽，比较适合采用闪蒸地热发电系统。来自地热井的热水首先进入减压扩容器，扩容器内维持着比热水压力低的压力，因而部分热水得以闪蒸。将减压扩容器产生的蒸汽送往汽轮机膨胀做功发电，如图1-23（a）所示。如地热井口流体是湿蒸汽，则先进入汽水分离器，分离出的蒸汽送往汽轮机做功，分离剩余的水再进入扩容器（如剩余热水直接排放就是汽水分离法，热能利用不充分），扩容后得到的闪蒸蒸汽也送往汽轮机做功，如图1-23（b）所示。

闪蒸地热发电的优点是：系统比较简单、运行和维护较方便，而且扩容器结构简单；凝汽器采用混合式，金属消耗量少，造价低。存在的缺点主要是：产生的蒸汽压力低则比容大，蒸汽管道、汽轮机的尺寸相应也大，投资增加；设备直接受水质影响，易结垢、腐蚀；当蒸汽中挟带的不凝结气体较多时，需要容量大的抽气器维持高真空，因此自身能耗大。

（3）双循环地热发电系统（低沸点工质循环），如图1-24所示。低沸点工质循环是为了克服闪蒸地热发电系统的缺点而出现的一种循环系统。地下热水用深井泵加压打到地面进入蒸发器，加热某种低沸点工质，使之变为低沸点工质过热蒸汽，然后送入汽轮发电机组发电；汽轮机排出的乏汽经凝汽器冷凝成液体，用工质泵再打回蒸发器重新加热，重复循环使用。为充分利用地热水的余热，从蒸发器排出的地热水去预热器加热来自凝汽器的低沸点工

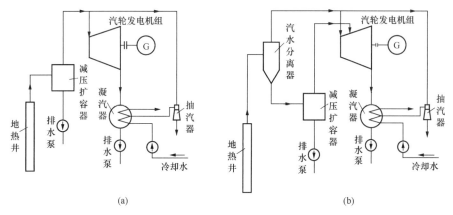

图 1-23　闪蒸地热发电系统

（a）热水；（b）湿蒸气

质液体，使其温度接近饱和温度，再进入蒸发器。为了保证从地热井来的地热水在输送过程中不闪蒸成蒸汽和避免溶解气体从水中逸出，管路中的热水压力始终大于其温度对应的饱和压力。

地热能在开发利用过程中，也会带来环境污染，主要表现在 $H_2S$、$CO_2$ 的空气污染、含盐废水的化学污染和热污染、噪声污染、地面沉降等几方面。这些污染可以通过气体净化、废水回灌、安装消声器等措施得到解决。因此地热能仍被认为是清洁的可再生能源。

**四、海洋能发电**

海洋能通常指海洋中所蕴藏的可再生的自然能源，主要为潮汐能、波浪能、

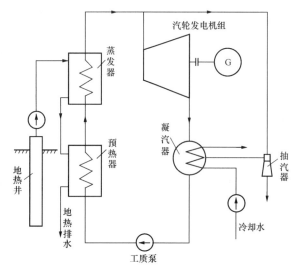

图 1-24　双循环地热发电系统流程图

海流能（潮流能）、海水温差能和海水浓度差能。潮汐能和潮流能来源于太阳和月亮对地球的引力作用，其他海洋能均源自太阳辐射。海洋面积约占地球表面积的 71%，因此海洋能的蕴藏量大、分布广，是清洁的可再生能源。据估计这五种海洋能的理论可再生总量为 788 亿 kW，技术允许利用功率为 64 亿 kW。

1. 潮汐电站

潮汐能是指海水潮涨和潮落形成的水的势能，多为 10m 以下的低水头，平均潮差在 3m 以上就有实际应用价值。潮汐电站目前已经实用化。在潮差大的海湾入口或河口筑坝构成水库，在坝内或坝侧安装水轮发电机组，利用堤坝两侧潮汐涨落的水位差驱动水轮发电机组发电。潮汐电站有单库单向式、单库双向式、双库式等几种形式。

（1）单库单向式潮汐电站。这种电站只建一个水库，安装单向水轮发电机组，因落潮发电可利用的水库容量和水位差比涨潮大，这种电站常采用落潮发电方式。涨潮时打开水库闸门向水库充水，平潮时关闸；落潮后，待水库内外有一定水位差时开闸，驱动水轮发电机组

发电。单库单向式潮汐电站结构简单，投资少，但一天中只有 1/3 左右的时间可以发电。为了利用库容多发电，可采用发电结合抽水蓄能式，在水头小时，用电网的电力将海水抽入水库，以提高发电水头。

（2）单库双向式潮汐电站。这种电站只建一个水库，安装双向水轮发电机组或在水工建筑布置上满足涨潮和落潮双向发电要求，比单库单向式可增加发电量约 25%，同样可采用发电结合抽水蓄能式，但仍存在间歇性发电的缺点。

（3）双库（高低库）式潮汐电站。这种电站建有两个互相邻接的水库，两库之间安装单向水轮发电机组。涨潮时，向高水库充水；落潮时，由低水库泄水，高、低库之间始终保持水位差，水轮发电机组连续发电。

潮汐电站采用贯流式水轮机，有灯泡贯流式和全贯流式两种型式。灯泡贯流式机组是潮汐发电中的第一代机型，全贯流式机组为第二代机型。

2. 波浪能电站

波浪能是海洋表面波浪所具有的动能和势能，是被研究得最为广泛的一种海洋能源。波浪能电站是利用波浪的上下振荡、前后摇摆、波浪压力的变化，通过某种装置将波浪的能量转换为机械的、气压的或液压的能量，然后通过传动机构、汽轮机、水轮机或油压马达驱动发电机发电的电站。目前，特殊用途的小功率波浪能发电，已在导航的灯浮标、灯柱、灯塔等获得推广应用。波浪能发电装置的种类很多，按能量中间转换环节不同主要可分为机械式、气动式和液压式，其中机械式装置多是早期的设计，结构笨重、可靠性差，未获实用。这里介绍几种实用装置。

（1）气动式装置。它利用波浪的上下振荡，通过气室将波浪能转换成空气的压能和动能，再由汽轮机驱动发电机发电。该装置分为漂浮式和固定式。

（2）液压式装置。它利用波浪压能，通过某种装置将波浪的能量转换成液体的压能和位能，再由油压马达或水轮机驱动发电机发电。该装置有点头鸭液压式和收缩斜坡聚焦波道式。点头鸭液压式装置有较高的波浪能转换效率，但结构复杂，海上工作安全性差，未获实用。

3. 海流能电站

海流能是海水流动的动能，主要是指海底水道和海峡中较为稳定的海水流动的动能以及由于潮汐导致的有规律的海水流动的动能。海流发电装置的基本形式和风力发电相似，又称为水下风车。但由于海水的密度约为空气的 1000 倍，且装置必须放于水下，因此海流发电的关键在于海流透平技术的开发。

海流发电按转换方式可分为以下几种。

（1）螺旋桨式。其螺旋桨或敞开或被罩在集流导管中，转轴与海流方向平行。

（2）对称翼型立轴式转轮（达里厄转子）。由对称翼型直叶片构成的转轮的转轴垂直于海流方向，在正反向水流作用下总是朝一个方向旋转。

（3）降落伞式。串联在链绳上的一组降落伞漂浮在海流中，顺着海流的伞张开接收水流推力，逆着海流的伞收拢以减小阻力。

（4）磁流式。海水中有大量的电离子，海流通过磁场产生感应电动势。

目前正在研究中的多为小型海流和潮流发电装置，大多采用螺旋桨式和对称翼型立轴式转轮海流发电机组，并已建成示范性电站。我国是世界上海流资源密度最高的国家之一，发展海流能发电有良好的资源优势。

4. 海水温差能发电

海水温差能是指海洋表层海水和深层海水之间水温之差的热能。海洋的表面把太阳的辐射能的大部分转化成为热水（25～58℃）并储存在海洋的上层，而接近冰点（4～7℃）的深层海水大面积地在不到 1000m 的深度从极地缓慢地环流到赤道。这样，海洋本身就具有天然、稳定的高温和低温两个热源，并在许多热带或亚热带海域终年形成 20℃左右的垂直海水温差。利用这一温差可以实现热力循环并发电，其系统构成与地下热水发电很相似。

由于火电给环境带来很大压力，必须加大水电开发力度，使火电、水电、核电都得到不同程度的发展，并通过开发新能源和可再生能源，在满足电力需求和经济发展的同时，尽可能减少石油、煤炭等不可再生能源的使用。

思 考 题

1-1 水电站的基本工作原理是怎样的？生产过程大体可分为几个阶段？

1-2 水电站有几种类型？抽水蓄能式水电站具有什么特点？

1-3 水轮机有几种类型？反击式、冲击式水轮机的基本工作原理和基本结构是怎样的？

1-4 水力发电有哪些特点？

1-5 简述火电厂的生产过程。

1-6 火电厂按照原动机不同，可分为哪几种类型？

1-7 火电厂中的锅炉有什么作用，其主要有哪些受热面，各自布置在锅炉的什么位置上？

1-8 汽轮机本体主要有哪些部件组成？各有什么作用？

1-9 常规燃煤电厂对环境的污染主要体现在哪些方面？

1-10 风力发电机主要由哪些部件组成？各有什么作用？

1-11 目前太阳能发电有哪些形式？为什么说太阳能光伏电池是最有前途的新能源？

1-12 利用生物质能发电的关键在哪些方面？生物质能发电有什么特点？

习题与解答

# 第二章 电气主接线

学习要求

电气主接线是由高压电器通过连接线按其功能要求组成接受和分配电能的电路，成为传输强电流、高电压的网络，故又称为一次接线。用规定的设备文字和图形符号并按工作顺序排列，详细地表示电气设备或成套装置的全部基本组成和连接关系的单线接线图，称为电气主接线图。主接线代表了发电厂或变电站电气部分主体结构，是电力系统网络结构的重要组成部分。它直接影响运行的可靠性、灵活性并对电器选择、配电装置布置、继电保护、自动装置和控制方式的拟定都有决定性的关系。因此，主接线的正确、合理设计，必须综合处理各个方面的因素，经过技术、经济论证比较后方可确定。

对电气主接线的基本要求，主要包括可靠性、灵活性和经济性三个方面。

## 一、可靠性

安全可靠是电力生产的首要任务，保证供电可靠是电气主接线最基本的要求。因事故被迫中断供电的机会越少，影响范围越小，停电时间越短，说明主接线的可靠程度就越高。分析和评估主接线可靠性通常应从以下几方面综合考虑。

（1）可靠性不是绝对的，分析可靠性应综合考虑该发电厂或变电站在电力系统中的地位和作用，根据系统和用户的要求进行具体分析，以满足必要的供电可靠性。

（2）发电厂和变电站接入电力系统的方式与主接线可靠性要求相关。现代化的发电厂和变电站都接入电力系统运行，其接入方式的选择与容量大小、电压等级、负荷性质以及地理位置和输送电能距离等因素有关。发电厂或变电站相应电压等级接线方式的可靠性必须与之适应。

（3）根据发电厂的运行方式和负荷的要求，进行具体分析，以满足必要的供电可靠性。

（4）设备的可靠程度直接影响着主接线的可靠性，主接线设计必须同时考虑一次设备和二次设备的故障率及其对供电的影响。此外，主接线可靠性还与运行管理水平和运行值班人员的素质有密切关系。

（5）长期时间运行经验的积累是提高可靠性的重要条件。可靠性的客观衡量标准是运行时间。国内外长期运行经验的积累，经过总结均反映于技术规范之中，在设计时均予以遵循。通常定性分析和衡量主接线可靠性时，一般从以下几方面考虑：

1）断路器检修时，能否不影响供电；

2）线路、断路器或母线故障时以及母线或母线隔离开关检修时，导致停运出线回路数的多少和停电时间的长短，以及能否保证对Ⅰ、Ⅱ类负荷的供电；

3）发电厂或变电站全部停电的可能性；

4）大型机组突然停运时，对电力系统稳定运行的影响与后果等因素。

## 二、灵活性

电气主接线应能适应各种运行状态，并能灵活地进行不同运行方式之间的切换。不仅正常运行时能安全可靠地供电，而且在系统出现故障或者电气设备检修及故障时，也能适应调度的要求，并能灵活、简便、迅速地切换运行方式，使停电时间最短，影响范围最小。因此，电气主接线必须满足调度灵活、操作简便的基本要求。既能灵活地投/切某些机组、变压器或线路，调配电源和负荷，又能满足系统在事故、检修与特殊运行方式下的调度要求，不致过多地影响对用户的供电和破坏系统的稳定运行。

由于电力系统发展需要，往往需要对已经投产的发电厂或变电站加以扩建。在设计主接线时，应留有发展扩建的余地。不仅要考虑最终接线的实现，还要考虑到从初期接线过渡到最终接线的可能和分阶段施工的可行方案，使其尽可能地不影响连续供电或在停电时间最短的情况下完成过渡方案的实施，使改造工作量最小。

### 三、经济性

主接线的设计应在满足可靠性和灵活性的前提下做到经济合理。一般应当从以下几方面考虑。

(1) 投资省。主接线应力求简单清晰，以节省断路器、隔离开关、电流互感器、电压互感器以及避雷器等一次设备的数量，降低投资；要适当采用限制短路电流的措施，以便选用价廉的电器或者轻型电器；二次控制与保护方式不应过于复杂，以利于运行和节约二次设备及电缆的投资。

(2) 占地面积少。主接线设计要为配电装置布置创造节约土地的条件，尽可能使占地面积减少。同时应注意节约搬迁费用、安装费用和外汇费用。对大容量发电厂或变电站，在可能和允许的条件下，应采取一次性设计，分期投资、投建，尽快发挥经济效益。

(3) 电能损耗少。在发电厂或变电站中，正常运行时，电能损耗主要来自变压器，应经济合理地选用变压器的形式、容量和台数，尽量避免两次变压而增加电能损耗。

## 第一节　电气主接线的基本形式

发电厂和变电站电气主接线的基本设备是电源（发电机或变压器）、母线和出线（馈线）。各个发电厂或变电站的出线回路数和电源数都不同，且每回馈线所传输的功率也不一样。在进出线数较多时（一般超过 4 回），为便于电能的汇集和分配，采用母线作为中间环节，可使接线简单清晰，运行方便，有利于安装和扩建。但装设母线后，配电装置占地面积较大，使用断路器等设备增多。无汇流母线的接线使用开关电器较少，占地面积小，但只适于进出线回路少，不再扩建和发展的发电厂和变电站。

主接线的基本形式，就是主要电气设备常用的几种连接方式。概括地可分为两大类。

(1) 有汇流母线的接线形式：单母线、单母线分段、双母线、双母线分段、一台半断路器接线以及增设旁路母线等。

(2) 无汇流母线的接线形式：单元接线、桥形接线以及多角形接线等。

### 一、有汇流母线的电气主接线

(一) 单母线接线形式

1. 单母线接线

只有一组母线的接线称为单母线接线，图 2-1 所示为典型的单母线接线图，其供电电源在发电厂是发电机或变压器，在变电站是变压器或高压进线回路。

母线既可以保证电源并列工作，又能使任一条出线都可以从电源 G1 或电源 G2 获得电能。各出线回路输送功率不一定相等，应尽可能使负荷平均分配在母线上，以减少功率在母

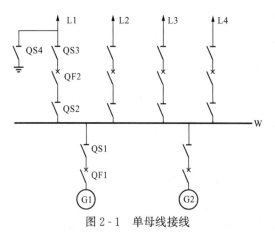

图 2-1　单母线接线

线上的传输。每条回路中都装有断路器和隔离开关，紧靠母线侧的隔离开关称为母线隔离开关，靠近线路侧的称为线路隔离开关。由于断路器具有灭弧装置，可以开断或闭合负荷电流和开断短路电流，故用来作为接通或切断电路的控制电器。隔离开关没有灭弧装置，其开合电流能力极低，只能用作设备停运后退出工作时断开电路，保证与带电部分隔离，起着隔离电压的作用。所以，同一回路中在断路器可能出现电源的一侧或两侧均应配置隔离开关，以便检修断路器时隔离

电源。若馈线的用户侧没有电源时，断路器通往用户的那一侧，可以不装设线路隔离开关。但如费用不大，为了阻止过电压的侵入，也可以装设。若电源是发电机，则发电机与其出口断路器 QF1 之间可以不装设隔离开关，因断路器 QF1 的检修必然在停机状态下进行。但有时为了便于对发电机单独进行调整和试验，也可以装设隔离开关或设置可拆连接点。同一回路中串联的隔离开关和断路器，在运行操作时，必须严格遵守下列操作顺序：如对馈线 L1 送电时，须先合上隔离开关 QS2 和 QS3，再投入断路器 QF2；如欲停止对其供电，须先断开 QF2，然后再断开 QS3 和 QS2。即隔离开关相对于断路器而言要"先通后断"，母线隔离开关相对于线路隔离开关而言也要"先通后断"。接地开关 QS4 是在检修电路和设备时合上，取代安全接地线的作用。

单母线接线的优点：简单清晰，设备少，投资小，运行操作方便，且有利于扩建和采用成套配电装置等。其主要缺点是：可靠性和灵活性较差，当母线或母线隔离开关故障或检修时，必须断开它所接的电源，与之相接的所有电力装置，在整个检修期间均需停止工作。此外，在出线断路器检修期间，必须停止该回路的工作。因此，这种接线只适用于 6～220kV 系统只有一台发电机或一台主变压器的中、小型发电厂或变电站中，如以下三种情况：

（1）6～10kV 配电装置的出线回路数不超过 5 回；

（2）35～63kV 配电装置的出线回路数不超过 3 回；

（3）110～220kV 配电装置的出线回路数不超过 2 回。

2. 单母线分段接线

为了避免单母线接线可能造成全厂停电的缺点，单母线用分段断路器 QF1 进行分段，如图 2-2 所示，可以提高供电可靠性和灵活性。两段母线同时故障的概率甚小，可以不予考虑。在可靠性要求不高时，亦可用隔离开关分段（QS1，QS2），任一段母线故障时，将造成两段母线同时停电，在判别故障后，拉开分段隔离开关 QS1 或 QS2，完好段即可恢复供电。

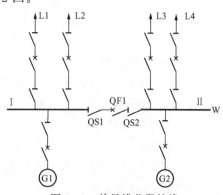

图 2-2　单母线分段接线

分段的数目，取决于电源的数量和容量。段数分得越多，故障时停电范围越小，但使用断路器的数量亦越多，且配电装置和运行也越复

杂，通常以 2～3 段为宜。这种接线方式广泛用于中、小容量发电厂的 6～10kV 主接线和 6～220kV 变电站配电装置中。用于 6～10kV 主接线时，每段容量不宜超过 25MW，否则负荷过大，出线回路过多，影响供电可靠性；用于 35～60kV 主接线时，出线回路数为 4～8 回；用于 110～220kV 主接线时，出线回路数为 2～4 回为宜。

单母线分段接线的优点：对重要用户可以从不同段引出两回馈线，由两个电源供电；当一段母线发生故障（或检修），仅停该段母线，非故障段母线仍可继续工作。其主要缺点是：当一段母线或母线隔离开关故障或检修时，接在该段母线上的回路必须全部停电；任一回路的断路器检修时，该回路必须停止工作。

为了在检修断路器时不中断该回路供电。可采用单母线带旁路母线的接线。

### 3. 单母线带旁路母线接线

断路器经过长期运行和切断数次短路电流后都需要检修。为了在检修出线断路器时不致中断该回路供电，可增设旁路母线 W2 和旁路断路器 QF2，如图 2-3 所示。旁路母线经旁路隔离开关 QS3 与出线连接。正常运行时，QF2 和 QS3 断开。当检修某出线断路器 QF1 时，先闭合 QF2 两侧的隔离开关，再闭合 QF2 和 QS3，然后断开 QF1 及其线路隔离开关 QS2 和母线隔离开关 QS1。这样 QF1 就可退出工作，由旁路断路器 QF2 执行其任务。即在检修 QF1 期间，通过 QF2

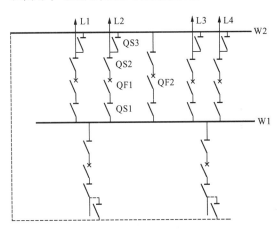

图 2-3　单母线带旁路母线接线

和 QS3 向线路 L2 供电。当检修电源回路断路器期间不允许断开电源时，旁路母线还可与电源回路连接，此时还需在电源回路中加装旁路隔离开关，图中用虚线表示。

有了旁路母线，检修与它相连的任一回路的断路器时，该回路便可以不停电，从而提高了供电的可靠性。它广泛地用于出线回数较多的 110kV 及以上的高压配电装置中，因为电压等级高，输送功率较大，送电距离较远，停电影响较大，同时高压断路器每台检修时间也较长。而 35kV 及以下的配电装置一般不设旁路母线，因为负荷小，供电距离短，容易取得备用电源，有可能停电检修断路器，并且断路器的检修、安装或更换均较为方便。一般 35kV 以下配电装置多为屋内型，为节省建筑面积，降低造价，都不设旁路母线。只有在向特殊重要的 Ⅰ、Ⅱ 类负荷用户供电，不允许停电检修断路器时，才设置旁路母线。

带有专用旁路断路器的接线，多装了价位高的断路器和隔离开关，增加了投资。这种接线除非供电可靠性有特殊需要或接入旁路母线的线路过多、难于操作时才采用。一般来说，为节约建设投资，可以不采用专用旁路断路器。对于单母线分段接线，常采用如图 2-4 所示的以分段断路器兼作旁路断路器的接线。两段母线均可带旁路母线，正常时旁路母线 W2 不带电，分段断路器 QF1 及隔离开关 QS1、QS2 在闭合状态，QS3、QS4、QS5 均断开，以单母线分段方式运行。当 QF1 作为旁路断路器运行时，闭合隔离开关 QS1、QS4（此时 QS2、QS3 断开）及 QF1，旁路母线即接至 Ⅰ 段母线；闭合隔离开关 QS2、QS3 及 QF1（此时 QS1、QS4 断开）则接至 Ⅱ 段母线。这时，Ⅰ、Ⅱ 两段母线分别按单母线方式运行。亦可以通过隔离开关 QS5 闭合，Ⅰ、Ⅱ 两段母线合并为单母线运行。这种接线方式，对于

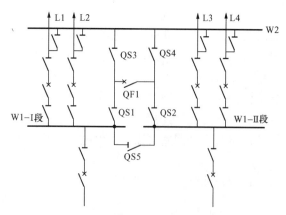

图 2-4　分段断路器兼作旁路断路器的
单母线分段带旁路母线接线

进出线不多，容量不大的中、小型发电厂和
电压为 35～110kV 的变电站较为实用，具
有足够的可靠性和灵活性。

（二）双母线接线形式

1. 双母线接线

如图 2-5 所示，它具有两组母线 W1、
W2。每回线路都经一台断路器和两组隔离
开关分别与两组母线连接，母线之间通过母
线联络断路器 QF（简称母联）连接，每一
个电源回路也是通过一台断路器和两组母线
隔离开关接在两组母线上。正常运行时，两
组母线隔离开关总是一台工作一台备用。当

母线联络断路器断开时，一组母线带电，另一组母线不带电。带电的称为工作母线，不带电
的称为备用母线。

双母线接线的优点：有了两组母线后，其运
行的可靠性和灵活性大大提高，表现为：

（1）可以轮流检修母线，而不致中断对用户
的供电；

（2）一组母线故障后，可将接在其上的回路
倒闸到另一组母线上，从而能迅速恢复供电，减
少了停电时间；

（3）检修任一回路的母线隔离开关时，只需
断开该回路和与此隔离开关相连的母线，其他回
路均可通过另一组母线继续运行，该回路的隔离
开关即可停电检修；

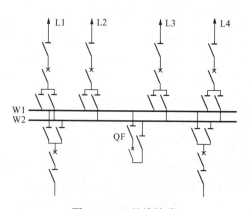

图 2-5　双母线接线

（4）可用母联断路器代替任一回路的需要检修断路器，而只需短时停电；

（5）在个别回路需要单独进行试验时（如发电机或线路检修后需要试验），可以将该回
路分出来，并单独接至备用母线上；

（6）当线路利用短路方式融冰时，亦可用一组备用母线作为融冰母线，不致影响其他回
路工作；

（7）便于扩建，向双母线左右任何方向扩建，均不会影响两组母线的电源和负荷自由组
合分配，在施工中也不会造成原有回路停电。

双母线接线的操作多而且复杂，为了避免操作错误导致发生故障，必须遵循一定的操作
程序。即隔离开关相对于断路器而言要"先通后断"，母线隔离开关相对于线路隔离开关而
言也要"先通后断"，在任何情况下，都不允许带负荷拉合隔离开关。下面介绍双母线接线
的操作程序。

（1）轮流检修两组母线的操作。母联断路器处于断开状态，一组母线工作，另一组备
用。为了检修工作母线，必须把接于工作母线上的所有回路切换到备用母线上。为此，首先
合上母联断路器两边的隔离开关，再合上母联断路器，对备用母线充电。如果备用母线有故

障,在继电保护的作用下,母联断路器将跳开。只有当备用母线完好时,母联断路器保持接通状态,两组母线处于等电位状态,因此,允许隔离开关进行切换操作,先合上备用母线的隔离开关,再断开工作母线上的隔离开关,当全部回路切换完毕,断开母联断路器及其两侧的隔离开关,就可以对工作母线进行检修。为保证工作人员在检修时的安全,还应将被检修母线接地。

(2)用母联断路器代替线路断路器的操作。当检修任何一条出线上的断路器而不致使该出线长时间停电时,可以用母联断路器代替其功能。这时,应严格遵照下述操作程序。

1)检查备用母线是否完好,方法为通过母联断路器对备用母线充电,如母联断路器保持接通状态,说明母线完好。随即断开母联断路器;

2)断开需要检修的断路器及其两侧隔离开关,退出断路器进行检修,亦在断路器断口用临时跨条接上;

3)合上线路隔离开关和备用母线侧隔离开关;

4)合上母联,线路重新投入运行。

这样,该线路通过母联断路器,由工作母线经备用母线和临时跨条继续得到供电。

双母线接线的主要缺点:

(1)倒闸操作比较复杂,在运行中隔离开关作为操作电器,容易发生误操作。

(2)尤其当母线出现故障时,须短时切换较多电源和负荷;当检修出线断路器时,仍然会使该回路停电。

(3)配电装置复杂,投资较多,经济性差。

为此,必要时须采用母线分段和增设旁路母线系统等措施。

2. 双母线分段接线

当进出线回路数或母线上电源较多、输送和通过功率较大时,在6~10kV配电装置中,短路电流较大,为选择轻型设备,限制短路电流,提高接线的可靠性,常采用双母线三分段接线方式,可进一步缩小母线停运的影响,如图2-6所示。这种接线具有很高的可靠性和灵活性,但增加了母联断路器和分段断路器数量,配电装置投资较大,35kV以上很少采用。

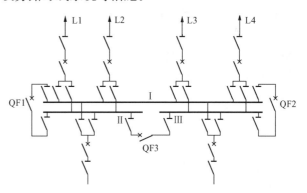

图2-6 双母线分段接线

3. 双母线带旁路母线的接线

若双母线加装旁路母线则可避免检修断路器时造成短时停电。图2-7所示是具有专用旁路断路器的旁路母线接线方式。

这种接线运行操作方便,不影响双母线正常运行,但多装一台断路器,增加了投资和配电装置的占地面积。且旁路断路器的继电保护为适应各回出线的要求,其整定较复杂。为了节省专用旁路断路器,节省投资,常以母联断路器兼作旁路断路器,如图2-8所示。正常运行时,QF起母联作用,当检修断路器时,将所有回路都切换到一组母线上,然后通过旁路隔离开关将旁路母线投入,以母线断路器代替旁路断路器工作。图2-8(a)为一组母线

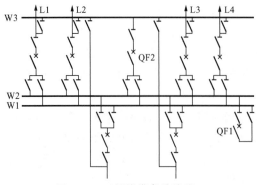

图 2-7　双母线带旁路接线

能带旁路；图 2-8（b）为两组母线均能带旁路；图 2-8（c）、（d）设有旁路跨条。采用母联兼旁路断路器接线虽然节省了断路器，但在检修期间把双母线变成单母线运行，并且增加了隔离开关的倒闸操作，可靠性有所降低。

4. 一台半断路器接线

如图 2-9 所示，每两个回路用三台断路器接在两组母线上，即每一回路经一台断路器接至一组母线，两条回路间设一台联络断路器，形成一串，故称为一台半断路器接线，又称二分之三接线。实质上，它又属于一个回路由两台断路器供电的双重连接的多环形接线。这种接线是大型发电厂和变电站超高压配电装置广泛应用的一种接线方式。它具有较高的供电可靠性和运行调度灵活性。即使母线发生故障，也只跳开与此母线相连的所有断路器，任何回路均不停电。正常运行时，两组母线和全部断路器都闭合，形成多环形供电，运行调度

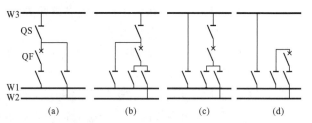

图 2-8　母线兼旁路断路器接线方式

（a）一组母线带旁路；（b）两组母线带旁路；

（c）、（d）设有旁路跨条

灵活可靠。且隔离开关不作为操作电器，只承担隔离电压的任务，减少误操作的概率。对任何断路器检修都可不停电，因此操作检修方便。为防止一串中的中间联络断路器（如图 2-9 中 QF2）故障可能同时切除该串所连接的线路，以减少供电损失，应尽可能地把同名元件布置在不同串上。这种接线使用设备较多，特别是断路器和电流互感器，投资较大，二次控制接线和继电保护配置都比较复杂。

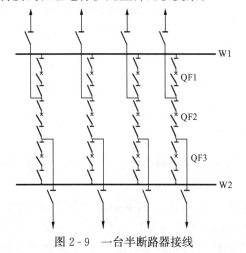

图 2-9　一台半断路器接线

## 二、无汇流母线的电气主接线

没有汇流母线的接线，其最大特点是使用断路器数量较少，一般所用断路器数都等于或小于出线回路数，从而结构简单，投资较小。通常在 6～220kV 电压级电气主接线中广泛采用。常见的有以下几种基本形式：

（一）单元接线形式

发电机与变压器直接连接成一个单元，组成发电机—变压器组，称为单元接线。它具有接线简单，开关设备少，操作简便，以及因不设发电机电压级母线，使得在发电机和变压器低压侧短路时，短路电流相对于具有母线时有所减小等特点。图 2-10（a）所示为发电机—双绕组变压器组成的单元接线，是大型机组广为采用的接线形式。发电机和变压器容量应配套设置（注意量纲）。发电机出口不装断路器，为调试发

电机方便可装隔离开关。亦可不装，但应留有可拆点，以利于机组调试。这种单元接线，避免了由于额定电流或短路电流过大，使得选择出口断路器时，受到制造条件或价格甚高等原因造成的困难。图2-10（b）、（c）为发电机与自耦变压器或三绕组变压器组成的单元接线。为了在发电机停止工作时，还能保持和中压电网之间的联系，在变压器的三侧均应装断路器。三绕组变压器中压侧由于制造原因，均为死抽头，从而将影响高、中压侧电压水平及负荷分配的灵活性。此外，在一个发电厂或变电站中采用三绕组变压器台数过多时，增加了中压侧引线的构架，造成布置的复杂和困难。所以，通常采用三绕组主变压器一般不多于三台。图2-10（d）为发电机—变压器线路组成单元接线。它适宜于一机、一变、一线的厂、所。此接线最简单，设备最少，不需要高压配电装置。

为了减少变压器台数和高压侧断路器数目，并节省配电装置占地面积，在系统允许时将两台发电机与一台变压器相连接，组成扩大单元接线。图2-11（a）示出发电机—变压器扩大单元接线。图2-11（b）示出发电机—分裂绕组变压器扩大单元接线。

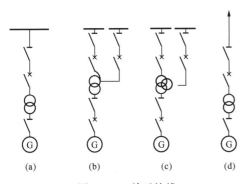

图2-10 单元接线
（a）发电机—双绕组变压器单元；（b）发电机—自耦变压器单元；（c）发电机—三绕组变压器单元；（d）发—变—线路单元

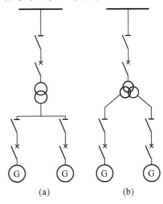

图2-11 扩大单元接线
（a）发电机—变压器扩大单元；（b）发电机—分裂绕组变压器扩大单元

**（二）桥形接线形式**

当只有两台变压器和两条输电线路时，采用桥形接线形式，使用断路器数目最少，如图2-12所示。按照桥连断路器（QF3）的位置，桥形接线可分为内桥式和外桥式。内桥式，如图2-12（a）所示，桥连接断路器设置在变压器侧；外桥式，如图2-12（b）所示，桥连断路器则设置在线路侧。桥连断路器正常运行时处于闭合状态。当输电线路较长，故障概率较多，而变压器又不需经常切除时，采用内桥式接线比较合适；外桥式接线则在出线较短，且变压器随经济运行的要求需经常切换，或系统有穿越功率流经本厂（如双回路出线均接入环形电网）时，就更为适宜；有时，采用三台变压器

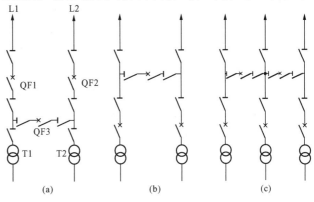

图2-12 桥形接线
（a）内桥；（b）外桥；（c）扩大桥形

和三回出线组成扩大桥形接线形式,如图 2 - 12 (c) 所示。

　　为了检修桥连断路器时不致引起系统开环运行,可增设并联的旁路隔离开关以供检修之用,正常运行时则断开。有时在并联的跨条上装设两台旁路隔离开关,是为了轮流检修任一台旁路隔离开关之用。桥形接线虽采用设备少、接线清晰简单,但可靠性不高,且隔离开关又用作操作电器,只适用于小容量发电厂或变电站,以及作为最终将发展为单母线分段或双母线的初期接线方式。

　　(三) 角形接线形式

　　将母线闭合成环形,并按回路数利用断路器分段,即构成角形接线。角形接线中,断路器数等于回路数,且每条回路都与两台断路器相连接,检修任一台断路器都不致中断供电,隔离开关作为隔离电压的器件,只在检修设备时起隔离电源之用,从而具有较高的可靠性和灵活性。图 2 - 13 (a) 为三角形接线;(b) 为四角形接线;(c) 为五角形接线。为防止在检修某断路器出现开环运行时,恰好又发生另一断路器故障,造成系统解列或分成两部分运行,甚至造成停电事故,一般应将电源与馈线回路互相交替布置,如四角形接线按"对角原则"接线,将会提高供电可靠性。

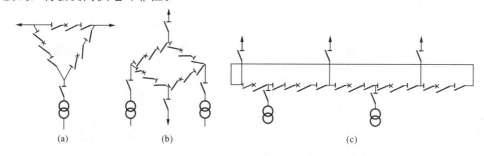

图 2 - 13　角形接线
(a) 三角形;(b) 四角形;(c) 五角形

　　角形接线在开环和闭环两种运行状态时,各支路所通过的电流差别很大,可能使电器选择造成困难,并使继电保护复杂化。此外,角形接线也不便于扩建。这种接线多用于最终规模较明确的 110kV 及以上的配电装置中,且以不超过六角形为宜。

# 第二节　发电厂电气主接线

　　上述介绍的主接线基本形式,从原则上讲他们分别适用于各种发电厂和变电站。但是,由于发电厂的类型、容量、地理位置以及在电力系统中的地位、作用、馈线数目、输电距离的远近以及自动化程度等因素,对不同发电厂或变电站的要求各不相同,所采用的主接线形式也就各异。下面对不同类型发电厂的主接线特点作一介绍。

## 一、火力发电厂电气主接线

　　火力发电厂的能源主要是以煤炭作为燃料,所生产的电能除直接供地方负荷使用外,都经升压后送往电力系统。因此,厂址的决定应从以下两方面考虑:其一,为了减少燃料的运输,发电厂要建在动力资源较丰富的地方,如煤矿附近的矿口电厂。这种矿口电厂通常装机容量大,设备年利用小时数高,主要用作发电,多为凝汽式火电厂,在电力系统中的地位和作用都较为重要,其电能主要经升压后送往系统。其二,为了减少电能输送损耗,发电厂宜建设在城市附近或工业负荷中心。电能大部分都用发电机电压直接馈送给地方用户，只将剩余的电能以升高电压的方式送往电力系统。这种靠近城市和工业中心的发电厂，多为热电厂，它不仅生产电能还兼供热能，为工业和民用提供蒸汽和热水形成热力网，可提高发电厂的热效率。由于受供热距离的限制，一般热电厂的单机容量多为中、小型机组。无论是凝汽式火电厂或热电厂，它们的电气主接线应包括发电机电压接线形式及1~2级升高电压级接线形式的完整接线，且与系统相连接。

当发电机机端负荷比重较大，出线回路数较多时，发电机电压接线一般均采用有母线的接线形式。实践中通常当发电机容量在6MW以下时，多采用单母线；容量在12MW及以上时，可采用双母线或单母线分段；当容量大于25MW以上时，可采用双母线分段接线，并在母线分段处及电缆馈线上安装母线电抗器和出线电抗器限制短路电流，以便能选择轻型断路器。在满足地方负荷供电的情况下，对100MW及以上的发电机组，多采用单元接线或扩大单元接线直接升高电压。这样，不仅可以节省设备，简化接线，便于运行，且能减小短路电流。特别当发电机组容量较大、又采用双绕组变压器构成单元接线时，还可省去发电机出口断路器。

发电厂升高电压级的接线形式，应根据输送容量大小、电压等级、出线回路数多少以及重要性等予以具体分析，区别对待。可以采用双母线、单母线分段等接线，当出线回路数较多时，还应增设旁路母线；当出线数不多，最终接线方案已明确者，也可采用桥形接线、角形接线；对电压等级较高、传递容量较大、地位重要者，亦可选用一台半断路器接线形式。

为了使发电厂升高电压级的配电装置布置简单、运行检修方便，一般升高电压等级不宜过多，通常以两级电压为宜，最多不应超过三级。

1. 热电厂电气主接线示例

图2-14所示为一热电厂主接线图。热电厂建设在城市附近或工业负荷中心，电能大部分都用发电机电压直接馈送给地方用户，即发电机电压有负荷，只将剩余的电能以升高电压的方式送往电力系统。故主接线的特点是：发电机电压采用双母线分段接线，主要供给地区负荷；为了限制短路电流，在电缆馈线回路中，装有出线电抗器，在母线分段处装设有母线电抗器；10kV母线各段之间，通过分段断路器和母联断路器相互联系，以提高供电的可靠性和灵活性；在满足10kV地区负荷供电的前提下，将G1、G2剩余功率通过变压器T1、T2升压送往高压侧；机组容量较大的G3、G4发电机采用双绕组变压器分别接成单元接线方式，直接将电能送入系统，接线清晰，便于实现机、炉、电单元控制或机、炉、电集中控制，亦避免了发电机电能多次变压送入系统，从而减少了损耗；单元接线省去了发电机出口断路器，既节约又提高了供电可靠性；为了检修调试方便，在发电机与变压器之间装设了隔离开关。

该厂升高电压单元有35kV和110kV两种电压等级。变压器T1、T2采用三绕组变压器，将10kV母线上剩余电能按负荷分配送往两级高电压系统。当任一侧故障或检修时，其余两级电压之间仍可维持联系，保证可靠供电。35kV侧仅有两回出线，故采用内桥接线形式；110kV电压级由于较为重要，有6回出线，出线较多，采用双母线带旁路母线接线方式，并设有专用断路器，其旁路母线只与各出线相接，以便不停电检修出线断路器。而进线断路器一般故障率较小，未接入旁路。通常，110kV电压以上母线间隔较大，发生故障概率小，况且电压高，断路器价格昂贵，所以一般只采用双母线，较少采用双母线分段接线形式。这样可以减少占地面积。正常运行时，大多采用双母线按固定连接方式并联运行。

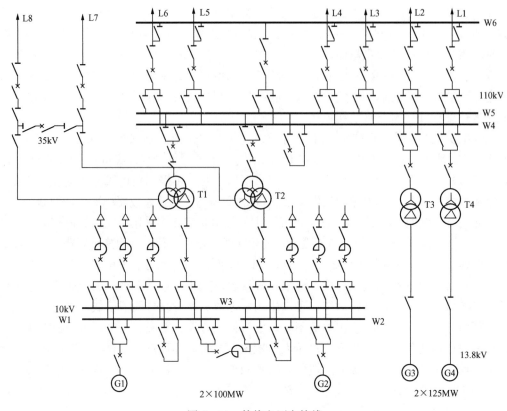

图 2 - 14　某热电厂主接线

2. 凝汽式火力发电厂电气主接线示例

图 2 - 15 所示为 6 台 300MW 大容量机组的凝汽式火力发电厂电气主接线。为了减少燃料的运输，凝汽式火力发电厂通常建在燃料资源较丰富的地方，而且装机容量大，在电力系

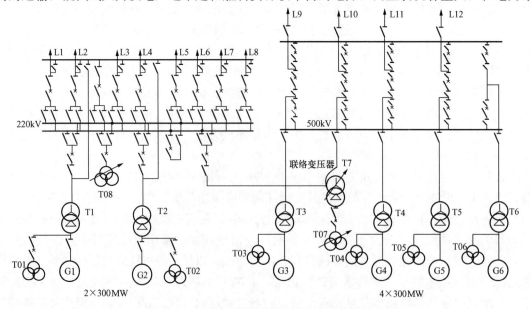

图 2 - 15　大型凝汽式凝汽式火电厂主接线

统中的地位和作用都较为重要，其电能主要以升高的电压送往系统。故该主接线采用发电机与变压器容量配套的单元接线形式。G1、G2 分别组成的发电机－变压器单元接线未采用封闭母线，在发电机与变压器之间装设了隔离开关。而在厂用变压器分支回路装设了断路器；G3、G4、G5、G6 按发电机－变压器单元接线，采用分相封闭母线，主回路及厂用分支回路均未装隔离开关和断路器。厂用高压变压器 T01～T06 采用低压分裂绕组变压器。在T07、T08 厂用高压变压器的高压侧装设断路器，以便进行投、切和控制。

该厂升高电压级有 220kV 和 500kV 两级电压。500kV 采用一台半断路器接线；220kV 采用双母线带旁路接线，并且变压器进线回路亦接入旁路母线。两种升高电压之间设有联络变压器 T7。联络变压器 T7 选用三绕组自耦有载调压变压器，其低压侧作为厂用电备用电源和启动电源。

**二、水力发电厂的电气主接线**

水力发电厂电气接线具有以下特点：

（1）水电厂以水能为资源，建在江、河、湖、泊附近，一般距负荷中心较远，而当地负荷很小甚至没有，电能绝大多数都是通过高压输电线送入电力系统，发电机电压负荷很小或甚至没有。因此，主接线中可不设发电机电压母线，多采用发电机－变压器单元接线或扩大单元接线。单元接线能减少配电装置占地面积，也便于水电厂自动化调节。

（2）水电厂多建在山区峡谷中，地形比较复杂。因此水力发电厂的电气主接线应力求简单，主变台数和高压断路器数量应尽量减少，高压配电装置应布置紧凑，占地少，以减少在狭窄山谷中的土石方开挖量和回填量。

（3）水电厂的装机台数和容量是根据水能利用条件一次确定的，一般不考虑发展和扩建。但可能因设备供应或负荷增长情况以及水工建设工期较长等因素，为尽早发挥设备效益而常常分期施工。

（4）水轮发电机组启动迅速、灵活方便。一般正常情况下，从启动到带满负荷只要 4～5min；事故情况下还可能不到 1min。而火电厂则因机、炉特性限制，一般需 6～8h。因此，水电厂常被用作系统事故备用和检修备用。对具有水库调节的水电厂，通常在洪水期承担负荷，枯水期多带尖峰负荷。很多水电厂还担负着系统的调频、调相任务。因此，水电厂的负荷曲线变化较大，开停机频繁，设备年利用小时数相对火电厂为小，其接线应具有较好的灵活性。

（5）根据水电厂的生产过程和设备特点，比较容易实现自动化和远动化。因此，电气主接线应尽量避免把隔离开关作为操作电器以及需有繁琐倒换操作的接线形式。

根据以上特点，水电厂的主接线常采用单元接线、扩大单元接线；当进出回路不多时，应采用桥形接线和多角形接线；当进出回路较多时，根据电压等级、传输容量、重要程度，可采用单母线分段、双母线，双母线带旁路和一台半断路器接线形式。

1. 中等容量水电厂电气主接线示例

图 2-16 所示为中等容量水电厂主接线。由于

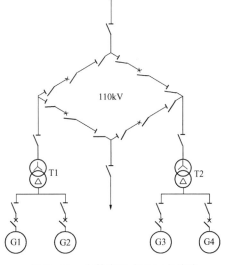

图 2-16　中等容量水电厂主接线

没有发电机电压负荷，所以采用了发电机－变压器扩大单元接线。水电厂扩建的可能性较小，其110kV高压侧采用四角形接线，隔离开关仅作检修时隔离电压之用，不做操作电器，易于实现自动化。

2. 大容量水电厂电气主接线示例

图2-17所示为一大容量水电厂主接线。该电厂有六台机组，没有发电机电压负荷，G5、G6以单元接线形式直接把电能送往220kV的电力系统。G1～G4发电机采用低压分裂绕组变压器组成扩大单元接线。这样，不仅简化接线，而且限制了发电机电压短路电流。升高电压220kV侧采用带旁路的双母线接线。500kV侧为一台半断路器接线，并以自耦变压器作为两级电压间的联络变压器，其低压绕组兼作厂用的备用电源和启动电源。

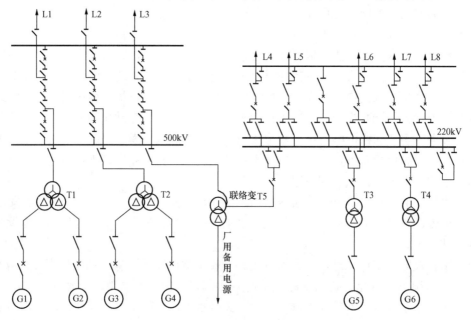

图2-17　大容量水电厂主接线

# 第三节　变电所电气主接线

变电站主接线的设计要求，基本上和发电厂相同，即根据变电站在电力系统中的地位、负荷性质、出线回路数、设备特点、周围环境及变电站的规划容量等条件和具体情况确定，应满足供电可靠、运行灵活、操作方便、节约投资和便于扩建等要求。

电力系统中的变电站可分为三类：

（1）枢纽变电站为该系统的最高电压变电站，一般电力系统中的大型电厂与之连接，实施电力系统主要发电功率的分配，并作为与其他远方电力系统的联络站；

（2）区域变电站为承担大范围的区域供电，其电压等级仅次于枢纽变电站；

（3）配电变电站为区域变电站下承担一个小区域的供电。

根据变电站的类别和要求，可分别采用相应的接线方式。通常主接线的高压侧，应尽可能采用断路器数目较少的接线方式，以节省投资，减少占地面积。随出线数的不同，可采用桥形、单母线、双母线及角形等接线形式。如果电压为超高压等级，又是重要的枢纽变电站，宜采用双母线分段带旁路接线或采用一台半断路器接线。变电站的低压侧常采用单母线分段或双母线接线，以便于扩建。6～10kV 馈线应选轻型断路器，如 SN10 型或 ZN13 型，若不能满足开断电流及动稳定要求时，应采用限流措施。在变电站中最简单的限制短路电流方法，是使变压器低压侧分列运行，如图 2-18 中的 QF 断开，即按硬分段方式运行。一般尽可能不装母线电抗器，因其体积大，价格高，且限流效果较小。若分列运行仍不能满足要求，则可装设分裂电抗器或出线电抗器。

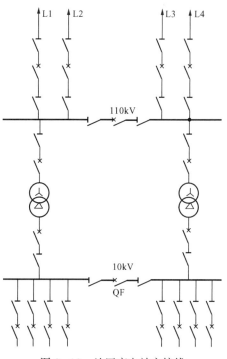

### 一、地区变电站电气主接线示例

图 2-18 所示为地区变电站主接线。110kV 高压侧采用单母线分段，10kV 侧亦为单母线分段，为了选择轻型的设备，采用平时两段母线分列运行来限制短路电流。为使出线能选用轻型断路器，在电缆馈线中装有线路电抗器，并按两台变压器并列工作条件选择。

图 2-18 地区变电站主接线

### 二、枢纽变电站电气主接线示例

图 2-19 所示为大容量枢纽变电站电气主接线。采用两台三绕组自耦变压器和两台三绕组变压器连接两种升高的电压系统。110、220kV 侧采用双母线带旁路接线形式，并设专用旁路断路器。500kV 侧为一台半断路器接线，且采用交叉接线形式。虽然在配电装置布置上比不交叉多用一个间隔，增加了占地面积，但供电可靠性明显地得到提高。35kV 低压侧用于连接静止补偿装置。

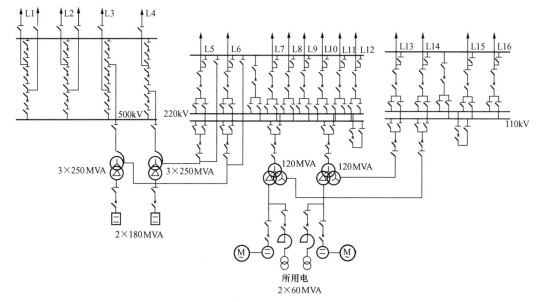

图 2-19 大容量 500kV 枢纽变电站主接线

## 第四节　高压配电网接线方式

高压配电线路（10kV～110kV）按结构可分为架空线路和电缆线路。相对而言，架空线路的设备简单，建设费用比电缆线路低，电压等级越高，二者在投资上差距就越显著。架空线路露置在空气中，易于检修与维护。利用空气绝缘，建造较为容易。因此，在电力网中大多数都采用架空线路。但由于架空线路露天架设，容易遭受雷击和风雨冰雪等自然灾害的侵袭，而且需要大片土地作为出线走廊，对交通、建筑、市容和人身安全有影响。而电缆线路一般为直接埋设在土壤中、敷设在电缆沟或电缆隧道中、穿管敷设等，占地少，整齐美观，受气候条件和周围环境的影响小，传输性能稳定，故障少，供电可靠性高，维护工作量少。因此在城市人口密集区和重要公共场所等往往采用电缆出线。但电缆线路的投资大，线路不易变动，寻测故障点难，检修费用大，电缆终端的制作工艺要求复杂等。

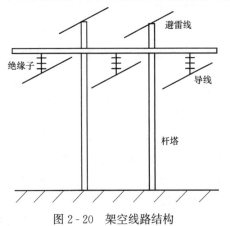

图 2 - 20　架空线路结构

### 一、架空线路的结构

图 2 - 20 所示为架空线路的结构。架空线路将导线和避雷线架设在露天的杆塔上，主要由导线、避雷线、杆塔、绝缘子和线路金具等部件组成。

#### （一）导线和避雷线

导线是架空线路的主体，它既担负传输电能的作用，还要承担自身重量和各种外力的作用，因此要求导线要有很好的导电性并且要有一定的机械强度。在大气中，导线还会受到各种腐蚀性气体和尘埃的侵蚀，所以导线还要有一定的抗腐蚀性。架空线路的导线一般采用铝绞线。在高压线路的档距大或交叉档距较长、杆位高差较大时，宜采用钢芯铝导线。在街道狭窄和建筑物稠密地区应采用绝缘导线。当线路电压超过 220kV 时，为了降低线路电抗和电晕损耗，通常采用扩径导线或分裂导线。分裂导线是将每相导线分裂为若干根子导线，各根之间保持一定距离（一般为 400mm）。

避雷线的作用是将雷电流引入大地，以保护电力线路免遭雷击。一般采用钢导线。

#### （二）杆塔

杆塔的类型很多，按杆塔的材料一般分为木杆、钢筋混凝土杆和铁塔三种。现在木杆基本不用。铁塔的优点是机械强度高，主要用于 220kV 及以上超高压线路、大跨越线路以及某些受力较大的耐张、转角杆塔上。钢筋混凝土杆的优点是节约钢材，机械强度也不错，是我国目前使用较多的杆塔。

杆塔受力的特点可分为直线杆塔（又称中间杆塔），耐张杆塔（又称承力杆塔）、转角杆塔、终端杆塔和特种杆塔。直线杆塔用于悬挂导线，仅承受自重、覆冰重及风压，是线路中最多的一种杆塔；耐张杆塔还要承担线路正常及故障（如断线）情况下导线拉力，对强度要求较高；转角杆塔装设于线路的转角处，必须承担不平衡的拉力；终端杆塔是设置在进入发电厂或变电站线路末端的杆塔，承受最后一个耐张段内导线的拉力，以减轻电厂或变电站建筑物承受的拉力；特种杆塔主要有跨越杆塔和换位杆塔，跨越是指跨越河流或山谷时，因中间无法设置杆塔，而采用的特种跨越杆塔，换位杆塔是为线路在一定长度内实现三相导线的轮流换位、以便三相导线的电气参数均衡而设置的特殊杆塔。

（三）绝缘子和金具

绝缘子又称为瓷瓶，用来支承或悬挂导线，并使导线与杆塔绝缘的一种瓷质或玻璃元件。具有良好的绝缘性能和足够的机械强度。架空线路使用的绝缘子有针式和悬式两种，针式用于电等级在 35kV 及以下的线路，悬式绝缘子用于 35kV 以上线路。

金具是用来连接导线和绝缘子的金属部件。架空线路上使用的金具种类很多，如连接悬式绝缘子用的挂环、挂板和连板；连接导线用的连接管；把导线固定在悬式绝缘子串上用的各种线夹；防止导线震动用的护线条、防震锤；以及为了使高压线路上绝缘子串上电压分布均匀而用的均压环等。

## 二、电缆线路的结构

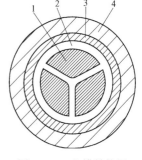

如图 2-21 所示为电缆的结构。电缆线路主要包括电导线、支撑物和保护层等，其中电缆线导体通常采用多股铜线或铝绞线，以增加其柔韧性，使之能在一定程度内弯曲，以利于施工和存放。常见的电力电缆有单芯、三芯和四芯电缆。单芯电缆的导体是圆形的，多芯电缆的导体除圆形外还有扇形，以充分利用电缆的总面积。

电缆的绝缘层用来使各导体之间、导体与保护层之间绝缘。电力电缆的绝缘材料种类很多，有橡胶、沥青、聚乙烯、绝缘油、麻、丝、气、纸等。其中最常见的是油浸纸绝缘及充油、充气绝缘。

图 2-21　电缆结构图
1—电缆芯线；2—绝缘层；
3—保护层；4—电缆外部
保护层

电缆的保护层用来保护绝缘层，使其免受外力损伤，并防止绝缘油外渗及水分渗入。保护层要有一定的机械强度和密封性。

## 三、配电网的接线方式

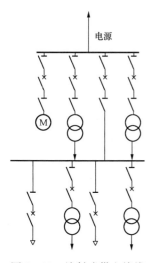

配电网的接线方式可分为：放射式和树干式。

（一）放射式接线

图 2-22～图 2-26 所示均为放射式接线。

放射式接线的特点：

（1）本线路上故障不影响其他线路；

（2）容易进行继电保护装置的整定，易于实现自动化。

图 2-22 所示的放射式接线清晰，运行简单，但因缺乏备用电源，可靠性相对较差，考虑备用可以采用如图 2-23～图 2-26 所示改进的放射式接线。

图 2-23 是采用两根电缆并联供电，线路故障情况下，切除故障电缆再投入非故障电缆，便可恢复供电。可满足二级负荷供电要求。

图 2-22　放射式供电接线

图 2-24 所示为采用一根备用线路（图中虚线所示）作为公共备用线路，正常情况下备用线路不投入运行，故障时切除故障线路后，投入备用线路，可用于二级负荷供电。缺点为备用线路分支点多，特别是采用电缆供电，往往会影响供电可

靠性。

图 2-23 采用两根电缆并联供电的放射式接线

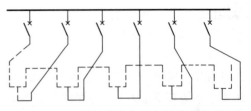

图 2-24 以一回馈线作备用电源的放射式接线

图 2-25 所示为母线分段放射式接线，可满足有较大容量的一级负荷或要求较高的二级负荷的供电要求。母线分段断路器 QF 根据负荷不中断停电的要求，可以手动或自动投入。

图 2-26 所示为双电源供电的放射式接线，在采用自动化措施的条件下，此种接线可以满足任何类型的用电负荷要求。

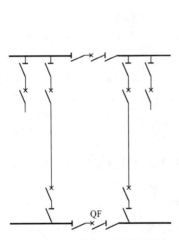

图 2-25 母线分段放射式接线

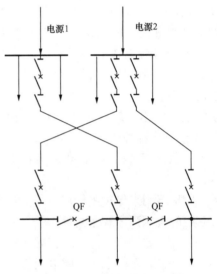

图 2-26 双电源供电的放射式接线

（二）树干式接线

树干式配电系统有可能降低投资费用和有色金属消耗量，具有使变、配电所的馈线出线少，占用出线走廊小，结构简单的特点。

图 2-27 所示为无备用的单树干式接线，图中只有一个电源，因此如果干线上的任何故障必将引起接于该树干上的所有用户停电。要恢复供电必须将干线线路故障排除，因此该接线用架空线路较容易实现，如采用电缆线路，由于电缆线路检修较困难，因此单树干式高压配电系统一般

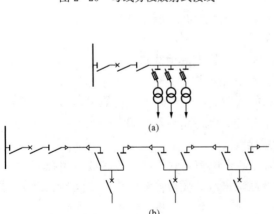

(a)

(b)

图 2-27 单树干式接线

(a) 架空线；(b) 电缆

多用架空线结构。

　　单树干式供电，可靠性低，只能用于三级负荷。一般为了减小干线故障影响范围，干线上的变压器不得超过 5 台，总容量不应大于 3000kVA。

　　具有带备用线路和自动化装置的树干式配电系统也完全可以满足二级以上负荷配电要求。图 2-28 所示为带有单独公用备用线路的树干式配电系统图。线路 L1 段故障时，打开 QS1 和 QS2，投入 QS3 即可恢复供电，这种接线可以满足二级负荷的供电要求。

　　图 2-29 所示都是双电源的树干式配电线路。完全可以满足一级负荷供电要求。

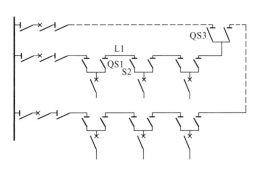

图 2-28　带单独公用备用线路的树干式配电接线

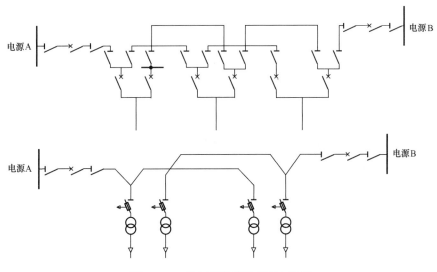

图 2-29　双电源的树干式配电线路

## 第五节　低压配电系统接线

　　低压配电系统（380V）的接线形式与高压配电系统基本相同，有放射式、树干式、两者兼有的混合式和链式等。

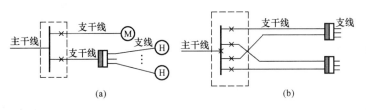

图 2-30　低压放射式配电系统
(a) 单回路放射式；(b) 双回路放射式

### 一、低压放射式接线

　　图 2-30 所示为低压放射式配电系统。主干线由变电站低压侧引出，接至用户主配电箱，再以支干线引到分配电箱后接到用电设备上（图中未画出），由分配电箱接到用电设备的线路称为

支线。

### 二、低压树干式接线

树干式配电系统如图 2-31 所示，不需要在变电站低压侧设置配电盘，从变电站低压侧的引出线经过空气开关或隔离开关直接引至用电设备。因此，这种配电方式使变压器低压侧结构简化，减少电气设备的需量。

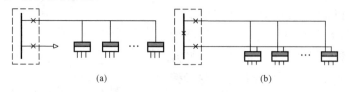

图 2-31　低压树干式配电系统
(a) 单回路树干式；(b) 双回路树干式

### 三、低压混合式接线

纯树干式接线极少单独使用，往往采用的是树干式与放射式的混合方式。图 2-32 所示为混合式接线，变压器低压侧出线经过低压断路器将干线引入某一供电区，然后由支线引至各用电设备。

### 四、低压链式接线

图 2-33 所示为链式接线。只用于相互之间距离很近，容量又很小的用电设备，如生产线上的一组小容量电动机、一组照明灯具、一组电源插座等。链式接线只设一组总的熔断器，可靠性差，在链中任何地方发生故障都会影响全链设备。

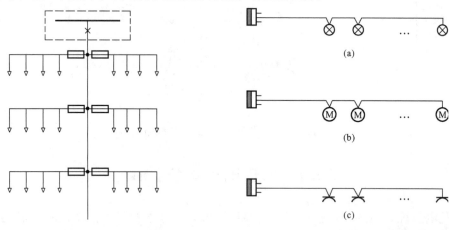

图 2-32　低压混合式配电系统接线

图 2-33　链式配电接线系统接线
(a) 链式灯具；(b) 链式电动机；(c) 链式插座

## 第六节　工厂供电系统的主接线

电能具有易于从其他能量转换而来，又能方便地转换为其他形式的能量，而且利用电能易于实现控制的自动化。因此，它是工矿企业的主要能源与动力。在工厂里，使用电能可以大大提高产量，提高劳动生产率，降低生产成本，减轻工人的劳动强度。一般一个国家的电力资源的 50%，甚至 70% 以上都为工厂耗用。可见，工厂是电能的主要用户。因此，搞好工厂供电工作，不仅对电力工业是一种促进，而且对发展工业生产、实现工业现代化也具有十分重要的意义。

工厂供电工作要很好地为工业生产服务，必须满足如下基本要求。

（1）安全。在电能供应分配和使用中，不应发生人身事故和设备事故。

（2）可靠。根据可靠性的要求，工厂内部的电力负荷分为一级负荷、二级负荷、三级负荷三种。一级负荷为因突然停电会造成设备损坏或造成人身伤亡，因此必须有两个独立电源供电；二级负荷为突然停电会造成经济上的较大损失或会造成社会秩序的混乱，因此要求必须有两回路供电，但当取两回线路有困难时，可容许由一回专用线路供电；三级负荷由于突然停电造成的影响或损失不大，对供电电源不做特殊要求。

（3）优质。应满足用户对电压、频率、波形不畸变等电能质量要求。

（4）经济。在满足以上要求的前提下，供电系统尽量要接线简单，投资要少，运行费用要低，并考虑尽可能地节约电能和减少有色金属的消耗量。

工厂供电系统是电力系统的一个组成部分，必然受到电力系统工况的影响和制约，因此供电系统应该遵守电力部门制定的法规，评价分析可以应用电力系统中采用的分析、计算方法。但工厂供电系统与电力系统又有不同，它要反映工厂用户的特点和要求。故供电系统的主接线确定、设备选择、负荷计算、短路电流计算及保护选择都应有其特点。

## 一、工厂供电系统的主接线

工厂供电系统的构成如图 2-34 所示。其中，总降压变电站担负着从电力系统受电并向各配电所、车间变电站及某些高压用电设备等的配电任务。一般在大中型工厂中设置配电所，它是厂内电能的中转站，它的位置应当尽量靠近负荷中心，通常与车间变电站设在一起。车间变电站是将高压降为一般用电设备所需低压的终端变电站。

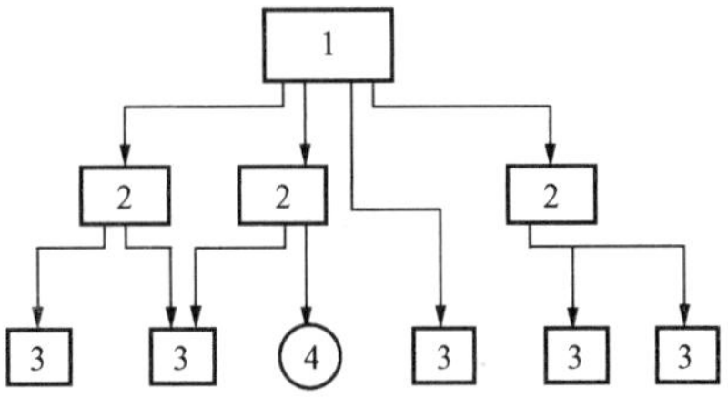

图 2-34 工厂供电系统方框图
1—总降压变电站（配电所）；2—配电所；
3—车间变电站；4—高压用电设备

当然，并不是所有的工厂供电系统都必须包括上述所有组成部分，是否需建总降压变电站，是否需要建配电所，取决于工厂与电源间的距离、工厂的总负荷及其在各车间的分布、厂区内的配电方式和本地区电网的供电条件等。

## 二、工厂供电系统典型主接线示例

（一）10kV 变电站电气主接线典型方案

1. 一路外供电源

典型方案接线如图 2-35 所示。变电站只有一路外供电源，装设两台变压器。变压器一次侧采用单母线接线，二次侧采用单母线分段接线。本方案中，高低压都采用开关柜，高压采用 KYN28—12 中置式开关柜型，柜内配置真空断路器，低压采用 GCS—04 抽屉式配电屏，其插头起着隔离开关的作用。变压器采用低损耗双绕组自冷型全封闭油浸式变压器，正常运行时，低压母联断路器断开，两台变压器互为备用，当一台变压器故障或因负荷较轻为经济运行而退出运行时，断开其两侧的断路器，合上低压母联断路器，由另一台变压器供电。

2. 两路外供电源

典型方案接线如图 2-36 所示。变电站有两路外供电源，两路电源都可独立供全部负荷，供电容量也相同，备用方式拟采用一电源工作、另一电源备用的明备用方式。因此，变

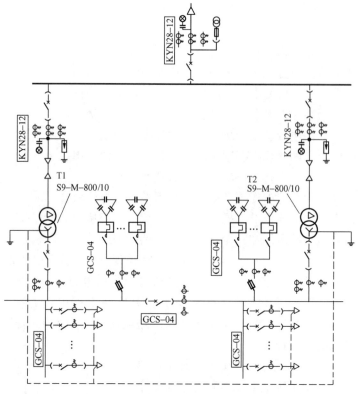

图 2-35　10kV 变电站电气主接线典型方案 1（一路外电源）

压器一次、二次侧都采用单母线分段接线，不同的是一次侧采用隔离开关分段，而二次侧采用断路器分段。同方案 1，高低压都采用开关柜，高压采用 KYN28-12 中置式开关柜型，柜内配置真空断路器，低压采用 GCS-04 抽屉式配电屏，其插头起着隔离开关的作用。为监视工作电源和备用电源的电压，在母线上和备用电源进线上均安装有电压互感器。当工作电源停电且备用电源正常时，先断开工作电源进线断路器，合上母联隔离开关，再接通备用电源断路器，负荷转由备用电源供电。

（二）10kV 配电所电气主接线典型方案

典型方案如图 2-37 所示。配电所由两路外电源供电，其中主电源 1 可供全部负荷，电源 2 可供重要负荷的一半，因此采用单母线分段接线。正常运行时，配电所由两路电源同时供电，母线联络断路器断开；当电源 2 线路故障或检修时，断开电源 2 进线断路器，母联断路器合上，负荷全部由电源 1 供电；当电源 1 线路故障或检修时，断开电源 1 进线断路器，由电源 2 供重要负荷，甩掉非重要负荷。

通常，用户 10kV 配电所与某个 10kV 变电站合建。所以，配电所的所用电电源由变电站主变压器低压侧提供。重要或规模较大的配电所，宜设所用变压器。

（三）35～110kV 变电站电气主接线典型方案

35～110kV 变电站的电源线路一般为两回及以下，主接线常见形式为：变压器一次侧采用线路-变压器组单元接线或桥式接线，二次侧采用单母线或单母线分段接线。图 2-38 所示为 110kV 变电站的一种典型方案。

该变电站装有两台 110/10.5kV 主变压器，两回电源进线，采用内桥接线形式。10kV 出

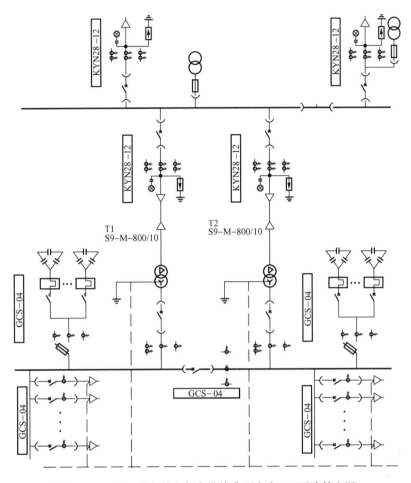

图 2-36  10kV 变电站电气主接线典型方案 2（两路外电源）

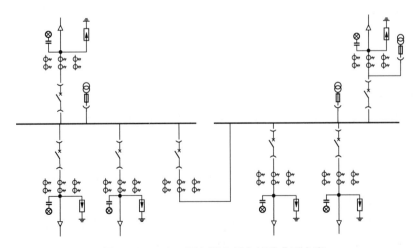

图 2-37  10kV 配电所电气主接线典型方案

线 12 回，既有架空出线也有电缆出线，采用单母线分段接线。为便于变电站无人值班管理，主变压器选用 110kV 低损耗双绕组变压器。根据电网运行情况，为保证供电电压质量，采用

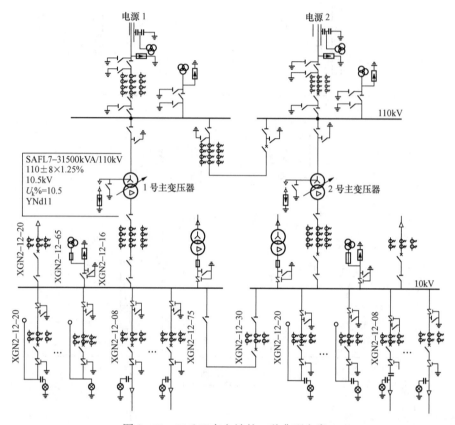

图 2 - 38　110kV 变电站的一种典型方案

有载调压变压器。110kV 采用屋外配电装置，而 10kV 采用屋内成套配电装置。变电站设置两台 10/0.4kV 的所用变，分别接在 10kV 母线的两段上，用熔断器保护，互为备用，在所用变低压侧装设备用电源自动投入装置。所用变压器采用干式变，安装在成套开关柜中。

## 第七节　建筑配电系统接线

### 一、供电线路的分类

民用建筑中用电设备基本分为动力和照明两大类，相应于用电设备，供电线路也分为动力线路和照明线路两类。

#### （一）动力线路

在民用建筑中，动力用电设备主要有：电梯、自动扶梯、冷库、风机、水泵、医院动力设备和厨房动力设备等。动力设备绝大部分属于三相负荷，少部分容量较大的电热用电设备，如空调机、干燥箱、电炉等为单相设备。对于动力负荷，一般采用三相制供电线路，对于较大容量的单相动力负荷，应当尽量平衡地接到三相线路上。

#### （二）照明线路

在民用建筑中，照明用电设备主要有供给工作照明、事故照明和生活照明的各种灯具，此外还有家用电器中的电视机、空调机、电风扇、家用电冰箱、家用洗衣机以及日用电热电器，如电熨斗、电饭煲、电热水器等。它们的容量都是较小，一般为 0.5kW 以下的感性负荷或 2kW 以下的阻性负荷。它们虽不是照明器具，但都是由照明线路供电，所以统归为照明负荷。它们的电价也和照明的用电电价相同。在照明线路的设计和负荷计算中，还应考虑家用电器和日常电热电器的需要和发展。照明负荷基本上都是单相负荷，一般用单相交流 220V 供电，当负荷电流超过 30A 时，应当采用 380/220V 三相供电线路。

**二、建筑配电系统的配电方式**

民用建筑配电要求除满足可靠性、灵活性、经济性外，还要满足的其他主要的要求有：配电系统的电压等级一般不宜超过两级；多层建筑配电箱一般布置在楼梯位上，每套房间有独立的电源开关；单相设备适当配置，尽量达到三相平衡；每套房间的空调电源插座与照明应分路设计，厨房和卫生间的电源插座设置独立回路。

民用建筑配电方式主要有放射式、树干式和环式三种。具体选择应根据用电负荷的特点、实际分布及供电要求，在线路设计中，按照安全、可靠、经济、合理的原则进行优化组合。

（一）多层民用建筑配电方式

多层民用建筑配电系统应满足计量、维护管理、供电安全和可靠的要求，居民小区内的多层建筑群宜采用树干或环形接线方式配电，其照明和动力负荷采用同一回路供电。如图 2-39（a）单元总配电箱设在一层，内设总计量表，层配电箱内设分户计量表，由单元总配电箱到分层配电箱采用树干式配电方式，只在层配电箱到各套房间采用放射式配电方式；图 2-39（b）与图 2-39（a）不同之处在于，一层单元总配电箱内没有设置总计量表；图 2-39（c）为分户计量表集中设置在一层（或其他层）电表间，以放射式配电方式向各套房间配电，这是目前居民小区多层建筑常用的配电方式。

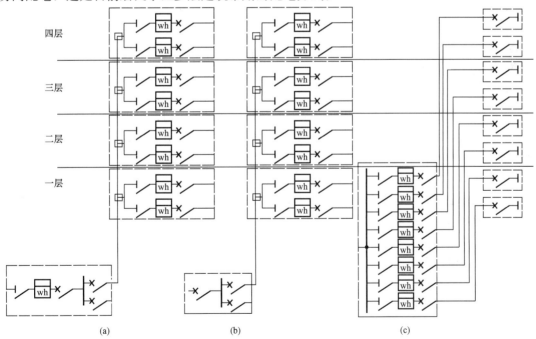

图 2-39　多层民用建筑低压配电方式
（a）单元总配电箱设总计量表；（b）单元总配电箱不设总计量表；
（c）分户计量表集中设置在电表间

（二）高层民用建筑配电方式

高层建筑配电系统也应满足计量、维护管理、供电安全和可靠的要求，但高层民用建筑与一般多层民用有许多不同，特别是在消防方面有许多特殊要求，可靠性要求相对较高。应将照明和动力负荷分成不同的配电系统，消防及其他防灾用电设施的配电应自成系统。对于容量较大的集中负荷或重要的负荷应从配电室直接用放射式配电，对各层配电间的配电宜采用的配电方式有：①工作电源采用分区树干式，备用电源也可采用分区树干式或由首层到顶层垂直干线的方式；②工作电源和备用电源由首层到顶层垂直干线的方式；③工作电源采用分区树干式，备用电源从应急照明等电源干线上取。消防用电设备应采用单独供电回路，配电设备应有明显的标志，按照水平防火和垂直防火要求，分区采用放射式供电，此外应设置备用电源。

# 第八节　配 电 装 置

## 一、配电装置的基本要求

按主接线要求，配电装置是由开关设备、保护电器、测量仪表、母线和必要的辅助设备等组成。它的作用是接受电能，并把电能分配给用户。

（一）分类和基本要求

配电装置可分为屋内式和屋外式。在现场组装的配电装置，又称为装配式；在工厂预先把各种电器安装在柜（屏）中，成套运至安装地点，则称为成套配电装置。

屋内配电装置的特点是：占地面积较小，维修、操作、巡视比较方便，不受气候影响，外界污秽空气不会影响电气设备，维护工作减轻，但所需房屋建筑投资大。多用于 35kV 及以下电压等级。

屋外配电装置的特点是：土建工程量和费用较少，建设周期短，扩建方便，相邻设备之间距离较大，便于带电作业，但占地面积大，设备露天运行条件较差，需加强绝缘，天气变化对设备维修和操作有较大影响。多用于 110kV 及以上电压等级。

成套配电装置的特点：电气设备布置在封闭或半封闭的金属外壳中，相间和对地距离可以缩小，结构紧凑，占地面积小，大大减少现场安装工作量，有利于缩短建设周期，便于扩建和搬迁，运行可靠性高，维护方便，但耗用钢材较多，造价较高。广泛用在 3～35kV 电压等级中。

配电装置是发电厂和变电站的重要组成部分，为了保证电力系统安全经济的运行，配电装置应当满足如下一些基本要求：

（1）保证运行的可靠性；

（2）满足电气安全净距要求，保证工作人员和设备的安全；

（3）防火和防爆；

（4）便于设备的操作和维护；

（5）节约土地，降低造价，经济上合理；

（6）考虑施工、安装和扩建的方便。

（二）安全净距

安全净距是指从保证电气设备和工作人员的安全出发，考虑气象条件及其他因素的影响所规定的各电气设备之间、电气设备各带电部分之间、带电部分与接地部分之间应该保持的最小空气间隙。配电装置的整个结构尺寸，是综合考虑设备的外形尺寸、检修和运输的安全距离等因素而决定的。在各种间隔距离中，最基本的是空气中不同带电部分之间或带电部分对地部分之间的空间最小安全净距，称为 A 值。在这一距离下，无论在正常最高工作电压或内、外部过电压下，都不致使空气间隙击穿。A 值可根据电气设备标准试验电压和相应电压与最小放电距离试验曲线确定，其他电气距离是根据 A 值并结合一些实际因素确定的。

表 2-1 和表 2-2 是屋内和屋外配电装置中有关部分之间的最小安全净距，其意义可以参见图 2-40 和图 2-41。

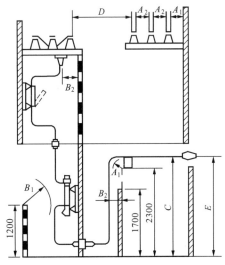

图 2-40 屋内配电装置安全净距离校验图（单位：mm）

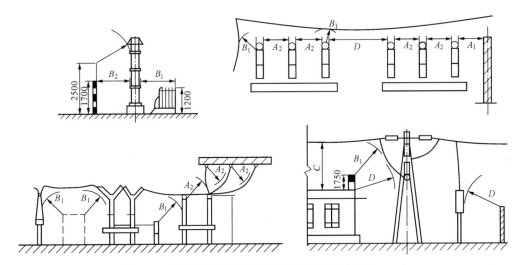

图 2-41 屋外配电装置安全净距离校验图（单位：mm）

| 符号 | 适 用 范 围 | 额 定 电 压 (kV) | | | | | | | | | |
| --- | --- | --- | --- | --- | --- | --- | --- | --- | --- | --- | --- |
| | | 3 | 6 | 10 | 15 | 20 | 35 | 60 | 110J | 110 | 220J |
| $A_1$ | (1) 带电部分至接地部分之间；<br>(2) 网、板状遮栏向上延伸线距地 2.3m 处，与遮栏上带电部分之间 | 70 | 100 | 125 | 180 | 180 | 300 | 550 | 850 | 950 | 1800 |
| $A_2$ | (1) 不同相的带电部分之间；<br>(2) 断路器和隔离开关的断口两侧带电部分之间 | 75 | 100 | 125 | 150 | 180 | 300 | 550 | 900 | 1000 | 2000 |
| $B_1$ | (1) 栅状遮栏至带电部分之间；<br>(2) 交叉的不同时停电检修的无遮栏带电部分之间 | 825 | 850 | 875 | 900 | 930 | 1050 | 1300 | 1600 | 1700 | 2550 |

表 2-1　　　　屋内配电装置的安全净距　　　　(mm)

续表

| 符号 | 适 用 范 围 | 额 定 电 压（kV） | | | | | | | | | |
|---|---|---|---|---|---|---|---|---|---|---|---|
| | | 3 | 6 | 10 | 15 | 20 | 35 | 60 | 110J | 110 | 220J |
| $B_2$ | 网状遮栏至带电部分之间 | 175 | 200 | 225 | 250 | 280 | 400 | 650 | 950 | 1050 | 1900 |
| $C$ | 无遮栏裸导体至地（楼）面之间 | 2375 | 2400 | 2425 | 2425 | 2480 | 2600 | 2850 | 3150 | 3250 | 4100 |
| $D$ | 平行的不同时停电检修的无遮栏裸导体之间 | 1875 | 1900 | 1925 | 1950 | 1980 | 2100 | 2350 | 2650 | 2750 | 3600 |
| $E$ | 通向屋外的出线套管至屋外通道的路面 | 4000 | 4000 | 4000 | 4000 | 4000 | 4000 | 4500 | 5000 | 5000 | 5500 |

**注** J 是指中性点直接接地系统。

**表 2 - 2**　　　　　　　　　　　　　**屋外配电装置的安全净距**　　　　　　　　　（mm）

| 符号 | 适 用 范 围 | 额 定 电 压（kV） | | | | | | | | |
|---|---|---|---|---|---|---|---|---|---|---|
| | | 3～10 | 15～20 | 35 | 60 | 110J | 110 | 220J | 330J | 500J |
| $A_1$ | （1）带电部分至接地部分之间；<br>（2）网、板状遮栏向上延伸线距地 2.5m 处，与遮栏上带电部分之间 | 200 | 300 | 400 | 650 | 900 | 1000 | 1800 | 2500 | 3800 |
| $A_2$ | （1）不同相的带电部分之间；<br>（2）断路器和隔离开关的断口两侧带电部分之间 | 200 | 300 | 400 | 650 | 1000 | 1100 | 2000 | 2800 | 4300 |
| $B_1$ | （1）栅状遮栏至带电部分之间；<br>（2）交叉的不同时停电检修的无遮栏带电部分之间；<br>（3）网状遮栏至绝缘子和带电部分之间；<br>（4）带电作业时带电部分至接地部分之间 | 950 | 1050 | 1150 | 1400 | 1650 | 1750 | 2550 | 3250 | 4550 |
| $B_2$ | 网状遮栏至带电部分之间 | 300 | 400 | 500 | 750 | 1000 | 1100 | 1900 | 2600 | 3900 |
| $C$ | 无遮栏裸导体至地（楼）面之间 | 2700 | 2800 | 2900 | 3100 | 3400 | 3500 | 4300 | 5000 | 7500 |
| $D$ | 平行的不同时停电检修的无遮栏裸导体之间 | 2200 | 2300 | 2400 | 2600 | 2900 | 3000 | 3800 | 4500 | 5800 |

**注** J 是指中性点直接接地系统。

### 二、屋内配电装置

屋内配电装置的结构除与电气主接线形式、电压等级、母线容量、断路器形式、出线回路数、出线方式、有无电抗器等有密切关系外，还与施工、检修条件、运行经验和习惯有关。随着新设备和新技术的应用，运行、检修经验的不断丰富，配电装置的结构和形式也在不断地发展、更新。

屋内配电装置按其布置形式的不同，可分为单层、二层和三层。单层式是把所有的设备布置在一层，占地面积较大，通常采用成套开关柜。二层是将线路出线电抗器、断路器等较重电气设备布置在底层，而母线及母线隔离开关等设备布置在上层，占地面积较小。但结构复杂，造价较高。三层式在我国基本不采用。

屋内配电装置的布置应注意以下几点：同一回路的电器和导体应布置在一个间隔内，以保证检修安全和限制故障范围；尽量将电源进线布置在每段的中部，这样使母线上的穿越电流较小；较重设备布置在下层；充分利用间隔空间；布置对称，便于操作；易于扩建；要有必要的操作通道、维护通道、防爆通道；配电装置的门要向外开，且应装弹簧锁，相邻配电装置之间如有门，应能两方向开启；配电装置可以开窗采光和通风，但要有防止雨雪和小动物进入室内的措施。

图 2-42 所示为 6～10kV 二层二通道、双母线、出线带电抗器的屋内配电装置。母线和隔离开关设在二层,三相母线垂直布置,二层有两个维护通道。一层布置断路器和电抗器等笨重设备,分两列布置,中间为操作通道,断路器及母线隔离开关均集中在一层操作通道内操作。出线电抗器小室与出线断路器前后布置,三相电抗器垂直叠放,电抗器下部有通风道,能引入冷空气,小室的热空气从外墙上部的百叶窗排出。变压器进线为架空引入,出线采用电缆经由地下电缆隧道引出。

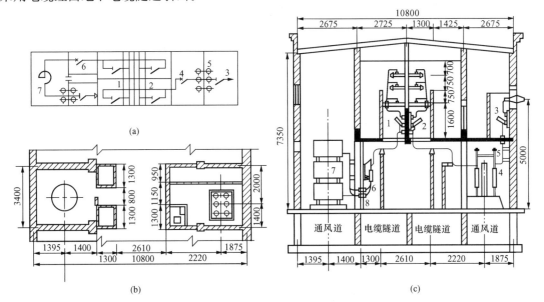

图 2-42 二层二通道、双母线、出线带电抗器的 6～10kV 屋内配电装置(单位:mm)
(a)主接线;(b)首层平面图;(c)纵剖面图
1、2、3—隔离开关;4、6—少油断路器;5、8—电流互感器;7—电抗器

图 2-43 所示为 JYN2 型高压柜外形及结构图。这是一种手车式成套配电装置。断路器及其操动机构装在小车上,断路器通过上、下插头插入固定在柜中的插座内,与一次回路相连,起着隔离开关的作用,也就省去了必要的隔离开关。检修时,断路器分闸后直接将小车从柜中沿滑道拖出即可,因有机械闭锁,在断路器未分闸时手车拖不出,可避免用插口断开负荷电路,使检修更为安全方便。将同型号备用小车插入后又可立刻恢复供电,提高了供电可靠性。

成套配电装置在工厂中成批生产,运到现场很快就能投入运行。它的安全净距、设备质量等由厂家保证,布置紧凑合理。广泛应用于发电厂和变电站的 6～10kV 及 35kV 配电装置中。

图 2-44 所示为 ZF-220 型 $SF_6$ 全封闭组合电器断面图。这种组合电器是用是 $SF_6$ 气体作为绝缘和灭弧介质。用密封接地的金属外壳将该气体密封起来。由于 $SF_6$ 气体的绝缘和灭弧性能非常好,使得尺寸最紧凑,是占地面积最少的配电装置。特别适合城市中心、地下、险峻山区、洞内等空间狭窄的地方以及严重污秽和气候恶劣的地区使用。电压可从 110kV 到 500kV。这类 $SF_6$ 全封闭组合电器的特点是:大量节省占地和空间;运行可靠性极高;由工厂制造,现场安装,建设工期短;检修周期可长达 10 多年;金属外壳屏蔽作用强,能解决静电感应、噪声和无线电干扰及供电稳定等问题,抗震性好;需专门的 $SF_6$ 检漏仪进行运行监视;价格贵。

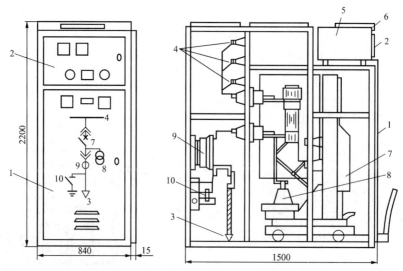

图 2 - 43　JYN2 型高压柜外形及结构（单位：mm）

1—手车室门；2—仪表板；3—电缆头；4—母线；5—继电器手车；6—小母线室；
7—断路器；8—电压互感器；9—电流互感器；10—接地开关

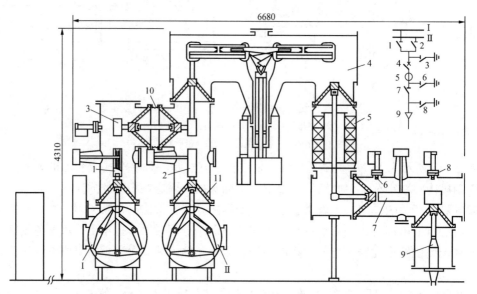

图 2 - 44　ZF—220 型 SF₆ 全封闭组合电器断面（单位：mm）

Ⅰ、Ⅱ—主母线；1、2、7—隔离开关；3、6、8—接地开关；4—断路器；
5—电流互感器；9—电缆头；10—伸缩节；11—盆式绝缘子

### 三、屋外配电装置

根据电气设备和母线的布置高度和重叠情况，屋外配电装置可分为中型、半高型和高型。

中型布置的特点是将所有电器都安装在同一水平面内，并安装在一定高度（2～2.5m）的基础上，使带电部分对地保持必要的高度，以保证地面上工作人员活动的安全；中型配电装置母线所在的水平面稍高于电器所在的水平面。

高型和半高型配电装置的母线和电器分别装在几个不同高度的水平面上，并重叠布置。其中高型是一组母线和另一组母线重叠布置。半高型把母线隔离开关抬高，仅将母线与断路器、电流互感器等重叠布置。高型和半高型配电装置可大量节省占地面积,但运行维护较不方便。

屋外配电装置的结构形式与主接线、电压等级、容量、重要性等有关,也与母线、断路器和隔离开关的类型密切相关。必须注意合理布置,保证电气安全净距,同时还要考虑带电检修的可能性。下面分别介绍几种类型的示例。

(一)中型配电装置

图2-45所示为220kV双母线进出线带旁路、合并母线架、断路器单列布置的中型配电装置。采用GW4-220型隔离开关和少油断路器,除避雷器外,所有电器都布置在2~2.5m高的基础上。主母线及旁路母线的边相距隔离开关较远,因此在引下线设支柱绝缘子15。图中虚线表示的主变进线要跳高跨线布置。

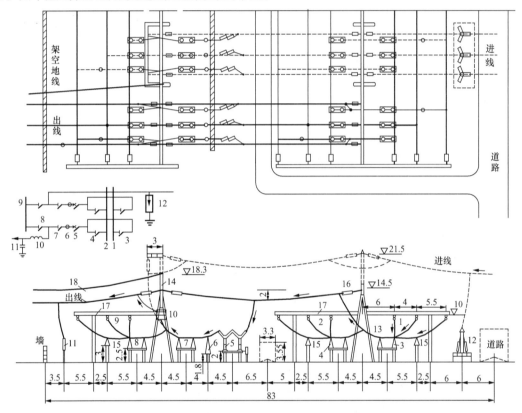

图2-45 220kV双母线进出线带旁路、合并母线架、断路器
单列布置的中型配电装置(单位:m)

1、2、9—母线Ⅰ、Ⅱ和旁路母线;3、4、7、8—隔离开关;5—断路器;6—电流互感器;
10—阻波器;11—耦合电容;12—避雷器;13—中央门形架;14—出线门形架;
15—支柱绝缘子;16—悬式绝缘子串;17—母线构架;18—架空地线

普通中型的优点:布置比较清晰,不易误操作;运行可靠,施工和维护都较方便;构架高度较低,所有钢材较少,造价低。缺点为:占地面积较大,现在一般在110~220kV很少采用。通常采用的中型布置也是经过某些改进,降低占地面积。

(二)半高型配电装置

图2-46所示为110kV单母线、进出线带旁路、半高型布置的配电装置进出线间隔断面图。其主要优点:旁路母线与出线断路器、电流互感器重叠布置,能节省占地面积(约比普

通中型减少 30％）；旁路母线及隔离开关布置在上层，因不经常带电运行，运行和检修的困难相对较小，而常带电运行的主母线及其他电器的布置和普通中型相同，检修运行都比较方便；由于旁路母线与主母线采用不等高布置，实现进出线均带旁路的接线就很方便。

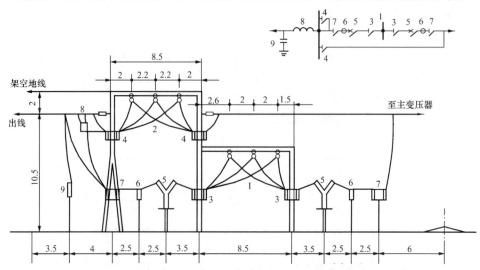

图 2-46　110 kV 单母线、进出线带旁路、半高型布置的
配电装置进出线间隔断面（单位：m）

1—主母线；2—旁路母路；3、4、7—隔离开关；5—断路器；6—电流互感器；8—阻波器；9—耦合电容器

**（三）高型配电装置**

图 2-47 所示为高型布置的 220kV 双母线、进出线带旁路、三框架、断路器双列布置的

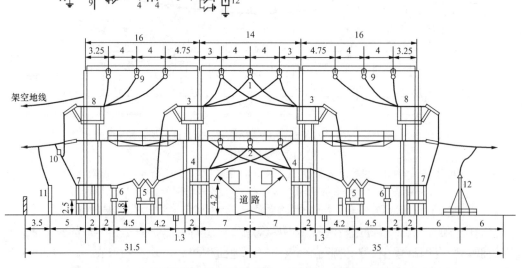

图 2-47　220kV 双母线、进出线带旁路、三框架、断路器双列布置、高型
布置的进出线间隔断面（单位：m）

1、2—主母线；3、4—隔离开关；5—断路器；6—电流互感器；7、8—带接地刀闸
的隔离开关；9—旁路母线；10—阻波器；11—耦合电容器；12—避雷器

进出线间隔断面图。两组主母线重叠布置；旁路母线布置在主母线两侧，并与断路器和电流互感器重叠布置。在同一间隔内可布置两个回路。这种布置方式特别紧凑，纵向尺寸显著减小，占地面积一般只有普通中型布置的 50%。同时，母线、绝缘子串、控制电缆的用量也比中型布置少。高型布置方式的主要缺点是：耗用钢材多，比中型布置多约 15%～60%；操作条件差；检修上层设备不方便，在检修上层设备过程中存在瓷件或检修工具落下打破下层设备的可能。

**思 考 题**

2-1　什么叫电气主接线？对主接线的基本要求是什么？

2-2　主母线作用是什么？旁路母线作用是什么？可否用旁路母线代替主母线工作？

2-3　隔离开关可以进行哪些操作？操作时应注意什么？

2-4　单母线接线有何优缺点？常用的单母线接线的变化形式有哪些？各有什么特点？

2-5　在什么情况下采用桥式接线？内桥、外桥接线各有何特点？怎样选用？

2-6　绘出单母线带旁路的接线图，并列出不停电检修某一出线断路器的操作步骤。

2-7　在双母线接线中是如何用母联断路器来代替出线断路器工作的？

2-8　高低压配电网接线形式有哪些？提高供电可靠性可采取哪些措施？

2-9　对配电装置有哪些基本要求？

2-10　装置的安全净距离是如何确定的？

2-11　屋外配电装置常见的布置方式有几种？各有什么特点？

2-12　配电装置最小安全净距 A、B、C、D 值的基本意义是什么？

视频：倒闸操作基本原则 1　　视频：倒闸操作基本原则 2

习题与解答

# 第三章 输电网运行分析

## 第一节 电 能 质 量 分 析

衡量电能质量的指标主要是电压、频率、波形、电压波动与闪变和三相不平衡度等。

### 一、电压

电压质量对各类用电设备的安全经济运行都有直接影响。对电力系统负荷中大量使用的

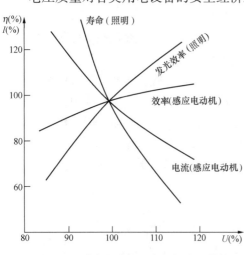

图 3-1 感应电动机、白炽灯电压特性

感应电动机而言，它的运行特性对电压的变化较敏感。由图 3-1 曲线可见，当输出功率一定时，端电压下降，定子电流增加很多。这是由于感应电动机的最大转矩与其端电压的平方成正比，当电压降低时，电机转矩将显著减小。故电压下降将使转差增大，从而使定子、转子电流都显著增大。这不仅会直接影响运行效率，还将导致电动机的温度上升，甚至可能烧坏电动机。反之，当电压过高时，对于电动机、变压器一类具有励磁铁芯的电气设备而言，铁芯磁密将增大以致饱和，从而使励磁电流与铁耗都大大增加（过励磁），也会使电机过热，效率降低。铁芯饱和还会造成电压波形变坏。

对照明负荷来说，白炽灯对电压的变化很敏感。当电压降低时，白炽灯的发光效率和光通量都急剧下降；当电压升高时，白炽灯的寿命将大为缩短，如图 3-1 所示。

对于其他各种电力负荷来说，其特性或多或少也都要随电压的变化而变化。

因此，在电力系统正常运行时，规定供电电压的变化必须在允许范围之内。这也就是电压的质量指标。我国目前所规定的用户处的允许电压变化范围见表 3-1。

表 3-1                用户供电电压允许变化范围

| 用户 | 电压允许变化范围（%） | 用户 | 电压允许变化范围（%） |
|---|---|---|---|
| 35kV 及以上用户 | ±5 | 低压照明 | +5～—10 |
| 10kV 及以下用户 | ±7 | 农业用户 | +5～—10 |

由于电力网络中存在电压损耗，为保证用户的电压质量合乎标准，需要采取一定的电压调整措施。关于这方面的内容，将在第四章中论述。

### 二、频率

由同步电机的原理可知，电力系统在稳定运行情况下，频率值决定于所有机组的转速，而转速则主要决定于发电机组的转矩平衡。每一个电力系统都有一个额定频率，即所有发电机组都对应一个额定转速。系统运行频率与系统额定频率之差称为频率偏移。频率偏移是衡量电能质量的一项重要指标。对于电动机来说，频率降低将使电动机的转速下降，从而使生产率降

低，并影响电动机的使用寿命；反之，频率增高将使电动机的转速上升，增加功率损耗，使经济性降低。频率的偏差对电力系统的许多负荷都将造成经济上、质量上的不利影响。

实际上所有电气传动的旋转设备，其最高效率都是以电力系统频率等于额定频率值为条件的，因此，任何频率偏移，都会造成效率的降低，而且频率过高或过低，还会给运行中的电气设备带来各种不同的危害。

我国电力系统采用的额定频率为 50Hz。为保证频率的质量，其允许偏移值见表 3-2。

表 3-2　　　　　　　　　　　　　系 统 频 率 允 许 偏 差

| 运　行　情　况 | | 允许频率偏差（Hz） | 允许标准时钟误差（s） |
|---|---|---|---|
| 正常运行 | 小系统<br>大系统 | ±0.5<br>±0.2 | 40<br>30 |
| 事故运行 | 30min 以内<br>15min 以内<br>绝不允许低于 | ±1<br>±1.5<br>−4 | — |

### 三、波形

电力系统电能质量要求供电电压（或电流）的波形应为正弦波，这就首先要求发电机发出符合标准的正弦波电压。其次，在电能输送、分配和使用过程中不应使波形产生畸变。假如系统中的变压器发生铁芯过度饱和时，或变压器中无三角形接线的绕组时，都可能导致波形的畸变。此外，随着电力系统负荷的复杂化、三相负荷不平衡、可控硅控制的非线性负荷等，都将造成电网电压（或电流）波形的畸变。

当供电电源的波形畸变成不是标准的正弦波时，按傅里叶级数分解，可视为电压波形包含着各种高次谐波成分。这些谐波成分的出现，将对电力系统产生污染，影响电动机的效率和正常运行，还可能使系统产生高次谐波谐振而危害设备的安全运行。此外，谐波成分还将影响电子设备的正常工作，造成对通信线的干扰及其他不良后果。

衡量电力系统电压（或电流）波形畸变的技术指标，是正弦波形的畸变率。各次谐波有效值平方和的平方根与其基波有效值的百分比，称为正弦波形畸变率，电压正弦波形的畸变率计算式为

$$D_{\mathrm{v}} = \frac{\sqrt{\sum_{n=2}^{\infty} U_n^2}}{U_1} \times 100\% \qquad (3\text{-}1)$$

1993 年我国颁布了关于谐波方面的国家标准，规定了谐波电压的限值，见表 3-3。

表 3-3　　　　　　　　　　　　　谐 波 电 压 限 值

| 电网标称（额定）电压<br>（kV） | 电压总谐波畸变率<br>（%） | 各次谐波电压含有率（%） | |
|---|---|---|---|
| | | 奇　次 | 偶　次 |
| 0.38 | 5.0 | 4.0 | 2.0 |
| 6 | 4.0 | 3.2 | 1.6 |
| 10 | 4.0 | 3.2 | 1.6 |
| 35 | 3.0 | 2.4 | 1.2 |
| 66 | 3.0 | 2.4 | 1.2 |
| 110 | 2.0 | 1.6 | 0.8 |

### 四、电压波动与闪变

供电电压在两个相邻的、持续 1s 以上的电压有效值 $U_1$ 和 $U_2$ 之间的差值，称为电压变动。在不超过 30ms 的期间内，同方向的二次或二次以上的电压有效值的变动，只算作一次变动。换句话说，在同方向小于 30ms 的快速电压变化不计入电压变动。通常多以额定电压 $U_N$ 的百分数来表示电压变动的相对值 $d'$，即

$$d' = \frac{U_1 - U_2}{U_N} \times 100\% = \frac{\Delta U}{U_N} \times 100\% \tag{3-2}$$

电压波动为一系列电压变动或连续的电压偏差。电压波动值为电压有效值的两个极值 $U_{max}$ 和 $U_{min}$ 之差 $\Delta U$，常以其额定电压 $U_N$ 的百分数表示其相对值，即

$$d = \frac{U_{max} - U_{min}}{U_N} \times 100\% \tag{3-3}$$

式中　$d$——电压波动值，%；

　　　$U_{max}$——电压波动最大值（有效值），kV；

　　　$U_{min}$——电压波动最小值（有效值），kV。

闪变是指负荷急剧波动产生的频繁电压变动。闪变是人对照度波动的主观视感。闪变的主要决定因素有：①供电电压波动的幅值、频率和波形；②照明装置，以对白炽灯的照度波动影响最大，而且与白炽灯的瓦数和额定电压等有关；③人对闪变的主观视感。通常供电系统中电压闪变多由用户波动性负荷所引起，波动性负荷可分为周期性的波动性负荷和非周期性的波动性负荷两类，其中周期性或近似周期性的波动性负荷对闪变的影响更为严重。波动性负荷在系统阻抗上将引起电压降的波动。当负荷波动时，系统阻抗越大（或系统短路容量越小），则其所导致的电压波动越大，这决定于供电系统容量、供电电压、用户负荷位置、类型、电动机启动频率和功率等。

### 五、三相不平衡度

由于技术和经济上的原因，电力系统（电网）都采用三相三线制供电。若三相电压（或电流）大小相等，相位依次（a、b、c）领先 $120°\left(\text{即} \frac{2}{3}\pi\text{rad}\right)$，称为三相平衡（或对称），否则为不平衡（或不对称）。平衡系统的三相电压表达式为

$$\left.\begin{array}{l} u_a = \sqrt{2}U\sin(\omega t + \phi) \\ u_b = \sqrt{2}U\sin(\omega t + \phi - 120°) \\ u_c = \sqrt{2}U\sin(\omega t + \phi + 120°) \end{array}\right\} \tag{3-4}$$

式中　$U$——相电压的方均根值（有效值），kV；

　　　$\phi$——U 相电压的初相角；

　　　$\omega$——电压角频率，Hz。

不平衡的三相系统可以将三相电压（或电流）用对称分量法分解为正序分量 $\dot{U}_1(\dot{I}_1)$、负序分量 $\dot{U}_2(\dot{I}_2)$、零序分量 $\dot{U}_0(\dot{I}_0)$。我们把负序分量与正序分量有效值之比称为不平衡度（或不对称度），用符号 $\varepsilon$ 表示，即

电压不平衡度
$$\varepsilon_U = \frac{U_2}{U_1} \times 100\% \tag{3-5}$$

电流不平衡度
$$\varepsilon_1 = \frac{I_2}{I_1} \times 100\% \tag{3-6}$$

电力系统中三相不平衡主要是由负荷不平衡、系统三相阻抗不对称以及消弧线圈的不正确调谐所引起的。可以采用下列方法解决：

（1）将不对称负荷分散接到不同的供电点，以减小集中连接造成不平衡度超标问题；

（2）使不对称负荷合理分配到各相，尽量使其平衡化（换相连接）；

（3）将不对称负荷连接到更高电压等级上供电，以使连接点的短路容量足够大；

（4）采用平衡装置。

## 第二节　电力系统各元件的参数和等值电路

### 一、电力线路的参数和等值电路

（一）电力线路的参数

电力线路的电气参数包括导线的电阻、电导，以及由交变电磁场而引起的电感和电容四个参数。线路的电感以电抗的形式计算，而线路的电容则以电纳的形式计算。电力线路是均匀分布参数的电路，也就是说，它的电阻、电抗、电导和电纳都是沿线路长度均匀分布的。线路每千米的电阻、电抗、电导和电纳分别以 $r_1$、$x_1$、$g_1$ 和 $b_1$ 表示，这四个参数的计算方法如下。

1. 线路的电阻

当电流通过导体时所受到的阻力，称为该导体的电阻。直流电路中导体的电阻可按式（3-7）计算

$$R = \frac{\rho}{S} l \tag{3-7}$$

式中　$\rho$ ——导线材料的电阻率，$\Omega \cdot mm^2/km$；

　　　　$S$ ——导线的额定截面积，$mm^2$；

　　　　$l$ ——导线的长度，km。

在交流电路中，式（3-7）仍然适用，但由于集肤效应和近距作用的影响，交流电阻值与直流电阻值略有不同。在同一种材料的导线上，其单位长度的电阻 $r_1$ 是相同的，只要知道 $r_1$，再乘以它的长度 $l$，就可以求出导线的电阻。而单位长度的电阻为

$$r_1 = \frac{\rho}{S} \tag{3-8}$$

在电力系统计算中，不同材料导线的电阻率和电导率可以查表，见表 3-4。表中的数据，不是各种导体材料原有的电阻率，而是考虑下面三个因素修正以后的电阻率。

（1）在电力网中，所用的导线和电缆大部分都是多股绞线，绞线中线股的实际长度要比导线的长度长 2%～3%，因而它们的电阻率要比同样长度的单股线的电阻率大 2%～3%。

（2）在电力网计算时，所有的导线和电缆的实际截面比额定截面要小些，因此，应将导线的电阻率适当增大，以归算成与额定截面相适应。

（3）一般表中的电阻率数值都是对应于 20℃ 的情况。当温度改变时，电阻率 $\rho$ 的大小要改变，线路的电阻也要变化。而线路的实际工作环境温度异于 20℃ 时，可按下式修正

$$r_t = r_{20}[1 + \alpha(t - 20)] \tag{3-9}$$

式中　$r_{20}$——20℃时的电阻，$\Omega/km$；

　　　　$r_t$——实际温度 $t$ 时的电阻；

　　　　$\alpha$——电阻的温度系数，对于铝，$\alpha = 0.0036$，对于铜，$\alpha = 0.003\,82$。

表 3-4　　　　　　　　　　　导线材料计算用电阻率 $\rho$ 和电导率 $\gamma$

| 导线材料 | 铜 | 铝 |
|---|---|---|
| $\rho\,(\Omega \cdot mm^2/km)$ | 18.8 | 31.5 |
| $\gamma\,[m/(\Omega \cdot mm^2)]$ | 53 | 32 |

2. 线路的电抗

当交流电流流过导线时，就会在导线周围空间产生交变的磁场，电流变化时，将引起磁通的变化，由楞次定律可知，磁通的变化将在导线自身内（自感上）和邻近的其他导线上（互感上）感应出电动势来。在导线自身内感生的电动势称自感电动势；在其他导线上感生的电动势称互感电动势。自感电动势和互感电动势都是反电动势，这个反电动势是阻止电流流动的，我们把阻碍电流流动的能力用电抗来度量。

三相导线对称排列或虽不对称排列但经循环换位时，每相导线单位长度的电抗可按下式计算

$$x_1 = 2\pi f\left(4.6\lg\frac{D_m}{r} + \frac{\mu_r}{2}\right) \times 10^{-4} \tag{3-10}$$

其中　　　　　　　　　　　　　$D_m = \sqrt[3]{D_{ab}D_{bc}D_{ca}}$

式中　　　　　$x_1$——导线单位长度的电抗，$\Omega/km$；

　　　　　　　$r$——导线的半径，cm 或 mm；

　　　　　　　$\mu_r$——导线材料的相对磁导率，对铝、铜等，取 $\mu_r = 1$；

　　　　　　　$f$——交流电的频率，Hz；

　　　　　　　$D_m$——三相导线的几何平均距离，简称几何均距，cm 或 mm，其单位应与 $r$ 单位相同；

$D_{ab}$、$D_{bc}$、$D_{ca}$——ab 相之间、bc 相之间、ca 相之间的距离。

如将 $f = 50$，$\mu_r = 1$ 代入式（3-10），可得

$$x_1 = 0.1445\lg\frac{D_m}{r} + 0.0157 \tag{3-11}$$

式（3-11）又可改写为

$$x_1 = 0.1445\lg\frac{D_m}{r'} \tag{3-12}$$

式（3-12）中的 $r'$ 常称为导线的几何平均半径，$r' = 0.779r$。

由于电抗与几何均距、导线半径之间为对数关系，导线在杆塔上的布置和导线截面积的大小对线路的电抗没有显著影响，架空线路的电抗一般都在 $0.40\Omega/km$ 左右。

对于分裂导线线路的电抗，应按如下考虑：

分裂导线的采用，改变了导线周围的磁场分布，等效地增大了导线半径，从而减小了每相导线的电抗。

若将每相导线分裂成 $n$（若干）根，则决定每相导线电抗的将不是每根导线的半径 $r$，

而是等效半径 $r_{eq}$，如图 3-2 所示。

于是每相具有 $n$ 根分裂导线的单位电抗为

$$x_1 = 0.1445\lg \frac{D_m}{r_{eq}} + \frac{0.0157}{n} \qquad (3-13)$$

其中　　　　　　　$r_{eq} = \sqrt[n]{r(d_{12}d_{13}\cdots d_{1n})}$

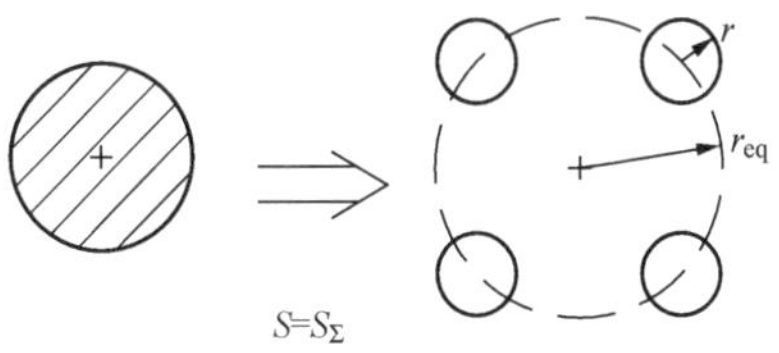

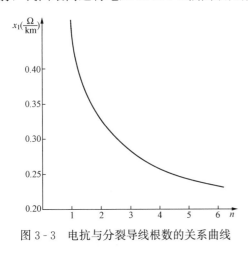

图 3-2　分裂导线的等效半径

式中　　　　　$r_{eq}$——分裂导线的等效半径；

　　　　　　　$r$——每根导线的半径；

$d_{12}$、$d_{13}$、$\cdots$、$d_{1n}$——某根导线与其余 $n-1$ 根导线间的距离。

采用分裂导线时，分裂导线的根数愈多，电抗下降的也愈多，但分裂导线根数超过 4 根时，电抗的下降并不明显。图 3-3 所示曲线示出了分裂导线的根数 $n$ 与电抗 $x_1$ 的关系。目前，我国最高运行电压 500kV 线路采用的是四分裂导线。

图 3-3　电抗与分裂导线根数的关系曲线

对于同杆并架的双回输电线路，两回线各相之间有互感。由于正常运行时三相电流之和为零，所以从整体上说一回路对另一回路线路的互感影响小，总影响近似为零，可略去不计，因此，仍可按式（3-11）计算电抗。

3. 线路的电导

线路的电导主要是由沿绝缘子的泄漏电流和电晕现象决定的。通常由于线路的绝缘水平较高，沿绝缘子泄漏很小，往往可以忽略不计，只有在雨天或严重污秽等情况下，泄漏电导才会有所增加，所以通常情况下线路的电导主要取决于电晕现象。

所谓电晕现象，是指导线周围空气的电离现象。导线周围空气之所以会产生电离，是由于导线表面的电场强度很大，而架空线路的绝缘介质是空气，一旦导线表面的电场强度达到或超过空气分子的游离强度时，空气的分子就被游离成离子，最后形成空气的部分电导。这时能听到"嗞嗞"的放电声，或看到导线周围发生的蓝紫色荧光，还可以闻到氧分子被游离后又结合成臭氧（$O_3$）的气味。

电晕要消耗有功功率、消耗电能。此外，空气放电时产生的脉冲电磁波对无线电和高频通信产生干扰；电晕还会使导线表面发生腐蚀，从而降低导线的使用寿命。因此，输电线路应考虑避免发生电晕现象。

电晕现象的发生，主要决定于导线表面的电场强度。在导线表面开始产生电晕的电场强度，称为电晕起始电场强度。使导线表面达到电晕起始电场强度的电压，称为电晕起始电压，或称临界电压。对于三相三角形排列的普通导线线路，校核线路是否会发生电晕，其电晕临界电压的经验公式为

$$U_{cr} = 49.3 m_1 m_2 r\delta\lg \frac{D_m}{r} \qquad (3-14)$$

$$\delta = \frac{3.86b}{273+t}$$

式中　$U_{cr}$——电晕临界相电压，kV；

　　　$m_1$——导线表面的光滑系数，对表面完好的多股导线，$m_1=0.83\sim0.966$，当股数在 20 股以上时，$m_1$ 均大于 0.9，可取 $m_1=1$；

　　　$m_2$——反映天气状况的气象系数，对于干燥晴朗的天气，取 $m_2=1$；

　　　$b$——大气压力，用厘米水银柱（1 厘米水银柱=1333.22Pa）表示；

　　　$\delta$——空气的相对密度，如当 $b=76$cm，$t=20℃$ 时，$\delta=1$；

　　　$t$——空气的温度，℃；

　　　$r$——导线的半径，cm；

　　　$D_m$——三相导线的几何均距，cm。

采用分裂导线时，由于导线的分裂，减少了电场强度，电晕临界相电压也改为

$$U_{cr}=49.3m_1m_2r\delta f_{nd}\lg\frac{D_m}{r_{eq}}\qquad(3-15)$$

$$f_{nd}=n\Big/\left[1+2(n-1)\frac{r}{d}\sin\frac{\pi}{n}\right]$$

式中　$r_{eq}$——分裂导线的等效半径，cm；

　　　$f_{nd}$——与分裂状况有关的系数，一般取 $f_{nd}\geqslant1$；

　　　$n$——分裂导线根数；

　　　$r$——每根导体的半径，cm。

其余符号的意义与式（3-14）相同。

导线水平排列时，边相导线的电晕临界电压 $U_{cr1}$ 较按式（3-14）、式（3-15）求得的 $U_{cr}$ 高 6%，即 $U_{cr1}=1.06U_{cr}$；中间相导线的电晕临界电晕 $U_{cr2}$ 较按式（3-14）、式（3-15）求得的 $U_{cr}$ 低 4%，即 $U_{cr2}=0.96U_{cr}$。

以上介绍了电晕临界电压的求法，在实际线路工作电压一旦达到或超过临界电压时，电晕现象就会发生。

电晕将消耗有功功率。电晕损耗 $\Delta P_c$ 在临界电压时开始出现，而且工作电压超过临界电压越多，电晕损耗就越大。若再考虑沿绝缘子的泄漏损耗 $\Delta P_1$（很小），则总的功率损耗 $\Delta P_g=\Delta P_c+\Delta P_1$。一般 $\Delta P_g$ 为实测的三相线路的泄漏损耗和电晕损耗之总和。

根据 $\Delta P_g$ 可确定线路的电导为

$$g_1=\frac{\Delta P_g}{U^2}\times10^{-3}\qquad(3-16)$$

式中　$g_1$——导线单位长度的电导，S/km；

　　　$\Delta P_g$——三相线路泄漏损耗和电晕损耗功率之和，kW/km；

　　　$U$——线路的工作线电压，kV。

应该指出，实际上在线路设计时，经常按式（3-14）校验所选导线的半径能否满足在晴朗天气不发生电晕的要求。若在晴朗天气就发生电晕，则应加大导线截面或考虑采用扩径导线或分裂导线。规程规定：对普通导线，330kV 电压的线路，直径不小于 33.2mm（相当于 LGJQ-600 型）；220kV 电压的线路，直径不小于 21.3mm（相当于 LGJQ-240 型）；110kV 电压的线路，直径不小于 9.6mm（相当于 LGJ-50 型），就可不必验算电晕。因为在导线制造时，已考虑了躲开电晕发生。通常由于线路泄漏很小，所以一般情况下都可取 $g_1=0$。

**4. 线路的电纳**

线路的电纳取决于导线周围的电场分布，与导线是否导磁无关。因此，各类导线线路电纳的计算方法都相同。在三相线路中，导线与导线之间或导线与大地之间存在着电容，线路的电纳正是导线与导线之间及导线与大地之间存在着电容的反映。

三相线路对称排列或虽不对称排列但经整循环换位时，每相导线单位长度的电容可按下式计算

$$C_1 = \frac{0.0241}{\lg \frac{D_m}{r}} \times 10^{-6} \quad \text{(F/km)} \tag{3-17}$$

式中，$D_m$、$r$ 的意义与式（3-10）相同。

于是，频率为 50Hz 时，单位长度的电纳为

$$b_1 = 2\pi f C_1 = \frac{7.58}{\lg \frac{D_m}{r}} \times 10^{-6} \quad \text{(S/km)} \tag{3-18}$$

显然，由于电纳与几何均距、导线半径之间存有对数关系，架空线路的电纳变化也不大，其值一般在 $2.85 \times 10^{-6}$ S/km 左右。

采用分裂导线的线路仍可按式（3-18）计算其电纳，只是这时导线的半径 $r$ 应以等效半径 $r_{eq}$ 替代。

另外，对于同杆并架的双回线路，在正常稳态状况下仍可近似按式（3-18）计算每回每相导线的等值电纳。

**例 3-1** 某 220kV 输电线路选用 LGJ－300 型导线，导线直径为 24.2mm，水平排列，线间距离为 6m，试求线路单位长度的电阻、电抗及电纳，并校验是否会发生电晕。

**解** LGJ－300 型导线的额定截面 $S = 300\text{mm}^2$，直径 24.2mm，半径 $r = 24.2/2 = 12.1\text{mm}$，电阻率 $\rho = 31.5\Omega \cdot \text{mm}^2/\text{km}$，几何均距 $D_m = \sqrt[3]{D_{ab}D_{bc}D_{ca}} = \sqrt[3]{6 \times 6 \times 2 \times 6} = 7.56(\text{m}) = 7560\text{mm}$。可求单位长度的参数如下。

根据式（3-8）计算单位长度的电阻

$$r_1 = \frac{\rho}{S} = \frac{31.5}{300} = 0.105(\Omega/\text{km})$$

根据式（3-11）计算单位长度的电抗

$$x_1 = 0.1445\lg \frac{D_m}{r} + 0.0157$$
$$= 0.1445\lg \frac{7560}{12.1} + 0.0157 = 0.42(\Omega/\text{km})$$

根据式（3-18）计算单位长度的电纳

$$b_1 = \frac{7.58}{\lg \frac{D_m}{r}} \times 10^{-6} = \frac{7.58}{\lg \frac{7560}{12.1}} \times 10^{-6} = 2.71 \times 10^{-6}(\text{S/km})$$

校验是否发生电晕：

根据式（3-14）计算临界电晕电压

$$U_{cr} = 49.3 m_1 m_2 r \delta \lg \frac{D_m}{r}$$

取 $m_1=1$，$m_2=0.8$，$\delta=\dfrac{3.86\times76}{273+20}=1.0$，则

$$U_{\mathrm{cr}}=49.3\times1\times0.8\times1.0\times1.21\times\lg\frac{7560}{12.1}=133.42(\mathrm{kV})$$

工作相电压为

$$U_{\mathrm{ph}}=\frac{220}{\sqrt{3}}=127.02(\mathrm{kV})$$

可见，工作电压小于临界电晕电压（127.02kV＜133.42kV），所以不会发生电晕。

（二）输电线路的等值电路与基本方程

输电线路在正常运行时三相参数是相等的，因此可以只用其中的一相作出它的等值电路。每相单位长度的导线可用电阻 $r_1$、电抗 $x_1$、电导 $g_1$ 和电纳 $b_1$ 四个参数表示，设它们是沿线路均匀分布的，如果把一条长为 $l$ 的线路分成无数多小段，则在每小段上每相导线的电阻 $r_1$ 与电抗 $x_1$ 串联，每相导线与中性线之间并联着电导 $g_1$ 与电纳 $b_1$，整个线路可以看成无数个这样的小段串联而成，这就是用分布参数表示的等值电路，如图 3-4 所示。

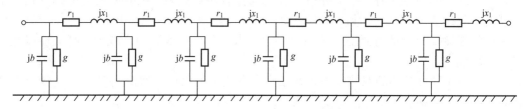

图 3-4　电力线路的单相等值电路

输电线路的长度往往长达数十千米乃至数百千米，如将每千米的电阻、电抗、电导、电纳都一一绘于图上，所得用分布参数表示的等值电路十分繁琐，而且用它来进行电力系统的电气计算更加复杂，因此不实用。通常为了计算上的方便，考虑到当线路长度在 300km 以内时，需要分析的又往往只是线路两端的电压、电流及功率，可以不计线路的这种分布参数特性，即可以用集中参数来表示线路。只是对长度超过 300km 的远距离输电线路，才有必要考虑分布参数特性的影响。

按上所述，一条长为 $l$ 的输电线路，若以集中参数 $R$、$X$、$G$、$B$ 分别表示每相线路的总电阻、电抗、电导及电纳，则将单位长度的参数乘以线路长度即可得到这些参数，即

$$R=r_1l,\ X=x_1l,\ G=g_1l,\ B=b_1l \tag{3-19}$$

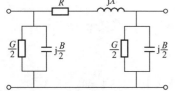

图 3-5　集中参数表示线路的等值电路

这时用集中参数表示的等值电路如图 3-5 所示。线路的总阻抗集中在中间，线路的总导纳分为两半，分别并联在线路的始末两端。

如前所述，由于线路导线截面积的选择是以晴朗天气不发生电晕为前提的，而沿绝缘子的泄漏又很小，可设 $G=0$。

一般电力线路按长度又可分为短线路、中等长度线路和长线路，其等值电路有所区别。

1. 短线路的等值电路与基本方程

短线路是指线长 $l$＜100km 的架空线路，且电压在 35kV 及以下。由于电压不高，这种线路电纳 $B$ 的影响不大，可略去。因此短线路的等值电路十分简单，线路参数只有一个串

联总阻抗 $Z=R+\mathrm{j}X$ ，如图 3-6 所示。

显然，如电缆线路不长，电纳的影响不大时，也可采用这种等值电路。

由图 3-6 得线路的基本方程为

$$
\left.\begin{array}{l}
\dot{U}_1 = \dot{U}_2 + Z\dot{I}_2 \\
\dot{I}_1 = \dot{I}_2
\end{array}\right\}
$$

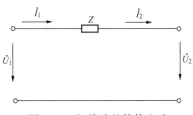

图 3-6 短线路的等值电路

矩阵形式

$$
\begin{bmatrix} \dot{U}_1 \\ \dot{I}_1 \end{bmatrix} = \begin{bmatrix} 1 & Z \\ 0 & 1 \end{bmatrix} \begin{bmatrix} \dot{U}_2 \\ \dot{I}_2 \end{bmatrix} = \begin{bmatrix} A & B \\ C & D \end{bmatrix} \begin{bmatrix} \dot{U}_2 \\ \dot{I}_2 \end{bmatrix} \tag{3-20}
$$

显然，$A=1$，$B=Z$，$C=0$，$D=1$。

2. 中等长度线路的等值电路与基本方程

对于电压为 $110\sim330\mathrm{kV}$、线长 $l=100\sim300\mathrm{km}$ 的架空线路及 $l<100\mathrm{km}$ 的电缆线路，均可视为中等长度线路。这种线路，由于电压较高，线路的电纳一般不能忽略，等值电路常为 $\pi$ 形等值电路中，除串联的线路总阻抗 $Z=R+\mathrm{j}X$ 外，还将线路的总导纳 $Y=\mathrm{j}B$ 分为两半，分别并联在线路的始末两端。

由图 3-7（a）可得线路基本方程。因为流入末端导纳支路的电流为 $\dfrac{Y}{2}\dot{U}_2$，则流过阻抗支路的电流为 $\left(\dot{I}_2+\dfrac{Y}{2}\dot{U}_2\right)$，故得始端电压为

$$
\dot{U}_1 = \left(\dot{I}_2 + \frac{Y}{2}\dot{U}_2\right)Z + \dot{U}_2
$$

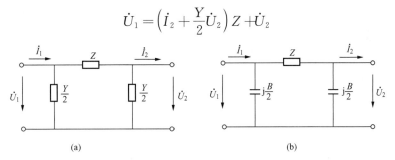

图 3-7 中等长度线路的等值电路

（a）一般形式；（b）$G=0$ 形式

而流入始端导纳支路的电流为 $\dfrac{Y}{2}\dot{U}_1$，则始端电流为

$$
\dot{I}_1 = \frac{Y}{2}\dot{U}_1 + \frac{Y}{2}\dot{U}_2 + \dot{I}_2
$$

联立以上两方程式，并写成矩阵形式，得

$$
\begin{bmatrix} \dot{U}_1 \\ \dot{I}_1 \end{bmatrix} = \begin{bmatrix} \dfrac{ZY}{2}+1 & Z \\ Y\left(\dfrac{ZY}{4}+1\right) & \dfrac{ZY}{2}+1 \end{bmatrix} \begin{bmatrix} \dot{U}_2 \\ \dot{I}_2 \end{bmatrix} = \begin{bmatrix} A & B \\ C & D \end{bmatrix} \begin{bmatrix} \dot{U}_2 \\ \dot{I}_2 \end{bmatrix} \tag{3-21}
$$

显然 $A=\dfrac{ZY}{2}+1$，$B=Z$，$C=Y\left(\dfrac{ZY}{4}+1\right)$，$D=\dfrac{ZY}{2}+1$。

### 3. 长线路的等值电路

对于电压为 330kV 及以上、线长 $l > 300$km 的架空线路和线长 $l > 100$km 的电缆线路，一般称之为长线路。这种线路电压高，线路又长，因此必须考虑分布参数特性的影响，按线路参数实际分布情况绘出分布参数等值电路。

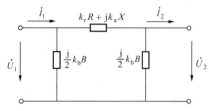

图 3-8  长线路的简化等值电路

而用分布参数表示线路非常麻烦，若能找到一个用集中参数等效代替分布参数的方法，等值电路就简单多了。在工程计算中，首先以数学为工具作了推证，结论表明：只要将分布参数乘以适当的修正系数就变成了集中参数，从而就可绘出用集中参数表示的 π 形等值电路，如图 3-8 所示。

图中 $R$、$X$、$B$ 为全线路一相的集中参数，$k_r$、$k_x$、$k_b$ 分别是电阻、电抗及电纳的修正系数，这些修正系数分别为

$$\left. \begin{array}{l} k_r = 1 - x_1 b_1 \dfrac{l^2}{3} \\[2mm] k_x = 1 - \left( x_1 b_1 - \dfrac{r_1^2 b_1}{x_1} \right) \dfrac{l^2}{6} \\[2mm] k_b = 1 + x_1 b_1 \dfrac{l^2}{12} \end{array} \right\} \tag{3-22}$$

应该指出，上述修正系数只适用于计算线路始、末端的电流和电压，线路长度应为大于 300km、小于 750km 的架空线路及长度大于 100km、小于 250km 的电缆线路。超过上述长度并要求较准确计算远距离线路中任一点电压和电流值时，应按均匀分布参数的线路方程计算。

### 二、电抗器的参数和等值电路

输电网络中电抗器的作用是限制短路电流，它是由电阻很小的电感线圈构成，因此等值电路可用电抗来表示。普通电抗器每相用一个电抗表示即可，如图 3-9 所示。

一般电抗器铭牌上给出了它的额定电压 $U_{LN}$、额定电流 $I_{LN}$ 和电抗百分值 $X_L\%$，由此可求电抗器的电抗。

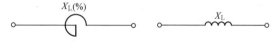

图 3-9  电抗器的图形符号和等值电路

按百分值定义有

$$X_L\% = X_{L*} \times 100 = \frac{X_L}{X_N} \times 100$$

而

$$X_N = \frac{U_{LN}}{\sqrt{3}\, I_{LN}}$$

得

$$X_L = \frac{X_L\% U_{LN}}{100\sqrt{3}\, I_{LN}} \tag{3-23}$$

式中  $U_{LN}$——电抗器的额定电压，kV；

$I_{LN}$——电抗器的额定电流，kA；

$X_L$——电抗器的每相电抗，Ω。

### 三、变压器的参数和等值电路

电力变压器有双绕组变压器、三绕组变压器、自耦变压器、分裂变压器等。变压器的参

数包括电阻、电导、电抗和电纳，这些参数要根据变压器铭牌上厂家提供的短路试验数据和空载试验数据来求取。变压器一般都是三相的，在正常运行的情况下，由于三相变压器是均衡对称的电路，因此等值电路可以只用一相表示。下面以电机学有关理论分析为基础，讨论变压器的参数和等值电路。

（一）双绕组变压器

由电机学可知，双绕组变压器的 T 型等值电路如图 3 - 10（a）所示，由于励磁支路阻抗 $Z_m = R_m + jX_m$ 相对较大，励磁电流 $\dot{I}_m$ 很小，$\dot{I}_m$ 在 $Z_1$ 上引起的电压降也不大，所以可将励磁支路前移成如图 3 - 10（b）所示的 Γ 型等值电路，励磁支路以阻抗形式表示。若将励磁支路的阻抗换成以导纳形式表示，如图 3 - 10（c）所示。图（c）中阻抗支路的阻抗 $Z_T = R_T + jX_T$，励磁支路的导纳 $Y_T = \dfrac{1}{Z_m} = \dfrac{1}{R_m + jX_m} = \dfrac{R_m}{R_m^2 + X_m^2} - j\dfrac{X_m}{R_m^2 + X_m^2} = G_T - jB_T$。

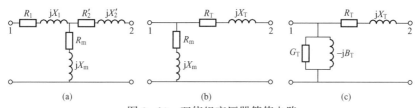

图 3 - 10　双绕组变压器等值电路
（a）T 型等值电路；（b）、（c）Γ 型等值电流

变压器的 $R_T$、$X_T$、$G_T$、$B_T$ 分别反映了变压器的四种基本功率损耗，即铜损耗、漏磁无功损耗、铁损耗和励磁无功损耗。

每台变压器出厂时，铭牌上或出厂试验书中都要给出代表电气特性的 4 个数据：短路损耗 $P_k$，空载损耗 $P_0$，短路电压百分值 $U_k\%$ 和空载电流百分值 $I_0\%$。此外，变压器的型号上还标出额定容量 $S_N$ 和额定电压 $U_N$。下面介绍由这六个（$P_k$、$P_0$、$U_k\%$、$I_0\%$、$S_N$、$U_N$）已知量求变压器的 4 个参数（$R_T$、$X_T$、$G_T$、$B_T$）的方法。

1. 电阻 $R_T$

变压器电阻 $R_T$ 反映经过折算后的一、二次绕组电阻之和，可通过短路试验数据求得。

变压器短路试验接线图如图 3 - 11 所示。进行短路试验时，二次侧短路，一次侧通过调压器接到电源，所加电压必须比额定电压低，以一次侧所加电流达到或近似于额定值，同时二次绕组中电流也达到或近似为额定值为限。这时从一次侧测得短路损耗 $P_k$ 和短路电压 $U_k$。

由于短路试验时一次侧外加的电压很低，只为变压器漏阻抗上的压降，所以铁芯中的主磁通也十分小，完全可以忽略励磁电路，铁芯中的损耗也可以忽略。这样就可认为变压器短路损耗 $P_k$ 近似等于短路电流流过变压器时一、二次绕组中总的铜耗 $P_{Cu}$，于是有

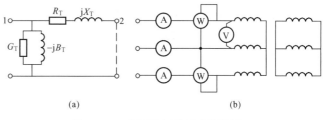

图 3 - 11　变压器短路试验线路图
（a）短路时等值电路；（b）三相测试图

$$P_k \approx P_{Cu} = 3I_N^2 R_T = 3\left(\dfrac{S_N}{\sqrt{3}U_N}\right)^2 R_T = \dfrac{S_N^2}{U_N^2}R_T$$

从而可解得

$$R_T = \frac{P_k U_N^2}{S_N^2}$$

上式中各种物理量均为基本单位，即 $U_N$ 以 V、$S_N$ 以 VA、$P_k$ 以 W 为单位。而工程上常采用的计算单位见表 3-5。于是有实用的计算式

$$R_T = \frac{P_k U_N^2}{1000 S_N^2} \qquad (3-24)$$

式中　$R_T$——变压器高低压绕组的总电阻，$\Omega$；

　　　$U_N$——变压器额定线电压，kV；

　　　$S_N$——变压器额定容量，MVA；

　　　$P_k$——变压器三相短路损耗，kW。

表 3-5　　　　　　　　　　　　　　　　　电 气 量 的 单 位

| 电气量 | 基本单位 | 工程单位 | 电气量 | 基本单位 | 工程单位 |
|---|---|---|---|---|---|
| 电压 $U$ | V（伏） | kV（千伏） | 无功功率 $Q$ | var（乏） | kvar（千乏） |
| 电流 $I$ | A（安） | kA（千安） | 阻抗 $Z$ | $\Omega$（欧） | $\Omega$（欧） |
| 视在功率 $S$ | VA（伏安） | MVA（兆伏安） | 导纳 $Y$ | S（西） | S（西） |
| 有功功率 $P$ | W（瓦） | kW（千瓦） | 电量 $A$ | Wh（瓦时） | kWh（千瓦时） |

2. 电抗 $X_T$

变压器电抗 $X_T$ 反映经过折算后一、二次绕组的漏抗之和，也可通过短路试验数据求得。当变压器二次绕组短路时，若使绕组中通过额定电流，则在一次侧测得的电压即为短路电压，它等于变压器的额定电流在一、二次绕组中所造成的电压降，即 $\dot{U}_k = \sqrt{3} I_N (R_T + jX_T)$。

对于大容量的变压器，$X_T \gg R_T$，则可认为短路电压主要降落在 $X_T$ 上，有 $U_k \approx \sqrt{3} I_N X_T$，从而得

$$X_T = \frac{U_k}{\sqrt{3} I_N}$$

而 $U_k = \frac{U_k\%}{100} U_N$，再将 $I_N = \frac{S_N}{\sqrt{3} U_N}$ 代入上式，则有

$$X_T = \frac{U_k\% U_N^2}{100 S_N} \qquad (3-25)$$

式中　$X_T$——变压器一、二次绕组的总电抗，$\Omega$；

　　　$U_k\%$——变压器的短路电压百分值；

　　　$U_N$ 及 $S_N$ 意义与式（3-24）相同。

3. 电导 $G_T$

变压器电导 $G_T$ 是反映变压器励磁支路有功损耗的等值电导，可通过空载试验数据求得。

变压器空载试验接线图如图 3-12 所示。进行空载试验时，二次侧开路，一次侧加上额定电压，在一次侧测得空载损耗 $P_0$ 和空载电流 $I_0$。

变压器励磁支路以导纳 $Y_T$ 表示时，其中电导 $G_T$ 对应的是铁芯损耗 $P_{Fe}$，而空载损耗包括铁芯损耗和空载电流引起的绕组中的铜损耗。由于空载试验的电流很小，变压器二次处于开路，所以此时的绕组铜损耗很小，可认为空载损耗主要损耗在 $G_T$ 上，因此，铁芯损耗

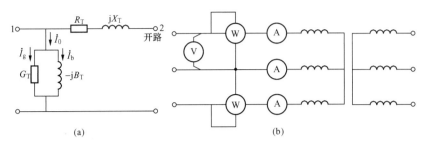

图 3 - 12 变压器空载试验接线图

(a) 变压器空载等值电路；(b) 三相测试图

$P_{Fe}$ 近似等于空载损耗 $P_0$，于是有

$$P_0 \approx P_{Fe} = U_N^2 G_T$$

$$G_T = \frac{P_0}{U_N^2}$$

式中 $U_N$ 以 V、$P_0$ 以 W 为单位。采用工程单位时，有

$$G_T = \frac{P_0}{1000 U_N^2} \tag{3-26}$$

式中　$G_T$——变压器的电导，S；

　　　$P_0$——变压器的三相空载损耗，kW；

　　　$U_N$——变压器的额定电压，kV。

4. 电纳 $B_T$

变压器电纳 $B_T$ 是反映与变压器主磁通的等值参数（励磁电抗）相应的电纳，也可通过空载试验数据求得。

变压器空载试验时，流经励磁支路的空载电流 $\dot{I}_0$ 分解为有分量电流 $\dot{I}_g$（流过 $G_T$）和无功分量电流 $\dot{I}_b$（流过 $B_T$），且有功分量 $I_g$ 较无功分量 $I_b$ 小得多（如图 3 - 13 所示），所以在数值上 $I_0 \approx I_b$，即空载电流近似等于无功电流。因而，由

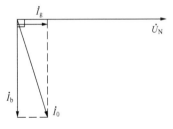

图 3 - 13 双绕组变压器空载运行时的相量图

$$U_N = \sqrt{3} I_0 \frac{1}{B_T} = \sqrt{3} I_b \frac{1}{B_T}$$

得

$$I_b = \frac{U_N}{\sqrt{3}} B_T$$

又由 $I_0 \% = \frac{I_0}{I_N} \times 100$ 得

$$I_0 = \frac{I_0 \%}{100} I_N = \frac{I_0 \%}{100} \times \frac{S_N}{\sqrt{3} U_N}$$

由 $I_b \approx I_0$ 可得

$$B_T = \frac{I_0 \% S_N}{100 U_N^2} \tag{3-27}$$

式中　　$B_T$——变压器的电纳，S；

　　　　$I_0\%$——变压器的空载电流百分值。

　　$U_N$ 及 $S_N$ 意义与式（3-24）相同。

　　求得变压器的阻抗、导纳后，即可作出变压器的等值电路。在电力系统计算中，常用 Γ 型等值电路，且励磁支路接电源侧。需注意，变压器电纳的符号与线路电纳的符号正相反，因前者为感性，而后者为容性。

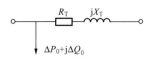

图 3-14　以励磁功率表示
的变压器 Γ 型等值电路

　　在工程计算中，因变压器的电压变化不太大，往往将变压器的励磁支路参数直接以额定电压下的励磁功率来表示，于是变压器的等值电路又可用图 3-14 表示。其中励磁功率损耗为

$$\left.\begin{array}{l} \Delta P_0 = \dfrac{P_0}{1000} \quad (MW) \\[3mm] \Delta Q_0 = \dfrac{I_0\%S_N}{100} \quad (Mvar) \end{array}\right\} \quad (3-28)$$

式中　　$P_0$——变压器的空载损耗，kW；

　　　　$I_0\%$——变压器的空载电流百分值；

　　　　$S_N$——变压器的额定容量，MVA；

　　　　$\Delta P_0$——在额定运行条件下变压器励磁支路的有功损耗；

　　　　$\Delta Q_0$——在额定运行条件下变压器励磁支路的无功损耗。

　　**例 3-2**　试计算 SFL1-20000/110 型双绕组变压器归算到高压侧的参数，并画出它的等值电路。变压器铭牌给出该变压器的变比为 110/11kV、$S_N=20MVA$、$P_k=135kW$、$P_0=22kW$、$U_k\%=10.5$、$I_0\%=0.8$。

　　**解**　按照式（3-24），由短路损耗 $P_k=135kW$ 可求得变压器电阻为

$$R_T = \frac{P_k U_N^2}{1000 S_N^2} = \frac{135 \times 110^2}{1000 \times 20^2} = 4.08(\Omega)$$

　　按照式（3-25），由短路电压百分值 $U_k\%=10.5$ 可求得变压器电抗为

$$X_T = \frac{U_k\% U_N^2}{100 S_N} = \frac{10.5 \times 110^2}{100 \times 20} = 63.53(\Omega)$$

　　按照式（3-26），由空载损耗 $P_0=22kW$ 可求得变压器励磁支路的电导为

$$G_T = \frac{P_0}{1000 U_N^2} = \frac{22}{1000 \times 110^2} = 1.82 \times 10^{-6}(S)$$

　　按照式（3-27），由空载电流百分值 $I_0\%=0.8$ 可求得变压器励磁支路的电纳为

$$B_T = \frac{I_0\% S_N}{100 U_N^2} = \frac{0.8 \times 20}{100 \times 110^2} = 1.32 \times 10^{-5}(S)$$

　　于是，等值电路如图 3-15 所示。

　　（二）三绕组变压器

　　三绕组变压器的等值电路如图 3-16 所示。阻抗支路较双绕组变压器多了一个支路，$Z_{T1}=R_{T1}+jX_{T1}$、$Z_{T2}=R_{T2}+jX_{T2}$、$Z_{T3}=R_{T3}+jX_{T3}$ 分别为在忽略励磁电流条件下得到的、折合到同一电压等级的三个绕组的等值阻抗。变压器的励磁支路仍以导纳 $Y_T$（$Y_T=G_T-jB_T$）表示，它代表励磁回路在同一电压等级下的等值导纳。

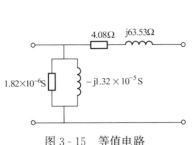

图 3-15  等值电路

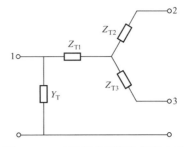

图 3-16  三绕组变压器的等值电路

计算三绕组变压器各绕组阻抗及励磁支路导纳的方法与计算双绕组变压器时没有本质的区别，也是根据厂家提供的一些短路试验数据和空载试验数据求取。但由于三绕组变压器三绕组的容量比有不同的组合，且各绕组在铁芯上的排列又有不同方式，所以存在一些归算问题。

三绕组变压器按三个绕组容量比的不同有三种不同类型。第一种为 100%/100%/100%，即三个绕组的容量都等于变压器额定容量。第二种为 100%/100%/50%，即第三绕组的容量仅为变压器额定容量的 50%。第三种为 100%/50%/100%，即第二绕组的容量仅为变压器额定容量的 50%。

三绕组变压器出厂时，厂家提供三个绕组两两间做短路试验测得的短路损耗 $P_{k(1-2)}$、$P_{k(2-3)}$、$P_{k(3-1)}$ 和两两间的短路电压百分值 $U_{k(1-2)}\%$、$U_{k(2-3)}\%$、$U_{k(3-1)}\%$；空载试验数据仍提供空载损耗 $P_0$，空载电流百分值 $I_0\%$。根据这些数据可求得变压器各绕组的等值阻抗及其励磁支路的导纳。

1. 求各绕组的等值电阻（$R_{T1}$、$R_{T2}$、$R_{T3}$）

对第一种类型变量比为 100%/100%/100% 的变压器，由已知的三绕组变压器两两间的短路损耗 $P_{k(1-2)}$、$P_{k(2-3)}$、$P_{k(3-1)}$ 来求取电阻 $R_{T1}$、$R_{T2}$、$R_{T3}$。由于

$$\left.\begin{aligned} P_{k(1-2)} &= P_{k1} + P_{k2} \\ P_{k(2-3)} &= P_{k2} + P_{k3} \\ P_{k(3-1)} &= P_{k3} + P_{k1} \end{aligned}\right\}$$

所以可求得各绕组的短路损耗为

$$\left.\begin{aligned} P_{k1} &= \frac{1}{2}\left[P_{k(1-2)} + P_{k(3-1)} - P_{k(2-3)}\right] \\ P_{k2} &= \frac{1}{2}\left[P_{k(1-2)} + P_{k(2-3)} - P_{k(3-1)}\right] \\ P_{k3} &= \frac{1}{2}\left[P_{k(2-3)} + P_{k(3-1)} - P_{k(1-2)}\right] \end{aligned}\right\} \tag{3-29}$$

然后按与双绕组变压器相似的计算公式计算各绕组的电阻为

$$\left.\begin{aligned} R_{T1} &= \frac{P_{k1}U_N^2}{1000 S_N^2} \\ R_{T2} &= \frac{P_{k2}U_N^2}{1000 S_N^2} \\ R_{T3} &= \frac{P_{k3}U_N^2}{1000 S_N^2} \end{aligned}\right\} \tag{3-30}$$

对于第二、第三种类型变量比的变压器，由于各绕组的容量不同，厂家提供的短路损耗数据不是额定情况下的数据，而是使绕组中容量较大的一个绕组达到 $I_N/2$ 的电流、容量较小的一个绕组达到它本身的额定电流时，测得的这两绕组间的短路损耗，所以应先将两绕组间的短路损耗数据折合为额定电流下的值，再运用上述公式求取各绕组的短路损耗和电阻。

例如，对变量比为 $100\%/50\%/100\%$ 的变压器，厂家提供的短路损耗 $P_{k(1-2)}$、$P_{k(2-3)}$ 都是第二绕组中流过它本身的额定电流，即 $1/2$ 变压器额定电流时测得的数据。因此应首先将它们归算到对应于变压器的额定电流时的短路损耗，即

$$\left.\begin{aligned}P_{k(1-2)} &= \left(\frac{I_N}{I_N/2}\right)^2 P'_{k(1-2)} = \left(\frac{S_{N1}}{S_{N2}}\right)^2 P'_{k(1-2)}\\P_{k(2-3)} &= \left(\frac{I_N}{I_N/2}\right)^2 P'_{k(2-3)} = \left(\frac{S_{N3}}{S_{N2}}\right)^2 P'_{k(2-3)}\\P_{k(3-1)} &= P'_{k(3-1)}\end{aligned}\right\} \quad (3\text{-}31)$$

然后再按式（3-29）及式（3-30）求得各绕组的电阻。

有时，对三个绕组的容量分布不均的变压器，如 $100\%/100\%/50\%$、$100\%/100\%/66.7\%$ 类型变压器，一般厂家仅提供一个最大短路损耗 $P_{k\cdot max}$。所谓最大短路损耗，是指做短路试验时，让两个 $100\%$ 容量的绕组中流过额定电流、另一个容量较小的绕组空载所测得的短路损耗。这时的损耗为最大，可由 $P_{k\cdot max}$ 求得两个 $100\%$ 容量绕组的电阻，然后根据"按同一电流密度选择各绕组导线截面积"的变压器设计原则，得到另一个绕组的电阻。

如设第一、二绕组的容量为 $S_N$，第三绕组开路，$S_{N3}=0$，则有

$$P_{k\cdot max} = 3I_N^2(R_{T1}+R_{T2}) = 6I_N^2 R_{T(100)} = 2\frac{S_N^2}{U_N^2}R_{T(100)}$$

故

$$R_{T(100)} = \frac{P_{k\cdot max}U_N^2}{2S_N^2}$$

采用工程单位后，即有

$$R_{T(100)} = \frac{P_{k\cdot max}U_N^2}{2000S_N^2} \quad (3\text{-}32)$$

式中　$R_{T(100)}$——$100\%$ 容量绕组的电阻，$\Omega$，本例为 $R_{T(100)}=R_{T1}=R_{T2}$；

　　$P_{k\cdot max}$——最大短路损耗，kW。

　　$U_N$、$S_N$ 意义与式（3-24）相同。

然后可求得另一个容量较小的绕组上的电阻，如 $R_{T(50)}=2R_{T(100)}$ 或 $R_{T(66.7)}=(100/66.7)\times R_{T(100)}$ 等。

2. 求各绕组的电抗（$X_{T1}$、$X_{T2}$、$X_{T3}$）

三绕组变压器的电抗是根据厂家提供的各绕组两两间的短路电压百分值 $U_{k(1-2)}\%$、$U_{k(2-3)}\%$、$U_{k(3-1)}\%$ 来求取的。由于三绕组变压器各绕组的容量比不同，各绕组在铁芯上排列方式不同，因而，各绕组两两间的短路电压也不同。

三绕组变压器按其三个绕组在铁芯上排列方式的不同，有两种不同的结果，即升压结构和降压结构，如图 3-17 所示。高、中、低压绕组分别用 1、2、3 表示，对应的等值电路如图 3-18 所示。

图 3-17 (a) 示出了第一种排列方式。此时高压绕组与中压绕组之间间隙相对较大，即

漏磁通道较大,相应的短路电压 $U_{k(1-2)}\%$ 也大。此种排列方式使低压绕组与高、中压绕组的联系紧密,有利于功率由低压向高、中压侧传送,因此常用于升压变压器,此种结构也称为升压结构。由图 3-17(a)可看出,在低压绕组电抗 $X_3$ 上通过的是全功率,功率由低压绕组向中、高压侧传送,两个交换功率的绕组之间,其漏磁通道均较小,这样 $U_{k(3-1)}\%$、$U_{k(2-3)}\%$ 都较小。

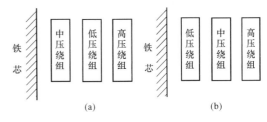

图 3-17 三绕组变压器绕组的两种排列方式
(a)第一种排列方式——升压结构;
(b)第二种排列方式——降压结构

图 3-17(b)示出了第二种排列方式,此时高、低压绕组间间隙相对较大,即漏磁通道较大,相应的短路电压 $U_{k(3-1)}\%$ 也大,此种绕组排列使高压绕组与中压绕组联系紧密,有

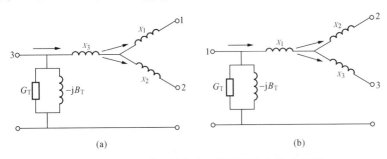

图 3-18 升、降压结构变压器的等值电路示意图
(a)升压结构;(b)降压结构

利于功率从高压向中压侧传送,因此常用于降压变压器,此种结构也称降压结构。由图 3-17(b)可看出,功率由高压侧向中、低压侧传送。若从高压侧来的功率主要是通过中压绕组($X_2$)外送,则应选这种排列方式的变压器。

表 3-6 列出了 110kV 三绕组变压器在不同的绕组排列方式下的短路电压百分值。

**表 3-6** 三相三绕组变压器的短路电压百分值

| 排列方式 | $U_{k(1-2)}\%$ | $U_{k(3-1)}\%$ | $U_{k(2-3)}\%$ |
|---|---|---|---|
| 第一种排列方式 | 17.5 | 10.5 | 6.5 |
| 第二种排列方式 | 10.5 | 17.5 | 6.5 |

由表 3-6 可见,由于绕组的排列方式不同,各两绕组间的漏磁通以及与此相应的短路电压百分值不同,进而各绕组上的等值电抗也会不同。

可先由绕组两两间短路电压百分值 $U_{k(1-2)}\%$、$U_{k(2-3)}\%$、$U_{k(3-1)}\%$ 求出各绕组的短路电压百分值。由于

$$\left.\begin{array}{l} U_{k(1-2)}\% = U_{k1}\% + U_{k2}\% \\ U_{k(2-3)}\% = U_{k2}\% + U_{k3}\% \\ U_{k(3-1)}\% = U_{k3}\% + U_{k1}\% \end{array}\right\}$$

所以

$$\left.\begin{array}{l} U_{k1}\% = \dfrac{1}{2}\left[U_{k(1-2)}\% + U_{k(3-1)}\% - U_{k(2-3)}\%\right] \\[2mm] U_{k2}\% = \dfrac{1}{2}\left[U_{k(1-2)}\% + U_{k(2-3)}\% - U_{k(3-1)}\%\right] \\[2mm] U_{k3}\% = \dfrac{1}{2}\left[U_{k(2-3)}\% + U_{k(3-1)}\% - U_{k(1-2)}\%\right] \end{array}\right\} \quad (3-33)$$

再按与双绕组变压器相似的公式，求各绕组的等值电抗

$$X_{T1}=\frac{U_{k1}\%U_N^2}{100S_N}$$

$$X_{T2}=\frac{U_{k2}\%U_N^2}{100S_N}$$ $\left.\begin{array}{l}\\\\\\\\\end{array}\right\}$ （3-34）

$$X_{T3}=\frac{U_{k3}\%U_N^2}{100S_N}$$

与求取电阻时不同，按国家标准规定，对于绕组容量不等的普通三绕组变压器给出的短路电压，已是归算到各绕组通过变压器额定电流时的值，因此计算电抗时，对短路电压不必再进行归算。

3. 电导 $G_T$ 和电纳 $B_T$

求取三绕组变压器励磁支路导纳的方法与双绕组变压器相同，即仍可用式（3-26）求电导 $G_T$，用式（3-27）求电纳 $B_T$。

三绕组变压器的励磁支路也可以用励磁功率 $\Delta P_0 + j\Delta Q_0$ 来表示。

（三）自耦变压器

因为自耦电力变压器只能用于中性点直接接地的电网中，所以电力系统中广泛应用的自耦变压器都是星形接法。自耦电力变压器除了自耦联系的高压绕组和中压绕组外，还有一个第三绕组。由于铁芯的饱和现象，电压和电流不免有三次谐波出现，为了消除三次谐波电流，所以第三绕组单独接成三角形，如图 3-19（a）所示。第三绕组与自耦联系的高压及中压绕组，只有磁的联系，无电的联系。第三绕组除补偿三次谐波电流外，还可以连接发电机、同步调相机以及作为变电站附近用户的供电电源或变电站的所用电源。因此，自耦变压器和一个普通的三绕组变压器等值电路相同，短路试验和空载试验相同，参数的确定也基本相同。唯一要注意的是：由于自耦电力变压器第三绕组的容量小，总是小于额定容量，厂家提供的短路试验数据中，不仅短路损耗没有归算，甚至短路电压百分值也是未经归算的数值。如需作这种归算，可将短路损耗 $P'_{k(3-1)}$、$P'_{k(2-3)}$ 乘以 $(S_N/S_3)^2$，将短路电压百分值 $U'_{k(3-1)}\%$、$U'_{k(2-3)}\%$ 乘以 $S_N/S_3$，即

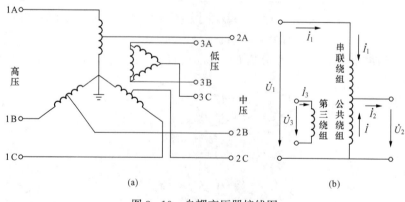

图 3-19　自耦变压器接线图

(a) 三相接线；(b) 单相接线

$$
\left.
\begin{aligned}
P_{k(1-2)} &= P'_{k(1-2)} \\
P_{k(2-3)} &= \left(\frac{S_N}{S_3}\right)^2 P'_{k(2-3)} \\
P_{k(3-1)} &= \left(\frac{S_N}{S_3}\right)^2 P'_{k(3-1)}
\end{aligned}
\right\}
\tag{3-35}
$$

$$
\left.
\begin{aligned}
U_{k(1-2)}\% &= U'_{k(1-2)}\% \\
U_{k(2-3)}\% &= \frac{S_N}{S_3} U'_{k(2-3)}\% \\
U_{k(3-1)}\% &= \frac{S_N}{S_3} U'_{k(3-1)}\%
\end{aligned}
\right\}
\tag{3-36}
$$

然后再按式（3-29）、式（3-30）求各绕组的电阻，按式（3-33）、式（3-34）求各绕组的电抗。

自耦变压器的励磁支路与普通变压器的励磁支路表示方法相同，参数计算方法也相同。

**例 3-3** 某变电站装设一台 OSFPSL－90000/220 型三相三绕组自耦变压器，各绕组电压 220/121/38.5kV，容量比 100％/100％/50％。实测的空载短路试验数据为：$P'_{k(1-2)}=$ 330kW，$P'_{k(3-1)}=265$kW，$P'_{k(2-3)}=277$kW；$U'_{k(1-2)}\%=9.09$，$U'_{k(3-1)}\%=16.45$，$U'_{k(2-3)}\%=$ 10.75；$P_0=59$kW；$I_0\%=0.332$。试求该自耦变压器的参数并绘制等值电路。

**解** 归算短路损耗

$$
P_{k(1-2)} = P'_{k(1-2)} = 333(\text{kW})
$$

$$
P_{k(3-1)} = \left(\frac{S_N}{S_3}\right)^2 P'_{k(3-1)} = \left(\frac{100}{50}\right)^2 \times 265 = 1060(\text{kW})
$$

$$
P_{k(2-3)} = \left(\frac{S_N}{S_3}\right)^2 P'_{k(2-3)} = \left(\frac{100}{50}\right)^2 \times 277 = 1108(\text{kW})
$$

再根据式（3-29）求各绕组的短路损耗

$$
P_{k1} = \frac{1}{2} \times (333 + 1060 - 1108) = 142.5(\text{kW})
$$

$$
P_{k2} = \frac{1}{2} \times (333 + 1108 - 1060) = 190.5(\text{kW})
$$

$$
P_{k3} = \frac{1}{2} \times (1108 + 1060 - 333) = 917.5(\text{kW})
$$

根据式（3-30）求各绕组的电阻为

$$
R_{T1} = \frac{P_{k1}U_N^2}{1000S_N^2} = \frac{142.5 \times 220^2}{1000 \times 90^2} = 0.85(\Omega)
$$

$$
R_{T2} = \frac{P_{k2}U_N^2}{1000S_N^2} = \frac{190.5 \times 220^2}{1000 \times 90^2} = 1.14(\Omega)
$$

$$
R_{T3} = \frac{P_{k3}U_N^2}{1000S_N^2} = \frac{917.5 \times 220^2}{1000 \times 90^2} = 5.48(\Omega)
$$

归算短路电压

$$
U_{k(1-2)}\% = U'_{k(1-2)}\% = 9.09
$$

$$U_{k(3-1)}\% = \frac{S_N}{S_3}U'_{k(3-1)}\% = \frac{100}{50} \times 16.45 = 32.9$$

$$U_{k(2-3)}\% = \frac{S_N}{S_3}U'_{k(2-3)}\% = \frac{100}{50} \times 10.75 = 21.5$$

再根据式（3-33）求各绕组的短路电压为

$$U_{k1}\% = \frac{1}{2} \times (9.09 + 32.9 - 21.5) = 10.245$$

$$U_{k2}\% = \frac{1}{2} \times (9.09 + 21.5 - 32.9) = -1.155$$

$$U_{k3}\% = \frac{1}{2} \times (21.5 + 32.9 - 9.09) = 22.655$$

根据式（3-34）求各绕组的等值电抗为

$$X_{T1} = \frac{U_{k1}\% U_N^2}{100 S_N} = \frac{10.245 \times 220^2}{100 \times 90} = 55.10(\Omega)$$

$$X_{T2} = \frac{U_{k2}\% U_N^2}{100 S_N} = \frac{1.155 \times 220^2}{100 \times 90} = 6.21(\Omega)$$

$$X_{T3} = \frac{U_{k3}\% U_N^2}{100 S_N} = \frac{22.655 \times 220^2}{100 \times 90} = 121.83(\Omega)$$

励磁支路的电导和电纳计算

$$G_T = \frac{P_0}{1000 U_N^2} = \frac{59}{1000 \times 220^2} = 1.22 \times 10^{-6}(S)$$

$$B_T = \frac{I_0\% S_N}{100 U_N^2} = \frac{0.332 \times 90}{100 \times 220^2} = 6.17 \times 10^{-6}(S)$$

等值电路如图 3-20 所示。

### 四、发电机、负荷的参数和等值电路

1. 发电机的参数和等值电路

发电机是供电的电源，其等值电路有两种形式，如图 3-21 所示。

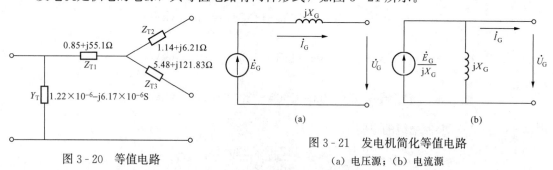

图 3-20　等值电路

图 3-21　发电机简化等值电路
(a) 电压源；(b) 电流源

在电力系统分析中，一般可不计发电机的电阻，因此，发电机参数只有一个电抗 $X_G$。

一般发电机出厂时，厂家提供的参数有发电机额定容量 $S_N$，额定有功功率 $P_N$，额定功率因素 $\cos\varphi_N$，额定电压 $U_{GN}$ 及电抗百分值 $X_G\%$，据此可求得发电机电抗 $X_G$。

按百分值定义 $X_G\% = \frac{X_G}{X_N} \times 100$，而 $X_N = \frac{U_{GN}}{\sqrt{3}I_N}$，$I_N = \frac{S_N}{\sqrt{3}U_{GN}}$，代入可解得

$$X_G = \frac{X_G\% U_{GN}^2}{100 S_N} \tag{3-37}$$

式中 $X_G$——发电机电抗，$\Omega$；

$X_G\%$——发电机电抗百分值；

$U_{GN}$——发电机的额定电压，kV；

$S_N$——发电机的额定功率，MVA。

2. 负荷的功率和阻抗

这里所指的负荷是系统中母线上所带的负荷。根据工程上对计算要求的精度不同，负荷的表示方法也不同，一般有如下几种表示方法：

（1）把负荷表示成恒定功率 $P_L=c$，$Q_L=c$；

（2）把负荷表示成恒定阻抗 $Z_L=c$；

（3）用感应电机的机械特性表示负荷（转矩与转速关系）；

（4）用负荷的静态特性方程表示负荷（负荷与频率的特性关系）。

通常最常用的是前两种，其等值电路如图 3-22 所示。

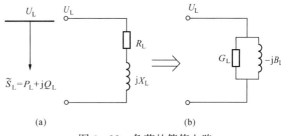

图 3-22 负荷的等值电路
(a) 用恒定功率表示负荷；(b) 用恒定阻抗及导纳表示负荷

负荷以恒定功率表示时，通常采用 $\widetilde{S}=\dot{U}\overset{*}{I}$ 表示复功率，因此负荷功率可表示为

$$\widetilde{S}_L=\dot{U}_L\overset{*}{I}_L=U_LI_L\angle(\varphi_u-\varphi_i)=U_LI_L\angle\varphi_L$$
$$=U_LI_L\cos\varphi_L+jU_LI_L\sin\varphi_L=P_L+jQ_L \tag{3-38}$$

式中 $P_L$——有功功率；

$Q_L$——无功功率。

可见，负荷为感性时，负荷端电压 $\dot{U}_L$ 超前于负荷电流 $\dot{I}_L$ 一个 $\varphi_L$ 角。

负荷以恒定阻抗表示时，阻抗值与功率、电压的关系如下：

由 $\widetilde{S}_L=\dot{U}_L\overset{*}{I}_L=\dot{U}_L\left(\dfrac{\overset{*}{U}_L}{\overset{*}{Z}_L}\right)=\dfrac{\dot{U}_L\overset{*}{U}_L}{\overset{*}{Z}_L}$ 得

$$Z_L=\frac{\overset{*}{U}_L\dot{U}_L\dot{S}_L}{\overset{*}{\widetilde{S}}_L\dot{S}_L}=\frac{U_L^2}{S_L^2}\dot{S}_L=\frac{U_L^2}{S_L^2}(P_L+jQ_L)=R_L+jX_L \tag{3-39}$$

显然，$R_L=\dfrac{U_L^2}{S_L^2}P_L$，$X_L=\dfrac{U_L^2}{S_L^2}Q_L$。

当然，负荷也可以以恒定导纳表示，其导纳为

$$Y_L=\frac{1}{Z_L}=\frac{1}{R_L+jX_L}=\frac{R_L}{R_L^2+X_L^2}-j\frac{X_L}{R_L^2+X_L^2}=G_L-jB_L \tag{3-40}$$

## 第三节 电力系统的等值电路

第二节讨论了电力系统各主要元件的参数和等值电路。显然，电力系统的等值电路就由这些单个元件的等值电路组成。考虑到电力系统中可能有多个变压器存在，也就有不同的电

压等级，因此不能仅仅将这些单元件的等值电路按元件原有参数简单的相连，而要进行适当的参数归算，将全系统各元件的参数归算至同一个电压等级，才能将各元件的等值电路连接起来，称为系统的等值电路。

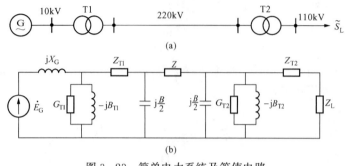

图 3-23　简单电力系统及等值电路
(a) 接线图；(b) 等值电路

究竟将参数归算到哪一个电压等级，要视具体情况而定，归算到哪一级，就称哪一级为基本级。在电力系统潮流计算中，一般选系统的最高电压等级为基本级。对图 3-23 (a) 所示的简单电力系统，如果选 220kV 电压等级为基本级，将各元件的参数全部归算到基本级后，即可连成系统的等值电路，如图 3-23 (b) 所示。

电力系统的等值电路是进行电力系统各种电气计算的基础。在电力系统的等值电路中，其元件参数可以用有名值表示，也可以用标幺值表示，这取决于计算的需要。

**一、用有名值计算时的电压级归算**

求得各元件的等值电路后，就可以根据电力系统的电气接线图绘制出整个系统的等值电路图，但要注意电压等级的归算。对于多电压等级的复杂系统，首先应选好基本级，其参数归算过程如下。

(1) 选基本级。基本级的确定取决于研究的问题所涉及的电压等级。如在电力系统稳态计算时，一般以最高电压等级为基本级；在进行短路计算时，以短路点所在的电压等级为基本级。

(2) 确定变比。变压器的变比分为两种，即额定变比和平均额定变比。

额定变比是指变压器两侧的额定电压之比；平均额定变比是指变压器两侧母线的平均额定电压之比。变压器的变比是基本级侧的电压比上待归算级侧的电压。

(3) 参数归算。工程上要求的精度不同，参数的归算要求也不同。在精度要求比较高的场合，采用变压器的额定变比进行归算，即准确归算法。在精度要求不太高的场合，采用变压器的平均额定变比进行归算，即近似归算法。

1) 准确归算法

变压器的额定变比为

$$K = \frac{\text{基本级侧的额定电压}}{\text{待归算级侧的额定电压}} \qquad (3-41)$$

按这个变比把参数归算到基本级。

设待归算级的参数为 $Z$、$Y$、$U$、$I$，归算到基本级后的参数为 $Z'$、$Y'$、$U'$、$I'$，二者关系为

$$Z' = K^2 Z, \; Y' = \frac{1}{K^2} Y, \; U' = KU, \; I' = \frac{1}{K} I \qquad (3-42)$$

$K = K_1, \; K_2, \cdots, \; K_n$。

2) 近似归算法

采用变压器的平均额定变比进行参数归算，而变压器两侧母线的平均额定电压一般较网

络的额定电压高近似 $5\%$。

各级额定电压和平均额定电压见表 3 - 7。

| 表 3 - 7 | | | 额定电压和平均额定电压 | | | | | (kV) |
|---|---|---|---|---|---|---|---|---|
| 额定电压 $U_N$ | 3 | 6 | 10 | 35 | 110 | 220 | 330 | 500 |
| 平均额定电压 $U_{av}$ | 3.15 | 6.3 | 10.5 | 37 | 115 | 230 | 345 | 525 |

变压器平均额定变比

$$K_{av} = \frac{U_{avb}}{U_{av}} \tag{3 - 43}$$

式中　　$U_{avb}$ ——基本级侧的平均额定电压；

　　　　$U_{av}$ ——待归算级侧的平均额定电压。

采用平均额定变比时，参数的归算可按下式进行，

$$Z' = K_{av}^2 Z, \; Y' = \frac{1}{K_{av}^2} Y, \; U' = K_{av} U, \; I' = \frac{1}{K_{av}} I \tag{3 - 44}$$

采用平均额定电压的优越性在于：对多电压等级的复杂网，参数的归算按近似归算法进行时，可以大大减轻计算工作量。

**例 3 - 4**　图 3 - 24 所示的电力系统给出了变压器两侧的额定电压，末端负荷以恒定功率表示，试用准确归算法和近似归算法将参数归算至基本级。

图 3 - 24　简单电力系统

**解**　（1）选定基本级 220kV 级。

（2）确定变比。

额定变比　　　　　　$K_1 = 242/10.5$，$K_2 = 220/121$，$K_3 = 110/11$

平均额定变比　　　　$K_1 = 230/10.5$，$K_2 = 230/115$，$K_3 = 115/10.5$

（3）参数归算。

准确归算　　　　$Z'_L = Z_L K_3^2 K_2^2 = Z_L \left(\frac{110}{11}\right)^2 \times \left(\frac{220}{121}\right)^2$

近似归算　　$Z'_L = Z_L K_3^2 K_2^2 = Z_L \left(\frac{115}{10.5}\right)^2 \times \left(\frac{230}{115}\right)^2 = Z_L \left(\frac{230}{10.5}\right)^2$

可见采用平均额定变比时，归算过程中中间电压等级的电压可以上下抵消。所以中间的变压器变比已知与否无关紧要，只要知道本级和待归算级的电压，就可将参数归算到基本级去，显然较按额定变比进行参数归算简化。对于经多个变压器变比才能归算到基本级的情况，采用平均额定变比进行归算的优越性更为明显。

**二、标幺值计算时的电压级归算**

所谓标幺制是相对单位制的一种表示方法，在标幺制中参与计算的各物理量都是用无单位的相对数值表示。标幺值的一般数学表达式为

$$标幺值 = \frac{实际值（任意单位）}{基准值（与实际值同单位）} \tag{3 - 45}$$

标幺值之所以在电力系统计算中广泛采用，是因为它有很多优点。

1. 标幺值的特点

（1）标幺值是无单位的量（为两个同量纲量的数值比）。某物理量的标幺值不是固定的，

随着基准值的不同而不同。如发电机的电压 $U_G=10.5\text{kV}$，若选基准电压 $U_b=10\text{kV}$，则发电机电压的标幺值 $U_{G*}=10.5/10=1.05$；若选基准电压 $U_b=10.5\text{kV}$，则发电机电压的标幺值为 $U_{G*}=10.5/10.5=1.0$。两种情况，虽然标幺值不同，但它们表示的物理量却是一个。两者之间的不同是因为基准值选得不同。所以当谈及一个物理量的标幺值时，必须同时说明它的基准值。

（2）标幺值计算具有结果清晰，便于迅速判断计算结果的正确性，可大大简化计算等优点。从上面的例子还可以看出，只要基准值取得恰当，采用标幺值可将一个很复杂的数字变成一个很简单的数字，从而使计算得到简化。工程上都习惯把额定值选为该物理量的基准值，这样如果该物理量处于额定状态下，其标幺值为 1.0，标幺值的名字即由此而来。

（3）标幺值与百分值有关系，即

$$百分值=标幺值\times100 \tag{3-46}$$

在进行电力系统分析和计算时，会发现有些物理量的百分值是已知的，可利用标幺值与百分值的关系求得标幺值。百分值也是一个相对值，两者的意义很接近。但在电力系统的计算中，标幺值应用较百分值要广泛得多，因为利用标幺值计算比较方便。

标幺值还有其他特点，在此不多述。

2. 三相系统中基准值的选择

采用标幺值进行计算时，第一步的工作是选取各个物理量的基准值，当基准值选定后，它所对应的标幺值即可根据标幺值的定义很容易地计算出来。

通常，对于对称的三相电力系统进行分析和计算时，均化成等值星形电路。因此，电压、电流的线和相之间的关系以及三相功率与单相功率之间的关系为

$$\left.\begin{array}{l} I=I_{ph}\\ U=\sqrt{3}U_{ph}\\ S=3S_{ph} \end{array}\right\} \tag{3-47}$$

式中　$U$、$U_{ph}$——分别为线电压、相电压；
　　　$I$、$I_{ph}$——分别为线电流、相电流；
　　　$S$、$S_{ph}$——分别为三相、单相功率。

电力系统计算中，五个能反映元件特性的电气量 $U$、$I$、$Z$、$Y$、$S$ 不是相互独立的，在有名制中它们存在如下关系

$$\left.\begin{array}{l} S=\sqrt{3}UI\\ U=\sqrt{3}IZ\\ Z=\dfrac{1}{Y} \end{array}\right\}$$

在基准值中，由于基准值选择有两个限制条件：①基准值的单位与有名值单位相同；②各电气量的基准值之间符合电路的基本关系式。因此有

$$\left.\begin{array}{l} S_b=\sqrt{3}U_bI_b\\ U_b=\sqrt{3}I_bZ_b\\ Z_b=\dfrac{1}{Y_b} \end{array}\right\} \tag{3-48}$$

式中 $Z_b$、$Y_b$——每相阻抗、导纳的基准值;

$\quad\quad U_b$、$I_b$——线电压、线电流的基准值;

$\quad\quad S_b$——三相功率的基准值。

从原则上讲,五个电气量可以任意选择它们各自的基准值,但为了使基准值之间也同有名值一样满足电路基本关系式,一般首先选定 $S_b$、$U_b$ 为功率和电压的基准值,其他三个基准值可按电路关系派生出来,即有

$$\left.\begin{array}{l} Z_b = \dfrac{U_b^2}{S_b} \\[3mm] Y_b = \dfrac{S_b}{U_b^2} \\[3mm] I_b = \dfrac{S_b}{\sqrt{3}\,U_b} \end{array}\right\} \tag{3-49}$$

**3. 标幺值用于三相系统**

虽然在有名制中某物理量在三相系统中和单相系统中是不相等的,如线电压和相电压存在 $\sqrt{3}$ 倍的关系,三相功率与单相功率存在 3 倍的关系,但它们在标幺制中是相等的,即有

$$U_* = \frac{U}{U_b} = \frac{\sqrt{3}\,IZ}{\sqrt{3}\,I_b Z_b} = I_* Z_* = U_{ph*}$$

$$S_* = \frac{S}{S_b} = \frac{\sqrt{3}\,IU}{\sqrt{3}\,I_b U_b} = I_* U_* = S_{(1)*}$$

可见,采用标幺制时,线电压等于相电压,三相功率等于单相功率。这就省去了那种线电压与相电压之间 $\sqrt{3}$ 倍的关系,三相功率与单相功率之间 3 倍的关系。显然标幺制也给计算带来方便。

**4. 采用标幺制时的电压级归算**

对多电压等级的网络,网络参数必须归算到同一个电压等级上。若这些网络参数是以标幺值表示的,则这些标幺值是以基本级上取的基准值为基准的标幺值。

若要求作出图 3-25 所示电力网的等值电路,其参数以标幺值表示。下面以图中所指的基本级和待归算级为例,说明参数的归算方法。

图 3-25 简单电力网

根据计算精度要求不同,参数在归算过程中可按变压器额定变比归算,也可按平均额定变比归算。其归算途径有两个:

(1)先将网络中各待归算级各元件的阻抗、导纳以及电压、电流的有名值参数归算到基本级上,然后再按除以基本级上与之相对应的基准值,得到标幺值参数,即先进行有名值归算,后取标幺值。

归算过程中用到的公式为

$$（归算）\qquad（取标幺值）$$

$$
\left.
\begin{aligned}
Z' &= K^2 Z & Z_* &= \frac{Z'}{Z_b} = Z'\frac{S_b}{U_b^2} \\[2mm]
Y' &= \frac{1}{K^2}Y & Y_* &= \frac{Y'}{Y_b} = Y'\frac{U_b^2}{S_b} \\[2mm]
U' &= KU & U_* &= \frac{U'}{U_b} \\[2mm]
I' &= \frac{1}{K}I & I_* &= \frac{I'}{I_b} = I'\frac{\sqrt{3}U_b}{S_b}
\end{aligned}
\right\}
\qquad (3\text{-}50)
$$

式中　　　　$Z$、$Y$、$U$、$I$——分别为待归算级的有名值阻抗、导纳、电压和电流；

　　　　　　$Z'$、$Y'$、$U'$、$I'$——分别为归算到基本级的有名值阻抗、导纳、电压和电流；

$Z_b$、$Y_b$、$U_b$、$I_b$、$S_b$——分别为基本级上的基准值阻抗、导纳、电压、电流和功率；

　$Z_*$、$Y_*$、$U_*$、$I_*$——分别为以基本级上的基准值为基准的标幺值阻抗、导纳、电压和电流。

（2）先将基本级上的基准值电压或电流、阻抗、导纳归算到各待归算级，然后再分别去除待归算级上相应的电压、电流、阻抗、导纳，得到标幺值参数，即先进行基准值归算，后取标幺值。

归算过程中用到的公式为

$$（归算）\qquad（取标幺值）$$

$$
\left.
\begin{aligned}
Z'_b &= \frac{Z_b}{K^2} & Z_* &= \frac{Z'}{Z'_b} = Z'\frac{S_b}{U_b'^2} \\[2mm]
Y'_b &= K^2 Y_b & Y_* &= \frac{Y'}{Y'_b} = Y'\frac{U_b'^2}{S_b} \\[2mm]
U'_b &= \frac{1}{K}U_b & U_* &= \frac{U'}{U'_b} \\[2mm]
I'_b &= K I_b & I_* &= \frac{I'}{I'_b} = I'\frac{\sqrt{3}U'_b}{S_b}
\end{aligned}
\right\}
\qquad (3\text{-}51)
$$

式中　　$Z_b$、$Y_b$、$U_b$、$I_b$——分别为待归算级的基准值阻抗、导纳、电压和电流。

由于一般先取 $S_b$、$U_b$ 为基准值，而功率又不存在折合问题，因此实际上先做基准值归算时仅需基准电压的归算，而待归算级上的基准阻抗、导纳、电流可由基准功率和归算后的基准电压派生出来。

以上两种归算途径得到的标幺值是相等的。实际应用中，哪种方便用哪一种，或对哪种方法习惯用哪一种均可。

5. 基准值改变后的标幺值换算

在前面讨论的发电机、变压器、电抗器的电抗，厂家提供以百分值表示的数据 $X_G\%$、$U_k\%$、$X_L\%$。百分值除以 100 即得标幺值，但这些标幺值是以元件本身的额定参数（额定电压、额定容量）为基准的标幺值。在电力系统计算中，当选定基本级后，应把这些电抗标幺值换算成以基本级上的参数为基准的标幺值，则需先将已知的发电机、变压器、电抗器的标幺值电抗还原出它的有名值，再按所选定的基本级上的基准值为基准，且考虑所经的变压器变比，算出归算到基本级的标幺值电抗。

设 $Z_{0*}$ 是以元件本身的额定值为基准值的标幺值阻抗，求以选定的基本级上的基准值为基准的标幺值阻抗 $Z_{n*}$。

由 $Z_{0*}=Z\dfrac{S_{\mathrm{N}}}{U_{\mathrm{N}}^2}$，还原得 $Z=Z_{0*}\dfrac{U_{\mathrm{N}}^2}{S_{\mathrm{N}}}$，则

$$Z_{n*}=Z\frac{S_{\mathrm{b}}}{U_{\mathrm{b}}^2}=Z_{0*}\frac{U_{\mathrm{N}}^2}{S_{\mathrm{N}}}\frac{S_{\mathrm{b}}}{U_{\mathrm{b}}^2}=Z_{0*}\left(\frac{U_{\mathrm{N}}}{U_{\mathrm{b}}}\right)^2\frac{S_{\mathrm{b}}}{S_{\mathrm{N}}} \tag{3-52}$$

式中　$S_{\mathrm{N}}$、$U_{\mathrm{N}}$——元件本身的额定容量、额定电压。

于是，基准值改变后的发电机、变压器、电抗器的标幺值电抗为

$$\left.\begin{aligned}X_{\mathrm{G}*}&=\frac{X_{\mathrm{G}}\%}{100}\frac{U_{\mathrm{N}}^2}{U_{\mathrm{b}}^2}\frac{S_{\mathrm{b}}}{S_{\mathrm{N}}}\\[2mm]X_{\mathrm{T}*}&=\frac{U_{\mathrm{k}}\%}{100}\frac{U_{\mathrm{N}}^2}{U_{\mathrm{b}}^2}\frac{S_{\mathrm{b}}}{S_{\mathrm{N}}}\\[2mm]X_{\mathrm{L}*}&=\frac{X_{\mathrm{L}}\%}{100}\frac{U_{\mathrm{LN}}}{U_{\mathrm{b}}}\frac{I_{\mathrm{b}}'}{I_{\mathrm{LN}}}\end{aligned}\right\} \tag{3-53}$$

若各级电压的基准值正好等于各级电压额定值，即 $U_{\mathrm{b}}=U_{\mathrm{N}}$，上式又可得到简化。

以上讲了采用标幺制时的网络参数归算，显然较有名值归算复杂些，但对以后的电力系统潮流计算、调压计算及短路计算等，采用以标幺值参数表示的等值电路进行计算较为方便。

电力系统等值电路的绘制，即是将参数归算后的各元件的等值电路连接起来。为了以后的计算方便，等值电路越简单越好。

**例 3-5**　试用准确计算和近似计算法计算图 3-26 所示输电系统各元件的标幺值电抗，并标于等值电路中。

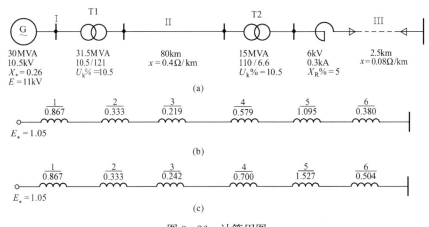

图 3-26　计算用图

(a) 接线图；(b) 准确计算电抗等值电路；(c) 近似计算电抗等值电路

**解**　(1) 准确计算法。

1) 选第 II 段为基本级。

2) 采用变压器的实际变比（或额定变比）。

$k_1=121/10.5=11.52$，$k_2=110/6.6=16.67$

3）将参数的有名值归算到基本级。

发电机：
$$x_1 = x_{0*} \frac{U_{GN}^2}{S_{GN}} = 0.26 \times \frac{10.5^2}{30} = 0.956(\Omega)$$

$$x_1' = k_1^2 x_1 = 11.52^2 \times 0.956 = 126.871(\Omega)$$

变压器 T1：
$$x_2 = \frac{u_k\%}{100} \cdot \frac{U_{T1N}^2}{S_{T1N}} = \frac{10.5}{100} \times \frac{121^2}{31.5} = 48.803(\Omega)$$

（本级为基本级不需再归算）

架空输电线：
$$x_3 = xl = 0.4 \times 80 = 32(\Omega)$$

变压器 T2：
$$x_4 = \frac{u_k\%}{100} \cdot \frac{U_{T2N}^2}{S_{T2N}} = \frac{10.5}{100} \times \frac{110^2}{15} = 84.700(\Omega)$$

电抗器：
$$x_5 = \frac{x_R\%}{100} \cdot \frac{U_{RN}^2}{S_{RN}} = \frac{x_R\%}{100} \cdot \frac{U_{RN}^2}{\sqrt{3} U_{RN} I_{RN}} = \frac{5}{100} \times \frac{6^2}{\sqrt{3} \times 6 \times 0.3} = 0.577(\Omega)$$

$$x_5' = k_2^2 x_5 = 16.67^2 \times 0.577 = 160.342(\Omega)$$

电缆线：
$$x_6 = xl = 0.08 \times 2.5 = 0.2(\Omega)$$

$$x_6' = k_2^2 x_6 = 16.67^2 \times 0.2 = 55.578(\Omega)$$

4）化为标幺值，取基准值：$U_b = 121kV$，$S_b = 100MVA$，则：

$$X_B = \frac{U_b^2}{S_b} = \frac{121^2}{100} = 146.41(\Omega)$$

$$x_{1*} = \frac{x_1'}{X_B} = \frac{126.871}{146.41} = 0.867$$

$$x_{2*} = \frac{x_2'}{X_B} = \frac{48.803}{146.41} = 0.333$$

$$x_{3*} = \frac{x_3'}{X_B} = \frac{32}{146.41} = 0.219$$

$$x_{4*} = \frac{x_4'}{X_B} = \frac{84.7}{146.41} = 0.579$$

$$x_{5*} = \frac{x_5'}{X_B} = \frac{160.342}{146.41} = 1.095$$

$$x_{6*} = \frac{x_6'}{X_B} = \frac{55.578}{146.41} = 0.380$$

5）电源电动势的标幺值
$$E' = Ek_1 = 11 \times 11.52 = 126.72(kV)$$

$$E_* = \frac{E'}{U_b} = \frac{126.72}{121} = 1.05$$

（2）近似计算法。采用变压器的平均额定变比，把参数的有名值归算到基本级，再选统一的基准将其化为标幺值。

各段的平均电压分别为：$U_{av1} = 10.5kV$，$U_{av2} = 115kV$，$U_{av3} = 6.3kV$。

$$k_1 = \frac{U_{av2}}{U_{av1}} = \frac{115}{10.5}, \quad k_2 = \frac{U_{av2}}{U_{av3}} = \frac{115}{6.3}$$

选第 II 段为基本级，取基准值：$U_b = 115kV$，$S_b = 100MVA$，则：

$$X_B = \frac{U_b^2}{S_b}$$

发电机：$x_{1*} = x_{0*} \cdot \frac{U_{GN}^2}{S_{GN}} \cdot k_1^2 \cdot \frac{S_b}{U_b^2} = 0.26 \times \frac{10.5^2}{30} \times \frac{115^2}{10.5^2} \times \frac{100}{115^2} = 0.867$

变压器 T1：$x_{2*} = \frac{u_k\%}{100} \cdot \frac{U_{T1N}^2}{S_{T1N}} \cdot \frac{S_b}{U_b^2} = \frac{10.5}{100} \times \frac{115^2}{31.5} \times \frac{100}{115^2} = 0.333$

架空输电线：$x_{3*} = x \cdot l \cdot \frac{S_b}{U_b^2} = 0.4 \times 80 \times \frac{100}{115^2} = 0.242$

变压器 T2：$x_{4*} = \frac{u_k\%}{100} \cdot \frac{U_{T2N}^2}{S_{T2N}} \cdot \frac{S_b}{U_b^2} = \frac{10.5}{100} \times \frac{115^2}{15} \times \frac{100}{115^2} = 0.7$

电抗器：$x_{5*} = \frac{x_R\%}{100} \cdot \frac{U_{RN}^2}{\sqrt{3} U_{RN} I_{RN}} \cdot k_2^2 \cdot \frac{S_b}{U_b^2} = \frac{5}{100} \times \frac{6^2}{\sqrt{3} \times 6 \times 0.3} \times \left(\frac{115}{6.3}\right)^2 \times \frac{100}{115^2} = 1.46$

电缆线：$x_{6*} = x \cdot l \cdot k_2^2 \cdot \frac{S_b}{U_b^2} = 0.08 \times 2.5 \times \left(\frac{115}{6.3}\right)^2 \times \frac{100}{115^2} = 0.504$

电源电动势：$E_* = E \cdot k_1 \cdot \frac{1}{U_b} = 11 \times \frac{115}{10.5} \times \frac{1}{115} = 1.05$

两种计算法计算的标幺值电抗表示的等值电路如图 3-26（b）和图 3-26（c）所示。

# 第四节　输电网的潮流分析

## 一、潮流分布

电力网的潮流分布，指的是电力系统在某一稳态的正常运行方式下，电力网络各节点的电压和支路功率的分布情况。

潮流分布计算，是按给定的电力系统接线方式、参数和运行条件，确定电力系统各部分稳态运行状态参量的计算。通常给定的运行条件有系统中各电源和负荷节点的功率、枢纽点电压、平衡节点的电压和相位角。待求的运行状态参量，包括各节点的电压及其相位角，以及流经各元件的功率、网络的功率损耗等。

潮流计算的主要目的：

（1）通过潮流计算，可以检查电力系统各元件（如变压器、输电线路等）是否过负荷，以及可能出现过负荷时应事先采取哪些预防措施等。

（2）通过潮流计算，可以检查电力系统各节点的电压是否满足电压质量的要求，还可以分析机组发电功率和负荷的变化，以及网络结构的变化对系统电压质量和安全经济运行的影响。

（3）根据对各种运行方式的潮流分布计算，可以帮助我们正确地选择系统接线方式，合理调整负荷，以保证电力系统安全、可靠地运行，向用户供给高质量的电能。

（4）根据功率分布，可以选择电力系统的电气设备和导线截面积，可以为电力系统继电保护整定计算提供必要的数据等。

（5）为电力系统的规划和扩建提供依据。

（6）为调压计算、经济运行计算、短路计算和稳定计算提供必要的数据。

　　潮流计算可以分为离线计算和在线计算两种方式。离线计算主要用于系统规划设计和运行中安排系统的运行方式，在线计算主要用于在运行中的系统经常性的监视和实时监控。

**二、简单电网的手工计算法**

1. 计算步骤

（1）由已知电气主接线图作出等值电路图；

（2）推算各元件的功率损耗和功率分布；

（3）计算各节点的电压；

（4）逐段推算其潮流分布。

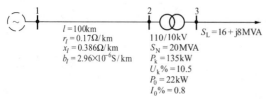

$l=100\text{km}$
$r_l=0.17\Omega/\text{km}$
$x_l=0.386\Omega/\text{km}$
$b_l=2.96\times10^{-6}\text{S/km}$

110/10kV
$S_\text{N}=20\text{MVA}$
$P_\text{k}=135\text{kW}$
$U_\text{k}\%=10.5$
$P_0=22\text{kW}$
$I_0\%=0.8$

$S_\text{L}=16+\text{j}8\text{MVA}$

图 3-27　简单电力系统图

2. 计算方法

基本计算方法，通过以下例题说明。

**例 3-6**　如图 3-27 所示简单电力系统，各元件参数标于图中，试用有名值计算该系统的潮流分布。（已知 $U_3=10.2\text{kV}$）

**解**　（1）作电力系统的等值电路，如图 3-28 所示。

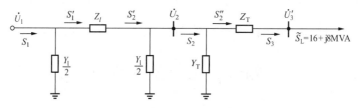

图 3-28　等值电路

归算到线路侧的参数计算为

$$Z_l=R_l+\text{j}X_l=(r_l+\text{j}x_l)l=(0.17+\text{j}0.386)\times100=17+\text{j}38.6(\Omega)$$

$$\frac{1}{2}Y_l=\text{j}b_l\times\frac{l}{2}=\frac{100}{2}\times\text{j}2.96\times10^{-6}=\text{j}1.48\times10^{-4}(\text{S})$$

$$Z_\text{T}=R_\text{T}+\text{j}X_\text{T}=\frac{p_\text{k}U_\text{N}^2}{1000S_\text{N}^2}+\text{j}\frac{U_\text{k}\%U_\text{N}^2}{100S_\text{N}}$$

$$=\frac{135\times110^2}{1000\times20^2}+\text{j}\frac{10.5\times110^2}{100\times20}=4.08+\text{j}63.52(\Omega)$$

$$Y_\text{T}=G_\text{T}-\text{j}B_\text{T}=\frac{p_0}{100U_\text{N}^2}-\text{j}\frac{I_0\%S_\text{N}}{1000U_\text{N}^2}$$

$$=\frac{22}{100\times110^2}-\text{j}\frac{0.8\times20}{100\times110^2}=(1.82-\text{j}13.2)\times10^{-6}(\text{S})$$

（2）潮流分布。

设 $\dot{U}_3=10.2\angle0°(\text{kV})$，则 $\dot{U}'_3=10.2\times\dfrac{110}{11}=102\angle0°(\text{kV})$。已知 $S_3=S_\text{L}=16+\text{j}8(\text{MVA})$，则

$$\Delta S_\text{T}=I_3^2Z_\text{T}=\left(\frac{S_3}{U_3}\right)^2Z_\text{T}=\frac{P_3^2+Q_3^2}{U_3^2}\times(R_\text{T}+\text{j}X_\text{T})$$

$$=\frac{16^2+8^2}{102^2}\times(4.08+j63.52)=0.125+j1.95(\text{MVA})$$

$$S''_2=S_3+\Delta S_T=(16+j8)+(0.125+j1.95)=16.13+j9.95(\text{MVA})$$

因为

$$\dot{U}_2=\dot{U}_3+\dot{I}_3 Z_T=\dot{U}_3+\left(\frac{S_3}{U_3}\right)^* Z_T=\dot{U}_3+\frac{P_3-jQ_3}{\dot{U}_3}\times(R_T+jX_T)$$

$$=U_3+\frac{P_3 R_T+Q_3 X_T}{U_3}+j\frac{P_3 X_T-Q_3 R_T}{U_3}=U'_3+\Delta U_T+j\delta U_T$$

式中　$\Delta U_T$——电压降落的纵向分量；

　　　$\delta U_T$——电压降落的横向分量。

则

$$\Delta U_T=\frac{16\times17+8\times38.6}{102}=5.69(\text{kV})$$

$$\delta U_T=\frac{16\times38.6-8\times17}{102}=4.72(\text{kV})$$

得

$$\dot{U}_2=102+5.69+j4.72=107.69+j4.72=107.8\angle2.5°(\text{kV})$$

$$\Delta S_{YT}=(Y_T\dot{U}_2)^*\dot{U}_2=\overset{*}{Y}_T U_2^2=(G_T+jB_T)U_2^2$$

$$=(1.82+j13.2)\times10^{-6}\times107.8^2=(0.02+j0.15)(\text{MVA})$$

$$S_2=S''_2+\Delta S_{YT}=16.54+j9.34(\text{MV}\cdot\text{A})$$

$$\Delta S'_{Yl}=\left(\frac{Y_1}{2}\dot{U}_2\right)^*\dot{U}_2=\frac{1}{2}\cdot\overset{*}{Y}_1\cdot U_2^2=-j1.48\times10^{-4}\times107.8^2=-j1.72(\text{Mvar})$$

$$S'_2=S_2+\Delta S'_{Yl}=16.54+j9.34-j1.72=16.54+j7.62(\text{MVA})$$

$$\Delta S_1=\frac{P'^2_2+Q'^2_2}{U_2^2}\times(R_1+jX_1)=\frac{16.54^2+7.62^2}{107.8^2}\times(17+j38.6)=0.485+j1.1(\text{MVA})$$

$$S'_1=S'_2+\Delta S_1=16.54+j7.62+0.485+j1.1=17.025+j8.72(\text{MVA})$$

计算 $\dot{U}_1$ 时，重新假设 $\dot{U}_2=107.8\angle0°$，则

$$\dot{U}_1=\dot{U}_2+\frac{P'_2 R_1+Q'_2 X_1}{\dot{U}_2}+j\frac{P'_2 X_1-Q'_2 R_1}{\dot{U}_2}$$

$$=107.8+\frac{16.54\times17+7.62\times38.6}{107.8}+j\frac{16.54\times38.6-7.62\times17}{107.8}$$

$$=113.14+j4.721=113.24\angle2.39°(\text{kV})$$

$$\Delta S''_{Yl}=\frac{1}{2}\overset{*}{Y}_1 U_1^2=-j1.48\times10^{-4}\times113.24^2=-j1.9(\text{Mvar})$$

$$S_1=S'_1+\Delta S''_{Yl}=17.025+j8.72-j1.9=17.025+j6.82(\text{MVA})$$

则该系统潮流分布，如图 3-29 所示。

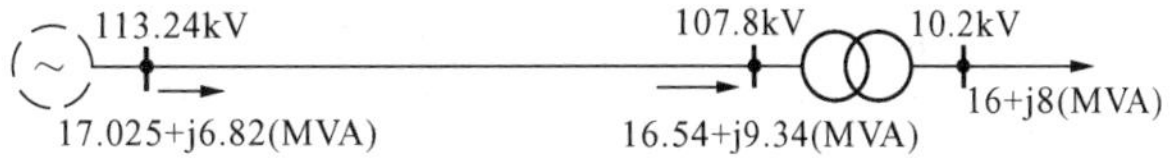

## 三、复杂电网的计算机算法

随着计算机技术的发展，复杂电力系统潮流计算几乎均采用计算机来进行计算。它具有计算精度高、速度快等优点。计算机算法的主要步骤有：

图 3-29　系统潮流分布

（1）建立描述电力系统运行状态的数学模型；

（2）确定解算数学模型的方法；

（3）制定程序框图，编写计算机计算程序，并进行计算；

（4）对计算结果进行分析。

1. 电力系统潮流计算机算法的数学模型

潮流计算数学模型是将网络有关参数和变量及其相互关系归纳起来所组成的、可以反映网络性能的数学方程式组，也可以说是对电力系统的运行状态、变量和网络参数之间相互关系的一种数学描述。电力网络的数学模型有节点电压方程和回路电流方程等。在电力系统潮流分布的计算中，广泛采用的是节点电压方程。

在电工原理课中，已讲过用节点导纳矩阵表示的节点电压方程，即

$$\dot{I}_n = Y_n \dot{U}_n \tag{3-54}$$

对于 $n$ 个节点的网络，它可展开成为

$$\begin{bmatrix} \dot{I}_1 \\ \dot{I}_2 \\ \vdots \\ \dot{I}_n \end{bmatrix} = \begin{bmatrix} Y_{11}Y_{12}\cdots Y_{1n} \\ Y_{21}Y_{22}\cdots Y_{2n} \\ \vdots \\ Y_{n1}Y_{n2}\cdots Y_{nn} \end{bmatrix} \begin{bmatrix} \dot{U}_1 \\ \dot{U}_2 \\ \vdots \\ \dot{U}_n \end{bmatrix} \tag{3-55}$$

节点导纳矩阵 $Y_n$ 的对角线元素 $Y_{ii}$（$i=1，2，\cdots，n$）称为自导纳。由式（3-55）可见，自导纳 $Y_{ii}$ 等于在节点 $i$ 施加单位电压 $\dot{U}_i=1$、其他节点全部接地时，经节点 $i$ 向网络中注入的电流，亦等于与 $i$ 节点相连支路的导纳之和。其表示式为

$$Y_{ii} = \frac{\dot{I}_i}{\dot{U}_i} = \dot{I}_i = \sum_{j\in i} I_{ij} = \sum_{j\in i} y_{ij}(U_i=1, U_j=0, i\neq j) \tag{3-56}$$

节点导纳矩阵的非对角元素 $Y_{ij}$（$i=1，2，\cdots，n$；$j=1，2，\cdots，n$；但 $i\neq j$）称为互导纳。由式（3-55）可见，互导纳 $Y_{ij}$ 在数值上就等于在节点 $i$ 施加单位电压、其他节点全部接地时，经节点 $j$ 注入网络的电流，亦等于节点 $i$、$j$ 之间所连支路元件导纳的负值。其表示式为

$$Y_{ji} = \frac{\dot{I}_j}{\dot{U}_i} = \dot{I}_j = -y_{ji}(U_i=1, U_j=0, i\neq j) \tag{3-57}$$

由于 $Y_{ij}=Y_{ji}$，因此网络节点导纳矩阵为对称矩阵。若节点 $i$、$j$ 之间没有支路直接相连时，则有 $Y_{ij}=Y_{ji}=0$，这样 $Y_n$ 中将有大量的零元素。可见，节点导纳矩阵为稀疏矩阵，并且导纳矩阵各行非对角非零元素的个数等于对应节点所连的不接地支路数。

式（3-54）中的 $\dot{I}_n$ 是节点注入电流的列向量。$\dot{U}_n$ 是节点电压的列向量。网络中有接地支路时，通常以大地作参考点，节点电压就是各节点的对地电压。

以上的节点电压方程是潮流计算的基础方程式。在电气网络理论中，一般是给出电压源（或电流源），为求得网络内电流和电压的分布，只要直接求解网络方程就可以了。但是，在潮流计算中，在网络的运行状态求出以前，无论是电源的电动势值，还是节点注入的电流值，都是无法准确给定的。

图 3-30 表示某个三节点的简单电力系统及其等值电路。其网络方程为

$$\left.\begin{aligned}\dot{I}_1 &= Y_{11}\dot{U}_1 + Y_{12}\dot{U}_2 + Y_{13}\dot{U}_3\\ \dot{I}_2 &= Y_{21}\dot{U}_1 + Y_{22}\dot{U}_2 + Y_{23}\dot{U}_3\\ \dot{I}_3 &= Y_{31}\dot{U}_1 + Y_{32}\dot{U}_2 + Y_{33}\dot{U}_3\end{aligned}\right\} \tag{3-58}$$

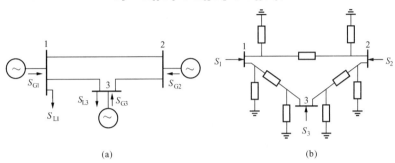

图 3-30　简单电力系统及等值电路

(a) 接线图；(b) 等值电路

即

$$\dot{I}_i = Y_{i1}\dot{U}_1 + Y_{i2}\dot{U}_2 + Y_{i3}\dot{U}_3 (i=1,\ 2,\ 3) \tag{3-59}$$

因为 $\widetilde{S} = \dot{U}\dot{I}^*$，所以节点电流可以用功率和电压表示为

$$\dot{I}_i = \frac{\widetilde{S}_i^*}{\dot{U}_i^*} = \frac{\widetilde{S}_{Gi}^* - \widetilde{S}_{Li}^*}{\dot{U}_i^*} = \frac{(P_{Gi}-P_{Li})-\mathrm{j}(Q_{Gi}-Q_{Li})}{\dot{U}_i^*} \tag{3-60}$$

由式（3-59）和式（3-60）得

$$\frac{(P_{Gi}-P_{Li})-\mathrm{j}(Q_{Gi}-Q_{Li})}{\dot{U}_i^*} = Y_{i1}\dot{U}_1 + Y_{i2}\dot{U}_2 + Y_{i3}\dot{U}_3 (i=1,\ 2,\ 3) \tag{3-61}$$

　　这是一组复数方程式，如果把实部和虚部分开，便可以得到 6 个实数方程。但是每一个节点都有 6 个变量，即发电机发出的有功功率和无功功率、负荷需要的有功功率和无功功率，以及节点电压的幅值和相位（或对应于某一参考直角坐标的实部和虚部）。对于 $n$ 个节点的网络，可以列出 $2n$ 个方程，但是却有 $6n$ 个变量。因此，对于每一个节点，必须给定这 6 个变量中的 4 个，使待求量的数目同方程的数目相等，才能对方程求解。

　　通常把负荷功率作为已知量，并把节点功率 $P_i = P_{Gi}-P_{Li}$ 和 $Q_i = Q_{Gi}-Q_{Li}$ 引入网络方程。这样，$n$ 个节点的电力系统潮流方程的一般形式可以写为

$$\frac{P_i - \mathrm{j}Q_i}{\dot{U}_i^*} = \sum_{j=1}^{n} Y_{ij}\dot{U}_j (i=1,\ 2,\ \cdots,\ n) \tag{3-62}$$

或

$$P_i - \mathrm{j}Q_i = \dot{U}_i^* \sum_{j=1}^{n} \dot{Y}_{ij}^* \dot{U}_j (i=1,\ 2,\ \cdots,\ n) \tag{3-63}$$

将上述方程的实部和虚部分开，对每一个节点可得 2 个实数方程，但是变量仍还有 4 个，即 $P$、$Q$、$U$、$\delta$。还要给定其中的 2 个，将剩下的 2 个作为待求变量，方程组才可以求解。根据电力系统的实际运行条件，按给定变量的不同，一般将节点分为三种类型。

　　2. 节点的分类

　　（1）$PQ$ 节点。这类节点的有功功率 $P$ 和无功功率 $Q$ 是给定的，节点电压（$U$，$\delta$）是

待求量。通常变电站都是这一类型的节点，由于没有发电机设备，故发电功率为零。若系统中某些发电厂送出的功率在一定时间内为固定时，则该发电厂母线可作为 $PQ$ 节点。可见，电力系统中的绝大多数节点属于这一类型。

（2）$PU$ 节点。这类节点的有功功率 $P$ 和电压幅值 $U$ 是给定的，节点的无功功率 $Q$ 和电压的相位 $\delta$ 是待求量。这类节点必须有足够的可调无功容量，用以维持给定的电压幅值，因而又称之为电压控制节点。一般是选择有一定无功储备的发电厂和具有可调无功电源设备的变电站作为 $PU$ 节点。在电力系统中，这一类节点的数目很少。

（3）平衡节点。在潮流分布算出以前，网络中的功率损失是未知的，因此，网络中至少有一个节点的有功功率 $P$ 不能给定，这个节点承担了系统有功功率的平衡，故称之为平衡节点。另外，必须选定一个节点，指定其电压相位为零，作为计算各节点电压相位的参考，这个节点称为基准节点。基准节点的电压幅值也是给定的。为了计算上的方便，常将平衡节点和基准节点选为同一个节点，习惯上称之为平衡节点（亦称为松弛节点、摇摆节点）。电力系统中平衡节点一般只有 1 个，它的电压幅值和相位已给定，而其有功功率和无功功率是待求量。

一般选择主调频发电厂母线为平衡节点比较合适。但在进行潮流计算时也可以按照别的原则来选择，例如，为了提高导纳矩阵法潮流程序的收敛性，也可以选择出线最多的发电厂母线作为平衡节点。

根据以上所述可以看到，尽管网络方程是线性方程，但是由于在求解条件中不能给定节点电流，只能给出节点功率，这就使潮流方程变为非线性方程了。由于平衡节点的电压已给定，只需计算其余（$n-1$）个节点的电压。所以方程的数目实际上只有 $2(n-1)$ 个。

3. 约束条件

通过求解方程得到了全部节点电压以后，就可以进一步计算各类节点的功率以及网络中功率的分布。这些计算结果代表了潮流方程在数学上的一组解答。但这组解答所反映的系统运行状态，在工程上是否具有实际意义还需要进行检验，因为电力系统运行必须满足一定技术上的要求。这些要求构成了潮流问题中某些变量的约束条件，常用的约束条件如下。

（1）所有节点电压必须满足

$$U_{i\min} \leqslant U_i \leqslant U_{i\max} \quad (i=1, 2, \cdots, n) \tag{3-64}$$

这个条件是说各节点电压的幅值应限制在一定的范围之内。从保证电能质量和供电安全的要求来看，电力系统的所有电气设备都必须运行在额定电压附近。对于平衡节点和 $PU$ 节点，其电压幅值必须按上述条件给定。因此，这一约束条件主要是对 $PQ$ 节点而言。

（2）所有电源节点的有功功率和无功功率必须满足

$$\left.\begin{array}{l} P_{G\min} \leqslant P_{Gi} \leqslant P_{Gi\max} \\ Q_{G\min} \leqslant Q_{Gi} \leqslant Q_{Gi\max} \end{array}\right\} \tag{3-65}$$

$PQ$ 节点的有功功率和无功功率以及 $PU$ 点的有功功率，在给定时就必须满足式（3-65）。因此，对平衡节点的 $P$ 和 $Q$ 应按上述条件进行检查。

（3）某些节点之间电压的相位差应满足

$$|\delta_i - \delta_j| < |\delta_i - \delta_j|_{\max} \tag{3-66}$$

为了保证系统运行的稳定性，要求某些输电线路两端的电压相位差不超过一定的数值。这一约束的主要意义就在于此。

因此，潮流计算可以概括为求解一组非线性方程组，并使其解满足一定的约束条件。常用的计算方法是迭代法和牛顿法。在计算过程中或得出结果之后用约束条件进行检验，如果不满足，则应修改某些变量的给定值，甚至修改系统的运行方式，重新计算。

4. 解算数学模型的方法

解算数学模型的基本要求如下：

（1）计算方法的可靠性或收敛性。潮流计算在数学上是求解一组多元非线性方程组的问题，无论采用什么计算方法都离不开迭代，所以就有计算方法或迭代格式是否收敛，即能否正确地求解的问题。因此，首先要求所选用的方法能可靠收敛，并给出正确答案。

（2）对计算机存储量的要求。随着电力系统的不断扩大，潮流问题的方程式阶数越来越高，加之描述网络方程的阻抗矩阵是满阵而导纳矩阵是稀疏阵，各种计算方法所占计算机内存相差很大。因此，必须选择占用内存较少的方法才能满足解题规模的要求。

（3）计算速度。在保证可靠收敛的前提下，各种方法的计算速度相差也较大，选用速度较快的方法可大大提高计算效率，并为在线计算创造条件。

（4）计算的方便性和灵活性。电力系统潮流不是单纯的计算，而是一个不断调整运行方式的问题。为了得到一个合理的运行方式，往往需要不断地修改原始数据。因此，要求程序提供方便的人机联系环境，便于数据输入、校核和修改以及结果的分析和处理。

解算数学模型的主要方法概述如下。

20 世纪 50 年代中期，在用数字计算机求解电力潮流问题的开始阶段，主要采用以节点导纳矩阵为基础的潮流计算高斯—赛德尔迭代法（简称导纳矩阵迭代法）。该方法原理简单，占用计算机内存少，适合当时计算机软、硬件和电力系统计算理论的水平。但导纳矩阵迭代法收敛性差，当系统规模变大时，迭代次数急剧上升，且常有不收敛的情况。

20 世纪 60 年代初期，数字计算机已发展到第二代，计算机的内存和速度都有不少增加和提高，这为占用内存多、但收敛性较导纳矩阵迭代法好的以节点阻抗矩阵为基础的高斯—赛德尔迭代法（简称阻抗矩阵迭代法）的应用创造了条件。阻抗矩阵迭代法改善了收敛性，但因占用内存多，使解题规模受到一定限制。

20 世纪 60 年代初期即开始研究潮流计算牛顿—拉夫逊法（简称牛顿法）。研究表明，牛顿法具有很好的收敛性。直到 60 年代末期，优化节点编号和稀疏矩阵程序技巧的高斯消去法的实际应用，才使牛顿法潮流计算在收敛性、内存需求、计算速度等方面都超过其他方法，成为广泛采用的优秀方法。

20 世纪 70 年代初期，在牛顿法的基础上，根据电力系统的特点发展了潮流计算 $P-Q$ 分解法。该方法所占内存为牛顿法的 $1/4\sim1/2$，计算速度也明显加快。由于牛顿法和 $P-Q$ 分解法的显著优点，使得它到 21 世纪初仍然是实际应用的电力系统潮流计算的主要方法。此外，作为方法的研究和探讨，还提出了非线性快速潮流计算法、最优乘子法、非线性规划法、网流法等。为适应电力网调度自动化的需要，在线潮流计算方法及其应用也得到重视和发展。

20 世纪 70 年代后期至 80 年代以来，大型商用电力系统分析软件包得到广泛应用，其中不少潮流计算程序包同时备有几种算法供用户选择，以便有助于解决各类潮流计算的收敛性问题。

下面简要介绍牛顿—拉夫逊法和 $P-Q$ 分解法。

（1）牛顿－拉夫逊潮流计算方法。自 20 世纪 60 年代稀疏矩阵计算应用于牛顿法以来，经过几十年的发展，它已成为求解电力系统潮流问题应用最广泛的一种方法。当以节点功率为注入量时，潮流方程为一组非线性方程，而牛顿法为求解非线性方程组最有效的方法之一。牛顿法的极坐标潮流方程为

$$\left.\begin{array}{l} \Delta P_i = P_i - U_i \displaystyle\sum_{j \in i} U_j \left( G_{ij} \cos\delta_{ij} + B_{ij} \sin\delta_{ij} \right) \\[2mm] \Delta Q_i = Q_i - U_i \displaystyle\sum_{j \in i} U_j \left( G_{ij} \sin\delta_{ij} - B_{ij} \cos\delta_{ij} \right) \\[2mm] \cdots \end{array}\right\} \qquad (3\text{-}67)$$

对式（3-67）进行泰勒展开，仅取一次项，即可得到牛顿－拉夫逊潮流算法的修正方程组

$$\left.\begin{array}{l} \begin{bmatrix} \Delta P \\ \Delta Q \end{bmatrix} = -\boldsymbol{J} \begin{bmatrix} \Delta\delta \\ \Delta U \end{bmatrix} \\[5mm] \boldsymbol{J} = \begin{bmatrix} \dfrac{\partial \Delta P}{\partial \delta} & \dfrac{\partial \Delta P}{\partial U} \\[3mm] \dfrac{\partial \Delta Q}{\partial \delta} & \dfrac{\partial \Delta Q}{\partial U} \end{bmatrix} \end{array}\right\} \qquad (3\text{-}68)$$

式中　$\Delta P$、$\Delta Q$——潮流方程的不平衡量，共 $(2n-2)$ 维；

　　　　$\Delta\delta$、$\Delta U$——母线的电压修正量，共 $(2n-2)$ 维；

　　　　　　　$\boldsymbol{J}$——雅可比矩阵。

牛顿－拉夫逊潮流计算的基本步骤如下：

1）形成节点导纳矩阵；

2）设各节点电压的初值；

3）将各节点电压的初值代入式（3-67）计算，求得修正方程式中的不平衡量；

4）利用各节点电压的初值求得修正方程式的系数矩阵——雅可比矩阵的各个元素；

5）解修正方程式，求各节点电压的修正量；

6）计算各节点电压的新值，即修正后值；

7）运用各节点电压的新值自第三步开始进入下一次迭代；

8）计算平衡节点功率和线路功率。

（2）$P-Q$ 分解潮流计算方法。$P-Q$ 分解法潮流计算派生于以极坐标表示时的牛顿－拉夫逊法。二者的主要区别在修正方程式和计算步骤。$P-Q$ 分解法潮流计算时的修正方程式是计及电力系统的特点后对牛顿－拉夫逊法修正方程式的简化。对修正方程式的第一个简化是：计及电力网络中各元件的电抗一般远大于电阻，以致各节点电压相位角的改变主要影响各元件中的有功功率潮流从而影响各节点的注入有功功率；各节点电压大小的改变主要影响各元件中的无功功率潮流从而影响各节点的注入无功功率。对修正方程式的第二个简化是基于对状态变量 $\delta_i$ 的约束条件不宜过大。

当有功修正方程的系数矩阵用 $\boldsymbol{B'}$ 代替，无功电压修正方程的系数矩阵用 $\boldsymbol{B''}$ 代替，有功无功功率偏差都用电压幅值去除。这种版本的算法收敛性最好。$\boldsymbol{B'}$ 是用 $-1/x$ 为支路电纳建立的节点电纳矩阵，$\boldsymbol{B''}$ 是节点导纳矩阵的虚部，故称这种方法为 $P-Q$ 分解法。$P-Q$ 分解法潮流迭代公式可以写为

$$\begin{cases} \Delta U^k = -\boldsymbol{B}''^{-1}\Delta Q(\delta^k,\ U^k) \\ U^{k+1} = U^k + \Delta U^k \\ \Delta \delta^k = -\boldsymbol{B}'^{-1}\Delta P(\delta^k,\ U^{k+1}) \\ \delta^{k+1} = \delta^k + \Delta \delta^k \end{cases} \tag{3-69}$$

$P-Q$ 分解潮流计算的主要步骤如下：

1）形成系数矩阵 $\boldsymbol{B}'$、$\boldsymbol{B}''$，并求其逆矩阵；

2）设备节点电压的初值；

3）计算有功功率的不平衡量；

4）解修正方程式，求各节点电压相位角的变量；

5）求各节点电压相位角的新值；

6）计算无功功率不平衡量；

7）解修正方程式求各节点电压大小的变量；

8）求各节点电压大小的新值；

9）运用各节点电压的新值自第三步开始进入下一次迭代；

10）计算平衡节点功率和线路功率。

一般情况下，采用 $P-Q$ 分解法计算时较采用牛顿-拉夫逊法要求的迭代次数多，但每次迭代所需时间则较牛顿-拉夫逊法少，以致总的计算速度仍是 $P-Q$ 分解法快。

## 第五节　电力系统频率分析

电力系统的频率与发电机的转速有严格的关系，发电机的转速是由作用在机组转轴上的转矩（或功率）平衡所确定的。原动机输出的功率扣除励磁损耗和各种机械损耗后，如果能同发电机产生的电磁功率严格地保持平衡，则发电机的转速就恒定不变。但是发电机输出的电磁功率是由系统运行状态决定的，全系统发电机输出的有功功率的总和，在任何时刻都应与全系统的有功功率需求相等，即电力系统的有功功率在任何时刻都应是平衡的。如以 $\sum P_L$ 表示电力系统中所有用户的负荷，以 $\sum \Delta P_d$ 表示电力网中的有功功率损耗（主要是变压器和线路的损耗）；用 $\sum P_Y$ 表示发电厂的自用电功率；用 $\sum P_G$ 表示发电机发出的总有功功率，则电力系统的有功功率平衡关系可以表示为

$$\sum P_G = \sum P_L + \sum \Delta P_d + \sum P_Y \tag{3-70}$$

由于电能在目前还不能大量储存，负荷功率的任何变化都将同时引起发电机输出功率的相应变化，这种变化是瞬时完成的。原动机输出的机械功率由于机组本身的惯性和调节系统的相对迟缓的特性，无法适应发电机电磁功率的瞬时变化。因此，发电机转轴上转矩的绝对平衡是不存在的，但是把频率对额定值的偏移限制在一个相当小的范围内是必要的，也是可能的。

电力系统中的发电与用电设备，都是按照额定频率设计和制造的，只有在额定频率附近运行时，才能发挥最好的效能。系统频率过大的变动，对用户和发电厂的运行都将产生不利的影响。系统频率变化对用户的不利影响主要有三个方面：①频率变化将引起感应电动机转速变化，产品质量将受到影响，甚至出现残、次品；②系统频率降低将使电动机的转速和功率降低，导致传动机械的出力降低；③工业和国防部门使用的测量、控制等电子设备，将受

系统频率波动而影响其准确性和工作性能。电力系统频率降低时，对发电厂和系统的安全运行也会带来影响，如：①频率下降时，汽轮机叶片的振动变大，影响使用寿命，甚至产生裂纹而断裂；②频率降低时，由感应电动机驱动的发电厂厂用机械的出力下降，导致发电机出力下降，使系统的频率进一步下降；③系统频率下降时，感应电动机和变压器的励磁电流增加，所消耗的无功功率增大，结果引起电压下降。

负荷的变化将引起频率相应变化，负荷变化幅度小、周期短引起的频率偏移将由发电机组的调速器进行调整，以改变发电机输出的有功功率，这种调整通常称为频率的一次调整。负荷变化幅度较大、周期较长引起的频率变化，仅靠调速器的作用往往已不能将频率限制在允许的范围之内，这时必须由调频器参与频率的调整，以改变发电机输出的有功功率，这种调整通常称为频率的二次调整。负荷在有功功率平衡的基础上，按照最优化的原则在各发电厂间进行分配，这种调整通常称为频率的三次调整。

为了满足频率调整的需要，以适应用户对功率的要求，电力系统装设的发电机额定容量必须大于当前的负荷，即必须装设一定的备用发电设备容量，以便在发电设备、供电设备发生故障或检修时，以及系统负荷增长后，仍有充足的发电设备容量向用户供电。备用设备容量按用途可分为负荷备用、事故备用、检修备用和国民经济备用。这四种备用有的处于运行状态，称为热备用或旋转备用，有的处于停机待命状态，称为冷备用。

**一、电力系统的频率**

1. 电力系统负荷的有功功率—频率静态特性

当频率变化时，电力系统中的有功功率负荷（包括用户取用的有功功率和网络中的有功损耗）也将发生变化。当电力系统稳态运行时，系统中有功负荷随频率变化的特性称为负荷的有功功率—频率静态特性。

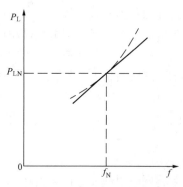

图 3 - 31　电力系统负荷的有功功率—频率静态特性

图 3 - 31 示出了电力系统负荷的有功功率—频率静态特性。当频率偏移额定值不多时，该特性常用一条直线来表示。也就是说，在额定频率附近，负荷的有功功率与频率呈直线关系，即

$$K_{\mathrm{L}} = \frac{\Delta P_{\mathrm{L}}}{\Delta f} \qquad (3 - 71)$$

或用标幺值表示为

$$K_{\mathrm{L}*} = \frac{\Delta P_{\mathrm{L}}/P_{\mathrm{LN}}}{\Delta f/f_{\mathrm{N}}} = \frac{\Delta P_{\mathrm{L}*}}{\Delta f_{*}} \qquad (3 - 72)$$

其中，$K_{\mathrm{L}}$、$K_{\mathrm{L}*}$ 为系统有功功率负荷的频率调节效益系数。它表示系统有功功率负荷的自动调节效应。如频率下降，负荷从系统取用的有功功率将自动减少。一般电力系统 $K_{\mathrm{L}*} = 1 \sim 3$，即频率变化 1%，负荷的有功功率相应变化 1%～3%。

2. 发电机组的有功功率—频率静态特性

当系统频率变化时，汽轮机（或水轮机）调速系统将自动改变进汽量（或进水量），以相应增减发电机输出的功率，调整结束后达到新的稳态。这种反映由频率变化而引起汽轮机（或水轮机）输出功率变化的关系，称为发电机组有功功率—频率静态特性。

这种随发电机功率增大而频率有所降低的特性是线性的，称为发电机的功率—频率静特

性，简称功频静特性，如图 3-32 所示。调速器系统又称为发电机组的频率一次调整系统，或称一次调频系统，是自动进行的。

这种代表发电机组功率—频率静态特性的直线的斜率为负数，若取

$$K_G = -\Delta P_G / \Delta f \tag{3-73}$$

$K_G$ 的标幺值为

$$K_{G*} = \frac{\Delta P_G / P_{GN}}{-\Delta f / f_N} = K_G f_N / P_{GN} \tag{3-74}$$

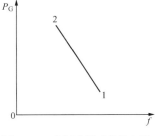

图 3-32 有调速器时的发电机
功率—频率静态特性

式中　$K_G$——发电机的单位调节功率，MW/Hz，功率增

加和频率上升为正，反之为负，这样使 $K_G$ 始终为正数；

　$P_{GN}$——发电机的额定功率；

　$f_N$——系统额定频率；

　$\Delta P_G$——发电机功率变化量；

　$\Delta f$——系统频率变化量。

发电机的单位调节功率的倒数称为发电机组的调差系数，即

$$\sigma = -\frac{\Delta f}{\Delta P_G} = -\frac{f_N - f_0}{P_{GN} - 0} = \frac{f_0 - f_N}{P_{GN}} \tag{3-75}$$

$$\sigma_* = \frac{1}{K_{G*}} = -\frac{\Delta f_*}{\Delta P_{G*}} \tag{3-76}$$

式中　$f_0$——空载时的频率；

　$f_N$——额定功率 $P_{GN}$ 时的频率；

　负号——表示发电机输出功率的变化和频率变化的方向相反。

**二、频率的一次调整**

上面分别说明了电力系统中发电机组和负荷的有功功率与频率变化的关系，现将两者同时考虑来说明系统频率的一次调整。

发电机组与负荷的有功功率—频率静态特性的交点就是系统的初始运行点。如果负荷的有功功率突然增加，由于发电机输出的有功功率不能随负荷的突然增加而及时变动，发电机组将减速，电力系统频率将下降。在系统频率下降时，发电机输出的有功功率将因调速器的一次调整作用而增加，同时负荷所需的有功功率将因本身的调节效应而减少，最后在新的平衡点稳定下来。因此，这一调节过程是由发电机和负荷共同完成的，即

$$\Delta P_{L0} = -K_G \Delta f - K_L \Delta f = -(K_G + K_L)\Delta f$$

记 $K_S = K_G + K_L$，则有

$$K_S = -\frac{\Delta P_{L0}}{\Delta f} \tag{3-77}$$

式（3-77）也可以用标幺值表示为

$$K_{S*} = -\frac{\Delta P_{L0} / P_L}{\Delta f / f_N} = -\frac{\Delta P_{L0*}}{\Delta f_*} \tag{3-78}$$

式中　$\Delta P_{L0}$——负荷的有功功率增加量；

$P_L$——初始运行状态时的总有功功率负荷。

$K_S$ 称为整个电力系统的有功功率—频率静态特性系数，又称为电力系统的单位调节功率。它说明在频率的一次调整作用下，单位频率的变化可能承受多少系统负荷的变化。因而，已知 $K_S$ 值时，可以根据允许的频率偏移幅度计算出系统能够承受的负荷变化幅度，或者根据负荷变化计算出系统可能发生的频率变化。显然 $K_S$ 值大，负荷变化引起的频率变化幅度就小。因为 $K_L$ 不能调节，增大 $K_S$ 值只能通过减小调差系数解决。但是调差系数过小将使系统工作不稳定。

由于并列运行发电机组的总单位调节功率为

$$K_{G\Sigma} = K_{G1} + K_{G2} + \cdots + K_{Gn} = \sum_{i=1}^{n} K_{Gi} \qquad (3\text{-}79)$$

因而增加发电机的运行台数也可提高 $K_S$ 值。但是运行的机组多，效率降低而不经济，这一因素也要兼顾。

**三、频率的二次调整**

当电力系统由于负荷变化引起的频率偏移较大，采取一次调频尚不能使其保持在允许的范围以内时，通过频率的二次调整才能解决。频率的二次调整就是以手动或自动方式调节调频器平行移动发电机组有功功率—频率静态特性，来改变发电机组输出的有功功率，使系统的频率保持为负荷增长前的水平或使频率的偏差在允许的范围之内。

在频率的一次调整和二次调整同时进行时，系统负荷的增量 $\Delta P_{L0}$ 是由以下三部分调节功率与之平衡的。

（1）由频率的一次调整（调速器作用）增发的功率为 $-K_G \Delta f''$。

（2）由频率的二次调整（调频器作用）增发的功率 $\Delta P_{G0}$。

（3）由负荷自身的调节效应而减少取用的功率为 $-K_L \Delta f''$。

用公式表示可写成

$$\Delta P_{L0} = \Delta P_{G0} - K_G \Delta f'' - K_L \Delta f''$$

或
$$\Delta P_{L0} - \Delta P_{G0} = -(K_G + K_L)\Delta f'' = -K_S \Delta f'' \qquad (3\text{-}80)$$

上两式为具有二次调频的功率平衡方程式，由式（3-80）可得

$$\Delta f'' = -\frac{\Delta P_{L0} - \Delta P_{G0}}{K_S}$$

如果使用调频器进行二次调频所得的发电机输出功率的增量能完全抵偿负荷增加的增量，即 $\Delta P_{L0} - \Delta P_{G0} = 0$ 时，就能维持原频率不变（即 $\Delta f'' = 0$），实现了频率的无差调节。

电力系统中各发电机组均装有调速器，所以系统中每台运行机组都参与频率的一次调整（满载机组除外）。频率的二次调整则不同，一般只由系统中选定的极少电厂的发电机组担任频率的二次调整。负有二次调频任务的电厂称为调频厂。调频厂又分成主调频厂和辅助调频厂。只有在主调频厂调节后，而系统频率仍不能恢复正常时，才起用辅助调频厂。而非调频厂在系统正常运行情况下，则按预先给定的负荷曲线发电。

思 考 题

3-1　电能质量的指标有哪些？

3-2　影响输电线路的电阻、电抗、电纳、电导大小的主要因素是什么？

3-3　标幺值有什么特点？如何选取基准值？

3-4　电力系统潮流计算的目的是什么？

3-5　潮流计算有哪些方法？各有什么特点？

3-6　采用计算机进行潮流计算时，节点是如何分类的？

3-7　电力系统的频率特性是什么？

3-8　电力系统频率的一次调整和二次调整指什么？

习题与解答

学习要求

# 第四章 配电网运行分析

## 第一节 配电网的电压计算

### 一、配电网的电压降落

当输电线路传输功率时，电流将在线路的阻抗上产生电压降落，由于电压变化程度是衡量电能质量的重要指标之一，所以研究配电网电压变化规律是十分必要的。

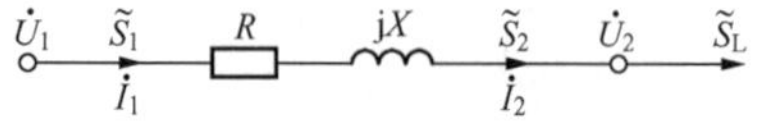

图 4 - 1 配电网某环节的简化等值电路

为了使分析简便，输电线路采用集中参数等值电路，并暂时不考虑电容的影响。设一配电网某环节的简化等值电路如图 4 - 1 所示。其中 $\dot{U}_1$、$\dot{U}_2$ 为环节首末端电压相量，$\widetilde{S}_L$ 为环节末端所带负荷，由图 4 - 1 可知 $\widetilde{S}_2 = \widetilde{S}_L$。

所谓电压降落是指线路首末两端电压的相量差（$\dot{U}_1 - \dot{U}_2 = d\dot{U}$）。所以由图 4 - 1 可得

$$\dot{U}_1 - \dot{U}_2 = (R + jX)\dot{I}_2 = (R + jX)\dot{I}_1 \tag{4-1}$$

（1）已知环节末端电压 $\dot{U}_2$ 及功率 $\widetilde{S}_2$

设 $\dot{U}_2$ 为参考相量，则 $\dot{U}_2 = U_2\angle 0°$。负荷为感性时 $\widetilde{S}_2 = \dot{U}_2 \dot{I}_2^* = P_2 + jQ_2$，则

$$\dot{I}_2 = \frac{P_2 - jQ_2}{U_2} = I_2\angle(-\varphi_2) \tag{4-2}$$

将式（4 - 2）代入式（4 - 1）得

$$\begin{aligned}
\dot{U}_1 &= \dot{U}_2 + (R + jX)\dot{I}_2 \\
&= U_2 + (R + jX)\frac{P_2 - jQ_2}{U_2} \\
&= U_2 + \frac{P_2R + Q_2X}{U_2} + j\frac{P_2X - Q_2R}{U_2}
\end{aligned} \tag{4-3}$$

或

$$\dot{U}_1 = U_2 + \Delta U_2 + j\delta U_2 \tag{4-4}$$

$$\Delta U_2 = \frac{P_2R + Q_2X}{U_2} \tag{4-5}$$

$$\delta U_2 = \frac{P_2X - Q_2R}{U_2} \tag{4-6}$$

式中 $\Delta U_2$、$\delta U_2$——末端电压降落的纵、横分量，其含义如图 4 - 2（a）所示。

式（4 - 4）又可写为

$$\dot{U}_1 = U_1\angle\delta$$

$$U_1 = \sqrt{(U_2 + \Delta U_2)^2 + (\delta U_2)^2} \tag{4-7}$$

$$\delta = \tan^{-1}\frac{\delta U_2}{U_2 + \Delta U_2} \tag{4-8}$$

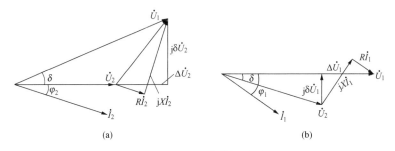

图 4-2 电压降落相量图

(a) 末端电压降落的纵、横分量；(b) 首端电压降落的纵、横分量

式（4-8）中，等式左端的 $\delta$ 代表 $\dot{U}_1$ 超前 $\dot{U}_2$ 的角度，请勿与 $\delta U_2$ 符号混淆。因为 $\delta U_2$ 值很小，可以忽略，所以

$$U_1 \approx U_2 + \Delta U_2 \tag{4-9}$$

（2）已知环节首端电压 $\dot{U}_1$ 及功率 $\tilde{S}_1$。

设 $\dot{U}_1$ 为参考相量，则 $\dot{U}_1 = U_1 \angle 0°$，参照上述推导，环节末端的电压 $\dot{U}_2$ 为

$$\begin{aligned}
\dot{U}_2 &= \dot{U}_1 - (R + jX)\dot{I}_1 \\
&= U_1 - \frac{P_1 R + Q_1 X}{U_1} - j\frac{P_1 X - Q_1 R}{U_1} \\
&= U_1 - \Delta U_1 - j\delta U_1 \\
&= U_2 \angle (-\delta) \tag{4-10}
\end{aligned}$$

$$U_2 = \sqrt{(U_1 - \Delta U_1)^2 + (\delta U_1)^2} \tag{4-11}$$

忽略 $\delta U_1$，有

$$U_2 \approx U_1 - \Delta U_1 \tag{4-12}$$

$$\delta = \tan^{-1} \frac{\delta U_1}{U_1 - \Delta U_1} \tag{4-13}$$

式中 $\Delta U_1$、$\delta U_1$——首端电压降落的纵、横分量，其含义如图 4-2（b）所示。

必须注意：当已知末端的电压及功率求首端的电压时，是取 $\dot{U}_2$ 为参考相量的；而当已知首端的电压及功率求末端电压时，是取 $\dot{U}_1$ 为参考相量的，所以有 $\Delta U_1 \neq \Delta U_2$，$\delta U_1 \neq \delta U_2$，但 $\sqrt{\Delta U_1^2 + \delta U_1^2} = \sqrt{\Delta U_2^2 + \delta U_2^2}$，这点由图 4-3 可见。

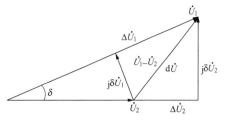

图 4-3 电压降落相量的两种分解

因此在利用式（4-3）、式（4-10）求解时，功率和电压必须取同一点的值。如果所取的功率是线路末端的功率，则所用的电压必须是线路末端的电压；如果所取的功率是首端的功率，则电压也必须是首端的电压。上述公式均是在感性负荷下推出，若为容性负荷时，公式不变，只需改变无功功率 $Q$ 的正负号。式（4-3）~式（4-13）中，将电压改为线电压，同时将功率改为三相功率时，关系式仍成立。

**二、配电网的电压损耗**

所谓电压损耗是指线路首末两端电压的数值差，用 $\Delta U$ 表示，即 $\Delta U = U_1 - U_2$。由图

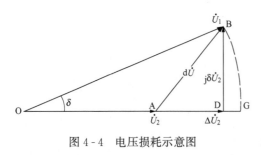

图 4 - 4　电压损耗示意图

4 - 4 可见，电压损耗的大小为图 4 - 4 中的 AG，当 $\delta U_2$ 不大，即两电压 $\dot{U}_1$、$\dot{U}_2$ 之间的相角差 $\delta$ 不大时，AG 与 AD 相差不大，而且对电压为 110kV 及以下的电网来说，由于横分量 $\delta U$ 一项对电压绝对值大小的影响很小，常可略去不计，但对 220kV 及以上的高压、超高压电网而言，其横分量 $\delta U$ 一项就不能忽略。如忽略其横分量 $\delta U$，电压损耗由两部分组成的，即

$$\Delta U = \frac{PR}{U} + \frac{QX}{U} \tag{4-14}$$

如将式（4 - 3）～式（4 - 13）的线路阻抗换为变压器阻抗，这些公式也可适用于变压器。

式（4 - 14）中第一部分 $\dfrac{PR}{U}$ 与有功功率和电阻有关，第二部分 $\dfrac{QX}{U}$ 与无功功率和电抗有关，而这些因素对电压损耗值的影响程度是由电网特性所决定的。一般说来，在超高压电网中，因为输电线路导线的截面较大，$X \gg R$，所以 $QX$ 项对电压损耗的影响较大，亦即无功功率 $Q$ 的数值对电压影响较大；反之，在电压不太高的地区性电网中，由于电阻 $R$ 的值相对较大，$PR$ 项的影响将不可忽视。

**三、配电网的电压偏移**

所谓电压偏移是指线路首端或末端电压与线路额定电压的数值差（$U_1 - U_N$）或（$U_2 - U_N$）。电压偏移常用百分值表示，即

$$\text{首端电压偏移} \% = \frac{U_1 - U_N}{U_N} \times 100\% \tag{4-15}$$

$$\text{末端电压偏移} \% = \frac{U_2 - U_N}{U_N} \times 100\% \tag{4-16}$$

式中　$U_N$——线路的额定电压。

当电压偏移为正值时，说明实际电压高于额定电压；当电压偏移为负值时，说明实际电压低于额定电压。实际工作中，不需关心两点间电压在相位上的差别，而关心某指定点电压与额定电压的偏移，因此常以电压损耗和电压偏移作为衡量电压质量的主要指标。

**例 4 - 1**　有一条 35kV 输电线路，长 40km，导线型号为 LGJ－120，几何均距 $D = 2$m，查得线路参数 $r_1 = 0.27\Omega/$km，$x_1 = 0.365\Omega/$km。导纳可忽略不计，已知线路末端有功功率 $P_2 = 4000$kW，功率因数 $\cos\varphi_2 = 0.85$，如要求该线路末端电压维持 $U_2 = 35$kV。

（1）画出等值电路。

（2）求该线路首端电压 $U_1$ 应为多少千伏？线路上的电压降为多少千伏？

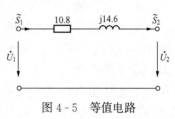

图 4 - 5　等值电路

（3）计算电压损耗及首端电压偏移，并判断电压偏移是否在允许的范围内？

**解**　（1）画出等值电路如图 4 - 5 所示，其中

$$R = r_1 l = 0.27 \times 40 = 10.8(\Omega)$$

$$X = x_1 l = 0.365 \times 40 = 14.6(\Omega)$$

$$P_2 = 4000(\text{kW});\ \cos\varphi_2 = 0.85$$

$$Q_2 = \text{tg}(\text{arccos}^{-1} 0.85) \times P_2 = 0.62 \times 4000 = 2479(\text{kvar})$$

$$\tilde{S}_2 = P_2 + jQ_2 = 4000 + j2479(\text{kVA}) = 4 + j2.479(\text{MVA})$$

（2）已知 $U_2 = 35\text{kV}$，$\tilde{S}_2 = 4 + j2.479\text{MVA}$，则

电压降纵分量

$$\Delta U_2 = \frac{P_2 R + Q_2 X}{U_2} = \frac{4 \times 10.8 + 2.479 \times 14.6}{35} = 2.27(\text{kV})$$

电压降横分量

$$\delta U_2 = \frac{P_2 X - Q_2 R}{U_2} = \frac{4 \times 14.6 - 2.479 \times 10.8}{35} = 0.9(\text{kV})$$

电压降

$$dU = \sqrt{\Delta U_2^2 + \delta U_2^2} = \sqrt{2.27^2 + 0.9^2} = 2.44(\text{kV})$$

$$\dot{U}_1 = U_2 + \Delta U_2 + j\delta U = 35 + 2.27 + j0.9 = 37.27 + j0.9(\text{kV})$$

$$U_1 = \sqrt{37.27^2 + 0.9^2} = 37.28(\text{kV})$$

为了保持 $U_2 = 35\text{kV}$，$U_1$ 应等于 37.28（kV）。

（3）计算电压损耗及电压偏移。

因为电压等级为 35kV，故可忽略 $\delta U$。所以电压损耗就等于电压降纵分量 $\Delta U$，即为 2.27kV。

若不忽略 $\delta U_2$，则电压损耗为 $U_1$ 和 $U_2$ 绝对值之差，等于 37.28－35＝2.28kV，可见忽略 $\delta U_2$ 而引起误差仅为 2.28－2.27＝0.01（kV），数值极小。

$$\text{首端电压偏移}\% = \frac{U_1 - U_{1N}}{U_{1N}} \times 100\% = \frac{37.28 - 35}{35} \times 100\% = 6.5\% > 5\%$$

显然首端电压偏移过大，超过允许范围，需采取措施改善。

## 第二节　配电网的损耗计算与降损措施

当配电网运行时，在线路和变压器中将要产生功率损耗和电能损耗。通常配电网的损耗是由两部分组成的：一部分是与传输功率有关的损耗，它产生在输电线路和变压器的串联阻抗上，传输功率愈大则损耗愈大，这种损耗叫变动损耗，在总损耗中所占比重较大；另一部分损耗则仅与电压有关，它产生在输电线路和变压器的并联导纳上，如输电线路的电晕损耗、变压器的励磁损耗等，这种损耗叫固定损耗。

电力系统的有功功率损耗不仅大大增加了发电厂和变电站的设备容量，同时也是对动力资源的额外浪费。电能损耗还密切影响到电能成本，从而影响整个国民经济的效益。

电力系统各元件中的无功功率损耗相对来说较有功功率损耗还要大，由于无功功率损耗要由发电机或其他无功电源来供给，因此在总的发、输电设备视在容量为一定的条件下，无功功率的增大势必相应减少发、输电的有功功率，即减少发、输电容量。而且，当通过输电线路和变压器输送无功功率时，也将引起有功功率损耗，这些对于电力系统来说都是非常不

经济的。

综上所述，可知电力系统运行过程中，虽然功率损耗和电能损耗是不可避免的，但应尽力采取措施去降低它。这从节约能源、降低电能成本、提高设备利用率等方面来看都是非常必要的。

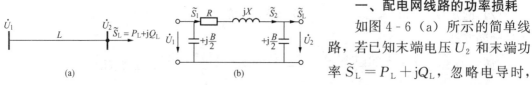

图 4 - 6　线路的 π 形等值电路

(a) 简单线路；(b) π 形等值电路

**一、配电网线路的功率损耗**

如图 4 - 6（a）所示的简单线路，若已知末端电压 $U_2$ 和末端功率 $\widetilde{S}_L = P_L + jQ_L$，忽略电导时，可用图 4 - 6（b）中的 π 形等值电路表示。该线路的功率损耗由下述三部分组成。

1. 线路末端导纳的功率损耗

由于忽略了线路的电导，故只需计算线路末端电纳的功率损耗，其值与线路末端电压 $U_2$ 有关，即

$$\Delta Q_{B2} = -\frac{B}{2}U_2^2 \qquad (4 - 17)$$

式中　$U_2$——线路末端电压，V；

　　　$B$——线路总电纳，S；

　　　$\Delta Q_{B2}$——线路末端导纳的功率损耗，var。

式中的负号表示为容性无功功率。

2. 阻抗的功率损耗

线路阻抗的功率损耗包括有功功率损耗和无功功率损耗两部分，其值大小与通过阻抗的电流平方成正比，分别为

$$\left. \begin{aligned} \Delta P_R &= 3I^2R \\ \Delta Q_X &= 3I^2X \end{aligned} \right\} \qquad (4 - 18)$$

式中　$R$——线路一相的电阻，Ω。

　　　$X$——线路一相的电抗，Ω。

　　　$I$——通过输电线路一相的电流，A。它既可用线路末端的功率 $S_2$ 和电压 $U_2$ 表示，也可用首端的功率 $S_1$ 和电压 $U_1$ 来表示。

　　　$\Delta P_R$——线路总有功损耗，W。

　　　$\Delta Q_X$——线路总无功损耗，var。

如已知条件是末端功率、末端电压，则有 $\overset{*}{I} = \dfrac{\widetilde{S}_2}{\sqrt{3}U_2} = \dfrac{P_2 + jQ_2}{\sqrt{3}U_2}$，代入式（4 - 18）得

$$\Delta P_R = \frac{P_2^2 + Q_2^2}{U_2^2}R \qquad (4 - 19)$$

$$\Delta Q_X = \frac{P_2^2 + Q_2^2}{U_2^2}X \qquad (4 - 20)$$

相反，若已知条件为首端功率和电压，则公式改为

$$\Delta P_R = \frac{P_1^2 + Q_1^2}{U_1^2} R \qquad (4-21)$$

$$\Delta Q_X = \frac{P_1^2 + Q_1^2}{U_1^2} X \qquad (4-22)$$

以上各式中 $P_1$、$P_2$——分别为线路首端、末端的有功功率，W；

$\qquad\qquad$ $Q_1$、$Q_2$——分别为线路首端、末端的无功功率，var；

$\qquad\qquad$ $U_1$、$U_2$——分别为线路首端、末端的电压，V。

其他符号意义与式（4-18）相同。

需要特别指出的是，在应用式（4-19）～式（4-22）时，必须采用线路上同一点的功率和电压。

3. 线路首端导纳的功率损耗

该功率损耗与线路首端电压有关，由于略去了电导，只需计算电纳中的无功损耗，即

$$\Delta Q_{B1} = -\frac{B}{2} U_1^2 \qquad (4-23)$$

注意在 π 形等值电路中，两个导纳支路（忽略电导后）的电纳值相同，均为 $\frac{B}{2}$，但由于首末端电压的不同，电纳中的无功损耗并不相同，即 $\Delta Q_{B1} \neq \Delta Q_{B2}$。实际线路首末端电压差不大，一般近似认为 $\Delta Q_{B1} \approx \Delta Q_{B2} = -\frac{B}{2} U_N^2$。

**二、变压器的功率损耗**

变压器的功率损耗包括阻抗的功率损耗与导纳的功率损耗两部分。对于图 4-7 所示的双绕组变压器等值电路，只要阻抗 $Z_T = R_T + jX_T$ 及导纳 $Y_T = G_T - jB_T$ 均已求出，便可求出功率损耗。

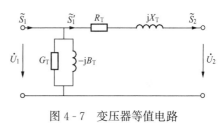

图 4-7 变压器等值电路

1. 阻抗的功率损耗

双绕组变压器阻抗的功率损耗可以套用线路阻抗功率损耗的计算公式（4-19）～（4-22），即

$$\Delta P_{TR} = \frac{P_2^2 + Q_2^2}{U_2^2} R_T \qquad \Delta Q_{TX} = \frac{P_2^2 + Q_2^2}{U_2^2} X_T \qquad (4-24)$$

或

$$\Delta P_{TR} = \frac{P_1^2 + Q_1^2}{U_1^2} R_T \qquad \Delta Q_{TX} = \frac{P_1^2 + Q_1^2}{U_1^2} X_T \qquad (4-25)$$

对于三绕组变压器，应用这些公式同样可以求出各侧绕组的功率损耗，即

$$\Delta \widetilde{S}_{T1} = \Delta P_{TR1} + j\Delta Q_{TX1} = \frac{P_1^2 + Q_1^2}{U_1^2} R_{T1} + j\frac{P_1^2 + Q_1^2}{U_1^2} X_{T1}$$

$$\Delta \widetilde{S}_{T2} = \Delta P_{TR2} + j\Delta Q_{TX2} = \frac{P_2^2 + Q_2^2}{U_1^2} R_{T2} + j\frac{P_2^2 + Q_2^2}{U_1^2} X_{T2}$$

$$\Delta \widetilde{S}_{T3} = \Delta P_{TR3} + j\Delta Q_{TX3} = \frac{P_3^2 + Q_3^2}{U_1^2} R_{T3} + j\frac{P_3^2 + Q_3^2}{U_1^2} X_{T3} \qquad (4-26)$$

式中 $\Delta \widetilde{S}_{T1}$、$\Delta \widetilde{S}_{T2}$、$\Delta \widetilde{S}_{T3}$——分别为绕组 1、2、3 的功率损耗，VA；

$\qquad\quad$ $P_1$、$P_2$、$P_3$——分别为绕组 1、2、3 的负荷有功功率，W；

$Q_1$、$Q_2$、$Q_3$——分别为绕组1、2、3的负荷无功功率，var；

$R_{T1}$、$R_{T2}$、$R_{T3}$——归算到绕组1侧的绕组1、2、3的等值电阻，$\Omega$；

$X_{T1}$、$X_{T2}$、$X_{T3}$——归算到绕组1侧的绕组1、2、3的等值电抗，$\Omega$；

$U_1$——绕组1的额定电压，V。

2. 导纳的功率损耗

$$\Delta P_{TG} = G_T U_1^2 \qquad \Delta Q_{TB} = B_T U_1^2 \tag{4-27}$$

变压器导纳的无功功率损耗是感性的，所以符号为正。

在有些情况下，如不必求取变压器内部的电压降（不需要计算出变压器的阻抗、导纳），这时功率损耗可直接由制造厂家提供的短路和空载试验数据求得，公式的推导仅把第三章求变压器参数的公式代入式（4-24）及式（4-27）中，即得

$$\left.\begin{aligned}
\Delta P_{TR} &= \frac{\Delta P_k U_N^2 S_2^2}{U_2^2 S_N^2} \\[2mm]
\Delta Q_{TX} &= \frac{U_k\% U_N^2 S_2^2}{100 U_2^2 S_N} \\[2mm]
\Delta P_{TG} &= \frac{\Delta P_0 U_1^2}{U_N^2} \\[2mm]
\Delta Q_{TB} &= \frac{I_0\% U_1^2 S_N}{100 U_N^2}
\end{aligned}\right\} \tag{4-28}$$

实际计算时通常设 $U_1 = U_N$、$U_2 = U_N$，所以这些公式可简化为

$$\left.\begin{aligned}
\Delta P_{TR} &= \frac{\Delta P_k S_2^2}{S_N^2} \\[2mm]
\Delta Q_{TX} &= \frac{U_k\% S_2^2}{100 S_N} \\[2mm]
\Delta P_{TG} &= \Delta P_0 \\[2mm]
\Delta Q_{TB} &= \frac{I_0\%}{100} S_N
\end{aligned}\right\} \tag{4-29}$$

式中　$\Delta P_k$、$\Delta P_0$——变压器的短路损耗和空载损耗，kW；

$U_k\%$、$I_0\%$——变压器的短路电压百分数和空载电流百分数；

$S_N$——变压器的额定容量，kVA；

$S_2$——变压器负荷的视在功率，kVA。

在用以上公式计算阻抗、导纳中的功率损耗时，所利用的制造厂提供的试验数据皆以kW 或 kvar 表示，而电力系统潮流计算有时可取 MW、Mvar 为单位，此时要注意，需将公式中的单位换算一致。

最后，配电网的总有功功率损耗和总无功功率损耗应是所有线路和变压器的有功、无功功率损耗之和。

### 三、配电网的电能损耗

1. 配电网的电能损耗和损耗率

配电网的运行状况随时间经常变化，其中变压器和线路的功率损耗也随之而变，所以在分析其运行的经济性时，不能只计算某一瞬间的功率损耗，还必须计算某一时间段内，例如

一天、一月或一年的损耗。在给定的时间内，配电网的所有送电、变电环节损耗的电量，称为配电网的电能损耗。在同一时间内，配电网的电能损耗占供电量的百分比，称为配电网的损耗率，简称网损率或线损率。

$$配电网损耗率\ \% = \frac{配电网电能损耗}{供电量} \times 100\%$$

网损率是国家下达给电力系统的一项重要经济指标，也是衡量供电企业管理水平的一项主要标志。

在配电网元件的功率损耗和电能损耗中，有一部分与元件通过的电流的平方（或功率）成正比，如变压器绕组和线路导线中的损耗就是这样；另一部分则同施加给元件的电压有关，如变压器铁芯损耗、电缆和电容器绝缘介质中的损耗等。下面分别讨论线路和变压器电能损耗的计算方法。

2. 电力线路电能损耗的计算

假定在一段时间 $t$ 内线路的负荷不变，则功率损耗也不变，相应的电能损耗为

$$\Delta A = \Delta P t = 3 I^2 R t \times 10^{-3} = \frac{P^2 + Q^2}{U^2} R t \times 10^{-3} \tag{4-30}$$

式中　$\Delta A$——线路电阻中的电能损耗（三相），kWh；

　　　$R$——线路一相的电阻，Ω；

　　　$\Delta P$——线路三相有功功率损耗，kW；

　　　$I$——线路中通过的电流，A；

　　　$t$——计算电能的时间，h；

　　　$U$——线路的线电压，kV。

但是，由于电力系统的实际负荷是随时都在改变的，其变化规律一般具有较大的随机性。所以，对于随时间而变化的负荷，线路中的电流或功率是随时间变化的，线路的功率损耗也随时间而改变。因此，就难以用上述简单公式计算一个时段内的总电能损耗，而应采用积分算式，即

$$\Delta A = \int_0^t \Delta P \, \mathrm{d}t = \int_0^t 3 I^2 R \times 10^{-3} \, \mathrm{d}t = \int_0^t \frac{P^2 + Q^2}{U^2} R \times 10^{-3} \, \mathrm{d}t \tag{4-31}$$

若时间 $t=24\mathrm{h}$，则 $\Delta A$ 为一天的电能损耗；若 $t=8760\mathrm{h}$，则 $\Delta A$ 为全年的电能损耗。

如果知道负荷曲线和功率因数，就可以作出电流（或视在功率）的变化曲线，并利用式（4-31）计算在时间 $t$ 内的电能损耗，但是这种算法很繁琐。实际上，在计算电能损耗时，负荷曲线本身就是预计的，又不能确知每一时刻的功率因数，特别是在电网的设计阶段，所能得到的数据就更为粗略。因此，在工程实际中常采用简化的方法计算电能损耗。简化方法很多，这里只介绍一种电力网规划中电能损耗计算的方法——最大负荷损耗时间法。

最大负荷损耗时间 $\tau$ 可以理解为：如果线路中输送的功率一直保持为最大负荷功率 $S_{\max}$（此时的有功损耗为 $\Delta P_{\max}$），在 $\tau \mathrm{h}$ 内的电能损耗恰好等于线路全年的实际电能损耗，则称 $\tau$ 为最大负荷损耗时间。

具体计算过程如下。

首先可从表4-1或有关手册中查得不同行业的最大负荷年利用小时数 $T_{\max}$。$T_{\max}$ 的意义是：如果用户以年最大负荷 $P_{\max}$ 持续运行 $T_{\max}\mathrm{h}$ 所消耗的电能即为该用户以实际负荷运

行时全年消耗的电能 $A$，用公式表示为

$$A = \int_0^{8760} P(t)\,\mathrm{d}t = P_{\max} T_{\max} \tag{4-32}$$

表 4 - 1 各类用户年最大负荷利用小时数

| 负 荷 类 型 | $T_{\max}$ | 负 荷 类 型 | $T_{\max}$ |
|---|---|---|---|
| 照明及生活用电 | 2000～3000 | 三班制企业 | 6000～7000 |
| 一班制企业 | 1500～2200 | 农业用电 | 1000～1500 |
| 二班制企业 | 3000～4500 | | |

$T_{\max}$ 的大小说明了用户用电的性质，也说明了用户负荷曲线的大致趋势（是较平坦还是变化较大）。对于相同类型的用户，尽管 $P_{\max}$ 有所不同，但 $T_{\max}$ 却是基本接近的，这是它们的生产流程大致相同的缘故。所以 $T_{\max}$ 亦是反映用电规律性的参数。再根据 $T_{\max}$ 和功率因数，从表 4 - 2 中直接查取最大负荷损耗时间 $\tau$。则

$$\Delta A = \int_0^{8760} \left(\frac{S}{U}\right)^2 R \times 10^{-3}\,\mathrm{d}t = \left(\frac{S_{\max}}{U}\right)^2 R\tau \times 10^{-3} = \Delta P_{\max}\tau \tag{4-33}$$

表 4 - 2 最大负荷损耗时间 $\tau$ 与最大负荷利用小时数 $T_{\max}$ 的关系

| $T_{\max}$ ＼ $\cos\varphi$ | 0.8 | 0.85 | 0.9 | 0.95 | 1 |
|---|---|---|---|---|---|
| 2000 | 1500 | 1200 | 1000 | 800 | 700 |
| 2500 | 1700 | 1500 | 1250 | 1100 | 950 |
| 3000 | 2000 | 1800 | 1600 | 1400 | 1250 |
| 3500 | 2350 | 2150 | 2000 | 1800 | 1600 |
| 4000 | 2750 | 2600 | 2400 | 2200 | 2000 |
| 4500 | 3150 | 3000 | 2900 | 2700 | 2500 |
| 5000 | 3600 | 3500 | 3400 | 3200 | 3000 |
| 5500 | 4100 | 4000 | 3950 | 3750 | 3600 |
| 6000 | 4650 | 4600 | 4500 | 4350 | 4200 |
| 6500 | 5250 | 5200 | 5100 | 5000 | 4850 |
| 7000 | 5950 | 5900 | 5800 | 5700 | 5600 |
| 7500 | 6650 | 6600 | 6550 | 6500 | 6400 |
| 8000 | 7400 | | 7350 | | 7250 |

实际计算中，在不知道负荷曲线的情况下，大多根据已知的 $T_{\max}$ 和功率因数，从表 4 - 2 中查出 $\tau$ 的值，按式（4 - 33）计算全年的电能损耗。其中 $\Delta P_{\max}$ 为线路输送最大负荷时的年有功功率损耗。

**例 4 - 2** 有一条 10kV 三相架空线路，线路电阻 $R = 9.6\Omega$，线路一年中输送的电能为 6 000 000kWh，通过的最大负荷 $P_{\max} = 1000$kW，平均功率因数 $\cos\varphi = 0.9$，试求一年中线路的电能损耗。

**解** 已知 $A = 6\,000\,000$kWh，$P_{\max} = 1000$kW，由式（4 - 32）得最大负荷利用小时数为

$$T_{\max} = \frac{A}{P_{\max}} = \frac{6\,000\,000}{1000} = 6000\,(\mathrm{h})$$

已知 $\cos\varphi = 0.9$，查表 4 - 2 得最大负荷损耗时间 $\tau = 4500$h，所以由式（4 - 33）得线路全年的电能损耗为

$$\Delta A = \left(\frac{S_{\max}}{U}\right)^2 R\tau \times 10^{-3} = \left(\frac{P_{\max}}{U\cos\varphi}\right)^2 R\tau \times 10^{-3}$$
$$= \left(\frac{1000}{10 \times 0.9}\right)^2 \times 9.6 \times 4500 \times 10^{-3} = 533\,333(\text{kWh})$$

3. 变压器电能损耗的计算

变压器接入电网运行时，在变压器绕组及变压器铁芯中都要产生电能损耗。变压器绕组中电能损耗的计算也可采用最大负荷损耗时间法，其方法和线路中电能损耗的计算相同；变压器铁芯中电能损耗则按全年投入运行的实际小时数来计算。所以变压器电能损耗计算式为

$$\Delta A = \Delta P_0 t + \Delta P_{\max}\tau \tag{4-34}$$

当变压器两侧电压在额定电压附近时，可由下式计算变压器全年的电能损耗，即

$$\Delta A = \Delta P_0 t + \Delta P_k \left(\frac{S_{\max}}{S_N}\right)^2 \tau \tag{4-35}$$

如果电网中接有 $n$ 台同容量的变压器并列运行时，则全年电能损耗计算式为

$$\Delta A = n\Delta P_0 t + n\Delta P_k \left(\frac{S_{\max}}{nS_N}\right)^2 \tau \tag{4-36}$$

式中　$S_N$——变压器的额定容量，kVA；

$\quad S_{\max}$——变压器的最大负荷，kVA；

$\quad n$——变压器并列运行的台数；

$\quad t$——变压器每年接入电网的运行时间，h；

$\quad \tau$——最大负荷损耗时间，h。

**四、配电网的降损措施**

1. 合理使用变压器

应根据用电特点选择较为灵活的接线方式，并能随各变压器的负载率及时进行负荷调整，以确保变压器运行在最佳负载状态。变压器的三相负载力求平衡，不平衡运行不仅降低出力，而且增加损耗。要采用节能型变压器，如非晶合金变压器的空载损耗仅为 S9 系列的 25%～30%，很适合变压器年利用小时数较低的场所。

2. 重视和合理进行无功补偿

合理地选择无功补偿方式、补偿点及补偿容量，能有效地稳定系统的电压水平，避免大量的无功通过线路远距离传输而造成有功网损。对电网的无功补偿通常采取集中、分散、就地相结合的方式，具体选择要根据负荷用电特点来确定。一般的电网中，无功补偿装置安装在变压器的低压侧。

3. 对电力线路改造，扩大导线的载流水平

按导线截面的选择原则，可以确定满足要求的最小截面导线；但从长远来看，选用最小截面导线并不经济。如果把理论最小截面导线加大一到二级，线损下降所节省的费用，足可以在较短时间内把增加的投资收回，而且导线截面增大温升下降，线路无功损耗也会有所下降。

4. 调整用电负荷，保持均衡用电

调整用电设备运行方式，合理分配负荷，降低电网高峰时段的用电，增加低谷时段的用电；改造不合理的局域配电网，保持三相平衡，使用电均衡，降低线损。

## 第三节 简单配电网的潮流计算

一端电源供电的网络称为开式网。开式网中的负荷只能从一个电源取得电能。所谓潮流计算即是根据已知的负荷及电源电压计算出其他节点的电压和元件上的功率分布。

实际进行配电网潮流计算时，根据已知条件的不同有两种基本算法。

对于图 4 - 8（a）所示的简单系统，其等值电路如图 4 - 8（b）所示。

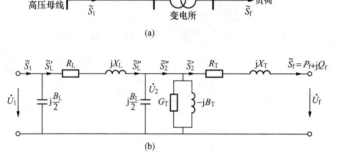

图 4 - 8 简单开式配电网及其等值电路
（a）系统图；（b）等值电路

对供电部门来说，在计算此类开式配电网潮流分布时，一般给出的已知条件是：最大或最小负荷运行条件下，降压变电站低压侧的负荷 $\widetilde{S}_f$；输电线路及变压器的参数；降压变电站低压侧母线的电压 $\dot{U}_f$ 或电源侧供电母线的电压 $\dot{U}_1$。

这些条件实际上包括了两种情况。

（1）第一种情况：给定的已知条件是同一点的功率和电压。

例如给出末端功率 $\widetilde{S}_f$ 和末端电压 $\dot{U}_f$，需要求取首端功率 $\widetilde{S}_1$ 和首端电压 $\dot{U}_1$；或者反过来已知 $\widetilde{S}_1$ 和 $\dot{U}_1$，需要求 $\widetilde{S}_f$ 和 $\dot{U}_f$。由于是单侧电源的开式配电网，故这一类问题的计算比较简单，只需按本章第一节、第二节介绍的电压损耗、功率损耗等计算方法逐步进行计算即可。

已知 $\widetilde{S}_f$、$\dot{U}_f$，要求 $\widetilde{S}_1$、$\dot{U}_1$ 的计算步骤如下：

1）先求变压器阻抗上的功率损耗 $\Delta S_{TZ}$ 和电压损耗 $\Delta U_T$，求得功率 $\widetilde{S}_2'$ 和电压 $\dot{U}_2$；

2）由 $\dot{U}_2$ 求得变压器导纳上的功率损耗 $\Delta S_{TY}$ 和线路一条电纳支路的功率损耗 $\Delta S_{LY}$；

3）求得功率 $\widetilde{S}_2''$，$\widetilde{S}_L''$；

4）求取线路串联阻抗上的功率损耗 $\Delta \widetilde{S}_{LZ}$ 和电压损耗 $\Delta U_L$，求得功率 $\widetilde{S}_L'$ 和电压 $\dot{U}_1$；

5）最后再由线路另一条电纳支路的功率损耗 $\Delta \widetilde{S}_{LY}'$ 求取首端功率 $\widetilde{S}_1$。

以上采取的是将电压和功率由已知点向未知点逐段递推计算的方法。对于 110kV 及以下的网络，在计算电压损耗时常略去横分量，使计算进一步简化。在计算时需注意变压器两侧参数与电压的归算。

**例 4 - 3** 如图 4 - 8 所示系统，变压器为 20MVA，110/38.5kV，$Z_T = R_T + jX_T = 4.93 + j63.5\,\Omega$（已归算至高压侧），$Z_L = R_L + jX_L = 21.6 + j33\,\Omega$，$B_L/2 = 1.1 \times 10^{-4}\,\text{S}$，变压器励磁功率为 $\Delta \widetilde{S}_{TY} = 60 + j600\,\text{kVA}$，低压侧负荷 $\widetilde{S}_f = 15 + j11.25\,\text{MVA}$，现要求低压侧电压为 36kV，求电源处的母线电压及输送的功率。

**解** 先将低压侧电压归算至高压侧

$$U'_f = 36 \times 110/38.5 = 102.86(\text{kV})$$

变压器串联阻抗的功率损耗为

$$\Delta \widetilde{S}_{TZ} = \frac{P_f^2 + Q_f^2}{U'^2_f}(R_T + jX_T)$$

$$= \frac{15^2 + 11.25^2}{102.86^2}(4.93 + j63.5) = 0.16 + j2.11(\text{MVA})$$

进入变压器的功率为

$$\widetilde{S}''_2 = S_f + \Delta S_{TZ} + \Delta S_{TY} = (15 + j11.25) + (0.16 + j2.11) + (0.06 + j0.6)$$

$$= 15.22 + j13.96(\text{MVA})$$

变压器的电压损耗为

$$\Delta U_T = \frac{P_f R_T + Q_f X_T}{U'_f} = \frac{15 \times 4.93 + 11.25 \times 63.5}{102.86} = 7.66(\text{kV})$$

变压器高压侧电压为

$$U_2 = U'_f + \Delta U_T = 102.86 + 7.66 = 110.52(\text{kV})$$

线路一条电纳支路的功率损耗为

$$\Delta \widetilde{S}_{LY} = U_2^2\left(-j\frac{B_L}{2}\right) = -110.52^2 \times j1.1 \times 10^{-4} = -j1.34(\text{MVA})$$

线路阻抗末端功率为

$$\widetilde{S}''_L = \widetilde{S}''_2 + \Delta \widetilde{S}_{LY} = (15.22 + j13.96) + (-j1.34) = 15.22 + j12.62(\text{MVA})$$

线路串联阻抗的功率损耗为

$$\Delta \widetilde{S}_{LZ} = \frac{P''^2_L + Q''^2_L}{U_2^2}(R_L + jX_L) = \frac{15.22^2 + 12.62^2}{110.52^2} \times (21.6 + j33) = 0.69 + j1.06(\text{MVA})$$

线路电压的损耗为

$$\Delta U_L = \frac{P''_L R_L + Q''_L X_L}{U_2} = \frac{15.22 \times 21.6 + 12.62 \times 33}{110.52} = 6.74(\text{kV})$$

$$U_1 = U_2 + \Delta U_L = 110.52 + 6.74 = 117.26(\text{kV})(\text{略去}\,\delta U_L)$$

线路另一条电纳支路的功率损耗为

$$\Delta \widetilde{S}'_{LY} = U_1^2\left(-j\frac{B_L}{2}\right) = -117.26^2 \times j1.1 \times 10^{-4} = -j1.51(\text{MVA})$$

进入系统的功率为

$$\widetilde{S}_1 = \widetilde{S}''_L + \Delta \widetilde{S}_{LZ} + \Delta \widetilde{S}'_{LY} = (15.22 + j12.62) + (0.69 + j1.06) + (-j1.51)$$

$$= 15.91 + j12.17(\text{MVA})$$

因此

$$U_1 = 117.26(\text{kV}),\ \widetilde{S}_1 = 15.91 + j12.17(\text{MVA})$$

（2）第二种情况：给定的已知条件是不同点的功率和电压。

方法一：例如给出的首端电压 $\dot{U}_1$ 和末端功率 $\widetilde{S}_f$，需求取首端功率 $\widetilde{S}_1$ 和末端电压 $\dot{U}_f$；或者反过来已知 $\widetilde{S}_1$ 和 $\dot{U}_f$ 而去求 $\widetilde{S}_f$ 及 $\dot{U}_1$。因为给定的不是同一点的电压和功率，如若直接利用前述计算方法计算电压损耗及功率损耗，则将出现一组非线性方程，解析算法将出现困难。因而采取如下的迭代算法：首先在已知功率点假定一个电压，按上述第一种情况进行逐段递推计算，求得已知电压点的功率，再由此点的已知电压与求得的功率返回逐段递推计算，求得已知功率点电压，然后再将此已知点的功率与所求得电压逐段递推……。如初始电压选择得好，往往经过一、二次反复逐段递推计算即可求得足够精确的结果。一般，初始电压可取该级网络的额定电压。

方法二：常见的情况是给出开式配电网的末端负荷与首端电压。对于这种情况可进一步简化计算，不必进行反复递推。①设全网为额定电压（一般可将全网参数归算到同一个电压等级）。②由网络末端向首端推算各元件的功率损耗和功率分布，而不计算电压。③待求得首端功率后，再由给定的首端电压与求得的首端功率、网络各处的功率分布，从首端向末端推算各元件电压损耗和各母线（节点）电压，此时不再重新计算功率损耗与功率分布。实践证明，这样的方法对于工程计算来说具有足够的精度。

说明：对于同一电压等级的开式网计算，只要作出等值电路后就可以直接计算。对于不同电压等级的开式网计算，由于变压器两侧的电压不同，可以将变压器低压侧的电压和线路参数按变比归算到高压侧表示（功率不需要归算），然后再进行计算。

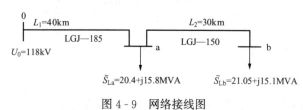

图 4-9　网络接线图

**例 4-4**　如图 4-9 所示的配电网，作出等值电路并求出电压和功率分布。

**解**　（1）根据已知条件，查表并求各段线路的参数有

$$R_1 = r_1 l_1 = 0.17 \times 40 = 6.8(\Omega), \quad R_2 = 0.21 \times 30 = 6.3(\Omega)$$

$$X_1 = x_1 l_1 = 0.409 \times 40 = 16.36(\Omega), \quad X_2 = 0.416 \times 30 = 12.48(\Omega)$$

$$B_1 = b_1 l_1 = 2.82 \times 10^{-4} \times 40 = 1.13 \times 10^{-4}(S), \quad B_2 = 2.73 \times 10^{-6} \times 30 = 0.82 \times 10^{-4}(S)$$

（2）作出等值电路图，如图 4-10 所示，计算线路的功率分布。

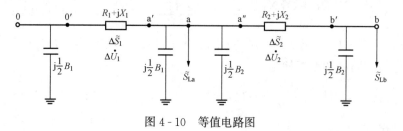

图 4-10　等值电路图

设 $U_a = U_b = U_N = 110\text{kV}$（从图 4-10 中就可以看出是 110kV 等级的线路），则

线路 2 首末端电纳的功率损耗：$\Delta Q_{B2} = -\dfrac{B_2}{2} U_b^2 = -\dfrac{1}{2} B_2 \times 110^2 = -0.5(\text{Mvar})$

线路 2 末端的总功率：$\tilde{S}_{b'} = \tilde{S}_{Lb} + j\Delta Q_{B2} = 21.05 + j14.6(\text{MVA})$

线路 2 的功率损耗：$\Delta \tilde{S}_2 = \dfrac{P_{b'}^2 + Q_{b'}^2}{U_{b'}^2}(R_2 + jX_2) = \dfrac{21.05^2 + 14.6^2}{110^2}(R_2 + jX_2)$

$$= 0.35 + j0.69(\text{MVA})$$

$$\tilde{S}_{a''} = \Delta \tilde{S}_2 + \tilde{S}_{b'} = 21.4 + j15.29(\text{MVA})$$

（注意要用同一点的功率和电压值）

线路 1 首末端电纳的功率损耗：$\Delta Q_{B1} = -\dfrac{B_1}{2}U_a^2 = -\dfrac{1}{2}B_1 \times 110^2 = -0.68(\text{Mvar})$

线路 1 末端的总功率：$\widetilde{S}_{a'} = \widetilde{S}_{a''} + j\Delta Q_{B2} + \widetilde{S}_{La} + j\Delta Q_{B1} = 41.8 + j30.41(\text{MVA})$

线路 1 的功率损耗：$\Delta \widetilde{S}_1 = \dfrac{P_{a'}^2 + Q_{a'}^2}{U_{a'}^2}(R_1 + jX_1) = \dfrac{41.8^2 + 30.41^2}{110^2}(R_1 + jX_1)$

$$= 1.5 + j3.6(\text{MVA})$$

$$\widetilde{S}_{0'} = \widetilde{S}_{a'} + \Delta \widetilde{S}_1 = 43.3 + j34.01 \text{ (MVA)}$$

$$\widetilde{S}_0 = \widetilde{S}_{0'} + j\Delta Q_{B1} = 43.3 + j33.33 \text{ (MVA)}$$

（3）电压计算。

线路 1 的电压损耗：$\Delta U_1 = \dfrac{P_{0'}R_1 + Q_{0'}X_1}{U_0} = \dfrac{43.3R_1 + 34.01X_1}{118} = 7.21(\text{kV})$

（此处用实际电压是已知的）

$$U_a = U_0 - \Delta U_1 = 118 - 7.21 = 110.79(\text{kV})$$

线路 2 的电压损耗：$\Delta U_2 = \dfrac{P_{a''}R_2 + Q_{a''}X_2}{U_a} = \dfrac{21.4R_2 + 15.29X_2}{110.79} = 3(\text{kV})$

$$U_b = U_a - \Delta U_2 = 110.79 - 3 = 107.79(\text{kV})$$

## 第四节　复杂配电网的潮流计算

### 一、配电网潮流计算的数学模型

配电网具有闭环设计、开环运行的特点。在某些情况下，比如为了平衡馈线间的负荷，需要在馈线之间转移负荷时，会出现暂时的双电源或闭环情况，但是在正常运行时，配电网采用单电源点，开环运行。在正常运行时，一条馈线只有一个电源点，这个电源点在潮流计算中作为平衡节点或根节点，而且每个负荷节点只有一个父节点，馈线整体呈辐射状拓扑结构，所以大量配电网潮流计算以辐射状网络为研究模型，图 4 - 11 为一个含有 7 个节点和 6 条支路的典型配电网的单线图。

对于一个有 $N$ 个节点的配电网，其支路数为 $N-1$，将配电网中第 $i$ 个节点表示为 $\nu_i$，而将第 $j$ 条支路表示为 $b_j$，对于一个由节点 $\nu_i$ 和 $\nu_j$ 确定的支路 $b_j$，如果支路上潮流的方向是从 $\nu_i$ 指向 $\nu_j$，则称 $\nu_i$ 为该支路的始点，而称 $\nu_j$ 为该支路的末梢点。流入支路数为 0 的节点为电源点，流出支路数为 0 的节点为末梢点。我们用 $\dot{I}_j$ 和 $P_j + jQ_j$ 分别表示支路 $b_j$ 上流过的电流和功率，用 $\dot{U}_i$ 和 $P_{L,i} +$

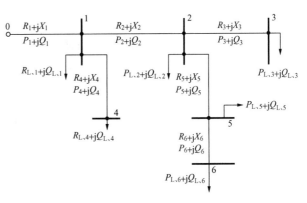

图 4 - 11　一个典型配电子网

$jQ_{L,i}$ 分别表示节点 $\nu_i$ 上的电压和负荷值，用 $R_j + jX_j$ 表示支路 $b_j$ 的阻抗，以电源点为电源参考点。比如在图 4 - 11 中，$\nu_0$ 为支路 $b_1$ 的始点，而 $\nu_1$ 为其终点，$\nu_0$ 是一个电源点，$\nu_3$、

$\nu_4$ 和 $\nu_6$ 为末梢点。

配电网潮流计算的模型可以描述为：对一个有 $N$ 个节点的配电网，已知量为根节点（或电源点）的电压 $\dot{U}_0$、各节点的负荷值 $P_{L,i}+jQ_{L,i}$（其中 $i=1，2，3，\cdots，N-1$）、配电网拓扑结构和各支路的阻抗。待求量为各节点的节点电压 $\dot{U}_i$（其中 $i=1，2，3，\cdots，N-1$）、流经各支路的功率 $P_j+jQ_j$（其中 $j=1，2，3，\cdots，N-1$）、各支路的电流和系统的有功损耗等。

### 二、配电网潮流计算方法

配电网潮流计算的方法虽然很多，但可以分为三类：牛顿类方法、母线类方法和支路类方法，下面分别讨论这些方法。

#### （一）牛顿类配电网潮流计算方法

牛顿类潮流计算方法主要有牛顿拉夫逊计算方法和 $P-Q$ 分解潮流计算方法。这两种计算方法在第三章已介绍，这里不在叙述。

#### （二）母线类配电网潮流计算方法

此类算法有 $Z_{bus}$ 方法和 $Y_{bus}$ 方法，这两类算法在本质上是一致的，这里给出一种 $Z_{bus}$ 方法。

根据迭加原理，节点 $j$ 的电压可以通过根节点在节点 $j$ 上产生的电压与节点 $j$ 上的等值注入电流所产生的电压迭加求得。等值注入电流指的是除根节点以外的其他配电网络元件如负荷、电容器、电抗器和无功补偿器等在它们所连接的母线上产生的等值注入电流。$Z_{bus}$ 方法的求解过程如下。

（1）计算当根节点独立作用于整个配电网而且所有的等值注入都断开的情况下，各母线的电压

$$\dot{U}'_{j,s}=\frac{\dot{U}_s}{Z_\Sigma}Z_{0,j} \tag{4-37}$$

式中　$\dot{U}_s$——根节点电压；

$Z_\Sigma$——网络的等值阻抗；

$Z_{0,j}$——待求点的等值阻抗。

（2）计算各母线的等值注入电流 $\dot{I}''_j$。

（3）计算只有等值注入电流作用时的母线电压

$$\dot{U}''=Z\dot{I}'' \tag{4-38}$$

（4）应用迭加原理求节点电压。

$$\dot{U}_{new}=\dot{U}'+\dot{U}'' \tag{4-39}$$

式中，$\dot{\boldsymbol{U}}'=[\dot{U}'_{s,1}，\dot{U}'_{s,2}，\cdots，\dot{U}'_{s,n}]^T$

（5）检验迭代收敛条件。

$$|U_{new}-U_{old}|<\varepsilon \tag{4-40}$$

#### （三）支路类配电网潮流计算方法

支路类算法是配电网潮流计算中用得最多的一类方法，也是被广泛研究的一种配电网潮流算法。这类算法主要有面向回路的回路法、前推回代方法和基于支路电流的潮流计算方法。

1. 回路法

$$\widetilde{S}_{b,i} = \dot{U}_i \dot{I}_{b,i}^*$$  (4-41)

式中　$\dot{I}_{b,i}^*$——节点 $\nu_i$ 的注入电流的共轭；

　　　$\dot{U}_i$——节点 $\nu_i$ 的电压；

　　　$\widetilde{S}_{b,i}$——节点 $\nu_i$ 的注入功率。

根据 Kchhoff 定律有

$$\begin{cases} \dot{E}_1 = \dot{U}_0 - \dot{U}_1 \\ \dot{E}_2 = \dot{U}_1 - \dot{U}_2 \\ \cdots \\ \dot{E}_i = \dot{U}_{i-1} - \dot{U}_i \\ \dot{E}_i = Z_i \dot{I}_{l,i} \end{cases}$$  (4-42)

式中　$\dot{E}_i$——第 $i$ 条支路的电压降；

　　　$Z_i$——第 $i$ 条支路的阻抗；

　　　$\dot{I}_{l,i}$——第 $i$ 条支路的电流。

可以得到矩阵形式

$$\dot{\boldsymbol{E}} = \boldsymbol{Z}\dot{\boldsymbol{I}}_{\mathrm{L}}$$  (4-43)

根据 KCL，$\dot{I}_{\mathrm{L}}$ 有如下形式

$$\dot{I}_{\mathrm{L},i} = \begin{cases} -\dot{I}_{b,i} + \dot{I}_{\mathrm{L},(i+1)} & 1 \leqslant i \leqslant n-1 \\ -\dot{I}_{b,n} & i = n \end{cases}$$  (4-44)

潮流计算步骤为：

（1）通过式（4-41）计算节点注入电流；

（2）通过式（4-44）计算支路电流；

（3）通过式（4-43）计算支路电压降；

（4）通过式（4-42）计算 $\dot{U}_{i\,\text{new}}$；

（5）判断是否收敛，如果不收敛则用 $\dot{U}_{\text{new}}$ 代替 $\dot{U}$ 进入下一次迭代。

2. 前推回代方法

前推回代法是配电网支路类算法中被广泛研究的一种算法。

以图 4-12 所示的简单馈线线段为例，经过简单推导可以得出

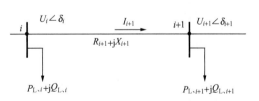

图 4-12　一个典型馈线线段

$$U_{i+1} = \left\{ \left[ \left( P_{i+1}R_{i+1} + Q_{i+1}X_{i+1} - \frac{1}{2}\left|\dot{U}_i\right|^2 \right)^2 - (R_{i+1}^2 + X_{i+1}^2)(P_{i+1}^2 + Q_{i+1}^2) \right]^{1/2} \right.$$

$$\left. - \left( P_{i+1}R_{i+1} + Q_{i+1}X_{i+1} - \frac{1}{2}\left|\dot{U}_i\right|^2 \right) \right\}^{1/2}$$  (4-45)

$$\begin{cases} P_{i+1} = \sum\limits_{j=i+1}^{N-1} P_{L,j} + \sum\limits_{j=i+1}^{N-1} LP_j \\[2mm] Q_{i+1} = \sum\limits_{j=i+1}^{N-1} Q_{L,j} + \sum\limits_{j=i+1}^{N-1} LQ_j \end{cases} \tag{4-46}$$

式中　$LP_j$ 和 $LQ_j$——支路 $b_j$ 上的有功损耗和无功损耗。

$$\begin{cases} LP_i = \dfrac{R_i(P_i^2 + Q_i^2)}{\left|\dot U_i\right|^2} \\[4mm] LQ_i = \dfrac{X_i(P_i^2 + Q_i^2)}{\left|\dot U_i\right|^2} \end{cases} \tag{4-47}$$

式（4-45）～式（4-47）构成了前推回代的基本方程。前推回代法分两个过程：首先根据负荷功率及电压值由馈线末端向电源点推算支路潮流分布，即前推过程；再根据电源点电压和潮流分布向馈线末端推算电压分布，即回代过程；至电压和功率不匹配小于容许值时结束。

3. 基于支路电流的潮流计算方法

在辐射状的配电子网中，对于支路 $b_j$ 有

$$\dot U_j = \dot U_i - \dot I_j (R_j + jX_j) \tag{4-48}$$

如果支路 $b_j$ 的末点 $\nu_j$ 为末梢点，则该支路的电流 $\dot I_j$ 等于流过末梢点的电流，也即等于该末梢点的负荷电流 $\dot I_{L,j}$，即

$$\dot I_j = \dot I_{L,j} \tag{4-49}$$

节点 $\nu_j$ 的负荷电流 $\dot I_{L,j}$ 可表示为

$$\dot I_{L,j} = \frac{P_{L,j} - jQ_{L,j}}{\dot U_j^*} \tag{4-50}$$

式中　$P_{L,j} - jQ_{L,j}$——节点 $\nu_j$ 负荷功率的共轭；

　　　　$\dot U_j^*$——节点 $\nu_j$ 电压的共轭。

如果支路 $b_j$ 的末点 $\nu_j$ 不是末梢点，则支路电流 $\dot I_j$ 应为该支路末点 $\nu_j$ 电流和其所有下接支路的电流之和，即

$$\dot I_j = \dot I_{L,j} + \sum_{k \in d} \dot I_k \tag{4-51}$$

式中　$d$——以节点 $\nu_j$ 为始点的支路的集合。

显然根据式（4-49）～式（4-51），由末梢点向电源点递推就可以得到各支路的电流，然后根据式（4-48）从电源点向末梢点回推就可以求得各节点电压。

（四）配电网潮流计算方法小结

1. 多电源的处理能力

在正常情况下，配电网为开环运行的辐射网，每条馈线只有一个电源点。这个电源点在潮流计算中通常作为平衡点或根节点。在故障和检修时，会出现闭合馈线之间的联络开关的情况。在实际中，两条馈线之间闭合联络开关合环运行的情况是比较常见的，而两条以上的

馈线合环一般是不允许的。支路类算法是面向支路和节点的，这些方法一次只能对一条馈线计算潮流，所以当出现环网时，上述算法一般采取迭代联络线潮流的方法，这就增加了迭代次数和编程的复杂性，因此这些方法不适用于处理双电源。母线类算法和牛顿类算法将整个配电网作为研究对象，当出现双电源时，可以将其中一个作为 $PV$ 节点，另外一个作为松弛节点，因此不需要另外编写程序，从算法的稳定性来说，增加了 $PV$ 节点还有助于潮流的收敛性。

2. 收敛阶数

潮流的收敛阶数是决定收敛速度的关键。上述算法中除了牛顿—拉夫逊潮流算法是二阶收敛之外，其余算法均为一阶收敛。牛顿—拉夫逊潮流算法采用节点的功率为网络的注入量。求解方程组时采用了系数矩阵的一阶导数，所以对解具有平方逼近性，是二阶收敛。其余算法均以网络的电流或电压为注入量，因此迭代方程均为线性方程，在迭代求解过程中系数矩阵保持不变，所以相应的迭代收敛阶数也是线性的。

3. 算法稳定性

算法稳定性也是评价配电网潮流计算方法的重要指标。一般可以认为算法的收敛阶数越高，算法的稳定性越差。上述算法中迭代收敛阶数为一阶的配电网潮流计算方法均有较好的稳定性。牛顿—拉夫逊潮流计算方法为二阶算法，其收敛性受初值影响较大。为弥补牛顿—拉夫逊潮流计算方法的这一缺陷，在实际应用中往往采用牛顿法和其他简单迭代相结合的方法。即首先通过简单迭代达到某一解的邻域，然后再用牛顿方法加速收敛速度。

4. 计算速度

由于牛顿法具有二阶收敛特性，在配电网潮流计算中仍然保持着收敛速度和迭代次数方面的优势。在配电网潮流计算的实际应用中仍然是一种性能优良的潮流计算方法。支路类算法编程简单，当配电网的复杂程度不高时，此类算法具有收敛速度快速、数值稳定性好的特点，其中前推回代法不需要进行矩阵运算，占用计算机资源少。但是，当配电网的复杂程度增大时，这类算法的迭代次数呈线性增长；当配电网的分支线大幅度增多时，迭代次数呈几何级数增长。另外多数前推回代方法不能求解电压角度，所以这类算法在需要处理无功的场合是不适合的。

$Z_{bus}$ 方法虽然也是一阶收敛的算法，但也是一种性能优良的潮流计算方法。具有接近牛顿方法的收敛速度和收敛特性，在实际应用也是一种可以被采用的潮流计算方法。

当然，牛顿方法和 $P-Q$ 分解算法由于要求求解雅可比矩阵，因此计算时间较长。

表 4-3 对几种配电网潮流计算方法进行了性能比较。

表 4-3 配电网潮流计算方法性能比较

| 算法 | 双电源处理能力 | 收敛阶数 | 稳定性 |
|---|---|---|---|
| 母线类算法 | 作为 $PV$ 节点无需改变计算模型 | 一阶方法 | 稳定 |
| 支路类算法 | 不能直接处理，需迭代联络线潮流 | 一阶方法 | 稳定 |
| 牛顿法 | 作为 $PV$ 节点无需改变计算模型 | 二阶方法 | 对初值敏感 |
| $P-Q$ 分解法 | 作为 $PV$ 节点无需改变计算模型 | 一阶方法 | 稳定 |

## 第五节　配电网的无功补偿和电压调整

### 一、配电网的无功补偿

1. 电力系统的无功平衡

影响电力系统电压的主要因素是无功功率。只有系统有能力向负荷提供足够的无功功率时，系统电压才有可能维持在正常水平；如果系统内的无功电源不足，系统的端电压就将被迫降低。所以，电力系统无功功率平衡与维持电力系统的电压水平有着不可分割的关系。

（1）电力系统的无功负荷及无功损耗

无功负荷是滞后功率因数运行的用电设备所吸取的无功功率。电力系统的无功负荷主要是感应电动机，一般综合负荷的功率因数为 0.6～0.9。

电网中无功损耗一般有两部分：一是输电线路的无功损耗，输电线路上的串联电抗会产生无功损耗，其数值与线路上传输电流的平方成正比；输电线路上还有并联电抗器，它消耗的无功功率与网络电压平方成正比。输电线路上的并联电纳，也消耗容性的无功。二是变压器上的无功损耗，变压器上的无功损耗分为励磁支路损耗和绕组漏抗损耗两部分，其中励磁支路损耗百分值基本上等于空载电流 $I_0$ 的百分值，为 1%～2%；在变压器满载时，绕组漏抗损耗等于短路电压 $U_k$ 的百分值，约为额定容量的 10%。

电力系统的无功损耗很大。由发电厂到用户，中间要经过多级变压，虽然每台变压器的无功损耗只占每台变压器容量的 10% 左右，但多级变压器的无功损耗总和就很大了，较系统中有功功率损耗大得多。

（2）无功电源

电力系统的无功电源包括同步发电机、调相机、电容器及静止无功补偿器、线路充电功率等。

同步发电机既是电力系统基本的有功功率电源，同时也是重要的无功功率电源。

调相机实质上是空载运行的同步电动机，是电力系统中能大量吞吐无功功率的设备，在过励磁运行时向系统提供感性无功功率，在欠励磁运行时则从系统吸取感性无功功率。

并联电容器只能向系统供给感性无功功率，它可以根据需要由许多电容器连接成组。因此，并联电容器的容量可大可小，可集中，也可分散。

静止补偿器由电容器和可调电抗器组成，电容发出无功功率，电抗吸取无功功率，利用控制回路可平滑地调节它的无功功率的大小。

（3）无功平衡

电力系统无功功率平衡包含两个含义。首先是对于运行的各个设备，要求系统无功电源所发出的无功功率与系统无功负荷及无功损耗相平衡，即

$$\sum Q_G = \sum Q_L + \sum \Delta Q \tag{4-52}$$

式中　$\sum Q_G$——系统无功电源所发出的无功功率；

$\qquad\sum Q_L$——系统无功负荷所需要的无功功率；

$\qquad\sum \Delta Q$——系统网络元件所引起的无功功率损耗。

其次是对于一个实际系统或是在系统的规划设计中，要求系统无功电源设备容量与系统运行所需要的无功电源及系统的备用无功电源相平衡，以满足运行的可靠性及适应系统负荷

发展的需要，即

$$\sum Q_N = \sum Q_G + \sum Q_R \tag{4-53}$$

式中　$\sum Q_N$——系统无功电源设备容量；

　　　$\sum Q_R$——系统无功备用容量。

无功备用容量是维持电力系统无功平衡所必须的，一般占无功负荷的 $7\% \sim 8\%$。

2. 无功补偿的原理

网络未加无功补偿设备前，负荷的有功功率、无功功率为 $P$、$Q$，与网络传输的功率相等。加装了一部分无功补偿设备 $Q_c$ 后，网络传输的有功功率不变，传输的无功功率变为 $Q' = Q - Q_c$，相当于无功消耗由 $Q$ 减少到 $Q' = Q - Q_c$。

设 $Q' = Q - Q_c$，如图 4 - 13 所示，视在功率 $S'$ 比 $S$ 小了，补偿后电力网的功率因数由补偿前的 $\cos\varphi_1$ 提高到 $\cos\varphi_2$。

3. 无功补偿的意义

加装无功补偿设备后，电网的功率因数提高，具有以下几个方面的意义。

（1）减少系统元件的容量，换个角度看是提高电网的输送能力

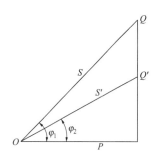

图 4 - 13　无功补偿原理的示意图

电气设备的视在功率在补偿后为

$$S' = \sqrt{P^2 + {Q'}^2} = \sqrt{P^2 + (Q - Q_c)^2} \tag{4-54}$$

由式（4 - 54）可知，加装无功补偿 $Q_c$ 后，减少了电网无功输送量，在输送同样的有功功率情况下，设备安装容量可以减少，能节约大量有色金属，也节约了投资。对运行中的电气设备而言，无功补偿后其中通过的无功功率减小了，有功的输送能力提高，使设备容量得到充分利用。

（2）降低网络功率损耗和电能损耗

当负荷电流流过线路时，其功率损耗为

$$\Delta P = \frac{P^2 + Q^2}{U^2} R \tag{4-55}$$

线路输送的无功由补偿前的 $Q$ 减少到 $Q'$ 时，线路的功率损耗下降，每年在线路上和变压器上的电能损耗也下降。

（3）改善电压质量

潮流计算得到的线路电压损耗的公式为

$$\Delta U = \frac{PR + QX}{U} \tag{4-56}$$

从式（4 - 56）可看出，减少线路输送的无功功率，则电压损耗 $\Delta U$ 有所下降，改善了电力网和用户的电压质量。可见无功补偿是保证电能质量的重要措施。

4. 配电网无功补偿的配置原则

无功补偿设备的配置实际包括两个方面的内容：一是确定补偿地点和补偿方式；二是对无功补偿总容量进行布点分配。因此，除了要研究网络本身的结构特点和无功电源分布之外，还需要对网络的无功损耗构成作出基本分析。

通过对典型各级配电网络无功损耗构成情况分析，得到各电压等级的无功损耗占总无功损耗的比重：0.4kV级损耗占50%，10kV级占20%，35kV级占10%，110kV级占20%。低压配电网占总损耗的一半。

从各级电网无功功率损耗的基本情况可以看出，各级电网都要消耗一定数量的无功功率，尤以低压配电网所占比重最大。为了最大限度地减少无功功率的传输损耗，提高输、配电设备的效率，无功补偿设备的配置应按照"就地补偿，分级分区平衡"的原则进行规划，合理布局，以下几点是无功补偿设备合理配置的主要原则。

（1）总体平衡与局部平衡相结合。要做到各级电网的无功功率平衡，首先要满足电压较低级电网的无功功率平衡，其次要同时满足各个分所（变电站）、分线（配电线）的无功功率平衡。如果无功电源的布局选择不合理，局部地区的无功功率就不能就地平衡，会造成一些变电站或一些线路的无功功率偏多，电压偏高，过剩的无功功率就要向外输送；也可能会造成一些变电站或一些线路的无功功率不足，电压下降，必然向上级电网吸取无功功率。这样仍然会造成不同分区之间无功功率的远距离输送和交换，使电网的功率损耗和电能损耗增加。所以，在规划时就要在总体平衡的基础上，研究各个局部的补偿方案，获得最优化的组合，才能达到最佳的补偿效果。

（2）电业部门补偿和用户补偿相结合。统计资料表明，在各级电网中用户消耗的无功约占50%；在工业网络中，用户消耗的无功功率约占60%；其余的无功功率消耗在输配电网中。因此，为了减少无功功率在网络中的输送，要尽可能地实现无功就地补偿、就地平衡，所以应当根据总的无功功率需求，同时发挥供电部门和用户的作用，共同进行补偿，搞好无功功率补偿设施的建设和管理。

（3）分散补偿与集中补偿相结合，以分散为主。无功补偿既要达到总体平衡，又要满足局部平衡；既要由供电部门的补偿，又需要用户的补偿。这就要求采取分散补偿与集中补偿相结合的方式。集中补偿是指在变电站集中装设容量较大的补偿设备进行补偿；分散补偿是指在配电网络中的分区（如配电线路、配电变压器和用户的用电设备等）分散进行的无功补偿。

变电站的集中补偿，主要是补偿主变压器本身的无功损耗，及减少变电站上一级线路传输的无功功率，从而降低供电网络的无功损耗。但它不能降低配电网络的无功损耗，因为用户需要的无功功率仍需要通过变电站以下的配电线路向负荷输送。所以，为了有效地降低线损，必须进行分散补偿。由于配电网的线损占全网总损失的70%左右，因此，应当以分散补偿为主。

（4）降损与调压相结合，以降损为主。利用并联电容器进行无功补偿，其主要目的是达到无功功率就地平衡，减少网络中的无功损耗，以降低线损。与此同时，也可以利用电容器组的分组投切，对电压进行适当调整。

根据补偿设备特点，在各种补偿形式中，并联电容器当为首选。特别是在感性负荷多、功率因数低的地区，安装并联电容器补偿无功功率效益十分显著。由于并联电容补偿既减轻了线路和配电设备的负荷，又使线损大大下降，节电效益明显。在变电站安装并联电容器补偿，适时、分级投切又可使电压质量得到改善。因此，无论是用户还是供电部门，都普遍采用并联电容器补偿无功功率。在全国电力系统中，90%以上的无功补偿装置为并联电容器。

5. 无功补偿措施

（1）利用同步发电机进行补偿。同步发电机既是唯一的有功功率电源，又是最基本的无功功率电源。发电机在额定状态下运行时，可发出无功功率

$$Q_{GN} = S_{GN}\sin\varphi_N = P_{GN}\tan\varphi_N \tag{4-57}$$

式中　$S_{GN}$——发电机额定视在功率；

　　　$P_{GN}$——发电机额定有功功率；

　　　$\varphi_N$——发电机额定功率因数角。

当电力系统无功电源不足而有功备用容量较充裕时，可使靠近负荷中心的发电机在降低有功功率负荷（即降低功率因数）的条件下运行。这时，发电机的视在功率虽较额定值小，但可多发无功功率以提高电网的电压水平，不过此时发电机的运行点不能越出极限的范围。

同步发电机在额定功率因数下运行，若发电机留有一定的有功功率备用容量，也就保持了一定的无功功率备用容量。

（2）利用调相机进行无功补偿。调相机是专门设计只发无功功率的电机，实质上是空载运行的同步发电机（或同步电动机），可以过励磁运行，向系统输送无功功率；也可以欠励磁运行，从系统吸取无功功率。其运行状态可根据系统的要求来调节。调相机在欠励磁运行时的容量约为过励磁运行时容量的 50%。装有自动励磁调节装置的调相机，能根据装设地点电压的数值自动平滑改变输出（或吸收）的无功功率，进行电压调节。特别是当装有强行励磁装置时，即使在电力网发生故障的情况下也能维持系统的电压，有利于提高系统运行的稳定性。但调相机是旋转机械，运行维护比较复杂，且调相机的有功功率损耗较大，满载时达额定容量的 1.5%～3%，容量越小，有功损耗的百分值越大。此外，调相机每千乏容量的投资与其容量成反比，即容量大时单位容量费用较低；容量小时单位容量费用较高。所以，一般当容量小于 5Mvar 时，就不宜采用调相机。在我国，调相机多安装在枢纽变电站，用以平滑调节电压和提高系统稳定性。

（3）利用电容器进行无功补偿。电容器按三角形或星形接法并联在降压变电站低压母线上或大型用电设备端，它只能向系统提供感性无功功率，所提供的无功功率与其端电压的平方成正比，即

$$Q_c = U^2/X_c \tag{4-58}$$

其中　　　　　　　　　　　　$X_c = 1/\omega C$

式中　$X_c$——电容器电抗；

　　　$\omega$——角频率。

从式（4-58）可见，当电压下降时，电容器供给系统的无功功率将减少。因此，当系统发生故障或由于其他原因电压下降时，电容器的无功功率输出急剧减少，将导致电压进一步下降。换言之，电容器的无功补偿输出调节性能比较差，这是电容器的最大缺点。由于电容器是分组投切的，只能做到阶梯调压，这是它的另一缺点。另外，电容器的寿命受投切次数和系统谐波影响很大。电容器的主要优点是：装设容量根据需要可大可小，能随意拆迁，既可集中使用，又能分散装设；每单位容量投资费用较小，且与总容量的大小无关；运行时有功功率损耗较小，满载时仅达额定容量的 0.3%～0.5%；由于电容器不是旋转元件，安装维护比较方便。为了在运行中调节电容器输出的无功功率，可将电容器连接成若干组，根

据负荷的变化，分组投入或切除。

（4）利用静止补偿器进行无功补偿。静止补偿器是由可控硅控制的电抗器与电容器并联组成的无功补偿装置，并联在降压变电站的低压母线上，20世纪70年代起逐步在生产实践中推广使用。电容器吸收容性无功功率。静止补偿器根据母线电压的高低自动控制可调电抗器吸收的感性无功功率的大小，从而控制装置发出或吸收的感性无功功率的大小，达到稳定电压的目的。静止补偿器具有极好的调节性能，响应速度快，能快速跟踪突然和频繁的负荷变动，改变无功功率的大小，特别适合补充冲击无功负荷；能根据需要改变无功功率的方向（即发出或吸收感性无功功率）。此外，静止补偿器运行时的有功损耗较调相机小，满载时不超过额定容量的1％；可靠性高，维护工作量小；不增加短路电流。这种补偿装置的主要缺点是可控硅控制电抗器时，将使电网内产生高次谐波。但总体看来，静止补偿器的优点是明显的，我国近几年来在一些重要的枢纽变电站已装设静止补偿器，逐步取代调相机，成为系统一种主要的无功补偿形式。

**二、电压调整**

1. 电力系统的电压管理

电力系统进行电压调整的目的，就是使系统中各负荷点的电压偏移限制在规定的范围内。但由于电力系统结构复杂，负荷又很分散，要对每个负荷点的电压进行监视和调整，不仅很难做到，而且也无必要。因此，对电力系统电压的监视和调整实际上是通过监视、调整中枢点的电压来实现的。电压中枢点一般选择区域性发电厂的高压母线、有大量地方性负荷的发电厂母线以及枢纽变电站的二次侧母线。

对中枢点电压的监控，其实际上就是根据各个负荷点所允许的电压偏移，在计及中枢点到各负荷点线路上的电压损耗后，确定每个负荷点对中枢点电压的要求。从而确定中枢点电压的允许变化范围。这样，只要中枢点电压在允许范围之内，便可以保证由该中枢点供电的负荷点的电压能满足要求。

对于实际的电力系统，必须选择一批有代表性的发电厂和变电站的母线作为控制电压的中枢点，然后根据各负荷的日负荷曲线和对电压质量的要求，进行一系列潮流计算及电压控制方式等的分析，才能最后确定这些中枢点的允许电压偏移上下限曲线，用以监视和控制中枢点电压。

在进行电力系统规划设计时，由于各负荷点对电压质量的要求还不明确，所以难以具体确定各中枢点电压控制的范围。为此，规定了所谓"逆调压""顺调压""常调压"等几种中枢点电压控制的方式。每一中枢点可以根据具体情况选择一种作为设计的依据。

（1）逆调压。若由中枢点供电的各负荷的变化规律大体相同，考虑到高峰负荷时供电线路上的电压损耗大，可将中枢点电压适当升高，以抵偿电压损耗的增大。反之，则将中枢点电压适当降低。这种高峰负荷时升高电压（取$1.05U_N$），低谷负荷时降低电压（取$U_N$）的中枢点电压调整方式，称为逆调压。这种方式适用于中枢点供电线路较长，负荷变化范围较大的场合。为了满足这种调压方式的要求，一般需要在中枢点装设较贵重的调压设备（如调相机、静止补偿器等）。

（2）顺调压。对于用户对电压要求不高或供电线路不长、负荷变动不大的中枢点，可采用顺调压方式。即高峰负荷时允许中枢点电压略低（取$1.025U_N$）；低谷负荷时允许中枢点电压略高（取$1.075U_N$）。顺调压要求较低，一般不需要装设特殊的调压设备。

（3）常调压。介于上述两种情况之间的中枢点，可采用常调压方式，即在任何负荷下都保持中枢点电压为一基本不变的数值，取（1.02～1.05）$U_N$。常调压比逆调压的要求稍低，一般不需要装设较贵重的调压设备，通过合理选择变压器的分接头和并联电容器就能满足要求。

以上所述的都是系统正常运行时的调压要求。当系统中发生故障时，对电压质量的要求允许适当降低，通常允许故障时的电压偏移较正常时再增大 5％。

2. 电压调整的基本原理

具有充足的无功功率电源是保证电力系统有较好运行电压水平的必要条件。但是要做到使所有用户的电压质量都符合要求，通常还必须采取各种调压措施。

现以图 4-14（a）所示的简单电力系统为例，说明常用的各种调压措施所依据的基本原理。为分析简便，略去电力线路的导纳支路、变压器的导纳支路，则可得到图 4-14（b）所示的等值电路。

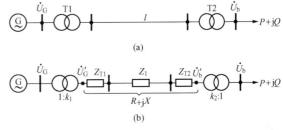

图 4-14 电压调整原理解释图
（a）系统接线；（b）系统等值电路

若近似的略去网络阻抗元件的功率损耗以及电压降落的横分量，变压器的参数已归算到高压侧，则由发电厂母线处（$U_G$）开始推算，可求得 $U_b$ 为

$$U_b = (U_G k_1 - \Delta U)/k_2 = \left(U_G k_1 - \frac{PR + QX}{k_1 U_G}\right)\Big/ k_2 \qquad (4\text{-}59)$$

式中　$k_1$、$k_2$——变压器 T1 和 T2 的变化；

　　　$R$、$X$——归算到高压侧的变压器和线路总阻抗。

根据式（4-59）可知，为维持用户处端电压 $U_b$ 满足要求，可以采用以下措施进行电压调整：

（1）调节励磁电流以改变发电机端电压 $U_G$；

（2）改变变压器 T1、T2 的变比 $k_1$、$k_2$，即改变电力网无功功率分布；

（3）利用无功补偿装置调压；

（4）改变输电线路的参数（降低输电线路的电抗）。

显然，前两种措施是利用改变电压水平的方法来得到所需要的电压，后两种措施是用改变电压损耗的方法来达到调压的目的。由式（4-59）还可以看出，通过改变传输的有功功率 $P$，也可以调节末端的电压 $U_b$，但实际上一般不采用改变 $P$ 来调压。一方面是因为，式（4-59）中的 $x \gg R$，$\Delta U = \dfrac{PR + QX}{U} \approx \dfrac{QX}{U}$，改变 $P$ 对 $\Delta U$ 的影响不大；另一方面是因为，有功功率电源只有发电机，不能随意设置。电力线路传输的主要是有功功率，若为提高电压而减少传输的有功功率 $P$，显然是不适当的。

3. 电压调整的措施

（1）利用发电机调压。调节发电机的励磁电流，可以改变发电机的无功输出，实现电力系统无功功率平衡和调整端电压。此种调压措施不需要增加设备的投资，且影响范围广，是调整用户端电压的主要手段。

改变发电机的励磁电流，可以改变发电机的电动势和端电压。当系统负荷增大，电网的电压损耗增加，使得用户端电压下降时，增加发电机的励磁电流，提高发电机的端电压，从而可以提高用户的端电压。当系统负荷减少，电网的电压损耗降低，用户端电压升高时，减少发电机的励磁电流，可以降低用户的端电压。此种调压方式，就是前面介绍的逆调压。发电机端电压的调节范围是其额定值的±5%。

在小电力系统中，特别是孤立运行的发电机或发电厂中，改变发电机励磁调压是一种既简单、经济又行之有效的最常用的调压方法。例如，由发电机经过直配线路给用户供电的电力系统，因供电线路不长，线路上电压损耗不大，往往单靠发电机调压就能满足用户对电压质量的要求。

在大型电力系统中，为满足系统无功功率经济分配的要求，大型发电机（厂）的无功出力是按照系统调度下达的无功出力曲线运行的。改变发电机励磁调节端电压只是一种辅助的调压措施。

（2）改变变压器变比调压。为了调整电压，双绕组变压器的高压侧绕组和三绕组变压器的高、中压侧绕组都设有若干个分接头（抽头），供选择使用。容量在 6300kVA 及以下的变压器一般设有三个分接头，即 $1.05U_N$、$U_N$、$0.95U_N$，调节范围为±5%。容量在 8000kVA 及以上的变压器一般设有五个分接头，即 $1.05U_N$、$1.025U_N$、$U_N$、$0.975U_N$、$0.95U_N$，调节范围为±2×2.5%。额定电压 $U_N$ 对应的为主接头，其他为附加分接头。

（3）利用无功功率补偿调压。改变变压器分接头调压是一种简单而经济的调压手段，但改变分接头并不能增减无功功率。当整个系统无功功率不足引起电压下降时，要从根本上解决系统电压水平问题，就必须增设新的无功电源。无功功率补偿就是通过在负荷侧安装同步调相机、并联电容器或静止补偿器，以减少通过网络传输的无功功率，降低网络的电压损耗而达到调压的目的。

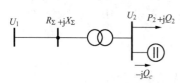

图 4-15　并联电容补偿

按母线运行电压的要求选择并联无功补偿容量的原理如图 4-15 所示，变电站低压侧的负荷为 $P_2+jQ_2$ （kVA），线路与变压器的总阻抗为 $Z_\Sigma=R_\Sigma+jX_\Sigma$。

未装设并联补偿装置前，电网首端电压为（略去电压降落的横分量）

$$U_1 = U_2' + \frac{P_2 R_\Sigma + Q_2 X_\Sigma}{U_2'} \qquad (4-60)$$

式中　$U_2'$——归算到高压侧的变电站低压侧母线电压，kV。

变电站低压母线装设容量为 $Q_c$ 的并联电容补偿装置后，电力网首端电压为

$$U_1 = U_{2c}' + \frac{P_2 R_\Sigma + (Q_2 - Q_c) X_\Sigma}{U_{2c}'} \qquad (4-61)$$

式中　$U_{2c}'$——设置并联电容补偿装置后，变电站低压侧母线电压归算到高压侧的值，kV。

如果补偿前后 $U_1$ 不变，则比较式（4-60）和式（4-61）得

$$U_2' + \frac{P_2 R_\Sigma + Q_2 X_\Sigma}{U_2'} = U_{2c}' + \frac{P_2 R_\Sigma + (Q_2 - Q_c) X_\Sigma}{U_{2c}'}$$

整理后得

$$\frac{Q_c X_\Sigma}{U'_{2c}} = (U'_{2c} - U'_2) + \left(\frac{P_2 R_\Sigma + Q_2 X_\Sigma}{U'_{2c}} - \frac{P_2 R_\Sigma + Q_2 X_\Sigma}{U'_2}\right) \quad (4\text{-}62)$$

式（4-62）中等号右边的第二项的数值一般很小，可以略去不计，则有

$$Q_c = \frac{U'_{2c}}{X_\Sigma}(U'_{2c} - U'_2) \quad (4\text{-}63)$$

若补偿后的低压侧母线电压用未经折算到高压侧的电压 $U_{2c}$ 表示，则有

$$Q_c = \frac{U_{2c}}{X_\Sigma}\left(U_{2c} - \frac{U'_2}{k}\right)k' \quad (4\text{-}64)$$

式中　$k$——降压变压器变比。

需要指出的是：并非所有的场合都能使用这种调压措施。对于大截面导线架空线路及有变压器的网络，利用无功功率补偿调压将取得显著的效果；而在小截面导线架空线路和所有的电缆线路中，因 $R>X$，电压损耗主要由有功功率引起，改变无功功率对降低 $\Delta U$ 并无多大影响，因此不宜采用这种调压措施。

（4）改变线路参数调压。对于长距离输电线路，由于线路感抗较大，将产生较大的电压损耗和无功功率损耗，同时也限制了线路的输送容量。为了减少线路感抗，缩短线路的电气距离，可采用串联电容器补偿线路感抗，降低电压损耗和无功损耗。

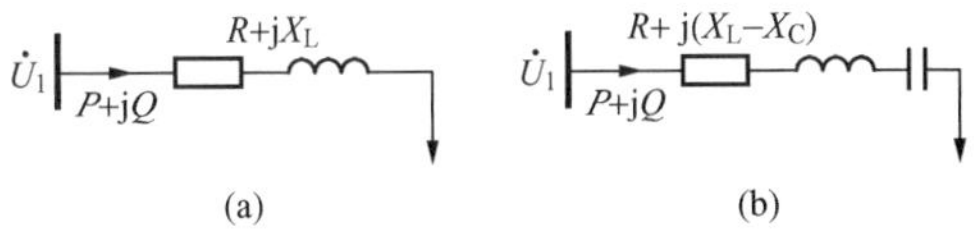

现以图 4-16 所示的线路为例，来分析串联电容补偿容量的计算。为简化计算，略去线路的功率损耗。

图 4-16　串联电容补偿
（a）为装串联电容器前；（b）串入电容器

未装设串联电容器以前，线路中电压损耗为

$$\Delta U = \frac{PR + QX_L}{U_1}$$

线路中串入容抗为 $X_C$ 的电容器后，电压损耗为

$$\Delta U' = \frac{PR + Q(X_L - X_C)}{U_1}$$

设根据调压要求线路串入电容器后，电压需提高的数值为 $\Delta U''$，则可得

$$\Delta U'' = \Delta U - \Delta U' = \frac{PR + QX_L}{U_1} - \frac{PR + Q(X_L - X_C)}{U_1} = \frac{QX_C}{U_1}$$

式中　$\Delta U''$——串联电容补偿后线路末端电压的提高值；

　　　$U_1$——线路首端电压；

　　　$Q$——线路首端的无功功率。

所以，串联电容器的总容抗为

$$X_C = \frac{U_1 \Delta U''}{Q} \quad (4\text{-}65)$$

串联电容补偿的性能可用补偿度来表示。所谓补偿度，是指串联电容器的容抗 $X_C$ 与线路感抗 $X_L$ 的比值，用 $K_C$ 表示，则

$$K_C = \frac{X_C}{X_L} \times 100\% \quad (4\text{-}66)$$

补偿度一般不宜大于 50%，且应防止次同步谐振。

**4. 各种调压措施的合理应用**

电压质量问题从全局看是整个系统的电压水平问题。如前所述，为了确保运行中系统具有正常的电压水平，电力系统的无功必须平衡。如果系统无功不足，致使电压水平低，首先应设法增加无功补偿设备和无功电源出力，解决系统的无功功率平衡。其方法有：

（1）要求各类用户将负荷的功率因数提高到现行规程规定的数值。

（2）改变发电机励磁，可以改变发电机输出的无功功率和发电机的端电压，这是最方便和最经济的调压措施，可与其他调压措施配合使用。

（3）根据无功功率平衡的需要，增添必要的无功补偿容量，并按无功功率就地平衡的原则进行补偿容量的分配。小容量的、分散的无功补偿可采用并联电容器；大容量的、配置在系统中枢点的无功补偿则宜采用同步调相机或静止补偿器。

（4）当系统的无功功率供应比较充裕时，各变电站的调压问题可以通过选择变压器的分接头来解决。当最大负荷和最小负荷两种情况下的电压变化幅度不很大又不要求逆调压时，适当调整普通变压器分接头一般就可满足要求。当电压变化幅度比较大或要求逆调压时，宜采用有载调压变压器，有载调压变压器调压非常灵活而有效。

（5）在整个系统无功不足的情况下，不宜采用调整变压器分接头的办法来提高电压，因为如果当某一局部的电压由于变压器分接头的改变而被强制升高后，该地区所需的无功功率也增大了，这就可能进一步扩大系统的无功缺额，从而导致整个系统的电压水平更加下降。从全局效果来看，这样做是不可取的。

（6）对于10kV及以下电压等级的电网，由于负荷分散、容量不大，按允许电压损耗来选择导线截面是解决电压质量问题的正确途径。

关于各种调压措施的具体应用，还要根据实际电力系统的具体情况进行技术经济比较后，才能最后确定合理的方案。

## 第六节　配电网的短路电流计算

所谓短路，就是供电系统中一相或多相载流导体接地或相互接触并产生超出规定值的大电流。

供电系统中短路的类型与其电源的中性点是否接地有关。短路的基本类型分三相短路、两相短路、单相接地短路和两相接地短路。它们的原理图及表示符号如表4-4所示。

表4-4　　　　　　　　　　　　短路类型及其代表符号

| 短路类型 | 原理图 | 代表符号 |
|---|---|---|
| 三相短路 | 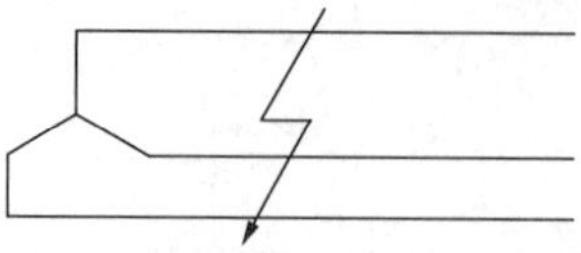 | $k^{(3)}$ |
| 两相短路 | 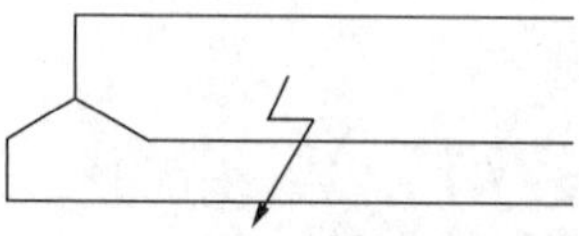 | $k^{(2)}$ |

续表

| 短 路 类 型 | 原 理 图 | 代 表 符 号 |
|---|---|---|
| 单相接地短路 | | $k^{(1)}$ |
| 两相接地短路 | | $k^{(1,1)}$ |

**一、短路过程的简单分析**

配电系统内某处发生三相对称短路的简化等效电路如图 4 - 17 (a) 所示。假设电源和负荷都是三相对称，则可取一相来分析，电路如图 4 - 17 (b)。

短路前整个回路流过的电流 $i$ 为

$$i = I_m \sin(\omega t + \alpha - \varphi) = \frac{U_m}{Z} \sin(\omega t + \alpha - \varphi) \tag{4-67}$$

式中　$I_m$——短路前电流幅值；

　　　$U_m$——相电压幅值；

　　　$\alpha$——相电压的初相角；

　　　$Z$——短路前电路中每相阻抗，$Z = \sqrt{(R_{kl}+R')^2 + \omega^2 (L_{kl}+L')^2}$；

　　　$\varphi$——短路前电路中每相阻抗的阻抗角 $\varphi = \arctan \dfrac{\omega (L_{kl}+L')}{R_{kl}+R'}$。

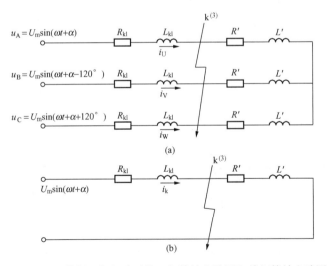

图 4 - 17　分析三相短路时的三相等效电路图和单相等效电路图

(a) 三相等效电路图；(b) 单相等效电路图

此电路在 $k^{(3)}$ 点发生短路后被分成两个独立回路，与电源相连接的左端回路电流的变化应符合：

$$R_{kl}i_k + L_{kl}\frac{\mathrm{d}i_k}{\mathrm{d}t} = U_m\sin(\omega t + \alpha - \varphi_{kl}) \tag{4-68}$$

式中　$i_k$——每相短路电流瞬时值。

这个微分方程的解为

$$i_k = \frac{U_m}{Z_{kl}}\sin(\omega t + \alpha - \varphi_{kl}) + c\mathrm{e}^{-\frac{t}{T_k}}$$

$$= I_{\sim m}\sin(\omega t + \alpha - \varphi_{kl}) + c\mathrm{e}^{-\frac{t}{T_k}} \tag{4-69}$$

式中　　$Z_{kl}$——电路中每相短路阻抗，$Z_{kl} = \sqrt{R_{kl}^2 + (\omega L_{kl})^2}$；

$\varphi_{kl}$——每相短路阻抗的阻抗角，$\varphi_{kl} = \arctan\dfrac{\omega L_{kl}}{R_{kl}}$；

$T_k = L_{kl}/R_{kl}$——短路后回路的时间常数；

$c$——积分常数，其值由初始条件决定；

$I_{\sim m}$——三相短路电流周期分量的幅值。

当 $t=0$ 发生三相短路瞬间，电流不能突变，由式（4-69）有

$$I_m\sin(\alpha - \varphi) = I_{\sim m}\sin(\alpha - \varphi_{kl}) + c \tag{4-70}$$

解出　　　　　$c = I_m\sin(\alpha - \varphi) - I_{\sim m}\sin(\alpha - \varphi_{kl}) = i_{-0} \tag{4-71}$

$i_{-0}$ 称为短路全电流中非周期分量初始值，因此，短路电流的全电流瞬时值为

$$i_k = I_{\sim m}\sin(\omega t + \alpha - \varphi_{kl}) + i_{-0}\mathrm{e}^{-\frac{t}{T_k}} = i_\sim + i_- \tag{4-72}$$

式（4-72）第一等号右端第一项称为短路电流的周期分量，以 $i_\sim$ 表示，$i_\sim$ 的幅值是 $I_{\sim m}$，$i_{\sim 0}$ 是 $i_\sim$ 在 $t=0$ 的初值，第二项称为短路电流的非周期分量，以 $i_-$ 表示，$i_{-0}$ 是 $i_-$ 在 $t=0$ 的初值。$i_-$ 按照短路后回路的时间常数 $T_k$ 的指数规律衰减，经历 $(3\sim5)T_k$ 后衰减至零，瞬变过程将结束，短路过程进入稳态，稳态短路电流只含短路电流的周期分量。

上述现象的电流波形图如图 4-18 所示。

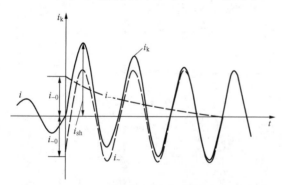

图 4-18　短路时电流波形图（A 相）

在电源电压及短路点不变的情况下，要使短路全电流达到最大值，必须具备以下的条件：

（1）短路前为空载，即 $I_m = 0$，这时

$$i_{-0} = -I_{\sim m}\sin(\alpha - \varphi_{kl})$$

（2）设电路的感抗 $X$ 比电阻 $R$ 大得多，即短路阻抗角 $\varphi_{kl} \approx 90°$；

（3）短路发生于某相电压瞬时值过零时，即当 $t=0$ 时，初相角 $\alpha = 0°$。这样，从式（4-71）、式（4-72）得

$$i_{-0} = I_{\sim m}$$

$$i_k = -I_{\sim m}\cos\omega t + i_{-0}\mathrm{e}^{-\frac{t}{T_k}}$$

其相量图及波形图如图 4-19 所示。

经半个周期（当 $f = 50\mathrm{Hz}$ 时，约为 0.01s）后，短路电流达到最大瞬时值，即短路冲击

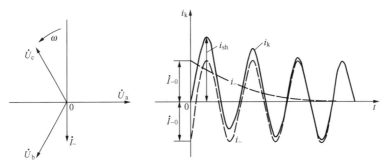

图 4-19 短路电流为最大值时的相量图及波形图

电流 $i_{sh}$。此时

$$i_{sh} = I_{\sim m} + i_{-0} e^{-\frac{0.01}{T_k}}$$

$$= I_{\sim m}\left(1 + e^{-\frac{0.01}{T_k}}\right)$$

$$(4-73)$$

令 $k_{sh}$ 为冲击系数

$$k_{sh} = 1 + e^{-\frac{0.01}{T_k}} = 1 + e^{-\frac{0.01\omega R_{kl}}{X_{kl}}}$$

$$(4-74)$$

假设短路阻抗为纯电感时，即 $R_{kl} = 0$，$T_k = X_{kl}/\omega R_{kl} = \infty$，$k_{sh} = 2$；如果短路阻抗为纯电阻时，即 $X_{kl} = 0$，$T_k = 0$，$k_{sh} = 1$。因此 $k_{sh}$ 的大致范围是

$$1 \leqslant k_{sh} \leqslant 2$$

通常，高压供电系统有 $X_{kl} \gg R_{kl}$，$T_k \approx 0.045s$，$k_{sh} = 1.8$，$i_{sh} = \sqrt{2} k_{sh} I_\sim = 2.55 I_\sim$；低压系统中，$T_{jk} \approx 0.008s$，$k_{sh} = 1.3$，$i_{sh} = 1.84 I_\sim$。这里的 $I_\sim$ 是短路电流周期分量有效值。

如前所述，在任一瞬时短路全电流 $i_k$ 就是其周期分量 $i_\sim$ 和非周期分量 $i_-$ 之和。某一瞬时 $t$ 的短路全电流有效值 $I_{kt}$ 是以时间 $t$ 为中点的一个周期内短路全电流 $i_k$ 瞬时值的均方根值。

$$I_{kt} = \sqrt{\frac{1}{T}\int_{t-\frac{T}{2}}^{t+\frac{T}{2}} i_k^2 dt} = \sqrt{\frac{1}{T}\int_{t-\frac{T}{2}}^{t+\frac{T}{2}} (i_\sim + i_-)^2 dt}$$

$$(4-75)$$

短路全电流的算式很复杂。为了简化计算，假设它的两个分量在计算周期内恒定不变，即周期分量 $i_\sim$ 的幅值、有效值保持不变，非周期分量 $i_-$ 的数值恒定不变且等于该周期中点的瞬时值，则

$$I_{kt} = \sqrt{I_\sim^2 + i_{-t}^2}$$

$$(4-76)$$

式中 $I_\sim$——短路电流周期分量的有效值；

$i_{-t}$——短路电流非周期分量在 $t$ 时的瞬时值。

当 $t = 0.01s$ 时短路全电流的有效值就是对应于冲击电流 $i_{sh}$ 时的有效值，称为短路冲击电流有效值，用 $I_{sh}$ 来表示

$$I_{sh} = \sqrt{I_\sim^2 + \left[(k_{sh} - 1)\sqrt{2} I_\sim\right]^2} = I_\sim \sqrt{1 + 2(k_{sh} - 1)^2}$$

$$(4-77)$$

当冲击系数 $k_{sh} = 1.8$ 时，$I_{sh} = 1.51 I_\sim$；$k_{sh} = 1.3$，$I_{sh} = 1.09 I_\sim$。短路冲击电流有效值 $I_{sh}$ 用来校验电气设备的断流能力或机械强度。

如果电源电压维持不变，则短路电流周期分量始终不变。现在来分析，什么情况下电源电压可维持不变? 为了说明这个问题，引入无穷大功率电源的概念。

习惯上把内阻抗为零的电源称为无穷大功率电源。当电源内阻抗为零时，不管供出的电流如何变动，电源内部不会因此而产生压降，这样，电源母线上的电压就能维持不变。实际上，真正的无穷大功率电源是没有的，而只能是一个相对的概念，往往是以供电电源的内阻抗与短路回路总阻抗的相对大小来判断电源能否作为无穷大功率电源。若供电电源的内阻抗小于短路回路总阻抗的 10% 时，则就认为供电电源为无穷大功率电源。在这种情况下，外电路发生短路对电源影响很小，可近似认为电源电压幅值和频率保持恒定。

利用无穷大功率电源的条件计算短路电流，电源电压固定不变，只要求出电源到短路点的总阻抗，便能根据式（4-78）计算出短路电流周期分量的有效值，进而得出冲击电流 $i_{sh}$。

$$I_{\sim}^{(3)} = \frac{U}{\sqrt{3}\, Z_{kl}} \tag{4-78}$$

这里的 $U$ 为短路处的线电压，单位用 kV，短路阻抗 $Z_{kl}$ 单位用 Ω，则 $I_{\sim}^{(3)}$ 的单位用 kA。上角括号内的 "3" 表示三相短路。

## 二、无穷大功率电源条件下短路电流的计算

三相短路电流对基准容量 $S_b$ 和基准电压 $U_b$ 取标幺值，便有

$$I_{\sim *}^{(3)} = \frac{I_{\sim}^{(3)}}{I_b} = \frac{U_{av}}{\sqrt{3}\, X_{kl}} \bigg/ \frac{U_b}{\sqrt{3}\, X_b} \tag{4-79}$$

选 $U_b = U_{av}$，令 $X_{\Sigma *} = X_{kl}/X_b$，有

$$I_{\sim *}^{(3)} = \frac{1}{X_{\Sigma *}} \tag{4-80}$$

或

$$I_{\sim}^{(3)} = \frac{1}{X_{\Sigma *}} I_b \tag{4-81}$$

因此，三相短路容量 $S_k^{(3)}$ 为

$$S_k^{(3)} = \sqrt{3}\, U_{av} I_{\sim}^{(3)} = \frac{\sqrt{3}\, U_b I_b}{X_{\Sigma *}} = \frac{S_b}{X_{\Sigma *}} \tag{4-82}$$

其标幺值为

$$S_{k*}^{(3)} = \frac{1}{X_{\Sigma *}} \tag{4-83}$$

短路电流的大小与系统的运行方式有很大的关系。系统典型的运行方式可分为最大运行方式和最小运行方式。最大运行方式下发电机组投运多，双回输电线路及并联变压器均全部运行。此时，整个系统的总的短路阻抗最小，短路电流最大。反之，最小运行方式下由于电源中一部分发电机、变压器及输电线路解列，一些并联变压器为保证处于最佳运行状态也采用分列运行，这样使总的短路阻抗变大，短路电流也相应减小。

短路电流的具体计算步骤如下:

(1) 取功率基准值 $S_b$，并取各级电压基准值等于该级的平均额定电压，即 $U_b = U_{av}$;

(2) 计算各元件的电抗标幺值，并绘制出等值电路;

(3) 网络化简，求出从电源至短路点之间的总电抗标幺值 $X_{\Sigma *}$;

(4) 计算出短路电流周期分量有效值（也就是稳态短路电流），再还原成有名值;

（5）计算出短路冲击电流和最大短路电流有效值；

（6）按要求计算出其他量。

**例 4 - 5**　设配电系统如图 4 - 20（a）所示，数据均标在图上，试求 k1 点及 k2 点的三相短路电流。

**解**　先选定基准容量 $S_b$（MVA）和基准电压 $U_b$（kV），根据 $I_b = \dfrac{S_b}{\sqrt{3} U_b}$ 求出基准电流值。$S_b$ 或选 100MVA，或选系统中某个元件的额定容量。有好几个不同电压等级的短路点就要选同样多个基准电压，自然也有同样多个基准电流值。基准电压应选短路点所在区段的平均电压值。

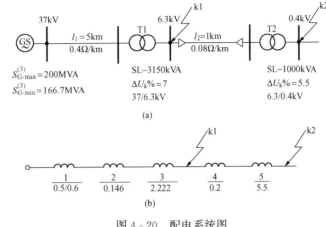

图 4 - 20　配电系统图
(a) 电路图；(b) 等效电路图

（1）选 $S_b = 100$MVA

取　　　　　　　　　　$U_{b1} = 6.3$kV

则　　　　　$$I_{b1} = \frac{100}{\sqrt{3} \times 6.3} = 9.16 \text{(kA)}$$

取　　　　　　　　　　$U_{b2} = 0.4$kV

则　　　　　$$I_{b2} = \frac{100}{\sqrt{3} \times 0.4} = 144.34 \text{(kA)}$$

（2）计算系统各元件阻抗的标幺值，绘制等效电路图（下角 M 表示最大运行方式，下角 m 表示最小运行方式）。

最大运行方式及最小运行方式下，系统电抗 $X_{1M*}$ 及 $X_{1m*}$ 各为

$$X_{1M*} = \frac{S_b}{S_{G \cdot max}^{(3)}} = \frac{100}{200} = 0.5, \ X_{1m*} = \frac{S_b}{S_{G \cdot min}^{(3)}} = \frac{100}{166.7} = 0.6$$

$$X_{2*} = X_1 l_1 \frac{S_b}{U_{av1}^2} = 0.4 \times 5 \times \frac{100}{37^2} = 0.146$$

$$X_{3*} = \frac{\Delta U_k \%}{100} \frac{S_b}{S_{NT1}} = \frac{7}{100} \times \frac{100}{3.15} = 2.222$$

$$X_{4*} = X_2 l_2 \frac{S_b}{U_{av2}^2} = 0.08 \times 1 \times \frac{100}{6.3^2} = 0.2$$

$$X_{5*} = \frac{\Delta U_k \%}{100} \frac{S_b}{S_{NT2}} = \frac{5.5}{100} \times \frac{100}{1} = 5.5$$

等效电路图如图 4 - 20（b）所示。

（3）求电源点至短路点的总阻抗

k1 点　　　　$X_{\Sigma 1 \cdot M*} = X_{1M*} + X_{2*} + X_{3*} = 0.5 + 0.146 + 2.222 = 2.868$

$$X_{\Sigma 1 \cdot m*} = X_{1m*} + X_{2*} + X_{3*} = 0.6 + 0.146 + 2.222 = 2.968$$

k2 点　　$$X_{\Sigma 2 \cdot M*} = X_{\Sigma 1 \cdot M*} + X_{4*} + X_{5*} = 2.868 + 0.2 + 5.5 = 8.568$$

$$X_{\Sigma 2 \cdot m*} = X_{\Sigma 1 \cdot m*} + X_{4*} + X_{5*} = 2.968 + 0.2 + 5.5 = 8.668$$

（4）求 k1 点短路电流的周期分量，冲击电流及短路容量

最大运行方式下

$$I^{(3)}_{\sim k1 \cdot M*} = \frac{1}{X_{\Sigma 1 \cdot M*}} = \frac{1}{2.868} = 0.349$$

$$I^{(3)}_{\sim k1 \cdot M} = I^{(3)}_{\sim k1 \cdot M*} \times I_{b1} = 0.349 \times 9.16 = 3.197(kA)$$

$$i^{(3)}_{sh1 \cdot M} = 2.55 I^{(3)}_{1 \cdot M} = 2.55 \times 3.197 = 8.152(kA)$$

$$I^{(3)}_{sh1 \cdot M} = 1.51 I^{(3)}_{1 \cdot M} = 1.51 \times 3.197 = 4.827(kA)$$

$$S^{(3)}_{k1 \cdot M} = I^{(3)}_{\sim k1 \cdot M*} \times S_b = 0.349 \times 100 = 34.9(MVA)$$

最小运行方式下

$$I^{(3)}_{\sim 1 \cdot m*} = \frac{1}{X_{\Sigma 1 \cdot m*}} = \frac{1}{2.968} = 0.337$$

$$I^{(3)}_{\sim 1 \cdot m} = I^{(3)}_{\sim 1 \cdot m*} \times I_{b1} = 0.337 \times 9.16 = 3.086(kA)$$

（5）求 k2 点短路电流的周期分量，冲击电流及短路容量

最大运行方式下

$$I^{(3)}_{\sim 2 \cdot M*} = \frac{1}{X_{\Sigma 2 \cdot M*}} = \frac{1}{8.568} = 0.117$$

$$I^{(3)}_{\sim 2 \cdot M} = I^{(3)}_{\sim 2 \cdot M*} \times I_{b2} = 0.117 \times 144.34 = 16.89(kA)$$

$$i^{(3)}_{sh2 \cdot M} = 1.84 \times I^{(3)}_{\sim 2 \cdot M} = 1.84 \times 16.89 = 31.08(kA)$$

$$I^{(3)}_{sh2 \cdot M} = 1.09 \times I^{(3)}_{\sim 2 \cdot M} = 1.09 \times 16.89 = 18.41(kA)$$

$$S^{(3)}_{k2 \cdot M} = I^{(3)}_{\sim 2 \cdot M*} \times S_b = 0.117 \times 100 = 11.7(MVA)$$

最小运行方式下

$$I^{(3)}_{\sim 2 \cdot m*} = \frac{1}{X_{\Sigma 2 \cdot m*}} = \frac{1}{8.668} = 0.115$$

$$I^{(3)}_{\sim 2 \cdot m} = I^{(3)}_{\sim 2 \cdot m*} \times I_{b2} = 0.115 \times 144.34 = 16.65(kA)$$

通过上例说明：用标幺值法计算短路电流比有名值法公式简明、清晰、数字简单，特别是对于复杂、短路点多的系统优点更为突出。因此标幺值法在电力工程计算中应用广泛。

**三、三相短路的实用计算**

（一）运算曲线

有限容量：发电机供电线路三相短路时，短路电流的周期分量有效值是随时间变化的，其变化规律受到许多因素的影响。这些因素包括：

（1）发电机的各种电抗和时间常数以及短路前的运行状态；

（2）决定强励效果的励磁系统的参数；

（3）故障点离机端的距离等。所以，不同时刻的短路电流计算是比较复杂的。

在工程计算中，常利用运算曲线来确定短路后任意指定时刻短路电流的周期分量，也称运算曲线法。运算曲线表示了短路过程中，不同时刻的短路电流周期分量与短路回路计算电抗之间的函数关系，即 $I_{\sim(t)*}$ 与计算电抗 $x_{ca*}$ 及时间的函数关系

$$I_{\sim(t)*} = f(t, x_{ca*}) \tag{4-84}$$

式中　$I_{\sim(t)*}$——对应于时刻 $t$ 发电机容量下的三相短路电流周期分量的标幺值；

　　　$x_{ca*}$——计算电抗的标幺值，为归算到发电机容量的转移电抗。

运算曲线按汽轮发电机和水轮发电机两种类型分别制作。由于我国制造和使用的发电机组型号繁多，为使曲线具有通用性，制作时采用了概率统计方法。选取多种不同型号、不同容量的样机，并考虑了发电机自动励磁调节装置的作用，分别求出各种样机在给定计算电抗和时间下的短路电流，取其算术平均值用来绘制运算曲线。

运算曲线只作到 $x_{ca*}=3.45$ 为止。当 $x_{ca*}>3.45$ 时，可近似认为短路点离电源点的电气距离相当远，电源可认为"无穷大"系统，因而短路电流周期分量的有效值已不随时间变化，计算式为

$$I_* = \frac{1}{x_{ca*}} \tag{4-85}$$

（二）应用运算曲线计算短路电流的步骤和方法

应用运算曲线计算短路电流的具体步骤如下：

（1）绘制等值网络。首先选取基准功率 $S_b$ 和基准电压 $U_b=U_{av}$；然后取发电机电抗为 $x''_{d*}$，无穷大容量电源的电抗为零，由于运算曲线制作时已计入负荷的影响，等值网络中可略去负荷；进行网络参数计算并作出电力系统的等值网络。

（2）进行网络变换，求转移电抗。将短路电流变化规律大体相同的发电机合并成等值机，以减少计算工作量；消去除等值机电源点（含无穷大容量电源）和故障点以外的所有中间节点；求出各等值机对故障点以及无穷大容量电源对故障点的转移电抗。

（3）求出各等值机对故障点的计算电抗。将求出的转移电抗按各相应等值发电机的容量进行归算，得到各等值机对故障点的计算电抗

$$x_{ca*} = x_{ik}\frac{S_i}{S_b} \tag{4-86}$$

式中　$S_i$——等值机的额定容量；

　　　$x_{ik}$——转移电抗标幺值；

　　　$x_{ca*}$——计算电抗标幺值。

（4）由计算电抗根据适当的运算曲线找出指定时刻 $t$ 各等值机提供的短路电流周期分量标幺值。无穷大容量电源供给的三相短路电流是不衰减的，其周期分量有效值的标幺值可直接计算出。

（5）计算短路电流周期分量的有名值。将各等值机和无穷大容量电源提供的短路电流周期分量标幺值乘以各自的基准值，得到它们的有名值，再求和后得到故障点周期分量电流有名值。

**例 4-6**　试计算图 4-21（a）所示系统中，分别在 k1 点和 k2 点发生三相短路后 0.2s 时的短路电流。图中所有发电机均为汽轮发电机。发电机母线断路器是断开的。

**解**　取 $S_b=300MVA$，电压基准值为各段的平均额定电压，求得各元件的电抗标幺值。

发电机 G1、G2　　　　　　　$x_{1*}=x_{2*}=0.13\times\frac{300}{30}=1.3$

变压器 T1、T2　　　　　　　$x_{4*}=x_{5*}=0.105\times\frac{300}{20}=1.58$

系统 $\qquad x_{3*}=0.5$

架空线路 $\qquad x_{6*}=\dfrac{1}{2}\times130\times0.4\times\dfrac{300}{115^2}=0.59$

电缆线路 $\qquad x_{7*}=0.08\times1\times\dfrac{300}{6.3^2}=0.6$

等值电路如图 4-21（b）。

1. k1 点短路

（1）网络化简，求转移阻抗。

如图 4-21（c）所示，将星形 $x_{5*}$、$x_{8*}$、$x_{9*}$ 化成网形 $x_{10*}$、$x_{11*}$、$x_{12*}$，即消去了网络中的中间节点，$x_{11*}$ 即为系统 S 对 k1 点的转移阻抗；$x_{12*}$ 即为 G1 对 k1 点的转移阻抗

$$x_{10*}=1.09+2.88+\frac{1.09\times2.88}{1.58}=5.96$$

$$x_{11*}=1.09+1.58+\frac{1.09\times1.58}{2.88}=3.27$$

$$x_{12*}=1.58+2.88+\frac{1.58\times2.88}{1.09}=8.63$$

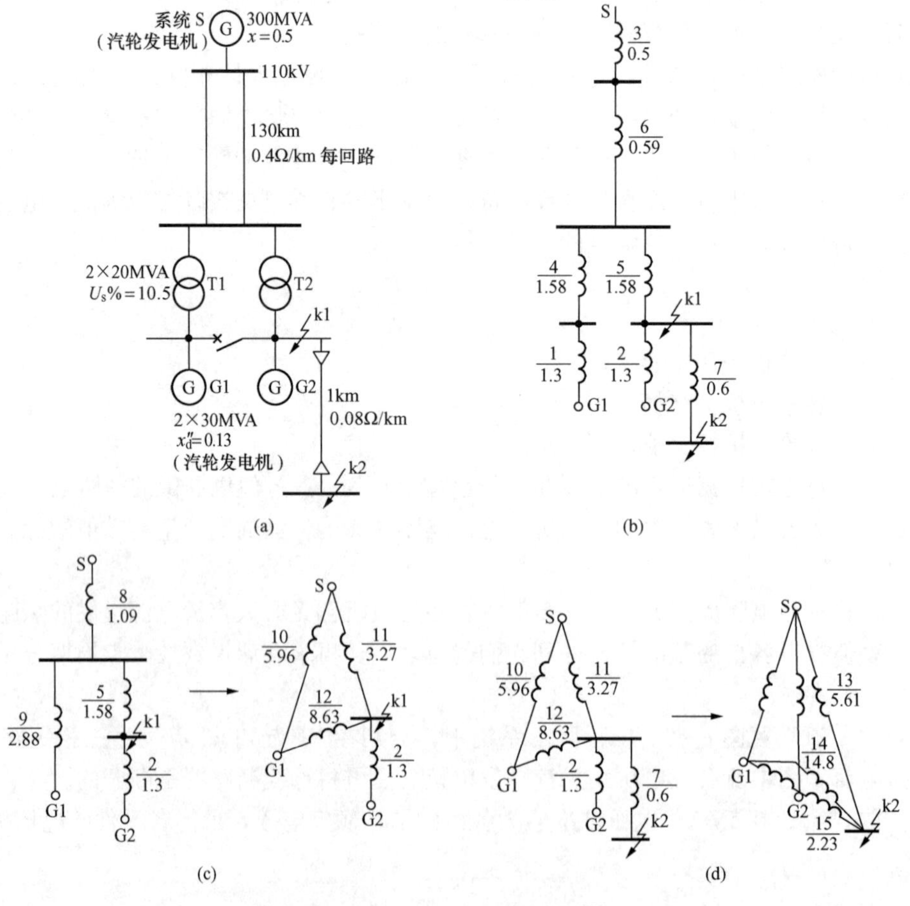

图 4-21　系统图和网络化简

（a）系统图；（b）等值电路；（c）、（d）k1、k2 点短路时网络化简

G2 对 k1 点的转移阻抗就是 $x_{2*}=1.3$。

（2）求各电源的计算电抗

$$x_{Sca*}=3.27\times\frac{300}{300}=3.27$$

$$x_{1ca*}=8.63\times\frac{30}{300}=0.863$$

$$x_{2ca*}=1.3\times\frac{30}{300}=0.13$$

（3）由计算电抗查运算曲线得各电源 0.2s 时短路电流标幺值

$$I_{S*}=0.3；\ I_{1*}=1.14；\ I_{2*}=4.92$$

由曲线可知，当 $x_{ca*}\geqslant3$，各时刻的短路电流均相等，相当于无限大电源的短路电流，可以用 $1/x_{ca*}$ 求得。

（4）求短路点总短路电流

$$I_{0.2}=0.3\times\frac{300}{\sqrt{3}\times6.3}+1.14\times\frac{30}{\sqrt{3}\times6.3}+4.92\times\frac{30}{\sqrt{3}\times6.3}$$

$$=8.25+3.13+13.5=24.9(kA)$$

2. k2 点短路

（1）网络化简，求转移阻抗。如图 4 - 21 (d) 所示，将星形 $x_{2*}$、$x_{7*}$、$x_{11*}$、$x_{12*}$ 化成网形，只计算有关的转移阻抗 $x_{13*}$、$x_{14*}$、$x_{15*}$。

$$\sum\frac{1}{x_*}=\frac{1}{x_{11*}}+\frac{1}{x_{12*}}+\frac{1}{x_{2*}}+\frac{1}{x_{7*}}$$

$$x_{13*}=x_{11*}x_{7*}\sum\frac{1}{x_*}=3.27\times0.6\times\left(\frac{1}{3.27}+\frac{1}{8.63}+\frac{1}{1.3}+\frac{1}{0.6}\right)=5.61$$

$$x_{14*}=x_{12*}x_{7*}\sum\frac{1}{x_*}=8.63\times0.6\times\left(\frac{1}{3.27}+\frac{1}{8.63}+\frac{1}{1.3}+\frac{1}{0.6}\right)=14.8$$

$$x_{15*}=x_{2*}x_{7*}\sum\frac{1}{x_*}=1.3\times0.6\times\left(\frac{1}{3.27}+\frac{1}{8.63}+\frac{1}{1.3}+\frac{1}{0.6}\right)=2.23$$

（2）求各电源的计算电抗。

$$x_{Sca*}=5.61$$

$$x_{1ca*}=14.8\times\frac{30}{300}=1.48$$

$$x_{2ca*}=2.23\times\frac{30}{300}=0.223$$

（3）由计算电抗查运算曲线得各电源 0.2s 时短路电流标幺值。

$$I_{S*}=\frac{1}{5.61}=0.178；\ I_{1*}=0.66；\ I_{2*}=3.45$$

（4）求短路点总短路电流。

$$I_{0.2}=0.178\times\frac{300}{\sqrt{3}\times6.3}+0.66\times\frac{30}{\sqrt{3}\times6.3}+3.45\times\frac{30}{\sqrt{3}\times6.3}$$

$$=4.89+1.81+9.49=16.19(kA)$$

用运算曲线法，根据已求出的 $x_{ca*}$，可以求得任意时刻 $t$ 的短路电流，这是运算曲线法的最大好处。由于所有的曲线都是用发电机的典型平均参数作出来的，因此运算曲线法也存在误差，不过在工程计算中，这个误差是完全允许的。当短路时间 $t>4\mathrm{s}$ 时，短路电流一般趋于稳态，故查 $t=4\mathrm{s}$ 的曲线即可获得稳态电流。

## 第七节　低压电网的短路电流计算

### 一、低压电网短路电流计算的特点

电力系统中 $1\mathrm{kV}$ 以下的电网称为低压电网，其短路电流计算具有以下特点。

（1）供电电源可以看作是"无穷大"容量系统。这是因为低压配电系统中配电变压器容量远远小于其高压侧电力系统的容量，所以配电变压器阻抗加上低压短路回路阻抗远远大于电力系统的阻抗。在计算配电变压器低压侧短路电流时，一般不计电力系统到配电变压器高压侧的阻抗，而认为配电变压器高压侧的端电压保持不变。

（2）低压电网中各元件电阻值相对较大，而电抗值相对较小，所以低压配电系统中电阻不能忽略。为避免复数计算，一般可用阻抗的模 $Z=\sqrt{R^2+X^2}$ 进行计算。当 $X<\dfrac{1}{3}R$ 时，可将 $X$ 忽略。

（3）直接使用有名值计算更方便。由于低压配电系统的电压往往只有一级，而且在短路回路中，除降压变压器外，其他各元件的阻抗都用毫欧（$\mathrm{m\Omega}$）表示，所以用有名值计算而不用标幺值计算。

（4）非周期分量衰减快，$k_{\mathrm{sh}}$ 取 $1\sim1.3$。仅在配电变压器低压侧母线附近短路时，才考虑非周期分量。冲击系数 $k_{\mathrm{sh}}$ 可通过下式直接计算，即

$$k_{\mathrm{sh}}=1+\mathrm{e}^{-\frac{\pi R_{\Sigma}}{X_{\Sigma}}} \tag{4-87}$$

式中　$R_{\Sigma}$、$X_{\Sigma}$——短路回路每相的总电阻、总电抗，$\mathrm{m\Omega}$。

（5）必须计及某些元件阻抗的影响。包括：长度为 $10\sim15\mathrm{m}$ 或更长的电缆和母线阻抗；多匝电流互感器原绕组的阻抗；低压自动空气开关过流线圈的阻抗；隔离开关和自动开关的触头电阻。

### 二、低压配电系统各元件阻抗的计算

（1）电力系统阻抗。一般计算低压网络短路电流时，认为电源为无穷大容量系统，即 $X_{\mathrm{S}}=0$。但在精确计算时仍需要计入系统阻抗值。供电部门可向用户提供系统的短路容量和馈线电压值，此时系统阻抗（$\mathrm{m\Omega}$）按下式计算

$$X_{\mathrm{S}}=\frac{U_{\mathrm{N}}^2}{S_{\mathrm{k}}}\times10^3 \tag{4-88}$$

式中　$U_{\mathrm{N}}$——馈线的额定电压，$\mathrm{kV}$；

　　　$S_{\mathrm{k}}$——电力系统的短路容量，$\mathrm{MVA}$。

（2）变压器的阻抗。变压器绕组的电阻（$\mathrm{m\Omega}$）为

$$R_{\mathrm{T}}=\frac{\Delta P_{\mathrm{k}}U_{\mathrm{N2}}^2}{S_{\mathrm{N}}^2} \tag{4-89}$$

式中　$\Delta P_{\mathrm{k}}$——变压器额定负荷下的短路损耗，$\mathrm{kW}$；

　　　$U_{\mathrm{N2}}$——变压器二次额定电压，$\mathrm{V}$；

$S_N$——变压器的额定容量，kVA。

变压器的阻抗（$m\Omega$）为

$$Z_T = \frac{U_k\%}{100} \frac{U_{N2}^2}{S_N} \tag{4-90}$$

式中　$U_k\%$——变压器的短路电压百分数。

变压器的电抗为

$$X_T = \sqrt{Z_T^2 - R_T^2} \tag{4-91}$$

（3）架空线路和电缆线路的阻抗。在低压系统短路计算中，架空线路和电缆线路的阻抗计算方法同前，但长度都以米（m）计，阻抗都以毫欧（$m\Omega$）计。

（4）电流互感器和开关的阻抗。电流互感器一次绕组的阻抗、自动开关过流线圈的阻抗以及低压开关触头的接触电阻由制造厂提供。表4-5～表4-7所列阻抗数据可供计算短路电流时参考，这些元件的零序阻抗等于其正序阻抗。

表4-5　　　　　　　　低压线圈式电流互感器一次绕组阻抗参考值　　　　　　（$m\Omega$）

| 规格 | | 20/5 | 30/5 | 40/5 | 50/5 | 75/5 | 100/5 | 150/5 | 200/5 | 300/5 | 400/5 | 500/5 | 600/5 | 750/5 |
|---|---|---|---|---|---|---|---|---|---|---|---|---|---|---|
| LQC－0.5 | 电抗 | 300 | 133 | 75 | 48 | 21.3 | 12 | 5.32 | 3 | 1.33 | 1.03 | | 0.3 | 0.3 |
| | 电阻 | 37.5 | 16.6 | 9.4 | 6 | 2.66 | 1.5 | 0.67 | 0.58 | 0.17 | 0.13 | | 0.04 | 0.04 |
| LQC－3 | 电抗 | 67 | 30 | 17 | 11 | 4.8 | 2.7 | 1.2 | 0.67 | 0.3 | 0.17 | 0.07 | | |
| | 电阻 | 42 | 20 | 11 | 7 | 3 | 1.7 | 0.75 | 0.42 | 0.2 | 0.11 | 0.05 | | |
| LQC－3 | 电抗 | 17 | 8 | 4.2 | 2.8 | 1.2 | 0.7 | 0.3 | 0.17 | 0.08 | 0.04 | 0.02 | | |
| | 电阻 | 19 | 8.2 | 4.8 | 3 | 1.3 | 0.75 | 0.33 | 0.19 | 0.09 | 0.05 | 0.02 | | |

表4-6　　　　　　　　自动开关过电流线圈阻抗参考值　　　　　　（$m\Omega$）

| 线圈额定电流（A） | 50 | 70 | 100 | 140 | 200 | 400 | 600 |
|---|---|---|---|---|---|---|---|
| 电抗 | 2.7 | 1.3 | 0.86 | 0.55 | 0.28 | 0.10 | 0.09 |
| 电阻 | 5.5 | 2.35 | 1.3 | 0.74 | 0.36 | 0.15 | 0.12 |

表4-7　　　　　　　　开关触头接触电阻参考值　　　　　　（$m\Omega$）

| 开关类型 | 额定电流（A） | | | | | | | | | |
|---|---|---|---|---|---|---|---|---|---|---|
| | 50 | 70 | 100 | 140 | 200 | 400 | 600 | 1000 | 2000 | 3000 |
| 自动开关 | 1.3 | 1.0 | 0.75 | 0.65 | 0.6 | 0.4 | 0.25 | | | |
| 刀开关 | | | 0.5 | | 0.4 | 0.2 | 0.15 | 0.08 | | |
| 隔离开关 | | | | | | 0.2 | 0.15 | 0.08 | 0.08 | 0.02 |

当只需近似计算时，为了简化计算也可根据低压电路设计中上述元件的常用组合方案，算出开关、互感器等的"组合"电阻、电抗近似值，如表4-8所示。计算低压线路中这些元件的阻抗时，只需根据低压导线截面直接查表4-9得出，不需一一统计计算。

表4-8　　　　　　　　"组合"电阻、电抗近似值

| 导线截面（$mm^2$） | 2.5 | 4 | 6 | 10 | 16 | 25 | 35 | 50 | 70 | 95 | 120 |
|---|---|---|---|---|---|---|---|---|---|---|---|
| "组合"电阻（$m\Omega$） | 17.3 | 8.4 | 2.8 | 2.8 | 2.8 | 1.2 | 0.8 | 0.8 | 0.8 | 0.8 | 0.7 |
| "组合"电抗（$m\Omega$） | 133.4 | 61.9 | 17 | 17 | 17 | 3.4 | 1.7 | 1.7 | 1.7 | 1.7 | 0.7 |

**表 4 - 9**　　　　　　　　　　　　　　矩形母线的电阻和感抗

| 母线尺寸（mm） | 65℃时的电阻（mΩ/m） | | 感抗（mΩ/m） | | | |
|---|---|---|---|---|---|---|
| | | | 相间几何均距（mm）（铜及铝） | | | |
| | 铜 | 铝 | 100 | 150 | 200 | 300 |
| 25×3 | 0.268 | 0.475 | 0.179 | 0.200 | 0.295 | 0.244 |
| 30×3 | 0.223 | 0.394 | 0.163 | 0.189 | 0.206 | 0.235 |
| 30×4 | 0.167 | 0.298 | 0.163 | 0.189 | 0.206 | 0.235 |
| 40×4 | 0.125 | 0.222 | 0.145 | 0.170 | 0.189 | 0.214 |
| 40×5 | 0.100 | 0.177 | 0.145 | 0.170 | 0.189 | 0.214 |
| 50×5 | 0.08 | 0.142 | 0.137 | 0.1565 | 0.18 | 0.200 |
| 50×6 | 0.067 | 0.118 | 0.137 | 0.1565 | 0.18 | 0.200 |
| 60×6 | 0.0558 | 0.099 | 0.1195 | 0.145 | 0.168 | 0.189 |
| 60×8 | 0.0418 | 0.074 | 0.1195 | 0.145 | 0.163 | 0.189 |
| 80×8 | 0.0313 | 0.055 | 0.102 | 0.126 | 0.145 | 0.170 |
| 80×10 | 0.025 | 0.0445 | 0.102 | 0.126 | 0.145 | 0.170 |
| 100×10 | 0.020 | 0.0355 | 0.09 | 0.1127 | 0.133 | 0.157 |
| 2（60×8） | 0.0209 | 0.037 | 0.12 | 0.145 | 0.163 | 0.189 |
| 2（80×8） | 0.0157 | 0.0277 | | 0.126 | 0.145 | 0.170 |
| 2（80×10） | 0.0125 | 0.0222 | | 0.126 | 0.145 | 0.170 |
| 2（100×10） | 0.01 | 0.0178 | | | 0.133 | 0.157 |

### 三、低压电网短路电流计算实例

计算步骤如下：

（1）作等值电路。

（2）计算短路回路各元件的电阻、电抗，分别求出电路的总电阻 $R_\Sigma$ 和总电抗 $X_\Sigma$，然后求总阻抗 $Z_\Sigma = \sqrt{R_\Sigma^2 + X_\Sigma^2}$ 。

（3）计算三相阻抗相同的低压电网三相短路电流 $I_k$ 和冲击电流 $i_{sh}$，即

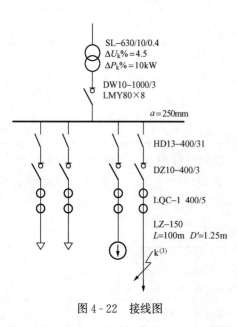

图 4 - 22　接线图

$$I_k = \frac{U_{av}}{\sqrt{3} Z_\Sigma} \qquad (4-92)$$

$$i_{sh} = \sqrt{2} K_{sh} I_k$$

式中　$U_{av}$——低压侧线路平均电压，取 400V。

**例 4 - 7**　某工厂车间变电站供电系统如图 4 - 22 所示，求 k 点的短路电流。母线水平排列，中心线间距 a＝250mm，母线长为 10m，其余数据标注在图上。

**解**　采用有名值进行低压短路电流计算，视变压器高压侧为无穷大功率电源，系统阻抗等于零。下面先求出短路回路中各元件的阻抗，然后再计算出短路电流。

（1）变压器阻抗。

$$R_T = \Delta P_k \left(\frac{U_{NT2}}{S_{NT}}\right)^2 = 10 \left(\frac{400}{630}\right)^2 = 4.03(m\Omega)$$

$$Z_T = \frac{\Delta U_k \%}{100} \frac{U_{NT2}^2}{S_{NT}} = \frac{4.5}{100} \times \frac{400^2}{630} = 11.43 (m\Omega)$$

$$X_T = \sqrt{Z_T^2 - R_T^2} = \sqrt{11.43^2 - 4.03^2} = 10.7 (m\Omega)$$

（2）母线阻抗。

已知母线水平排列，中心线间距 $a = 250mm$，所以母线相间几何均距

$$D' = \sqrt[3]{a \cdot a \cdot 2a} = 1.26a = 1.26 \times 250 = 300 \ (mm)$$

查表 4-9 得 LMY80×8mm，$R = 0.055m\Omega/m$，$X = 0.17m\Omega/m$。

母线阻抗为

$$R_W = R_0 L = 0.055 \times 10 = 0.55 (m\Omega)$$

$$X_W = X_0 L = 0.17 \times 10 = 1.7 (m\Omega)$$

（3）刀开关、空气开关阻抗（包括触头接触电阻和过电流线圈阻抗）。

查表得

刀开关 HD13-400：$\qquad R_{QK} = 0.2 (m\Omega)$

空气开关 DZ10-400：$\qquad R_{QF} = 0.4 + 0.15 = 0.55 (m\Omega)$

$$X_{QF} = 0.10 (m\Omega)$$

DW10-1000 阻抗值忽略。

（4）电流互感器阻抗。

查表得

$$R_{TA} = 0.11 (m\Omega)$$

$$X_{TA} = 0.17 (m\Omega)$$

（5）架空线路阻抗。

查相关手册

$$R_0 = 0.23 (\Omega/km)$$

$$X_0 = 0.34 (\Omega/km)$$

则得架空线路阻抗

$$R_L = R_0 L = 0.23 \times 0.1 = 0.023\Omega = 23 (m\Omega)$$

$$X_L = X_0 L = 0.34 \times 0.1 = 0.034\Omega = 34 (m\Omega)$$

求短路回路总阻抗，得

$$R_\Sigma = R_T + R_W + R_{QK} + R_{QF} + R_{TA} + R_L$$
$$= 4.03 + 0.55 + 0.2 + 0.55 + 0.11 + 23 = 28.44 (m\Omega)$$

$$X_\Sigma = X_T + X_W + X_{QF} + X_{TA} + X_L$$
$$= 10.7 + 1.7 + 0.1 + 0.17 + 34 = 46.67 (m\Omega)$$

$$Z_\Sigma = \sqrt{R_\Sigma^2 + X_\Sigma^2} = \sqrt{28.44^2 + 46.67^2} = 54.65 (m\Omega)$$

求得 k 点短路电流

$$I_k = \frac{U_{av}}{\sqrt{3} Z_\Sigma} = \frac{400}{\sqrt{3} \times 54.65} = 4.226 (kA)$$

同样，可求出短路冲击电流，取 $K_{sh} = 1.3$，得

$$i_{sh} = \sqrt{2} K_{sh} I_k = \sqrt{2} \times 1.3 \times 4.226 = 7.776 (kA)$$

**思 考 题**

4-1　配电网的电压降落、电压偏移、电压损耗指什么?

4-2　配电网的损耗由哪些因素引起的? 如何计算?

4-3　什么是最大负荷年利用小时数和最大负荷损耗时间?

4-4　配电网的降损措施有哪些?

4-5　简述简单配电网潮流计算的两种基本方法。

4-6　复杂配电网潮流计算可分为哪几类? 各有什么优缺点?

4-7　电力系统有哪些主要的无功电源?

4-8　电力系统无功功率平衡指什么?

4-9　提高电网的功率因数具有哪些意义?

4-10　无功补偿的原则和措施是什么?

4-11　电压调整的原理是什么? 有哪些主要措施?

4-12　什么是短路? 短路的类型有几种?

4-13　简述短路电流计算的方法与限流措施。

习题与解析

学习要求

# 第五章　电气设备的选择

## 第一节　电气设备的发热和电动力

### 一、发热和电动力的允许值

电气设备通过电流时将产生损耗，此损耗包括电阻损耗，载流导体周围金属构件处于交变磁场中所产生的磁滞和涡流损耗，绝缘材料内部的介质损耗等，这些损耗都将转变成热量使电气设备的温度升高。

根据流过电气设备电流的大小和时间的不同，电气设备的发热可分为：①长期发热，它是由正常工作电流产生的；②短时发热，它是故障时由短路电流产生的。

发热对电气设备的影响有：

（1）使绝缘材料的绝缘性能降低。绝缘材料长期受到高温作用，将逐渐老化，以致失去弹性和降低绝缘性能。绝缘材料老化的速度与使用的温度有关。因此，对不同等级的绝缘材料，根据其耐热的性能和使用年限的要求，相应规定了其使用温度。在使用中如超过这一温度，绝缘材料加速老化，大大缩短使用寿命。

（2）使金属材料的机械强度下降。当使用温度超过一定允许值后，由于退火，金属材料机械强度显著下降。例如长期发热温度超过100℃（铝）和150℃（铜），或短时发热温度超过200℃（铝）和300℃（铜）时，其抗拉强度显著下降，因而可能在短路电动力的作用下变形或损坏。

（3）使导体接触部分的接触电阻增加。当发热温度超过一定值时，接触部分的弹性元件就会压力下降，同时发热使导体表面氧化，产生电阻率很高的氧化层，使接触电阻增加，引发接触部分温度继续升高，将会产生恶性循环，破坏正常工作状态。

为限制发热的有害影响，在国家标准中分别规定了载流导体长期发热和短时发热的允许温度，如表5-1所示。

表5-1　　　　　　　　导体在正常和短路时的最高允许温度及热稳定系数

| 导体种类和材料 | | | 最高允许温度（℃） | | 热稳定系数 |
|---|---|---|---|---|---|
| | | | 正常 | 短时 | |
| 母线 | 铜 | | 70 | 300 | 171 |
| | 铜（接触面有锡层） | | 85 | 300 | 164 |
| | 铝 | | 70 | 200 | 87 |
| 油浸纸绝缘电缆 | 铜芯（kV） | 1～3 | 80 | 250 | 148 |
| | | 6 | 65 | 220 | 145 |
| | | 10 | 60 | 220 | 148 |
| | 铝芯（kV） | 1～3 | 80 | 200 | 84 |
| | | 6 | 65 | 200 | 90 |
| | | 10 | 60 | 200 | 92 |

续表

| 导体种类和材料 | | 最高允许温度（℃） | | 热稳定系数 |
| --- | --- | --- | --- | --- |
| | | 正常 | 短时 | |
| 橡皮绝缘导线和电缆 | 铜芯 | 65 | 150 | 112 |
| | 铝芯 | 65 | 150 | 74 |
| 聚氯乙烯绝缘导线和电缆 | 铜芯 | 65 | 130 | 100 |
| | 铝芯 | 65 | 130 | 65 |
| 交联聚乙烯绝缘电缆 | 铜芯 | 80 | 230 | 140 |
| | 铝芯 | 80 | 200 | 84 |

　　电气设备中的载流导体有电流通过时，除发热效应外，还有载流导体相互之间的作用力，称为电动力。正常使用时，工作电流所产生的电动力不大，但短路时冲击电流所产生的交流电动力将达到很大的数值，可能导致设备变形或损坏。为保证电器和导体不致破坏，电器和导体在短路冲击电流产生的电动力作用下的应力不应超过材料的允许应力。硬导体材料的最大允许应力 $\sigma_{al}$，硬铜 $\sigma_{al} \approx 140\text{MPa}$，硬铝 $\sigma_{al} \approx 70\text{MPa}$。

**二、导体短时发热计算**

（一）短时发热过程及导体的最高温度

　　导体短时发热是指从短路开始到短路切除为止这段时间内导体发热的过程。短时发热有两大特点：一是通过电流很大，发热量大，使导体温度迅速升高；二是时间很短，一般不超过 2～3s。因此在短路过程中，可以不考虑导体向周围介质的散热，认为在短路电流持续时间内所产生的全部热量都用来使导体温度上升，即认为是一个绝热过程。发热过程如图 5-1 所示。从图上可看出，从短路开始（$t_0$）到短路被切除（$t_1$）这短路时间内，导体的温度由初始值（$\theta_L$）很快上升为最大值（$\theta_k$），短路切除后，导体温度从最大值自然冷却到周围环境温度（$\theta_0$）。载流导体产生短路温升为 $\tau_k = \theta_k - \theta_L$。而所谓热稳定校验，就是导体短路时的最高温度 $\theta_k$ 与导体短时发热允许温度 $\theta_{k.\,max}$ 比较，如满足公式 $\theta_k \leqslant \theta_{k.\,max}$ 条件，为热稳定满足。

　　要求出 $\theta_k$，必须先找出短路电流作用下发出的热量与导体温升之间的关系。根据上述分析，可以得到短路时导体发热的平衡方程式为

$$I_{kt}^2 R_\theta \mathrm{d}t = mC_\theta \mathrm{d}\theta \qquad (5-1)$$

另有

$$m = \rho_m LS$$

$$R_\theta = \rho_0 (1 + \alpha\theta)\frac{L}{S}$$

$$C_\theta = C_0 (1 + \beta\theta)$$

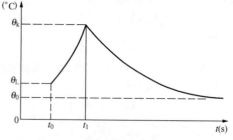

图 5-1　短路时导体的发热过程

$\theta_L$—导体短路前的温度；$\theta_k$—短路后导体的最高温度；$\theta_0$—导体周围环境温度；$t_0$—短路开始时间，s；$t_1$—短路切除时间，s

式中　$I_{kt}$——短路电流全电流的有效值，A；

　　　$m$——导体的质量，kg；

　　　$R_\theta$——温度为 $\theta$℃时的导体电阻，Ω；

　　　$C_\theta$——温度为 $\theta$℃时的导体比热容，J/(kg·℃)；

　　　$\rho_0$——0℃时的导体电阻，Ω·m；

　　　$\rho_m$——导体材料密度，kg/m³；

　　　$L$——导体的长度，m；

$S$——导体的截面积，$m^2$；

$\alpha$——导体的电阻温度系数，$1/℃$；

$\beta$——导体的比热容温度系数，$1/℃$；

$C_0$——0℃时的导体的比热容，$J/(kg \cdot ℃)$。

将以上各项代入式（5-1）得

$$I_{kt}^2 \rho_0 (1+\alpha\theta) \frac{L}{S} dt = \rho_m L S C_0 (1+\beta\theta) d\theta \qquad (5-2)$$

将式（5-2）整理得

$$\frac{1}{S^2} I_{kt}^2 dt = \frac{\rho_m C_0}{\rho_0} \frac{(1+\beta\theta)}{(1+\alpha\theta)} d\theta \qquad (5-3)$$

式（5-3）实现了变量分离，同时使方程的右边参数仅为材料的参数，即右边仅依赖于材料。将式（5-3）左边从短路起始瞬间（$t_0$）到短路切除时刻（$t_1$）积分，相应地等式右边从导体起始温度（$\theta_L$）到导体最高温度（$\theta_k$）的积分，则

$$\frac{1}{S^2} \int_{t_0}^{t_1} I_{kt}^2 dt = \frac{\rho_m C_0}{\rho_0} \int_{\theta_L}^{\theta_k} \frac{(1+\beta\theta)}{(1+\alpha\theta)} d\theta \qquad (5-4)$$

这时，积分式左端表征短路电流向单位体积材料提供的热量，右边对应表征单位体积材料吸收的热量。将式改写为

$$\frac{1}{S^2} Q_k = A_K - A_L \qquad (5-5)$$

$$Q_k = \int_{t_0}^{t_1} I_{kt}^2 dt \qquad (5-6)$$

$$A_K = \frac{\rho_m C_0}{\rho_0} \left[ \frac{\alpha-\beta}{\alpha^2} \ln(1+\alpha\theta_K) + \frac{\beta}{\alpha} \theta_K \right] \qquad (5-7)$$

$$A_L = \frac{\rho_m C_0}{\rho_0} \left[ \frac{\alpha-\beta}{\alpha^2} \ln(1+\alpha\theta_L) + \frac{\beta}{\alpha} \theta_L \right] \qquad (5-8)$$

由此得出

$$A_K = A_L + \frac{1}{S^2} Q_k \qquad (5-9)$$

当导体材料及初始温度 $\theta_L$ 确定后，可以算出 $A_L$。当短路电流及其持续时间确定后，计算出 $Q_k$。如同时已知导体截面积 $S$，则可以按公式（5-9）算出 $A_K$，然后确定导体的最终温度。为方便计算，将材料的 $A$ 值与温度 $\theta$ 的关系作成图5-2所示曲线。由 $\theta_L$ 查 $A_L$，然后计算出 $A_K$ 后，由 $A_K$ 查得 $\theta_K$。

（二）短路电流热效应值 $Q_k$ 的计算

对 $Q_k$ 较为准确的计算方法是解析法，但由于短路电流的变化规律复杂，故一般不予采用。常用的计算方法为近似数值积分法。

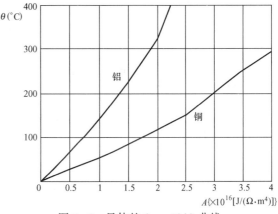

图5-2 导体的 $\theta = f(A)$ 曲线

短路全电流中包含周期分量 $I_\sim$ 和非周期分量 $I_-$，其热效应 $Q_k$ 也由两部分构成，即

$$Q_k = Q_\sim + Q_- \tag{5-10}$$

1. 短路周期电流热效应 $Q_\sim$ 的计算

$$Q_\sim = \int_{t_0}^{t_1} I_\sim^2 \, dt \tag{5-11}$$

对于任意函数 $y = f(x)$ 的定积分，可采用辛普生公式计算，即

$$\int_a^b f(x)\,dx = \frac{b-a}{3n}\left[(y_0 + y_n) + 4(y_1 + y_3 + \cdots + y_{n-1}) + 2(y_2 + y_4 + \cdots + y_{n-2})\right] \tag{5-12}$$

式中　$b$、$a$——积分区间的上下限；

　　　　$n$——把整个区间分为长度相等的小区间数（偶数）；

　　　　$y_i$——函数值，$i = 1,\ 2,\ 3,\ \cdots,\ n$。

实际计算中一般取 $n=4$ 就可以满足准确要求，将 $n=4$ 代入式（5-12）得

$$\int_a^b f(x)\,dx = \frac{b-a}{12}(y_0 + 4y_1 + 2y_2 + 4y_3 + y_4) \tag{5-13}$$

进一步简化计算，可以近似认为 $y_2 = (1/2)(y_1 + y_3)$，代入式（5-13）得

$$\int_a^b f(x)\,dx = \frac{b-a}{12}(y_0 + 10y_2 + y_4) \tag{5-14}$$

式（5-14）又称为 1-10-1 法。

对于周期分量电流的发热效应，相应可写成

$$Q_\sim = \int_{t_0}^{t_1} I_\sim^2 \, dt = \frac{t_1 - t_0}{12}\left[I''^2 + 10 I_{0.5t_k}^2 + I_{t_k}^2\right] \tag{5-15}$$

式中　　　$I''$——短路电流周期分量的起始值；

　　　　$t_k$——短路电流计算时间，$t_k = t_1 - t_0$；

　　$I_{0.5t_k}$——短路周期电流 $0.5t_k$ 瞬间的有效值；

　　　$I_{t_k}$——短路后 $t_k$ 时间短路电流周期分量的有效值；

　　　　$t_0$——短路开始时间，s；

　　　　$t_1$——短路切除时间，s。

2. 非周期分量电流热效应 $Q_-$ 的计算

$$Q_- = \int_{t_0}^{t_1} I_-^2 \, dt = \int_{t_0}^{t_1} \left(\sqrt{2}\,I'' e^{-\frac{t}{T_k}}\right)^2 dt = T_k\left(1 - e^{-\frac{2(t_1 - t_0)}{T_k}}\right) I''^2 \tag{5-16}$$

当 $t_k > 0.1\mathrm{s}$ 时，$e^{-\frac{2(t_1 - t_0)}{T_k}} \approx 0$，因此式（5-16）简化为

$$Q_- = T_k I''^2 \tag{5-17}$$

$t_k > 1.0\mathrm{s}$ 时，非周期分量早已衰减完毕，相对周期分量而言可以忽略不计。表 5-2 为非周期分量时间常数 $T_k$ 值。

表 5-2　　　　　　　　　　　　　　　非周期分量时间常数 $T_k$

| 短　路　点 | $T_k(\mathrm{s})$ | |
|---|---|---|
| | $t_k \leqslant 0.1\mathrm{s}$ | $t_k > 0.1\mathrm{s}$ |
| 发电机出口及母线 | 0.15 | 0.2 |
| 发电机升高电压母线及出线；发电机电压电抗器后 | 0.08 | 0.1 |
| 变电站各级电压母线及出线 | 0.05 | |

### 三、短路时导体的电动力计算

导体位于磁场中，要受到力的作用，这种力称为电动力。电网发生短路时，导体中通过的电流很大，相应地导体也就遭受巨大的电动力作用。如果导体的机械强度不够，就要发生变形或损坏。为了安全运行，应对电动力的大小进行分析和计算。

#### （一）两根细长平行导体间的电动力计算

所谓导体很细，指的是其截面周边长度小于导体间的净距（边缘距离），这时计算两条导体间的电动力可以不考虑电流在导体截面上的分布，而视为集中在导体的中心线上，所产生的误差很小。所谓导体很长，指的是将导体两端部的磁场视为与中段磁场相同，计算出的两导体之间的总作用力与考虑端部磁场的不均匀性所得的计算结果相差很小。

两平行导体中分别流过电流 $i_1$ 和 $i_2$，两电流方向相同，两导体间的电动力为相互吸引力。相互作用力的大小由式（5-18）决定。

$$F = 2 \times 10^{-7} \frac{L}{a} i_1 i_2 \qquad (\text{N}) \tag{5-18}$$

式中　$i_1$、$i_2$——分别流过两导体的电流，A；

　　　　$L$——两导体的长度，m；

　　　　$a$——两导体间的距离，m。

若考虑因导体有一定的截面对电动力的影响，只要乘以一个形状系数 $K_x$ 即可，计算式为

$$F = 2 \times 10^{-7} \times K_x \times \frac{L}{a} i_1 i_2 \qquad (\text{N}) \tag{5-19}$$

$K_x$ 表示实际形状导体所受的电动力与细长导体电动力之比。各种导体的形状系数可以查相关设计手册。

#### （二）三相导体短路的电动力

##### 1. 电动力的计算

配电装置中导体均为三相，而且大都布置在同一平面内，利用上述两根平行导体的方法推广到三相系统，便可以求得三相导体短路的电动力。

如不计短路电流周期分量的衰减，三相短路电流为

$$\left. \begin{aligned} i_A &= I_m \left[ \sin(\omega t + \varphi) - e^{-\frac{t}{T_k}} \sin\varphi \right] \\ i_B &= I_m \left[ \sin\left(\omega t + \varphi - \frac{2}{3}\pi\right) - e^{-\frac{t}{T_k}} \sin\left(\varphi - \frac{2}{3}\pi\right) \right] \\ i_C &= I_m \left[ \sin\left(\omega t + \varphi + \frac{2}{3}\pi\right) - e^{-\frac{t}{T_k}} \sin\left(\varphi + \frac{2}{3}\pi\right) \right] \end{aligned} \right\} \tag{5-20}$$

式中　$I_m$——短路电流周期分量的最大值，$I_m = \sqrt{2}\, I''$，kA；

　　　$\varphi$——A 相短路电流的初相角；

　　　$T_k$——短路电流非周期分量衰减时间常数，s。

三相短路时，中间相（B 相）和边相（A、C 相）受力不一样。如图 5-3所示，发生三相对称短路时，B 相导体

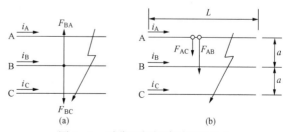

图 5-3　对称三相短路时的电动力

（a）中间相受力；（b）边相受力

受力最为严重。取合力 $F_B$ 正方向与 $F_{BA}$ 相同，有 $F_B = F_{BA} - F_{BC}$，则

$$F_B = F_{BA} - F_{BC} = \frac{2L}{a} \times 10^{-7}(i_A i_B - i_C i_B)$$

$$= \frac{2L}{a} \times I_m^2 \times 10^{-7}\left[\frac{\sqrt{3}}{2}e^{-2t/T_a}\sin\left(2\varphi - \frac{4}{3}\pi\right) - \sqrt{3}e^{-t/T_k}\sin\left(\omega t + 2\varphi - \frac{4}{3}\pi\right) + \frac{\sqrt{3}}{2}\sin\left(2\omega t + 2\varphi - \frac{4}{3}\pi\right)\right]$$

$$(5-21)$$

其中，第一项是以 $T_k/2$ 为时间常数衰减的非周期分量；第二项为工频衰减分量，以 $T_k$ 为时间常数衰减，是周期性分量；第三项为倍频分量，不衰减。

2. 电动力的最大值

工程上常用三相电动力的最大值。上面我们分析知道 B 相受力最大。当短路相位满足条件：$2\varphi - \frac{4}{3}\pi = 90°$，时间 $t = 0.01s$ 时，$\omega t = \pi$，B 相瞬间受到最大的力。$t = 0.01s$ 时的短路电流称为短路冲击电流 $i_{sh}$，取 $i_{sh} = 1.8 I_m$，则有

$$F_{max} = F_{Bmax} = 1.732 \times \frac{L}{a} \times i_{sh}^2 \times 10^{-7}(N) \tag{5-22}$$

3. 考虑母线共振影响时对电动力的修正

将支持绝缘子视为刚体时，则母线的一阶固有振动频率为

$$f_1 = 112 \times \frac{r_i}{L^2}\varepsilon \tag{5-23}$$

式中  $f_1$——母线的一阶固有振动频率，Hz；

$r_i$——母线弯曲时的惯性半径，cm；

$L$——母线跨距，cm；

$\varepsilon$——材料系数，铜为 $1.14 \times 10^4$，铝为 $1.55 \times 10^4$，钢为 $1.64 \times 10^4$。

导体发生振动时，在导体内部会产生动态应力。对于动态应力的考虑，一般是采用修正静态计算法，即在最大电动力 $F_{max}$ 上乘以动态应力系数 $\beta$（为动态应力与静态应力的比值），

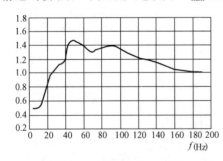

图 5-4 共振系数 $\beta$ 曲线

也称为共振系数。以求得实际动态过程中动态应力的最大值。动态应力系数 $\beta$ 与固有频率的关系，如图 5-4 所示。引入共振系数 $\beta$ 来修正，以扩大 $\beta$ 倍作用力来反应共振的作用，因此有

$$F_{max} = 1.732 \times \frac{L}{a}\beta \times i_{sh}^2 \times 10^{-7}(N) \tag{5-24}$$

由电动力的计算式（5-21）可知：电动力的振动频率为 50Hz 和 100Hz。当导体的固有振动频率低于 30Hz 或高于 160Hz 时，有 $\beta \leqslant 1$，共振影响可以忽略不计。

## 第二节 电气设备选择的一般条件

正确地选择电气设备，是为了使导体和电器无论在正常情况还是故障情况下，均能安全、经济合理地运行。在进行电气设备选择时，应根据工程实际情况，在保证安全、可靠的

前提下，积极而稳妥地采用新技术，并注意节省投资，选择合适的电器。

尽管电力系统中各种电气设备的作用和工作条件并不一样，具体选择方法也不完全相同，但对它们的基本要求却是一致的。电气设备要能可靠地工作，必须按正常工作条件进行选择，并按短路状态来校验热稳定和动稳定。

**一、按正常工作条件选择**

**（一）额定电压**

电气设备所在电网的运行电压因调压或负荷的变化，常高于电网的额定电压，故所选电气设备允许最高工作电压不得低于所接电网的最高运行电压。电气设备允许的最高工作电压一般为其额定电压的 10％～15％。而实际电网的最高运行电压一般不超过 1.1 倍的电网额定电压。因此在选择电器时，一般可按照电器的额定电压 $U_N$ 不低于装置地点电网额定电压 $U_{NS}$ 的条件选择，即

$$U_N \geqslant U_{NS} \tag{5-25}$$

式中　$U_N$——电气设备铭牌上所标示的额定电压，kV；

　　　$U_{NS}$——电网额定工作电压，kV。

**（二）额定电流**

电气设备的额定电流 $I_N$ 是指在额定周围环境温度 $\theta_0$ 下，电气设备的长期允许电流。$I_N$ 应不小于该回路在各种合理运行方式下的最大持续工作电流 $I_{max}$，即

$$I_N \geqslant I_{max} \tag{5-26}$$

式中　$I_N$——电气设备铭牌上所标示的额定电流，A；

　　　$I_{max}$——回路中最大长期工作电流，A。

在决定 $I_{max}$ 时，应以发电机、变压器、电动机的额定容量和线路的负荷作为出发点，同时考虑这些设备的长期工作状态。如由于发电机、调相机和变压器在电压降低 5％时，出力保持不变，故其相应回路的 $I_{max}$ 为发电机、调相机或变压器的额定电流的 1.05 倍；若变压器有过负荷运行可能时，$I_{max}$ 应按过负荷确定（1.3～2 倍变压器额定电流）；母联断路器回路一般可取母线上最大一台发电机或变压器的 $I_{max}$；母线分段电抗器的 $I_{max}$ 应为母线上最大一台发电机跳闸时，保证该段母线负荷所需的电流，或最大一台发电机额定电流的 50％～80％；出线回路的 $I_{max}$ 除考虑正常负荷电流（包括线路损耗）外，还应考虑事故时由其他回路转移过来的负荷。

**（三）按当地环境条件校核**

在选择电器时，还应考虑电器安装地点的环境条件，当气温、风速、湿度、污秽等级、海拔高度、地震烈度和覆冰厚度等环境条件超过一般电器使用条件时，应采取措施。例如：当地区海拔超过制造部门的规定值时，由于大气压力、空气密度和湿度相应减少，使空气间隙和外绝缘的放电特性下降，一般海拔在 1000～3500m 范围内，若海拔比厂家规定值每升高 100m，则电器允许最高工作电压要下降 1％。当最高工作电压不能满足要求时，应采用高原型电器，或采用外绝缘提高一级的产品。对于 110kV 及以下电器，由于外绝缘裕度较大，可在海拔 2000m 以下使用。当污秽等级超过使用规定时，可选用有利于防污的电瓷产品，当经济上合理时可采用室内配电装置。

我国目前生产的电器使用的额定环境温度 $\theta_0$＝＋40℃，如周围环境温度高于＋40℃，但不超过＋60℃时，则因散热条件较差，最大连续工作电流应适当减少，设备的额定电流计

算式应修正为

$$I_{al} = K_\theta I_N = \sqrt{(\theta_{al} - \theta) / (\theta_{al} - \theta_0)}\, I_N \tag{5-27}$$

式中　$I_{al}$——电气设备的额定电流经实际的周围环境温度修正后的允许电流，A；

　　　$K_\theta$——温度修正系数；

　　　$\theta_{al}$——电气设备长期发热最高允许温度，℃；

　　　$\theta$——实际的周围环境温度，取所在地最热月平均最高温度，℃；

　　　$\theta_0$——电气设备的额定环境温度，℃。

**二、按短路情况校验**

当短路电流通过电气设备时，将产生热效应及电动力效应。因此，必须对电气设备进行热稳定和动稳定校验。

**（一）短路热稳定校验**

校验电气设备的热稳定性，就是校验设备的载流部分在短路电流的作用下，其金属导电部分的温度不应超过材料的最高允许值。满足热稳定的条件为

$$I_t^2 t \geqslant Q_k \tag{5-28}$$

式中　$Q_k$——短路电流产生的热效应，$kA^2 \cdot s$；

　　　$I_t$——电器允许通过的热稳定电流，kA；

　　　$t$——电器允许通过的时间，s。

**（二）电动力稳定校验**

当电气设备通过短路电流时，将产生很大的电动力，可能对电气设备产生严重的破坏作用。电动力稳定是电气设备承受短路电流机械效应的能力，亦称动稳定。满足动稳定的条件为

$$i_{es} \geqslant i_{sh} \tag{5-29}$$

或　　　　　　　　　　　　　　　　$I_{es} \geqslant I_{sh}$

式中　$i_{sh}$、$I_{sh}$——短路冲击电流幅值及其有效值，kA；

　　　$i_{es}$、$I_{es}$——电器允许通过的动稳定电流的幅值及其有效值，kA。

**（三）短路电流计算条件**

为使所选电器具有足够的可靠性、经济性和合理性，并在一定时期内适应电力系统发展的需要，验算用短路电流应按下列条件确定。

（1）容量和接线。按本工程设计最终容量计算，并考虑电力系统远景发展规划（一般为本工程建成后 5～10 年）。其接线应采用可能发生最大短路电流的正常接线方式，但不考虑在切换过程中可能短时并列的接线方式（如切换厂用变压器时的并列）。

（2）短路种类。一般按最大运行方式下三相短路验算，若其他种类短路较三相短路严重时，则应按最严重的情况验算。

（3）短路计算点。选择通过电器的短路电流为最大的那些点为短路计算点。下面以图5-5 为例，说明短路计算点的具体选择方法。

1）发电机、变压器回路的断路器。应比较断路器前后短路时通过断路器的电流值，择其大者为短路计算点。例如：对断路器 QF1，当 k1 点短路时，流过 QF1 的电流为 $I_{G1}$，当 k2 点短路时，流过的电流为 $I_{G2} + I_s$，若两台发电机容量相等，则 $I_{G2} + I_s > I_{G1}$，故应选 k2 点为 QF1 的短路计算点。

2）母联断路器。应考虑当母联断路器 QF4 向备用母线充电时，备用母线故障，即 k4

点短路，此时，全部短路电流 $I_{G1}+I_{G2}+I_s$ 流过 QF4 及备用母线。

3）带电抗器的出线回路。由于干式电抗器工作可靠性较高，且断路器 QF5 与电抗器间的连线很短，故障概率小。电器一般可选电抗器后 k8 点为计算点，这样出线可选轻型断路器，以节约投资。

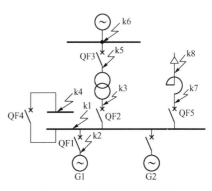

图 5 - 5　电路计算点的选择

（4）短路计算时间。校验电气设备的热稳定和开断电流时，还必须合理地确定短路计算时间。验算热稳定的计算时间 $t_k$ 为继电保护动作时间 $t_{pr}$ 和相应断路器的全开断时间 $t_{ab}$ 之和，即

$$t_k = t_{pr} + t_{ab} \qquad (5 - 30)$$

$$t_{ab} = t_{in} + t_a \qquad (5 - 31)$$

式中　　$t_{ab}$——断路器全开断时间；

$t_{pr}$——保护动作时间；

$t_{in}$——断路器固有分闸时间；

$t_a$——断路器开断时电弧持续时间，对少油断路器为 $0.04 \sim 0.06s$，对 $SF_6$ 和压缩空气断路器约为 $0.02 \sim 0.04s$。

注：（1）校验导体和 110kV 以下电缆热稳定时，$t_k$ 一般用：主保护动作时间＋断路器全分闸时间；若保护有死区：后备保护动作时间＋断路器全分闸时间。

（2）校验电器和 110kV 及以上充油电缆短路热稳定时，$t_k$ 一般采用：后备保护动作时间＋断路器全分闸时间。

### 三、主要电气设备的选择和校验项目

在选择导体和电器时，一般按正常运行条件进行选择，并按短路条件检验热稳定和动稳定。电气设备的选择和检验项目如表 5 - 3 所示。实际设计时，首先根据工作任务和环境条件以及技术先进和经济合理等要求，初步确定其型号规格，然后作进一步选择和校验。

表 5 - 3　　　　　　　　　　　　主要电气设备的选择和校验项目

| 设备名称 | 一般选择条件 | | | | 特殊选择项目 |
| --- | --- | --- | --- | --- | --- |
| | 额定电压 | 额定电流 | 热稳定 | 动稳定 | |
| 断路器 | √ | √ | √ | √ | 断流能力校验 |
| 隔离开关 | √ | √ | √ | √ | — |
| 电流互感器 | √ | √ | √ | √ | 准确度等级校验 |
| 电压互感器 | √ | — | — | — | 准确度等级校验 |
| 高压熔断器 | √ | √ | — | — | 断流能力校验 |
| 硬母线 | — | √ | √ | √ | 电晕电压校验[3] |
| 软母线 | — | √ | √ | √ | 电晕电压校验[3] |
| 电力电缆 | √ | √ | √ | — | 电压损失校验 |
| 支柱绝缘子 | √ | — | — | √ | |
| 穿墙套管 | √ | √[1] | √[2] | √ | |

注　"√"表示需要进行选择计算或校验；

"—"表示不需要进行选择或校验。

① 母线型穿墙套管选择管的大小。

② 母线型穿墙套管不需要进行校验。

③ 表示电压等级为 110kV 及以上的需要校验。

## 第三节　母线、电缆和绝缘子的选择

**一、母线选择**

母线的选择，内容包括：确定母线的材料、截面形状、布置方式；选择母线的截面积；校验母线的热稳定和动稳定；对重要的和大电流的母线，要校验共振；对110kV及以上的母线进行电晕校验。

（一）母线的材料、截面形状、布置方式

1. 母线的材料

常用的母线材料有铜、铝和铝合金三种。铜的电阻率低，耐腐蚀性好，机械强度高，但价格高，且我国铜的储量有限。因此，铜材料一般限用于在母线持续电流大，布置尺寸特别受限制或安装地污秽大的场所。铝的电阻率为铜的1.7～2倍，但密度只有铜的30%，易于加工，安装方便，且价格便宜，因此，一般用铝或铝合金作为母线材料。

2. 母线的结构

母线的结构和截面形状决定于母线的工作特点。常用的硬裸母线的截面形状有矩形、槽形和管形。矩形母线散热条件好，易于安装与连接，但集肤效应系数大。为了不浪费母线材料，一般单条矩形导体的最大截面积不超过$1250mm^2$，故一般矩形导体用于电压等级不超过35kV、电流不超过4000A的场合。槽形母线通常是双槽形一起用，载流量大，集肤效应小，一般用于电压等级不超过35kV、电流不超过8000A的回路中。管形母线的集肤效应最小，机械强度最大，还可以采用管内通水或通风的冷却措施。因此，当母线工作电流超过8000A时，常采用管形母线。

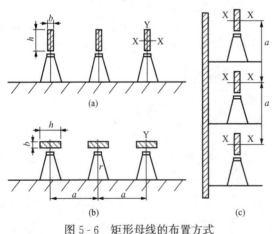

图5-6　矩形母线的布置方式

（a）三相水平位置，母线竖放；（b）三相水平布置，母线平放；（c）三相垂直布置，母线竖放

3. 母线的布置形式

矩形或槽形母线的散热及机械强度还与母线的布置方式有关。图5-6（a）所示三相水平布置、母线竖放的散热条件较好，但机械强度较低。图5-6（b）所示三相水平布置、母线平放则相反。图5-6（c）所示为三相垂直布置，母线竖放，兼顾两者的优点，但母线布置的高度增加，巡视母线不方便。图5-7所示是槽形母线的布置方式。母线采用的布置方式是根据母线视工作电流大小，短路电流产生的热效应和电动力效应大小，以及配电装置的具体情况而定。

（二）母线截面积的选择

选择母线截面积的方法有按长期发热允许电流选择、按经济电流密度选择两种。一般发电厂的主母线和引下线以及持续电流较小，年利用小时数较低的其他回路的导线，一般按最大长期发热允许电流选择；对于年利用小时数高而且长度较长、负荷大的回路的导线，通常宜采用按经济电流密度选择。

1. 按长期发热允许电流选择

为保证母线正常工作时的温度不超过允许温度，应满足条件

$$I_{al} \geqslant I_{max} \qquad (5\text{-}32)$$

式中　$I_{al}$——母线允许载流量，A；

$I_{max}$——通过母线的最大长期工作电流，A。

母线实际允许载流量与周围环境温度及母线的布置方式有关，若实际周围环境温度与规定的环境温度不同时，母线的允许温度要修正，即引入温度修正系数 $k_\theta$。可以查相关手册或由下式求出温度修正系数

$$k_\theta = \sqrt{\frac{\theta_{al} - \theta_1}{\theta_{al} - \theta_0}} \qquad (5\text{-}33)$$

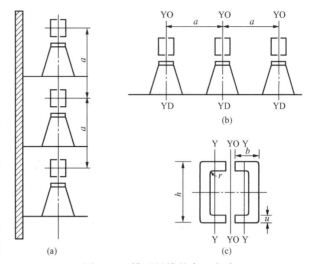

图 5-7　槽型母线的布置方式

(a) 三相垂直布置，缝隙在铅锤面；(b) 三相水平布置，缝隙在铅锤面；(c) 断面尺寸

式中　$\theta_{al}$——母线最高长期允许温度，℃；

$\theta_0$——规定的标准环境温度，℃；

$\theta_1$——母线运行的实际温度，℃，一般采用使用地区最热月平均日最高气温。

回路的最大长期工作电流要根据实际接线而定，如发电机回路，取 1.05 倍的发电机额定电流，其他情况请参考相关的手册。主母线各段的工作电流不同，但为了安装和维护方便，通常母线全长都选择同一截面积，故应按各种运行方式下有可能流过最大电流的一段选择。

2. 按经济电流密度选择

导体通过电流时，会产生电能损耗。一年中导体所损耗的电能与导体通过的电流大小、年最大负荷利用小时数及导体的截面积（即导体的电阻）有关。因此从降低损耗考虑，导体截面大好，但截面积大会增加投资、维护费用及消耗有色金属量也加大。如何使得经济上最合理？即使电能损耗小，又不致要过分增加线路投资、维护管理费用和有色金属消耗量，可以用年计算费用这一指标。综合计及以上因素，使年计算费用最小，即为最合理的导体截面积，此截面称为经济截面积。导体单位经济截面积通过的电流称为经济电流密度，用 $J$ 表示。我国现行的经济电流密度见表 5-4。

表 5-4　　　　　　　　　　导线和电缆的经济电流密度　　　　　　　　　　(A/mm²)

| 线路类型 | 导线材质 | 年最大负荷利用小时数 | | |
|---|---|---|---|---|
| | | 3000 以下 | 3000～5000 | 5000 以上 |
| 架空线路 | 铜 | 3.00 | 2.25 | 1.75 |
| | 铝 | 1.65 | 1.15 | 0.90 |
| 电缆线路 | 铜 | 2.50 | 2.25 | 2.00 |
| | 铝 | 1.92 | 1.73 | 1.54 |

按经济电流密度计算经济截面积 $S_e$ 的公式为

$$S_e = \frac{I_{max}}{J} \quad (\text{mm}^2) \tag{5-34}$$

式中 $I_{max}$——通过母线回路的最大持续工作电流，A。

根据计算出来的 $S_e$ 查母线规格表选择接近 $S_e$ 的标准截面积，一般在电站侧考虑节省投资，选择比 $S_e$ 稍小的标准截面积；而在配电网侧选择偏大的截面。另外按经济电流密度选择的母线截面还要按长期发热允许电流校验。

**(三) 母线的热稳定校验**

在导体短路时最高温度 $\theta_k$ 刚好等于短路时材料最高允许温度，且已知短路前导体的温度为 $\theta_L$，从图 5-2 中可查得相应的 $A$ 值，由此则可由公式 (5-35) 求出短路时满足热稳定要求的导体最小截面积

$$S_{min} = \sqrt{\frac{Q_k}{A_k - A_L}} = \frac{1}{C}\sqrt{Q_k} \text{ 或者 } S_{min} = \frac{1}{C}\sqrt{K_f Q_k} \tag{5-35}$$
$$C = \sqrt{A_k - A_L}$$

式中 $C$——与导体材料和导体短路前的温度有关的热稳定系数，见表 5-5；

$K_f$——集肤效应系数，与导体截面形状有关，可查相关设计手册。

只要实际选择的母线截面积 $S \geq S_{min}$，母线就满足热稳定条件。

**表 5-5** 对应不同工作温度的裸导体 $C$ 值

| 工作温度（℃） | 40 | 45 | 50 | 55 | 60 | 65 | 70 | 75 | 80 | 85 |
|---|---|---|---|---|---|---|---|---|---|---|
| 硬铝及铝合金 | 99 | 97 | 95 | 93 | 91 | 89 | 87 | 85 | 83 | 82 |
| 硬铜 | 186 | 183 | 181 | 179 | 176 | 174 | 171 | 169 | 166 | 164 |

**(四) 硬母线的动稳定校验**

软母线不需要进行动稳定校验。硬母线安装在支柱绝缘子上，当母线通过短路冲击电流时，产生巨大的电动力。此力作用在母线上，可能导致母线弯曲，严重时可能使母线结构损坏。为保证硬母线在短路情况下的稳定性，必须对硬母线进行动稳定校验，即对硬母线进行应力计算，保证母线在最严重的短路情况下不致被损坏。

1. 单条矩形母线的应力计算

由公式 (5-22) 可知，单位长度三相母线的相间电动力（设形状系数为 1）为

$$f_\varphi = 1.732 \times \frac{1}{a} i_{sh}^2 \times 10^{-7} (\text{N/m}) \tag{5-36}$$

对于由多个支柱绝缘子支撑和夹持的母线，在单位长度电动力的作用下，母线受到的最大弯矩 $M$ 为

$$M = \frac{f_\varphi L^2}{10} \quad (\text{N} \cdot \text{m}) \tag{5-37}$$

式中 $f_\varphi$——单位长度母线受到的相间电动力，N/m；

$L$——相邻两支柱绝缘子间的跨距，m。

母线受到的最大相间应力为

$$\sigma_\varphi = \frac{M}{W} = \frac{f_\varphi L^2}{10W} \quad (\text{Pa}) \tag{5-38}$$

式中　$W$——母线对垂直于作用力方向轴的截面系数（也称抗弯矩），$\text{m}^3$，见表 5 - 6。

表 5 - 6　　　　　　　　　　　　　　矩 形 母 线 截 面 系 数

| 导体布置方式 | 截面系数 | 导体布置方式 | 截面系数 |
|---|---|---|---|
| | $bh^2/6$ | | $1.44b^2h$ |
| | $b^2h/6$ | | $3.3b^2h$ |
| | $0.333bh^2$ | | $0.5bh^2$ |

按式（5 - 38）计算的应力，只有满足如下条件才满足动稳定要求。

$$\sigma_\varphi \leqslant \sigma_{\text{al}} \tag{5 - 39}$$

式中　$\sigma_{\text{al}}$——母线材料的允许应力，Pa。

如不满足式（5 - 39）要求时，就需要采用一定的措施：如限制短路电流；变更母线放置方式以加大截面系数；增大母线相间距离；减小绝缘子间的跨距或增大母线截面积等。其中最经济有效的方法为减小绝缘子的跨距。

设母线在短路时的计算应力刚好等于材料允许应力，由此可由公式（5 - 38）求出短路时满足动稳定要求的绝缘子最大可能跨距为

$$L_{\max} = \sqrt{\frac{10\sigma_{\text{al}}W}{f_\varphi}} \quad \text{（m）} \tag{5 - 40}$$

只要满足

$$L \leqslant L_{\max} \tag{5 - 41}$$

就满足动稳定要求。

同时为了避免水平放置的矩形母线因本身质量而过分弯曲，要求所选的绝缘子跨距不得超过 1.5～2.0m。一般绝缘子跨距等于配电装置间隔的宽度。

2. 多条矩形母线的应力计算

当每相由多条矩形母线组成时，作用在母线上总的最大计算应力由相间应力 $\sigma_\varphi$ 和同相不同条间的应力 $\sigma_b$ 组成，即

$$\sigma = \sigma_\varphi + \sigma_b \tag{5 - 42}$$

式中的 $\sigma_\varphi$ 仍按式（5 - 38）计算，注意此时的 $W$ 应改为多条矩形母线组合的截面系数。

计算条间应力时，主要是计算条间单位长度的受力，此时要注意同相母线条间的形状系数和电流的分配。当同相由两条矩形母线组成时，可认为相电流在两条母线之间平均分配，而且条间距离为 2 倍的 $b$ 值。由式（5 - 19）推导可得同相两条母线单位长度条间电动力为

$$f_b = 2.5 \times 10^4 \times K_{12} i_{\text{sh}}^2 \frac{1}{b} \quad \text{（N/m）} \tag{5 - 43}$$

式中　$i_{\text{sh}}$——短路冲击电流，kA；

$b$——每条母线的厚度，m。

若同相由三条母线组成，可认为电流分布中间条为 20%，两边条分别为 40%。此时受条间力最大的是边条母线。其所受电动力为另外两条对它的电动力之和，即

$$f_b = 8 \times 10^3 (K_{12} + K_{13}) i_{sh}^2 \frac{1}{b} \quad (N/m) \quad (5-44)$$

式中，$K_{12}$、$K_{13}$ 分别为 1～2 条和 1～3 条的截面形状系数，可由相关手册查得。

由于同相条间距很小（一般只有一个母线的厚度），因此条间应力很大。为了减小条间应力，通常在条间设有衬垫，如图 5-8 所示。

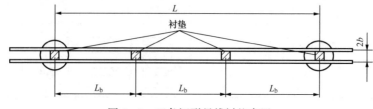

图 5-8 双条矩形母线衬垫布置

母线条间受到的最大弯矩为

$$M_b = \frac{f_b L_b^2}{12} \quad (N \cdot m) \quad (5-45)$$

条间受到的最大应力为

$$\sigma_b = \frac{M_b}{W_b} = \frac{f_b L_b^2}{12 W_b} \quad (Pa)$$

$$W_b = \frac{1}{6} b^2 h \quad (5-46)$$

计算结果只要满足

$$\sigma_{al} \geqslant \sigma_\varphi + \sigma_b$$

母线动稳定就满足要求。

3. 槽形导体应力计算

槽形母线的应力计算的方法与矩形母线相同，仍可用上面公式计算，但 $W$ 与矩形母线不同，可查阅槽形母线技术参数。

**例 5-1** 选择发电机出口母线。已知发电机额定电压 $U_N = 10.5 kV$，额定电流 $I_N = 1500A$，最大负荷利用小时数 $T_{max} = 4000h$。发电机引出线三相短路电流数据为 $I'' = 28kA$，$I_{0.2} = 22kA$，$I_{0.4} = 20kA$。继电保护主保护动作时间 $t_{pr1} = 0.2s$，断路器的全分断时间为 $t_{ab} = 0.2s$。三相水平布置，绝缘子跨距 $L = 1.2m$，相间距 $a = 0.7m$，月平均最高温度为 32℃。

**解** (1) 按经济电流密度选择母线截面。根据 $T_{max} = 4000h$ 查表 5-4，得 $J = 1.15A/mm^2$，可求得母线经济截面。

流过母线的最大工作电流为

$$I_{max} = 1.05 \times 1500 = 1575(A)$$

$$S_e = \frac{I_{max}}{J} = \frac{1500}{1.15} \times 1.05 = 1369.6(mm^2)$$

查附表 9，选用截面为 $120\times10=1200\text{mm}^2$ 的矩形铝母线。

按导体平放，其 $I_{al}=1967\text{A}$，$K_f=1.1$，$r_i=3.468\text{cm}$，计及温度修正

$$K_\theta=\sqrt{\frac{\theta_{al}-\theta_1}{\theta_{al}-\theta_0}}=\sqrt{\frac{70-32}{70-25}}=0.92,\ K_\theta I_{al}=0.92\times1967=1809.6(\text{A})$$

显然，$I_{max}=1575(\text{A})<1809.6(\text{A})$，可以满足导体正常发热要求。

（2）校验母线热稳定。

短路切除时间

$$t_k=t_{prl}+t_{ab}=0.2+0.2=0.4(\text{s})$$

周期分量热效应

$$Q_\sim=\frac{1}{12}(I''^2+10I_{0.2}^2+I_{0.4}^2)\times t_k$$

$$=\frac{1}{12}(28^2+10\times22^2+20^2)\times0.4=200.8[(\text{kA})^2\cdot\text{s}]$$

因 $t_k$ 小于 1s，故应计及非周期电流热效应。由于 $t_k$ 大于 0.1s，查表 5-2 得 $T_k=0.2\text{s}$，非周期电流热效应为

$$Q_-=T_k I''^2=0.2\times28^2=156.8[(\text{kA})^2\cdot\text{s}]$$

短路全电流的热效应为

$$Q_k=Q_\sim+Q_-=200.8+156.8=357.6[(\text{kA})^2\cdot\text{s}]$$

满足热稳定要求的母线最小截面为

$$S_{min}=\frac{1}{C}\sqrt{Q_k K_f}=\frac{1}{87}\sqrt{357.6\times10^6\times1.1}=228(\text{mm}^2)$$

所选用母线截面远大于 $S_{min}$ 值，满足热稳定要求。

（3）动稳定校验。

母线的固有频率为

$$f_1=112\times\frac{r_i}{L^2}\varepsilon=112\times\frac{3.468}{120^2}\times1.55\times10^4=418(\text{Hz})$$

因为，$f_1=418\text{Hz}>160\text{Hz}$，故 $\beta=1$，不考虑母线的共振问题。

发电机出口短路时，取 $K_{sh}=1.8$，流过母线的冲击短路电流为

$$i_{sh}=1.8\times\sqrt{2}\times I''=71.4(\text{kA})$$

母线水平平放，截面系数为

$$W=\frac{bh^2}{6}=\frac{0.01\times0.12^2}{6}=24\times10^{-6}(\text{m}^3)$$

作用在母线上的最大单位电动力及相间应力

$$f_\varphi=0.1732 i_{sh}^2\frac{1}{a}=0.1732\times71.4^2\times\frac{1}{0.7}=1260(\text{N/m})$$

$$\sigma_\varphi=\frac{M}{W}=\frac{f_\varphi L^2}{10W}=\frac{1260\times1.2^2}{10\times24\times10^{-6}}=7.56\times10^6(\text{Pa})$$

因为 $\sigma_\varphi<\sigma_{al}=70\times10^6(\text{Pa})$，故动稳定满足要求。

综上得：所选母线满足要求。

### 二、电力电缆选择

电力电缆应按下列条件选择和校验：①电缆芯线材料及型号；②额定电压；③截面选择；④允许电压降校验；⑤热稳定校验。电缆的动稳定由厂家保证，可不必校验。

**（一）电缆芯线材料及型号选择**

电缆芯线有铜芯和铝芯，国内工程一般选用铝芯电缆。电缆的型号很多，应根据其用途、敷设方式和使用条件进行选择。例如：厂用高压电缆一般选用纸绝缘铅包电缆；除110kV 及以上采用单相充油电缆外，一般采用三相铝芯电缆；动力电缆通常采用三芯或四芯（三相四线）；高温场所宜用耐热电缆；重要直流回路或保安电源电缆宜选用阻燃型电缆；直埋地下一般选用钢带铠装电缆；潮湿或腐蚀地区应选用塑料护套电缆；敷设在高差大的地点，应采用不滴流或塑料电缆。

**（二）电缆额定电压选择**

电缆的额定电压 $U_N$ 应大于等于所在电网的额定电压 $U_{NS}$

$$U_N \geqslant U_{NS} \tag{5-47}$$

**（三）电缆截面积选择**

电力电缆截面一般按长期发热允许电流选择，当电缆的最大负荷利用小时 $T_{max} = 5000h$，且长度超过 20m 时，则应按经济电流密度选择。电缆截面选择方法与裸导体基本相同，可按式（5-32）～式（5-34）计算。值得指出的是式（5-33）用于电缆选择时，其修正系数改用 $K$，与其敷设方式和环境温度有关，即

$$K = K_\theta K_1 K_2 \text{ 或 } K = K_\theta K_3 K_4 \tag{5-48}$$

式中　$K_\theta$——温度修正系数，可由式（5-33）计算，但电缆芯线长期发热最高允许温度 $\theta_{al}$ 与电压等级、绝缘材料和结构有关；

$K_1$、$K_2$——空气中多根电缆并列和穿管敷设时的修正系数，当电压在 10kV 及以下、截面为 95mm² 及以下 $K_2$ 取 0.9，截面为 120～185mm²，$K_2$ 取 0.85；

$K_3$——直埋电缆因土壤热阻不同的修正系数；

$K_4$——土壤中多根并列修正系数。

$K_\theta$、$K_1$、$K_3$、$K_4$ 及 $\theta_{al}$ 值可查相关设计手册。

为了不损伤电缆绝缘及保护层，敷设时电缆应保持一定的弯曲半径，如多芯纸绝缘铅包电缆的弯曲半径不应小于电缆外径的 15 倍。

**（四）电缆允许电压损失校验**

对供电距离较远、容量较大的电缆线路，应校验其正常工作时的电压损失 $\Delta U\%$，一般应满足 $\Delta U\% \leqslant 5\%$。对于三相交流线路，计算公式为

$$\Delta U\% = 173 I_{max} L (r\cos\varphi + x\sin\varphi)/U \tag{5-49}$$

式中　$U$——线路工作电压（线电压），V；

$L$——长度，km；

$\cos\varphi$——负荷的功率因数；

$r$、$x$——电缆单位长度的电阻和电抗，$\Omega$/km；

$I_{max}$——线路最大长期工作电流，A。

**（五）热稳定校验**

由于电缆芯线一般系多股绞线构成，截面在 400mm² 以下时，$K_f \approx 1$，满足电缆热稳定

的最小截面可简化为

$$S_{\min} \approx \sqrt{Q_k}/C \tag{5-50}$$

电缆的热稳定系数 $C$ 计算式为

$$C = \frac{1}{\eta}\sqrt{\frac{4.2Q}{K\rho_{20}\alpha}\ln\frac{1+\alpha(\theta_k-20)}{1+\alpha(\theta-20)}\times 10^{-2}} \tag{5-51}$$

式中　$\eta$——计及电缆芯线充填物热容量随温度变化以及绝缘散热影响的校正系数，对于
　　　　　　3～6kV 厂用回路，$\eta$ 取 0.93，35kV 及以上回路可取 1.0；

　　　$Q$——电缆芯单位体积的热容量，铝芯取 $0.59[\text{J}/(\text{cm}^3 \cdot \text{℃})]$；

　　　$\alpha$——电缆芯在 20℃ 时的电阻温度系数，铝芯为 0.004 03（1/℃）；

　　　$K$——20℃ 时导体交流电阻与直流电阻之比，$S \leqslant 100\text{mm}^2$ 的三芯电缆 $K=1$，$S=$
　　　　　　$120 \sim 240\text{mm}^2$ 的三芯电缆 $K=1.005 \sim 1.035$；

　　　$\rho_{20}$——电缆芯在 20℃ 时的电阻系数，铝芯取 $0.031\times10^{-4}$（$\Omega \cdot \text{cm}^2/\text{cm}$）；

　　　$\theta$——短路前电缆的工作温度，℃；

　　　$\theta_k$——电缆在短路时的最高允许温度，对 10kV 及以下普通黏性浸渍纸绝缘及交联聚
　　　　　　乙烯绝缘电缆为 200℃，有中间接头（锡焊）的电缆最高允许温度为 120℃。

　　**例 5 - 2**　如图 5 - 9 所示接线，选择
出线电缆。在变电站 A 两段母线上各接
有一台 3150kVA 变压器，正常时母线
分段运行，当一条线路故障时，要求另
一条线路能供两台变压器满负荷运行，
$\cos\varphi=0.8$，$T_{\max}=5500\text{h}$，变电站距电

图 5 - 9　选择出线电缆接线图

厂 2km，在 250m 处有中间接头，该接头处短路时，$I''=18\text{kA}$，$I_{0.35}=14\text{kA}$，$I_{0.7}=10\text{kA}$，
电缆采用直埋地下，土壤温度 $\theta_0=20$℃，热阻系数 $g=80$℃·cm/W，短路时间 $t_k=0.7\text{s}$。

　　**解**　（1）按经济电流密度选择截面。正常时每回线供一台变压器，当一条线路故障时，
要求另一条线路能供全部负荷。

$$I_{\max} = 2 \times \frac{1.05S_N}{\sqrt{3}U_N} = 2 \times \frac{1.05 \times 3150}{\sqrt{3} \times 10.5} = 364(\text{A})$$

据表 5 - 4，再查相关曲线，可得铝芯电缆 $T_{\max}=5500\text{h}$，$J=1.54\text{A}/\text{mm}^2$，则

$$S = I_{\max}/J = 364/1.54 = 236.4(\text{mm}^2)$$

　　选用两根 10kV ZLQ2 三芯油浸纸绝缘铝芯铅包钢带铠装防腐电缆，每根电缆 $S=$
$120\text{mm}^2$，$I_{\text{al25℃}}=215\text{A}$，正常允许最高温度为 60℃，$x_1=0.076\Omega/\text{km}$，$r_1=0.274\Omega/\text{km}$。

　　（2）按长期发热允许电流校验。考虑一回路故障时负荷的转移，$I'_{\max}=2\times182=364\text{A}$，
当实际土壤温度为 +20℃ 时，按式（5 - 33）可求得电缆载流量的修正系数 $K_\theta$ 为 1.07，当
电缆间距取 100mm 时，可查附表 13 得两根并排修正系数 $K_4=0.9$，可查附表 15 得 $K_3=1$。
两根直埋电缆允许载流量为

$$I_{\text{al20℃}} = K_\theta K_3 K_4 I_{\text{al25℃}} = 1.07 \times 0.9 \times 215 \times 2 = 414(\text{A}) > 364\text{A}$$

　　（3）热稳定校验。对于电缆线路中间有连接头的，应按第一个中间接头处短路进行热稳
定校验。

　　短路电流周期分量的热效应

$$Q_\sim = (I''^2 + 10I_{0.5t_k}^2 + I_{t_k}^2)t_k/12 = (18^2 + 10 \times 14^2 + 10^2) \times 0.7/12 = 139[(kA)^2 \cdot s]$$

短路电流非周期分量的热效应

$$Q_- = T_k I''^2 = 0.1 \times 18^2 = 32.4[(kA)^2 \cdot s]$$

短路电流的热效应

$$Q_k = Q_\sim + Q_- = 139 + 32.4 = 171.4[(kA)^2 \cdot s]$$

短路前电缆最高运行温度

$$\theta = \theta_0 + (\theta_{al} - \theta_0)\left(\frac{I'_{max}}{I_{al}}\right)^2 = 20 + (60-20) \times \left(\frac{364}{414}\right)^2 \approx 51(℃)$$

由式（5-51）求得 $C = 69.5$，热稳定所需最小截面为

$$S_{min} = \sqrt{Q_k}/C = \sqrt{171.4 \times 10^6}/69.5 = 188.5(mm^2) < 2 \times 120mm^2$$

（4）电压降校验。由下式求得

$$\Delta U\% = 173I_{max}L(r\cos\varphi + x\sin\varphi)/U$$

$$= 173 \times 364 \times 2 \times (0.274 \times 0.8 + 0.076 \times 0.6)/(10.5 \times 10^3) = 3.2(\%) < 5\%$$

结果表明选用两根 ZLQ2－3×120 电缆能满足要求。

### 三、支柱绝缘子和穿墙套管的选择

支柱绝缘子应按额定电压和使用条件选择，并进行短路时动稳定校验。穿墙套管应按额定电压、额定电流和类型选择，按短路条件校验动、热稳定。

（一）按额定电压选择支柱绝缘子和穿墙套管

支柱绝缘子和穿墙套管的额定电压 $U_N$ 应大于等于所在电网的额定电压 $U_{NS}$，即

$$U_N \geqslant U_{NS} \tag{5-52}$$

发电厂与变电站的 3～20kV 室外支柱绝缘子和套管，当有冰雪和污秽时，宜选用高一级的产品。

（二）按额定电流选择穿墙套管

穿墙套管的额定电流 $I_N$ 应大于等于回路中最大持续工作电流 $I_{max}$，即

$$I_{max} \leqslant K_\theta I_N \tag{5-53}$$

式中　$K_\theta$——温度修正系数，当环境温度 40℃＜$\theta$＜60℃ 时用式（5-33）计算，导体的 $\theta_{al}$ 取 85℃。

对母线型穿墙套管，因本身无导体，不必按此项选择和校验热稳定，只需保证套管的型式与穿过母线的尺寸相配合。

（三）支柱绝缘子和套管的种类和型式选择

根据装置地点、环境选择室内、室外或防污式及满足使用要求的产品型式。

（四）穿墙套管的热稳定校验

套管耐受短路电流的热效应 $I_t^2 t$，应大于等于短路电流通过套管所产生的热效应 $Q_k$，即

$$I_t^2 t \geqslant Q_k \tag{5-54}$$

（五）支柱绝缘子和套管的动稳定校验

绝缘子和套管在短路的状态下，应保证自身的动稳定，则

$$0.6F_{de} \geqslant F_{C0} \tag{5-55}$$

式中　$F_{de}$——绝缘子和套管端部弯曲破坏力；

　　　　$F_{C0}$——作用于绝缘子和套管的机械力。

　　绝缘子和套管的机械应力计算如下。

　　布置在同一平面内的三相导体如图 5‐10 所示，在发生短路时，支柱绝缘子（或套管）所受的力为该绝缘子相邻跨导体上电动力的平均值。例如绝缘子 1 所受力为

$$F_{max} = \frac{F_1 + F_2}{2} = 1.732 i_{sh}^2 \frac{L_C}{a} \times 10^{-7} (N)$$

式中　$L_C$——计算跨距（m），$L_C =$（$L_1 + L_2$）/2，$L_1$、$L_2$ 为与绝缘子相邻的跨距。对于套管 $L_2 = L_{ca}$（套管长度）。

　　由于导体电动力 $F_{max}$ 是作用在导体截面中心线上的，而支柱绝缘子的抗弯破坏强度是按作用在绝缘子高度 $H$ 处给定的，如图 5‐11 所示。为了便于比较，必须求出短路时作用在绝缘子帽上的计算作用力 $F_{C0}$，即

$$F_{C0} = F_{max} H_1 / H (N) \tag{5‐56}$$
$$H_1 = H + b + h/2$$

式中　$H_1$——绝缘子底部到导体水平中心线的高度，mm；

　　　　$b$——导体支持器下片厚度，一般竖放矩形导体 $b = 18mm$，平放矩形导体及槽形导体 $b = 12mm$。

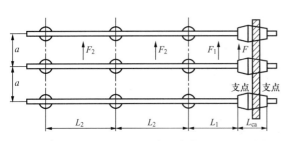

图 5‐10　作用在绝缘子和穿墙套管所受的电动力

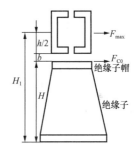

图 5‐11　绝缘子受力示意图

　　对于屋内 35kV 及以上水平安装的支柱绝缘子，在进行机械计算时，应考虑导体和绝缘子的自重以及短路电动力的复合作用。屋外支柱绝缘子还应计及风和冰雪的附加作用。

　　**例 5‐3**　选择［例 5‐1］矩形导体（截面 120×10，水平平放）的支柱绝缘子。

　　**解**　根据母线额定电压（10.5kV）和装置地点，屋内部分选 ZA‐10 型支柱绝缘子，其抗弯破坏负荷 $F_{de} = 3675$（N），绝缘子高度 $H = 190mm$，则

$$H_1 = H + b + h/2 = 190 + 12 + 5 = 207（mm）（取 a = 0.7m，L = 1.2m）$$

$$F_{max} = 1.732 \times 10^{-7} \times i_{sh}^2 \times \frac{L}{a} = 1.732 \times 10^{-7} \times 71\ 400^2 \times 1.2/0.7 = 1513.66（N）$$

$$F_{C0} = F_{\rho h} H_1 / H = 1513.66 \times 207/190 = 1649 < 0.6 F_{de} = 2205（N）$$

所选绝缘子满足要求。

## 第四节　高压电器的选择

　　高压开关电器的选择与校验项目如表 5‐7 所示。下面就各种类型开关电器的原理与选

择具体说明。

表 5 - 7　　　　　　　　　　　　高压开关电器选择与校验项目

| 设备名称 | 一般选择项目 | | | | 特殊选择项目 |
|---|---|---|---|---|---|
| | 额定电压 | 额定电流 | 热稳定 | 动稳定 | |
| 断路器 | ✓ | ✓ | ✓ | ✓ | 开断能力 |
| 隔离开关 | ✓ | ✓ | ✓ | ✓ | 无 |
| 电流互感器 | ✓ | ✓ | ✓ | ✓ | 准确度校验 |
| 电压互感器 | ✓ | — | — | — | 准确度校验 |
| 高压熔断器 | ✓ | ✓ | — | — | 开断能力 |

注　"✓"表示需要进行选择计算或校验；"—"表示不需要进行选择计算或校验。

### 一、高压断路器的性能与选择

（一）高压断路器的性能

高压断路器是电力系统中最重要的开关设备，它既可以在正常情况下接通或断开电路，又可以在系统发生故障时自动地迅速地断开故障电路。断路器能完成以上功能是因为断路器有完善的灭弧装置，能够熄灭在开断电路时所产生的电弧。断路器是功能最完善、任务最繁重、结构最复杂、价格也最昂贵的开关电器。根据断路器所采用的灭弧介质及其工作原理不同，可分为以下几种。

（1）油断路器。采用绝缘油作为灭弧介质的断路器称为油断路器。其中，用变压器油作主绝缘的称为多油断路器。目前该类产品已经被淘汰。而用支持绝缘子支持和对地绝缘的称为少油断路器。目前我国还有较多种少油断路器，但110kV 及以上电压等级少油断路器已基本上被六氟化硫断路器所代替。在 10kV 户内式中还大量使用少油断路器。

（2）压缩空气断路器。采用约 20 个标准大气压的压缩空气作为灭弧介质和断口弧隙绝缘的断路器，称为压缩空气断路器。它具有灭弧能力强，动作快等特点。但它结构复杂，金属耗量大，而且质量不稳定，噪声大。故基本是一出现就被淘汰。

（3）$SF_6$ 断路器。是采用具有优良灭弧性能和绝缘性能的 $SF_6$ 气体作为灭弧介质的断路器。具有开断能力强、快速、检修周期长和体积小等优点。但价格贵，结构复杂，金属耗量大。现大量用于 110kV 及以上电压等级中，应该说是目前最先进的断路器。

（4）真空断路器。是用真空的高介电强度来灭弧的断路器。具有灭弧速度快、寿命长、检修周期长、体积小等优点。是一种新型断路器，在我国发展很快，目前在 10kV 成套配电装置中有替代少油断路器的趋势。但目前因技术因素其只作到 35kV 等级。

（二）高压断路器的选择

高压断路器的选择，内容包括：选择型式、选择额定电压、选择额定电流、校验开断能力、校验热稳定、校验动稳定。

1. 型式选择

断路器型式的选择，应在全面了解其使用环境的基础上，结合产品的价格和已运行设备的使用情况加以确定。在我国不同电压等级的系统中，选择断路器型式的大致情况是：电压等级在 35kV 及以下的，可选用户内式真空断路器、少油断路器或 $SF_6$ 断路器；电压等级在110～500kV 范围，通常选择户外式 $SF_6$ 断路器。

断路器的技术参数有：额定电压、额定电流、开断电流、动稳定电流和热稳定电流及相应的时间。其中开断电流数据是表征断路器灭弧能力的参数。

断路器型号用下列方法表示：

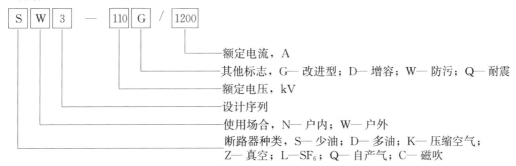

2. 额定电压选择

所选断路器的额定电压应大于或等于安装处电网的额定电压即

$$U_N \geqslant U_{NS} \tag{5-57}$$

3. 额定电流选择

应满足

$$I_N \geqslant I_{max} \tag{5-58}$$

4. 开断电流校验

高压断路器的额定开断电流 $I_{Noff}$，不应小于实际开断瞬间的短路电流周期分量 $I_{\sim t}$，即

$$I_{Noff} \geqslant I_{\sim t} \tag{5-59}$$

当断路器的 $I_{Noff}$ 较系统短路电流大很多时，为了简化计算，也可用次暂态电流 $I''$ 进行选择，即

$$I_{Noff} \geqslant I'' \tag{5-60}$$

一般断路器开断单相短路的能力比开断三相短路电流要大，国外研究结果表明，约大15%，但国内尚无正式数据。如单相短路电流大于三相短路电流时，暂以单相短路为选择条件。

我国生产的高压断路器在做型式试验时，仅计入了20%的非周期分量，一般中、慢速断路器，由于开断时间较长（$\geqslant 0.1s$），短路电流非周期分量衰减较多，能满足国家标准规定的非周期分量幅值20%的要求。对于使用快速保护和高速断路器者，其开断时间小于0.1s，当电源附近短路时，短路电流的非周期分量可能超过周期分量的20%，因此需要进行验算。短路全电流 $I_k$ 为

$$I_k = \sqrt{I_{\sim t}^2 + (\sqrt{2}\, I'' e^{-\frac{\omega t_{off}}{T_k}})^2} \tag{5-61}$$

式中    $I_{\sim t}$——开断瞬间短路电流周期分量有效值，当开断时间小于0.1s时，$I_{\sim t} \approx I''$，A；

$t_{off}$——开断计算时间，s；

$T_k$——非周期分量衰减时间常数，rad，$T_k = L_\Sigma / r_\Sigma$，其中 $L_\Sigma$、$r_\Sigma$ 是电源至短路点的等效总电感和总电阻。

如计算结果非周期分量超过20%时，订货时应向制造厂提出要求。装有自动重合闸装置的断路器，当操作循环符合厂家规定时，其额定开断电流不变。

5. 热稳定校验

应满足

$$I_t^2 \times t \geqslant Q_k \tag{5-62}$$

6. 动稳定校验

应满足
$$i_{es} \geqslant i_{sh} \tag{5-63}$$

（三）例题

**例 5-4**　试选择某变电站 10kV 出线断路器，其最大负荷为 5000kW，$\cos\varphi=0.9$。已知 10kV 线路出口处发生三相短路时，短路电流 $I_{k\sim}=16.5$kA。10kV 出线主保护时间 $t_{pr1}=0.05$s，后备保护时间 $t_{pr2}=2.0$s，配电装置内最高室温为 $+40℃$。

**解**　最大持续工作电流为

$$I_{max} = \frac{P_{max}}{\sqrt{3}U_N\cos\varphi} = \frac{5000}{\sqrt{3}\times 10 \times 0.9} = 320.8(\text{A})$$

根据断路器的 $U_{NS}$、$I_{max}$ 及安装在屋内的要求，查附表 16，考虑选择设备先进性，可选 ZN5—10/630 型真空断路器。固有分闸时间为 0.05s。断路器开断时间时的电弧持续时间取 0.04s。

短路计算时间为　　$t_k = t_{pr2} + t_{in} + t_a = 2.0 + 0.05 + 0.04 = 2.09$（s）

周期分量热效应为

$$Q_\sim = I_k^2 = 16.5^2 \times 2.09 = 569[(\text{kA})^2 \cdot \text{s}]$$

由于 $t_k > 1$s，故不计非周期热效应。短路电流引起的热效应为

$$Q_k = Q_\sim = 569[(\text{kA})^2 \cdot \text{s}]$$

取短路冲击系数 $K_{sh}=1.8$，冲击电流为

$$i_{sh} = 1.8\sqrt{2}I'' = 2.55 \times 16.5 = 42.1(\text{kA})$$

表 5-8 列出了断路器的有关参数，并与计算数据进行比较。

由表 5-8 可见各项条件均能满足，故所选断路器 ZN5-10/630 合格。

**二、高压隔离开关的性能与选择**

（一）隔离开关的性能

隔离开关也是发电厂和变电站中常用的电器，它需与断路器配套使用。但隔离开关无灭弧装置，不能用来接通和切断负荷电流和短路电流。

**表 5-8　　　　断路器有关参数及计算数据**

| 计算数据 | | ZN5-10/630 | |
|---|---|---|---|
| $U_{NS}$ | 10（kV） | $U_N$ | 10（kV） |
| $I_{max}$ | 320.8（A） | $I_N$ | 630（A） |
| $I''$ | 16.5（kA） | $I_{Noff}$ | 20（kA） |
| $Q_k$ | 569[（kA）²·s] | $I_t^2 \times t = 20^2 \times 4 = 1600$[（kA）²·s] | |
| $i_{sh}$ | 42.1（kA） | $i_{es}$ | 50kA |

隔离开关没有灭弧装置。它既不能断开正常负荷电流，更不能断开短路电流，否则此时产生的电弧不能熄灭，甚至造成飞弧，会伤及设备并且严重危及人身安全。隔离开关的用途有：

（1）隔离电压。在检修电气设备时，用隔离开关将被检修的设备与电源电压隔离，以确保检修的安全。

（2）倒闸操作。投入备用母线或旁路母线以及改变运行方式时，常用隔离开关配合断路器，协同操作来完成。

（3）分、合小电流。隔离开关具有一定的分、合小电感电流和小电容电流的能力，故一般可用来进行以下操作：分、合避雷器、电压互感器和空载母线；分、合励磁电流不超过 2A 的空载变压器；关合电容电流不超过 5A 的空载线路。

（二）隔离开关的选择

隔离开关的选择方法可参照断路器的选择，其内容包括：选择型式、选择额定电压、选择额定电流、校验热稳定、校验动稳定。

1. 种类和型式的选择

隔离开关的型式较多，按安装地点不同，可分为屋内式和屋外式；按极数可分为单极和三极；按支柱绝缘子数目又可分为单柱式、双柱式和三柱式；按闸刀运动方向可分为水平旋转式、垂直旋转式、摆动和插入式等。另外，为了便于检修设备时便于接地，35kV 及以上电压等级户外式隔离开关还可以根据要求配置接地刀闸。它对配电装置的布置和占地面积有很大影响，选型时应根据配电装置特点和使用要求以及技术经济条件来确定。表 5-9 为隔离开关选型参考表。

隔离开关的技术参数有：额定电压、额定电流、动稳定电流和热稳定电流及相应的时间。因其没有灭弧装置，故没有开断电流数据。

隔离开关型号用下列方法表示：

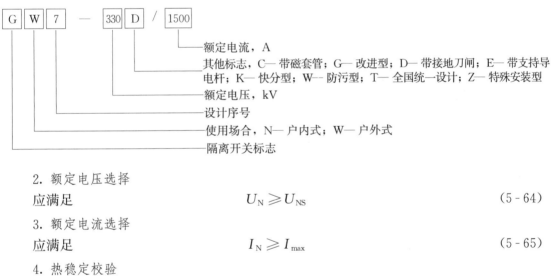

2. 额定电压选择

应满足
$$U_N \geqslant U_{NS} \tag{5-64}$$

3. 额定电流选择

应满足
$$I_N \geqslant I_{max} \tag{5-65}$$

4. 热稳定校验

应满足
$$I_t^2 \times t \geqslant Q_k \tag{5-66}$$

5. 动稳定校验

应满足
$$i_{es} \geqslant i_{sh} \tag{5-67}$$

**表 5-9　　　　　　　　　　　　隔离开关选型参考表**

| 使用场合 | | 特　点 | 参考型号 |
|---|---|---|---|
| 户内 | 屋内配电装置成套高压开关柜 | 三级，10kV 以下 | GN2，GN6，GN8，GN19 |
| | 发电机回路，大电流回路 | 单级，大电流 3000～13000A | GN10 |
| | | 三级，15kV，200～600A | GN11 |
| | | 三级，10kV，大电流 2000～3000A | GN18，GN22，GN2 |
| | | 单级，插入式结构，带封闭罩 20kV，大电流 10000～13000A | GN14 |

续表

| 使 用 场 合 | | 特　点 | 参 考 型 号 |
|---|---|---|---|
| 户外 | 220kV及以下各型配电装置 | 双柱式，220kV及以下 | GW4 |
| | 高型，硬母线布置 | V型，35～110kV | GW5 |
| | 硬母线布置 | 单柱式220～500kV | GW6 |
| | 220kV及以上中型配电装置 | 三柱式220～500kV | GW7 |

（三）例题

**例5-5**　试选择例5-4变电站出线回路的隔离开关。

**解**　根据［例5-4］的计算数据 $U_{NS}=10kV$，$I_{max}=320.8A$，$Q_k=569$ ［(kA)$^2$・s］，$i_{sh}=42.1kA$。

查附表17，可选用GN2-10/2000型号的隔离开关，选择结果见表5-10。

由表5-10可见，所选隔离开关 GN2-10/2000合格。

**三、高压熔断器的性能与选择**

（一）高压熔断器的性能

熔断器是最简单的保护电器，它用来保护电气设备免受过载和短路电流的损害。屋内型高压熔断器在变电

表5-10　　　　隔离开关选择结果表

| 计算数据 | | GN2-10/2000 | |
|---|---|---|---|
| $U_{NS}$ | 10（kV） | $U_N$ | 10（kV） |
| $I_{max}$ | 320.8（A） | $I_N$ | 2000（A） |
| $Q_k$ | 569［(kA)$^2$・s］ | $I_t^2 \times t$ | $36^2 \times 5=6480$［(kA)$^2$・s］ |
| $i_{sh}$ | 42.1（kA） | $i_{es}$ | 85kA |

站中常用于保护电力电容器、配电线路和变压器，而在电厂中多用于保护电压互感器。

熔断器开断故障时的整个过程大致可分为三个阶段：一是从熔体中出现短路或过载电流起到熔体熔断，此阶段时间称为熔体的熔化时间，它与熔体的材料、截面积、流经熔体的电流以及熔体的散热情况有关，长达几小时，短到几个毫秒甚至更短；二是从熔体熔断到产生电弧，这段时间很短，一般在1ms以下，熔体熔断后，熔体先由固体金属材料熔化为液体金属，接着又汽化为金属蒸气，由于金属蒸气的温度不是太高，电导率远比固体金属材料的电导率低，因此熔体汽化后的电阻突然增大，电路中的电流被迫突然减小，由于电路存在电感，电流突然减小将在电感和熔丝两端产生很高的过电压，导致熔丝熔断处击穿，出现电弧；三为从电弧产生到电弧熄灭，此阶段时间称为燃弧时间，与熔断器灭弧装置的原理和结构以及开断电流大小有关，一般为几十毫秒，甚至几毫秒。

（二）高压熔断器的选择

高压熔断器按额定电压、额定电流、开断电流和选择性等项来选择和校验。

1. 额定电压选择

应满足　　　　　　　　　　　　　　$U_N \geqslant U_{NS}$　　　　　　　　　　　　　　（5-68）

对于一般的高压熔断器，其额定电压 $U_N$ 必须大于、等于电网的额定电压 $U_{NS}$。但是对于充填石英砂有限流作用的熔断器，则不宜使用在低于熔断器额定电压的电网中，这是因为限流式熔断器灭弧能力很强，熔体熔断时因截流而生成过电压，其过电压倍数与电路参数及熔体长度有关，一般在 $U_N=U_{NS}$ 的电网中，过电压倍数为2～2.5倍，不会超过电网中电气设备的绝缘水平，但如在 $U_{NS}<U_N$ 的电网中，因熔体较长，过电压值可达3.5～4倍相电压，可能损害电网的电气设备。

2. 额定电流选择

熔断器的额定电流选择，包括熔断器熔管的额定电流和熔体的额定电流的选择。

（1）熔管额定电流的选择。为了保证熔断器壳不致损坏，高压熔断器的熔管额定电流 $I_{Nft}$ 应大于等于熔体的额定电流 $I_{Nfs}$，即

$$I_{Nft} \geqslant I_{Nfs} \tag{5-69}$$

（2）熔体额定电流选择。为了防止熔体在通过变压器励磁涌流和保护范围以外的短路及电动机自启动等冲击电流时误动作，保护 35kV 及以下电力变压器的高压熔断器，其熔体的额定电流按下式（5-70）选择

$$I_{Nfs} = KI_{max} \tag{5-70}$$

式中　$K$——可靠系数不计电动机自启动时 $K=1.1\sim1.3$，考虑电动机自启动时 $K=1.5\sim2.0$；

　　　　$I_{max}$——电力变压器回路最大工作电流。

用于保护电力电容器的高压熔断器的熔体，当系统电压升高或波形畸变引起回路电流增大或运行过程中产生涌流时不应误熔断，其熔体按式（5-71）选择

$$I_{Nfs} = KI_N \tag{5-71}$$

式中　$K$——可靠系数，对限流式高压熔断器，当一台电力电容器 $K=1.5\sim2.0$，当一组电力电容器式 $K=1.3\sim1.8$；

　　　　$I_N$——电力电容器回路的额定电流。

3. 熔断器开断电流校验

应满足　　　　　　　　$I_{Noff} > I_{sh}(或 I'') \tag{5-72}$

对于没有限流作用的熔断器，选择时用冲击电流的有效值 $I_{sh}$ 进行校验；对于有限流作用的熔断器，在电流达最大值之前已截断，故可不计非周期分量影响，而采用 $I''$ 进行校验。

4. 熔断器选择性校验

为了保证前后两级熔断器之间或熔断器与电源（或负荷）保护装置之间动作的选择性，应进行熔断选择性校验。各种型号熔断器的熔体时间可由制造厂提供的安秒特性曲线上查出。

对于保护电压互感器用的高压熔断器，只需按额定电压及断流容量来选择。

**四、电流互感器的原理与选择**

**（一）电流互感器的原理**

电流互感器是一种特殊的变压器，它的二次绕组正常工作在接近短路状态，因而成为变流器，其作用有以下几个方面：将一次系统各回路大电流变为二次侧的 5A 或 1、0.5A 以下的小电流，以便于测量仪表及继电器的小型化、系列化、标准化；将一次系统与二次系统在电气方面隔离，同时互感器二次侧必须有一点可靠接地，从而保证二次设备及运行人员的安全。它使二次系统脱离一次系统成为独立的系统，使测量和保护装置脱离一次设备构成集中的装置。

电流互感器与单相变压器相似，由一、二次绕组及铁芯构成，但其一次绕组的匝数 $N_1$ 很少，一般只有一匝或几匝，而且是串在一次主回路中，而二次绕组的匝数 $N_2$ 较多，且与阻抗值很小的电流型负载如电流表线圈、继电器电流线圈及电度表电流线圈等串接。电流互感器的一次绕组电流由一次主回路决定，不受二次回路的影响；而二次电流则主要决定于一次绕组的电流，但也受负载阻抗的影响。因为负载阻抗值很小，电流互感器的正常工作状态近似于变压器的短路状态，此时，二次绕组产生的磁动势 $F_2$ 与一次绕组磁动势 $F_1$ 趋于平

衡，所需工作磁动势 $F_0$ 很小，有

$$\dot{F}_1 + \dot{F}_2 = \dot{F}_0 \approx 0$$

数值上有　　　　　　　　　　　　$I_2 N_2 \approx I_1 N_1$

故　　　　　　　　　　　　　　$K_i = I_1 / I_2 \approx N_2 / N_1$ 　　　　　　　　　（5 - 73）

式中　$K_i$——电流互感器的变流比，其值大于 1；

　　　$I_1$——一次侧电流；

　　　$I_2$——二次侧电流；

　　　$\dot{F}_1$——一次侧磁动势；

　　　$\dot{F}_2$——二次侧磁动势。

　　运行中的电流互感器一旦其二次回路开路，则 $\dot{F}_2$ 为零，故有 $\dot{F}_1 = \dot{F}_0$，即一次侧电流磁动势不再被去磁的二次磁动势所抵消而全部用作激磁。如果此时一次电流较大，会在二次侧感应出很高的电压，对工作人员的安全构成威胁；还可能造成二次回路的绝缘击穿，甚至引发火灾。同时，很大的激磁磁动势作用在铁芯中，将使铁芯过度饱和而导致严重发热，使互感器烧坏。故在运行中的电流互感器二次回路严禁开路。同时应注意其二次侧一端应可靠接地，接线时注意其极性，极性接错时功率和电度表不能正确测量，某些保护继电器会误动作。

　　电流互感器常用的接线方式有：单相式；三相星形接线；不完全星形接线。如图 5 - 12 所示。

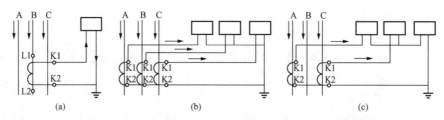

图 5 - 12　电流互感器的接线

(a) 单相式；(b) 三相星形接线；(c) 不完全星形接线

电流互感器的准确级。

　　电流互感器是一次电流测量的中间元件，在测量中是这样认为的：$\dot{I}_1 = -K_i \dot{I}_2$。其实，由于激磁电流 $\dot{I}_0$ 的存在，使得 $\dot{I}_1$ 和 $-K_i \dot{I}_2$ 无论在数值上还是在相位上都存在误差。其中数值上的误差称为电流误差或比差，用百分数表示为：

$$f_i = \frac{K_i I_2 - I_1}{I_1} \times 100\% \qquad (5 - 74)$$

　　$\dot{I}_2$ 转过 180° 后与 $\dot{I}_1$ 不能重合，所差的角度即为相位误差。用角度表示，并且规定超前 $\dot{I}_1$ 的角误差为正值。电流互感器的误差与其结构、铁芯材料及尺寸、二次绕组、二次回路负载大小及性质、一次电流大小等有关。其中一次侧电流和二次负载为影响误差的运行参数。当一次电流达数倍于其额定电流（如发生短路）时，由于铁芯开始饱和，误差增大；而一次电流减小时，铁芯磁导率减小，也会导致误差增加。在理想情况下，电流互感器一次电流不变时，其二次电流也不变，实际上当一次电流不变，二次电流还随二次负载阻抗变大而

减小，因而使激磁电流增加，误差也随之增加。电流互感器的准确级就是其最大允许电流误差的百分值。准确级可分为 0.2、0.5、1.0、3、10 级及保护级。我国电流互感器准确级和误差限值标准示于表 5 - 11 中。

表 5 - 11　　　　　　　　　　电流互感器准确级和误差限值

| 准确级 | 一次电流为额定电流的百分数（%） | 误差限值 | | 二次负荷变化范围 |
|---|---|---|---|---|
| | | 电流误差（±%） | 相角误差（±'） | |
| 0.2 | 10 | 0.5 | 20 | $(0.25\sim1)\,S_{2N}$ |
| | 20 | 0.35 | 15 | |
| | 100～120 | 0.2 | 10 | |
| 0.5 | 10 | 1 | 60 | |
| | 20 | 0.75 | 45 | |
| | 100～120 | 0.5 | 30 | |
| 1 | 10 | 2 | 120 | |
| | 20 | 1.5 | 90 | |
| | 100～120 | 1 | 60 | |
| 3 | 50～120 | 3 | 不规定 | $(0.5\sim1)\,S_{2N}$ |
| 10 | 50～120 | 10 | 不规定 | $(0.5\sim1)\,S_{2N}$ |

**（二）电流互感器的选择**

电流互感器的选择，其内容包括：选择型式、选择额定电压、选择额定电流及准确级、校验热稳定、校验动稳定及二次侧容量校验。

1. 结构类型选择

根据配电装置的类型，相应选择户内或户外式的电流互感器的，一般情况下，35kV 以下为户内式，而 35kV 及以上电压等级为户外式或装入式（装入到变压器或断路器的套管内）。

电流互感器的种类很多，型号中的字母符号代表了其类型。型号表示方式如下：

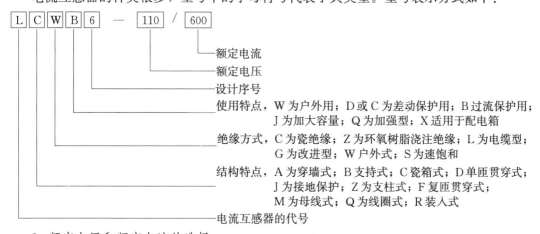

2. 额定电压和额定电流的选择

电流互感器的额定电压应不低于所在电网的额定电压等级，即 $U_{N1}\geqslant U_{NS}$。电流互感器的一次额定电流应不小于回路的最大工作电流，即 $I_{N1}\geqslant I_{max}$。但一次额定电流 $I_{N1}$ 的选取还应考虑该电流互感器的用途：接测量仪表的电流互感器，宜取相接近并略大于最大工作电流，以保证测量仪表在最佳状态下工作；用于过流保护的电流互感器，则不妨取较大的额定电流。电流互感器的二次额定电流一般均为 5A；在超高压系统其配电装置距离控制室较远时，为能使电流互感器能多带二次负荷或减小电缆截面，提高准确级，应尽量采用 1A；弱电系统取 1A。

### 3. 电流互感器准确级和额定容量的选择

为了保证测量仪表的准确度，互感器的准确级不得低于所供测量仪表的准确级。例如：装于重要回路（如发电机、调相机、变压器、厂用馈线、出线等）中的电能表和计费的电能表一般采用 0.5～1 级表，相应的互感器的准确级不应低于 0.5 级；对测量精度要求较高的大容量发电机、变压器、系统干线和 500kV 级宜用 0.2 级。供运行监视、估算电能的电能表和控制盘上仪表一般皆用 1～1.5 级的，相应的电流互感器为 0.5～1 级。供只需要估计电参数仪表的互感器可用 3 级的。当所供仪表要求不同准确级时，应按相应最高级别来确定电流互感器的准确级。

为了保证互感器的准确级，互感器二次侧所接负荷 $S_2$ 应不大于该准确级所规定的额定容量 $S_{N2}$，即

$$S_{N2} \geqslant S_2 = I_{N2}^2 Z_{21} \tag{5-75}$$

互感器二次负荷（忽略电抗）包括测量仪表电流线圈电阻、继电器电阻、连接导线电阻和接触电阻，即

$$Z_{21} = r_a + r_{re} + r_1 + r_c \tag{5-76}$$

式中，$r_a$、$r_{re}$ 可由回路中所接仪表和继电器的参数求得，$r_c$ 由于不能准确测量，一般可取 $0.1\Omega$，仅连接导线的电阻 $r_1$ 为未知值，将式（5-76）代入式（5-75）中，整理后可得

$$r_1 \leqslant \frac{S_{N2} - I_{N2}^2(r_a + r_{re} + r_c)}{I_{N2}^2} \tag{5-77}$$

因

$$S = \rho l_c / r_1$$

故

$$S \geqslant \frac{I_{N2}^2 \rho l_c}{S_{N2} - I_{N2}^2(r_a + r_{re} + r_c)} = \frac{\rho l_c}{Z_{N2} - (r_a + r_{re} + r_c)} (\text{m}^2) \tag{5-78}$$

式中　$S$、$l_c$——连接导线截面积和计算长度，$\text{m}^2$ 和 m；

　　　　$\rho$——导线的电阻率，铜 $\rho = 1.75 \times 10^{-2}$，$\Omega \cdot \text{mm}^2/\text{m}$。

式（5-78）表明在满足电流互感器额定容量的条件下，选择二次导线的允许最小截面。式中 $l_c$ 与仪表到互感器的实际距离 $l$ 及电流互感器的接线方式有关，图 5-12 为电流互感器常用接线方式，其中（a）用于对称三相负荷时，测量一相电流，$l_c = 2l$；图（b）为星形接线，可测量三相不对称负荷，由于中性线电流很小，$l_c = l$；图（c）为不完全星形接线，用于三相负荷平衡或不平衡系统中，供三相二元件的功率表或电能表使用，由相量图可知，流过公共导线上的电流为 $-\dot{I}_v$，按回路的电压降方程可以推出 $l_c = \sqrt{3}\, l$。

发电厂和变电站应采用铜芯控制电缆，由式（5-77）求出的铜导线截面若小于 $1.5\text{mm}^2$，应选 $1.5\text{mm}^2$，以满足机械强度要求。

### 4. 热稳定和动稳定校验

电流互感器的热稳定校验只对本身带有一次回路导体的电流互感器进行。电流互感器热稳定能力常以 1s 内允许通过的热稳定电流 $I_t$ 或一次额定电流 $I_{N1}$ 的倍数 $K_t$ 来表示，故热

稳定应按式（5-79）校验

$$I_t^2 \geqslant Q_k[或(K_t I_{N1})^2 \geqslant Q_k,\ t=1] \tag{5-79}$$

电流互感器内部动稳定能力，常以允许通过的动稳定电流 $i_{es}$ 或一次额定电流最大值（$\sqrt{2} I_{N1}$）的倍数 $K_{es}$——动稳定电流倍数表示，故内部动稳定可用式（5-80）校验

$$i_{es} \geqslant i_{sh}(或\sqrt{2} I_{N1} K_{es} \geqslant i_{sh}) \tag{5-80}$$

由于邻相载流体之间电流的相互作用，使电流互感器绝缘瓷帽上受到外力的作用，因此，对于瓷绝缘型电流互感器应校验瓷套管的机械强度。瓷套上的作用力可由一般电动力公式计算，故外部动稳定应满足

$$F_{al} \geqslant 0.5 \times 1.73 \times 10^{-7} i_{sh}^2 l/a \quad (N) \tag{5-81}$$

式中　$F_{al}$——作用于电流互感器瓷帽端部的允许力；

$l$——电流互感器出线端至最近一个母线支柱绝缘子之间的跨距。

系数 0.5 表示互感器瓷套端部承受该跨上电动力的一半。

对于瓷绝缘的母线型电流互感器（如 LMC 型），其端部作用力可用式（5-55）计算，并按下式校验

$$F_{al} \geqslant 1.73 \times 10^{-7} i_{sh}^2 l_c/a \quad (N) \tag{5-82}$$

（三）例题

**例 5-6**　选择图 5-13 中 10kV 馈线上的电流互感器。已知电抗器后短路时，$i_{sh}=22.6$kA，$Q_k=78.7$(kA)$^2 \cdot$s，出线相间距离 $a=0.4$m，电流互感器至最近一个绝缘子的距离 $l=1$m，电流互感器回路的仪表及接线如图 5-13 所示，电流互感器与测量仪表相距 40m。

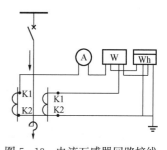

图 5-13　电流互感器回路接线

**解**

（1）电流互感器的负荷统计。其最大负荷 A 相为 1.45VA。

（2）选择电流互感器。根据电流互感器安装处的电网电压、最大工作电流和安装地点的要求，查附表 19，初选 LFZJ1—10（F—复匝，Z—浇注绝缘，J 加大容量）屋内型电流互感器，互感器变比为 400/5，由于供给计费电能表用，故应选 0.5 级，其二次负荷额定阻抗为 0.8Ω，动稳定倍数 $K_{es}=130$，热稳定倍数 $K_t=75$。

（3）选择互感器连接导线截面

互感器二次额定阻抗　　　　　　$Z_{N2}=0.8$（Ω）

最大相负荷阻抗　　　$r_a=P_{max}/I_{N2}^2=1.45/25=0.058$（Ω）

电流互感器接线为不完全星形，连接线的计算长度 $l_c=\sqrt{3} l$，则导线截面为

$$S \geqslant \frac{\rho l_c}{Z_{N2}-r_a-r_c}=\frac{1.75 \times 10^{-2} \times \sqrt{3} \times 40}{0.8-0.058-0.1}=1.89(m^2)$$

选用标准截面为 2.5mm$^2$ 的铜线。

（4）校验所选电流互感器的热稳定和动稳定。

按照规定，应按电抗器后短路校验。

热稳定校验

$$(K_t I_{N1})^2 = (75 \times 0.4)^2 = 900 > 78.7 [(kA)^2 \cdot s]$$

内部动稳定校验

$$\sqrt{2} I_{N1} K_{es} = \sqrt{2} \times 0.4 \times 130 = 73.5 (kA) > 22.6 (kA)$$

由于 LFZJ1 型互感器为浇注式绝缘，故不校验外部动稳定。

### 五、电压互感器的原理与选择

#### (一) 电压互感器的原理

电压互感器也是一种特殊的变压器，它正常工作在接近空载状态，其一、二次侧电压之间有准确的电压比。它的作用是将一次侧的高电压变为二次侧的标准化低电压（100V），以实现测量仪表和继电器的小型化、系列化、标准化；将一次系统与二次系统在电气方面隔离，同时互感器二次侧必须有一点可靠接地，从而保证二次设备及运行人员的安全，它使二次系统脱离一次系统成为独立的系统，使测量和保护装置脱离一次设备构成集中的装置。

电压互感器的一次侧并在电网上，其一次侧电压即为电网电压。二次侧并联接入测量仪表和继电器的电压线圈，其阻抗非常大，故所带负荷很小，致使电压互感器正常工作时接近变压器的空载状态。此时，一、二次绕组中的感应电动势 $E_1$、$E_2$ 分别与其端电压接近平衡，即有 $\dot{U}_1 \approx -\dot{E}_1$ 和 $\dot{U}_2 \approx \dot{E}_2$。因绕组的感应电动势 $E$ 与其匝数成正比（$E = 4.44 f N \phi$），即 $E_1/E_2 = N_1/N_2$，故数值上有

$$U_1/U_2 \approx E_1/E_2 = N_1/N_2 = K_u \text{ 或 } U_1 = K_u U_2 \tag{5-83}$$

式中　$N_1$、$N_2$——一、二次绕组的匝数；

　　　　$K_u$——电压互感器的变压比。

式（5-83）说明：电压互感器的一、二次电压有基本固定的倍数关系，但它是以二次负载接近空载为条件。过大的负载引起绕组过热；在极端情况下，若二次侧发生短路，电压互感器二次侧将感应大电流，可能使电压互感器被烧毁。故运行时电压互感器二次侧不允许短路，一般在二次侧装设熔断器或自动开关作短路保护。同理，还应注意二次侧一端应可靠接地，接线时要注意极性。

电压互感器的接线方式很多，常用的有以下几种：图 5-14（a）和图 5-14（b）是一台单相电压互感器来测量某一相对地电压或相间电压，图 5-14（a）接线用于小电流系统（1~35kV），只能测得线电压。图 5-14（b）只能用于大电流接地系统（110kV 及以上），只能测得相电压。图 5-14（c）是用两台单相电压互感器接成不完全星形（也称 V-V 接线），用来测量各相间电压，但不能测量相对地电压，它广泛应用在 35kV 以下中性点不接地或经消弧线圈接地的电网中。图 5-14（d）所示为一台三相五柱式电压互感器接线，一次绕组接成星形，且中性点接地。基本二次绕组也接成星形，并中性点接地，既可测量线电压，又可测量相电压。附加二次绕组每相的额定电压按 100V/3 设计，接成开口三角形，亦要求一点接地。正常时，开口三角形绕组两端电压为零，如果系统发生一相完全接地，开口三角形绕组两端出现 100V 电压，供给绝缘监视用，广泛用在 3~35kV 电网中。图 5-14（e）是用三台单相三绕组电压互感器构成 YN，yn，dn 接线。它广泛应用于 3~220kV 系统（110kV 及以上无高压熔断器），其二次绕组用于测量相间电压和相对地电压，辅助二次绕组接成开口三角形，供接入交流电网绝缘监视仪表和继电器用。注意开口三角形的额定电压选择，小电流接地系统时为 100V/3，大电流接地系统时为 100V。

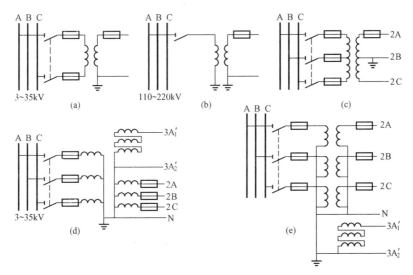

图 5 - 14 电压互感器的接线

(a) 单相电压互感器测相间电压；(b) 单相电压互感器测相对地电压；(c) V，V 连接；
(d) 三相五柱式 YN，yn，△连接；(e) 三台单相电压互感器 YN，yn，△连接

3～35kV 电压互感器一般经隔离开关和熔断器接入高压电网。在 110kV 及以上配电装置中，考虑到互感器及配电装置可靠性较高，且高压熔断器制造比较困难，价格昂贵，厂家不生产 220kV 及以上的熔断器，因此，电压互感器只经过隔离开关与电网连接。

电压互感器是一次电压测量的中间元件，在测量中是认为 $\dot{U}_1 = -K_u\dot{U}_2$。其实，由于电压互感器存在励磁电流和内阻抗，使得 $\dot{U}_1$ 和 $-K_u\dot{U}_2$ 无论在数值上还是在相位上都存在误差。其中数值上的误差称为电压误差或比差，用百分数表示为

$$f_u = \frac{K_u U_2 - U_1}{U_1} \times 100(\%) \tag{5-84}$$

相位差为旋转 180°的二次电压相量 $-\dot{U}'_2$ 与一次电压 $\dot{U}_1$ 之间的夹角 $\delta_u$，并规定 $-\dot{U}'_2$ 超前于 $\dot{U}_1$ 时相位差 $\delta_u$ 为正；反之，为负。

电压互感器的误差与其结构、铁芯材料及尺寸、一、二次绕组漏阻抗、二次回路负载大小及功率因数、一次电压大小等有关。其中一次侧电压和二次负载为影响误差的运行参数。当一次电压保持在互感器额定电压的 0.9～1.1 时，误差最小；减小二次负荷电流，使电压互感器接近于空载状态，误差将减小；另外减小二次负载的阻抗角，误差也将减小，但同时又将增大角误差，二次 $\cos\phi_2 = 0.8$ 时为最佳。电压互感器的准确级就是在二次负荷从额定值的 0.25～1，$\cos\phi_2 = 0.8$ 和一次电压不超过额定值的 0.9～1.1 时电压误差的最大限值的百分数，共划分为 0.2、0.5、1、3 级及保护级，见表 5-12。

（二）电压互感器的选择

电压互感器的选择，内容包括：根据安装地点和用途，确定电压互感器的结构类型、接线方式和准确级；确定额定电压比；校验二次负荷。

1. 选择结构类型、接线方式和准确级

电压互感器的种类和型式应根据装设地点和使用条件进行选择，例如：在 6～35kV 屋

内配电装置中，一般采用油浸式和浇注式；110～220kV 配电装置通常采用串级式电磁式电

表 5 - 12　　　　　　　　　　　　　电压互感器的准确级和误差限值

| 准确级 | 误差限值 | | 一次电压变化范围 | 频率、功率因数及 二次负荷变化范围 |
|---|---|---|---|---|
| | 电压误差（±%） | 相位差（±′） | | |
| 0.2 | 0.2 | 10 | | |
| 0.5 | 0.5 | 20 | | $(0.25\sim1)\,S_{N2}$ |
| 1 | 1.0 | 40 | $(0.8\sim1.2)\,U_{N1}$ | $\cos\phi_2=0.8$ |
| 3 | 3.0 | 不规定 | | $f=f_N$ |
| 3P | 3.0 | 120 | $(0.05\sim1)\,U_{N1}$ | |
| 6P | 6.0 | 240 | | |

压互感器；当容量和准确级满足要求时，也可采用电容式电压互感器。3～20kV 以下中性点不接地或经消弧线圈接地的电网中，当只需测量线电压时，可采用两台单相电压互感器接成不完全星形（也称 V-V 接线）。35kV 以下电网，当需要测量线电压，同时又需要测量相电压和绝缘监视时，可采用三相五柱式电压互感器或用三台单相三绕组电压互感器构成 YN，yn，△接线。110kV 及以上电网，则根据需要选择一台单相电压互感器或用三台单相三绕组电压互感器构成 YN，yn，△接线。3～35kV 电压互感器一般经隔离开关和熔断器接入高压电网。在 110kV 及以上配电装置中，考虑到互感器及配电装置可靠性较高，且高压熔断器制造比较困难，价格昂贵，厂家不生产 220kV 及以上的熔断器，因此，电压互感器只经过隔离开关与电网连接。选择电压互感器准确级要根据二次负荷的需要。如果二次负荷为电能计量，应采用 0.5 级电压互感器；精密测量用 0.2 级；发电厂中的功率表和电压继电器可用 1 级；一般显示采用 3 级。如几种准确级要求不同的负荷接在同一只互感器上，则按负荷要求最高等级考虑。

2. 选择一次额定电压

为了确保电压互感器安全和在规定的准确等级下运行，电压互感器一次绕组所接电网电压 $U_{NS}$ 应在（0.9～1.1）$U_{N1}$ 范围内，即应满足下列条件

$$0.9U_{N1} < U_{NS} < 1.1U_{N1} \qquad (5 - 85)$$

3. 选择二次回路电压

电压互感器的二次侧额定电压应满足保护和测量使用标准仪表的要求。电压互感器二次侧额定电压按表 5-13 选择。

表 5 - 13　　　　　　　　　　　电压互感器二次绕组额定电压选择

| 接线型式 | 电网电压（kV） | 型　式 | 二次绕组电压（V） | 接成开口三角的辅助绕组电压（V） |
|---|---|---|---|---|
| 图 5 - 14 (a)、(c) | 3～35 | 单相式 | 100 | 无此绕组 |
| 图 5 - 14 (e) | 110J[①]～500J | 单相式 | $100/\sqrt{3}$ | 100 |
| | 3～60 | 单相式 | $100/\sqrt{3}$ | 100/3 |
| | 3～15 | 三相五柱式 | 100（线电压） | 100/3（相） |

① J 指中性点直接接地系统。

4. 校验二次容量

先根据仪表和继电器连线要求选择电压互感器的接线方式，并尽可能将负荷均匀分布在各相上，然后计算各相负荷大小，按照所接仪表的准确级和容量选择互感器的准确级和额定容量。

电压互感器的额定二次容量（对应于所要求的准确级），应不小于电压互感器的二次负荷，即

$$S_{N2} \geqslant S_2 \tag{5-86}$$

$$S_2 = \sqrt{(\sum S_0 \cos\varphi)^2 + (\sum S_0 \sin\varphi)^2} = \sqrt{(\sum P_0)^2 + (\sum Q_0)^2} \tag{5-87}$$

式中　$S_0$、$P_0$、$Q_0$——各仪表消耗的视在功率、有功功率和无功功率；

$\cos\varphi$——各仪表的功率因数。

由于电压互感器三相负荷常不相等，为了满足准确级要求，通常以最大相负荷进行比较。

计算电压互感器各相的负荷时，必须注意互感器和负荷的接线方式。表 5-14 列出互感器和负荷接线方式不一致时每相负荷的计算公式。

**表 5-14　　　　　　　　　　　电压互感器二次绕组负荷计算公式**

| 接线及相量 | | 接线及相量 | |
|---|---|---|---|
| A | $P_A = [S_{AB}\cos(\varphi_{AB} - 30°)]/\sqrt{3}$ <br> $Q_A = [S_{AB}\sin(\varphi_{AB} - 30°)]/\sqrt{3}$ | AB | $P_{AB} = \sqrt{3} S\cos(\varphi + 30°)$ <br> $Q_{AB} = \sqrt{3} S\sin(\varphi + 30°)$ |
| B | $P_B = [S_{AB}\cos(\varphi_{AB} + 30°) + S_{BC}\cos(\varphi_{BC} - 30°)]/\sqrt{3}$ <br> $Q_B = [S_{AB}\sin(\varphi_{AB} + 30°) + S_{BC}\sin(\varphi_{BC} - 30°)]/\sqrt{3}$ | BC | $P_{BC} = \sqrt{3} S\cos(\varphi - 30°)$ <br> $Q_{BC} = \sqrt{3} S\sin(\varphi - 30°)$ |
| C | $P_C = [S_{BC}\cos(\varphi_{BC} + 30°)]/\sqrt{3}$ <br> $Q_C = [S_{BC}\sin(\varphi_{BC} + 30°)]/\sqrt{3}$ | | |

**例 5-7**　选择发电机 10.5kV 母线测量用电压互感器及其高压熔断器。已知：双母线上接有馈线 7 回、厂用变压器 2 回、主变压器一回，共有有功电能表 10 只、有功功率表 3 只、无功功率表 1 只、母线电压表及频率表各一只，绝缘监视电压表 3 只、电压互感器及仪表接线和负荷分配如图 5-15 和表 5-15 所示。10.5kV 母线短路电流 $I'' = 40kA$。

**解**　（1）电压互感器选择　鉴于 10.5kV 为中性点不接地系统，电压互感器除供测量仪表外，还用来做交流电网绝缘监视，因此，查附表 18，选用 JSJW—10 型三相五柱式电压互感器（也可选用 3 只单相 JDZJ—10 型浇注绝缘 TV，但不能用 JDJ 或 JDZ 型 TV 接成星形），其一、

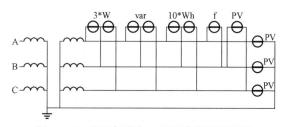

图 5-15　测量仪表与电压互感器的连接图

二次电压为 $10/0.1/\dfrac{0.1}{3}$ kV。由于回路中接有计费用电能表，故电压互感器选用 0.5 准确

级。与此对应，互感器三相总的额定容量为 120VA。电压互感器接线为 YN，yn，△。

表 5 - 15　　　　　　　　　　电压互感器各相负荷分配（不完全星形负荷部分）

| 仪表名称及型号 | 每线圈消耗功率（VA） | 仪表电压线圈 | | 仪表数目 | AB 相 | | BC 相 | |
|---|---|---|---|---|---|---|---|---|
| | | $\cos\varphi$ | $\sin\varphi$ | | $P_{AB}$ | $Q_{AB}$ | $P_{BC}$ | $Q_{BC}$ |
| 有功功率表 46D1 - W | 0.6 | 1 | | 3 | 1.8 | | 1.8 | |
| 无功功率表 46D1 - VAR | 0.5 | 1 | | 1 | 0.5 | | 0.5 | |
| 有功电能表 DS1 | 1.5 | 0.38 | 0.925 | 10 | 5.7 | 13.9 | 5.7 | 13.9 |
| 频率表 46L1 - Hz | 1.2 | 1 | | 1 | 1.2 | | | |
| 电压表 46L1 - V | 0.3 | 1 | | 1 | | | 0.3 | |
| 总计 | | | | | 9.2 | 13.9 | 8.3 | 13.9 |

根据表 5 - 15 可求出接于相间部分的负荷为

$$S_{AB} = \sqrt{P_{AB}^2 + Q_{AB}^2} = \sqrt{9.2^2 + 13.9^2} = 16.7(\text{VA})$$

$$S_{BC} = \sqrt{P_{BC}^2 + Q_{BC}^2} = \sqrt{8.3^2 + 13.9^2} = 16.2(\text{VA})$$

$$\cos\varphi_{AB} = P_{AB}/S_{AB} = 9.2/16.7 = 0.55, \quad \varphi_{BC} = 56.6°$$

$$\cos\varphi_{BC} = P_{BC}/S_{BC} = 8.3/16.2 = 0.51, \quad \varphi_{BC} = 59.2°$$

由于每相上尚接有绝缘监视电压表 PV（$P' = 0.3\text{W}$，$Q' = 0$），故各相负荷可由表 5 - 14 所列公式计算如下。

A 相负荷为

$$P_A = \frac{1}{\sqrt{3}} S_{AB} \cos(\varphi_{AB} - 30°) + P'_A = \frac{1}{\sqrt{3}} \times 16.7\cos(56.6° - 30°) + 0.3 = 8.62(\text{W})$$

$$Q_A = \frac{1}{\sqrt{3}} S_{AB} \sin(\varphi_{AB} - 30°) = \frac{1}{\sqrt{3}} \times 16.7\sin(56.6° - 30°) = 4.3(\text{var})$$

B 相负荷为

$$P_B = \frac{1}{\sqrt{3}} [S_{AB}\cos(\varphi_{AB} + 30°) + S_{BC}\cos(\varphi_{BC} - 30°)] + P'_b$$

$$= \frac{1}{\sqrt{3}} [16.7\cos(56.6° + 30°) + 16.2\cos(59.2° - 30°)] + 0.3 = 9.04(\text{W})$$

$$Q_B = \frac{1}{\sqrt{3}} [S_{AB}\sin(\varphi_{AB} + 30°) + S_{BC}\sin(\varphi_{BC} - 30°)]$$

$$= \frac{1}{\sqrt{3}} [16.7\sin(56.6° + 30°) + 16.2\sin(59.2° - 30°)] = 14.2(\text{var})$$

显而易见，B 相负荷较大，故应按 B 相总负荷进行校验。因为

$$S_B = \sqrt{P_B^2 + Q_B^2} = \sqrt{9.04^2 + 14.2^2} = 16.8 < \frac{120}{3}(\text{VA})$$

故所选 JSJW—10 型电压互感器满足要求。

（2）电压互感器的熔断器选择　由于电压互感器一次绕组电流很小，故熔断器只需按额定电压和开断电流进行选择。根据额定电压选用 RN2 - 10 型 [R—熔断器，N—屋内，10—额定电压（kV）]，其额定电压为 10kV，最大开断电流为 50kA，大于 10kV 母线短路电流

$I''=40\text{kA}$，故所选熔断器满足要求。

## 第五节  低压电器的选择

### 一、低压电器的性能

低压开关电器按作用大体上也可分为隔离电源的开关、投切负荷电流的开关、保护电器以及多功能的断路器等。在低压电路中，隔离电源容易实现也便于判明，不必如高压电路那样要求有明显可见的断口。此外，低压灭弧装置也较简单易行，故也有做成隔离电源和投切一定的负荷电流相结合的开关，如带消弧罩的闸刀开关、组合开关和负荷开关。在低压用电设备中有大量的感应电动机，不但启动电流大且有频繁启动和自动控制等要求，一般用交流接触器或磁力启动器。低压开关中的断路器和熔断器的作用与高压电器的相同。主要的低压电器如下。

（1）闸刀开关因其动触头为闸刀形式而得名。用于不频繁地手动通、断开或隔离电路。它是低压开关中应用最广泛的一种开关。它具有简单的灭弧功能，可以切断额定电流。

（2）负荷开关是具有灭弧罩的闸刀开关与熔断器组合的电器。主要用于手动不频繁地接通和断开负荷电路及短路保护用。

（3）接触器是用于远距离频繁接通和分断交直流电路及用电设备，主要作为电动机的控制开关。它与继电器等配合使用可实现自动控制及过负荷保护等。但其触头系统的动热稳定性低和灭弧装置的开断能力有限，不能用来切断短路电流及较大的过负荷电流。

（4）磁力启动器用于远距离或自动频繁控制电动机的启动、停止和正、反转运行，并且可兼作负荷保护。它是一种组合电器，由交流接触器、热继电器、外罩及相关电路等组合而成。

（5）自动空气开关又称自动开关或自动空气断路器，是低压配电系统中的主要电器之一，适用于不频繁地接通或切断配电线路、电动机及作为用电设备的电源开关，并具有过电流、短路和欠压保护功能。与负荷开关或熔断器比较，它具有操作方便、工作可靠、使用安全、分断能力强、保护特性稳定、能多次重复通断、动作值可以调整等优点，被广泛应用。自动开关分为：装置式自动开关（DZ型），它通断能力较弱但有良好的保护性能、动作迅速（固有分闸时间不超过0.02s）、安全可靠、结构紧凑；框架式自动开关（DW型），通断能力强、操作方式多样、容量上限大、但固有分闸时间大约为0.1s。

（6）熔断器是一种最简单的保护电器。当电路发生短路或严重过载时，其中的熔体熔断，切断故障电路，从而保护非故障电路。相对断路器而言，它结构简单，体积小，布置紧凑，使用维护简便，其动作直接，无需继电保护和二次回路相配合。但它相对原始和简陋，每次熔断后必须停电更换熔体，才能再次使用，而且其保护特性不够稳定，常使动作的选择性配合发生困难。

### 二、低压电器的选择

低压电器的选择与高压电器选择无原则上的区别。高压设备的长期与短时发热及电动力计算的基本理论同样适用于低压电器，一般选择的要求也基本相同。但相对而言低压电器的特点有：①低压电器控制的负荷多是直接启动的感应式电动机，启动电流大，且常有频繁操作、自动控制和就地操作试机等要求。②低压网络短路电流大，但设备结构尺寸小，特别是操作类的电器都有满足操作频繁、轻便等要求。当难以从制造上达到完全的动、热稳定时，允许用"保安电流"替代。③在高压系统中，对保护的多方面要求是由继电保护装置实现的。而对低压网络，保护的选择性、灵敏性和快速性等要求由熔断器和自动开关的有关参数选择来满足。④低压网络结构比较简单，通常都由小容量配电变压器供电，其短路电流限制在一定的范围，具有较强的界限性；低压电器大多用于单个负载的供电回路，主要为感应电动机的供电回路，低压电器与特定负载之间常有比较固定的组合关系。充分利用这些特点可以简化低压电器的选择，减少选择工作量。

（一）低压网络及低压电器类型的组合与选择

低压电器品种很多，就其作用可分保护电器、操作电器和隔离引接电器三类，有的兼有两种作用。通常根据负载的性质、容量、重要性及其分组情况，选用上述三类电器连同载流导体共同组成供电回路，正常运行时满足负载的持续工作和操作、切换等要求，故障时则迅速而准确地作保护切除。各类电器型式的选择要点如下。

保护电器的选型。低压保护电器有熔断器和自动开关。熔断器保护的优点是无需继电保护和二次回路相配合，维护简单和节约投资；但保护特性不够稳定，常使动作的选择性配合发生困难，而且是额定电流和回路短路电流越大、级间配合越困难，还有单相熔断造成电动机两相运行的潜在危险。故一般熔断器只用来保护 40kW 及以下的一般电动机组或 20kW 及以下的一类电动机负载。其他宜用自动开关。其中一般 40（或 20）～75kW 的电动机组用 DZ 型自动开关保护，75kW 及以上宜用 DW 型自动开关。上下级间保护配合通常可采用：FU‑FU、FU‑DZ、DW‑DZ、DW‑FU 和 DW‑DW 配合方式，不能采用的配合方式有：DZ‑FU、DZ‑DZ 及 DZ‑DW。

隔离引接电器的选型。通常选择刀闸开关作为主盘内各回路引接电源的隔离开关，有双电源的选择双投刀闸型。给分组二级负载供电的动力配电箱，全组可共用一个刀闸开关引接电源。

操作电器的选型。为满足电动机频繁、自动和就地操作的要求，应装设磁力启动器作为操作电器，并兼作过载与低电压保护。另外，DW 型自动开关也可以作为大型电动机的保护和操作电器，一般装在主盘上，其现场试机可增设二次回路由现场远方控制实现，但要求频繁操作的负载，仍然就地装设大容量的交流接触器。无频繁和自动操作要求的小容量电动机可以采用多种低压负荷开关和组合开关进行操作，但其通断能力较差，要按启动条件降低额定电流使用。

（二）各类低压电器的综合选择项目及一般条件

各类低压电器的综合选择与校验项目见表 5‑16 所列。以下是对表中各项的具体说明。

表 5‑16　　　　　　　　　　　低压电器的选择与校验条件

| 选择与校验项目 | | 额定电压 | 额定电流 | 动稳定 | 热稳定 | 开断电流 | 启动电流 | 保护灵敏度 | 保护级差配合 |
|---|---|---|---|---|---|---|---|---|---|
| 闸刀开关 | | ✓ | ✓ | 视情况而定 | | — | ✓ | — | — |
| 组合开关 | | ✓ | ✓ | 视情况而定 | | — | ✓ | — | — |
| 熔断器 | | ✓ | ✓ | — | — | ✓ | ✓ | ✓ | ✓ |
| 自动开关 | DZ 型 | ✓ | ✓ | — | — | ✓ | ✓ | ✓ | ✓ |
| | DW 型 | ✓ | ✓ | — | ✓ | ✓ | ✓ | ✓ | ✓ |

续表

| 选择与校验项目 | 额定电压 | 额定电流 | 动稳定 | 热稳定 | 开断电流 | 启动电流 | 保护灵敏度 | 保护级差配合 |
|---|---|---|---|---|---|---|---|---|
| 磁力启动器 | √ | √ | 0.1s 保安电流 | | — | √ | — | — |
| 交流接触器 | √ | √ | 0.1s 保安电流 | | — | — | — | — |

注　"√"表示需要进行选择计算或检验;"—"表示不需要进行选择计算或检验。

1. 低压回路持续工作电流计算

用电设备的工作电流可按其额定容量计算(即假定负荷率为1),感应电动机可按每 kW2A(3.5kW 以下的电动机)或 2.5A(3.5kW 以上的电动机)估算。

由主盘至分盘馈电干线的工作电流按下式计算

$$I_g = \sum I_e + K_t \sum I_u \tag{5-88}$$

式中　$I_e$——持续性运行负载如照明等的工作电流;

　　　$I_u$——间断性负荷电流;

　　　$K_t$——间断性负荷的同时率。

配电变压器低压侧总馈电回路工作电流按下式计算

$$I_{g\max} = K \frac{P_{\max}}{\sqrt{3} U_N \cos\phi} \tag{5-89}$$

式中　$P_{\max}$——设计最大输送功率和线路损耗之和;

　　　$K$——变压器的正常过负荷系数。一般取 1.05。

2. 低压电器的极限保安电流与动、热稳定校验

(1) 接触器、组合开关等的极限保安电流。当低压电网发生短路时,交流接触器因失压迅速跳闸,若短路发生在其负荷侧,则难以实现熔断器等保护设备的动作配合,可能造成接触器触头先于保护电器开断短路电流的现象。特别是在短路冲击电动力作用下,触头还可能发生极快的斥开现象。这些将导致触头的熔焊或烧毁,甚至危及邻近设备的安全。其他如组合开关等,其触头的动热稳定也很有限。对这些设备不做常规动热稳定的校验,必要时可校验其 0.1s 极限保安电流,即产品通过短路峰值电流 0.1s,允许导体变形、触头熔焊甚至烧毁。但不得危及相邻回路的安全运行。直接与主母线相接的设备不宜用保安电流代替常规的动热稳定校验。交流接触器和组合开关等甚至不宜装设在重要的主盘内。

(2) 低压电器动、热稳定的判定。低压电器的动稳定和热稳定可按以下界限简单判定,例外的情况下才需进行常规校验。熔断器和自动开关不需校验动稳定,因制造厂已保证其动稳定不低于相应的开断能力。短路电流有效值未超过 10kA 时,各元件(主要为刀闸开关、电流互感器、母线等)不需校验动稳定校验。

低压网络短路电流超过上述界限,但回路由限流熔断器或限流自动开关保护,且能有效地限制最大短路电流不超过 10kA 者,不需作动稳定校验。

由瞬间动作的自动开关或正确选择的本级熔断器保护的低压电器设备,包括保护电器本身,不需作热稳定校验。

总结上述各点,低压电器一般只在以下例外情况下需作动热稳定校验:预期短路电流超过 10kA,且未受到充分有效的限流保护。由延时整定的自动开关保护的设备,包括自动开关本身,应校验热稳定。

（3）开断能力校验。快速的自动开关与非限流型的熔断器应考虑开断 0.01s 的短路全电流。按式（5-90）校验

$$I_{ch} \leqslant I_{Noff} \tag{5-90}$$

慢速的自动开关与限流型的熔断器的开断能力按下式校验

$$I'' \leqslant I_{Noff} \tag{5-91}$$

（4）按电动机的启动条件选择或整定保护电器。保护电器应避免在电动机启动瞬间动作，为此要适当选取熔断器熔体的额定电流和自动开关脱扣器的整定电流。

（5）熔断器熔体额定电流的选择。启动单台或集中启动多台电动机时，熔体额定电流取为

$$I_{NRt} \geqslant \frac{I_q}{\alpha} \tag{5-92}$$

馈电干线上启动单台或集中启动多台电动机时，应满足

$$I_{NRt} \geqslant \frac{I_q + \sum I'_g}{\alpha} \geqslant \sum I_g \tag{5-93}$$

两式中　$I_q$——单台或多台电动机启动电流，在无资料时可取电动机额定电流的 $6 \sim 7$ 倍；

　　$\sum I'_g$——回路中除电动机以外的计算负荷；

　　$\sum I_g$——包括电动机在内的全部持续最大负荷；

　　$\alpha$——启动电流折算系数，对一般启动时间小于 8s、非频繁启动的电动机取 2.5；启动时间大于 8s 的取 $1.6 \sim 2$，对于重要电动机取低值以保证其启动的可靠性。

（6）自动开关脱扣器的整定电流。启动单台或集中启动多台电动机的整定电流应满足

$$I_{zd} \geqslant K_q I_q \tag{5-94}$$

馈电干线上的自动开关整定电流应满足

$$I_{zd} \geqslant K_q (I_q + \sum I'_g) \tag{5-95}$$

两式中　$I_q$——单台或多台电动机启动电流，在无资料时可取电动机额定电流的 $6 \sim 7$ 倍；

　　$\sum I'_g$——回路中除电动机以外的计算负荷；

　　$K_q$——启动的可靠系数，短延时及瞬间动作时间大于 0.02s 的自动开关取 1.35；瞬间动作时间小于 0.02s 的自动开关取 $1.7 \sim 2.0$。

（7）保护电器的灵敏度校验。灵敏度是保护装置对其保护范围内发生故障和不正常状态的反应能力。低压保护电器既要有足够大的动作电流值以避免电动机启动时误动作，又要适当限制该动作电流值，以保证在回路末端发生的最小短路电流下可靠地动作。

熔断器熔体的额定电流 $I_{NRt}$ 不得大于回路末端最小单相短路电流的 $0.24 \sim 0.2$，以确保其快速和可靠地熔断，灵敏度为

$$K_m^{(1)} = \frac{I_K^{(1)}}{I_{NRt}} \geqslant 4 \sim 5 \tag{5-96}$$

自动开关脱扣器整定电流 $I_{Zd}$ 不宜大于回路末端最小单相短路电流的 2/3 和两相短路电流的 0.5，即单相或两相短路的灵敏度分别为

$$K_m^{(1)} = \frac{I_K^{(1)}}{I_{Zd}} \geqslant 0.5 \tag{5-97}$$

和
$$K_{\mathrm{m}}^{(2)} = \frac{I_{\mathrm{K}}^{(2)}}{I_{\mathrm{Zd}}} \geq 2 \tag{5-98}$$

上两式中的 $I_{\mathrm{K}}^{(1)}$、$I_{\mathrm{K}}^{(2)}$ 分别为支路末端单相或两相短路电流周期分量的零秒有效值。其大小主要取决于配电变压器容量和支路电缆的长度与截面大小。

自动开关热脱扣器的额定电流应不小于回路的计算电流,并按照元件的特性进行整定校验,使之在该回路电动机启动时和正常工作时不误动,过载 20% 时灵敏可靠地动作。

(8)保护电器的级差配合。在分级供电的低压网络中,后级故障时的短路电流同时流过前级干线上的保护电器,它们都可能预期启动,但启动时限必须保持适当的级差,以保证级间保护动作的选择性。

熔断器保护的级差配合。为了现行相邻上下级熔断器有选择地熔断,只有在熔体额定电流之间保持一定的级差,才能获得预期的熔断时限的级差。一般熔断器熔断时限在一定范围波动,用准确度表示为 $\pm\delta\%$,按上下级熔体最大正负误差叠加、即考虑最严重条件为下级熔断器迟熔断而上级熔电器提前熔断,其时限配合为

$$\left(1 - \frac{\delta\%}{100}\right) t_1 \geq \left(1 + \frac{\delta\%}{100}\right) t_2 \tag{5-99}$$

式中,$t_1$、$t_2$ 为上、下级熔体在预期短路电流通过时的平均熔断时限。

具体做法是:根据回路最大短路电流和下级熔体额定电流 $I_{\mathrm{N2}}$,查熔断器的安秒特性曲线(见相关设计手册),得到时限 $t_2$。按上式计算时限 $t_1$,再反查安秒特性曲线得上级熔体的额定电流 $I_{\mathrm{N1}}$。也可以从工程手册列表直接由 $I_{\mathrm{N2}}$ 和查得 $I_{\mathrm{N1}}$。

当上下保护电器为熔断器与自动开关即 FU-DZ 的配合时,考虑误差,一般取 DZ 型自动开关时限为 0.035s,熔断器熔体时限按负误差的最大值考虑。即考虑短路发生时自动开关推迟断开而熔断器提前熔断,这样可以计算出熔断器的熔体平均时间,用此时间及预期短路电流查熔断器的安秒特性曲线即可得出熔断器的熔体额定电流。

当上下保护电器为自动开关与熔断器即 DW-FU 的配合时,经常的做法为给 DW 型自动开关外装设继电器,再整定延时时间 $t_{\mathrm{b}}$,$t_{\mathrm{b}}$ 要大于考虑熔断器的最大可能推后熔断时间。

## 第六节 发电厂和变电站主变压器的选择

在发电厂和变电站中,用来向电力系统或用户输送功率的变压器,称为主变压器;用于两种电压等级之间交换功率的变压器,称为联络变压器;只供本厂(所)用电的变压器,称为厂(所)用变压器或称自用变压器。

### 一、确定变压器容量、台数的原则

主变压器的容量、台数直接影响主接线的形式和配电装置的结构。它的确定除依据传输容量基本原始资料外,还应根据电力系统 5~10 年发展规划、输送功率大小、馈线回路数、电压等级以及接入系统的紧密程度等因素,进行综合分析和合理选择。如果变压器容量选得过大、台数过多,不仅增加投资,增大占地面积,而且也增加了运行中的电能损耗,设备不能充分发挥效益;若容量选得过小,将可能"封锁"发电机剩余功率的输出或者会满足不了变电站负荷的需要,这在技术上是不合理的。因为每千瓦的发电设备投资远大于每千瓦变电

设备的投资。为此，在选择发电厂主变压器时，应遵循以下基本原则。

（一）单元接线的主变压器容量的确定原则

单元接线时，变压器容量应按发电机的额定容量扣除本机组的厂用负荷后，留有 10% 的裕度来确定。采用扩大单元接线时，应尽可能采用分裂绕组变压器，其容量亦应按单元接线的计算原则算出的两台机容量之和来确定。

（二）具有发电机电压母线接线的主变压器容量的确定原则

连接在发电机电压母线与系统之间的主变压器的容量，应考虑以下因素：

（1）当发电机全部投入运行时，在满足发电机电压供电的日最小负荷，并扣除厂用负荷后，主变压器应能将发电机电压母线上的剩余有功和无功功率送入系统。

（2）当接在发电机电压母线上的最大一台机组检修或故障时，主变压器应能从电力系统倒送功率，保证发电机电压母线上最大负荷的需要。此时，应适当考虑发电机电压母线上负荷可能的增加以及变压器的允许过负荷能力。

（3）若发电机电压母线上接有两台或以上的主变压器时，当其中容量最大的一台因故推出运行时，其他主变压器在允许正常过负荷范围内，应能输送母线剩余功率的 70% 以上。

（4）对水电比重较大的系统，由于经济运行之要求，应充分利用水能。在丰水期，有时可能停用火电厂的部分或全部机组，以节省燃料。此时，火电厂主变压器应具有从系统倒送功率的能力，以满足发电机电压母线上最大负荷的要求。

（三）确定连接两种升高电压母线的联络变压器容量的原则

（1）联络变压器容量应能满足两种电压网络在各种不同运行方式下，网络间的有功功率和无功功率交换。

（2）联络变压器容量一般不应小于接在两种电压母线上最大 1 台机组的容量，以保证最大 1 台机组故障或检修时，通过联络变压器来满足本侧负荷的要求；同时，也可在线路检修或故障时，通过联络变压器将剩余功率送入另一系统。

（3）联络变压器为了布置和引线方便，通常只选 1 台，在中性点接地方式允许条件下，以选自耦变压器为宜。其第三绕组，即低压绕组兼作厂用启备用电源或引接无功补偿装置。

（四）确定变电站主变压器容量原则

变电站主变压器容量，一般应按 5～10 年规划负荷来选择。根据城市规划、负荷性质、电网结构等综合考虑确定其容量。对重要变电站，应考虑当 1 台主变压器停运时，其余变压器容量在计及过负荷能力允许时间内，应满足Ⅰ类及Ⅱ类负荷的供电；对一般性变电站，当 1 台主变压器停运时，其余变压器容量应能满足全部负荷的 70%～80%。

发电厂或变电站主变压器的台数与电压等级、接线形式、传输容量以及和系统的联系有密切关系。通常与系统具有强联系的大、中型发电厂和枢纽变电站，在一种电压等级下，主变压器应不少于 1 台；而对弱联系的中、小型电厂和低压侧电压为 6～10kV 的变电站或与系统联系只是备用性质时，可只装 1 台主变压器；对地区性孤立的一次变电站或大型工业专用变电站，可设 3 台主变压器。

变压器是一种静止电器，运行实践证明它的工作是比较可靠的。一般寿命为 20 年，事故率较小。通常设计时，不必考虑另设专用备用变压器。但大容量单相变压器组是否需要设置备用相，应根据电力系统要求，经过经济技术比较后确定。

按照以上原则确定变压器容量后，最终应选用靠近的国家系列标准规格。变压器的容量系列有两种：一种是 $R_8$ 容量系列，它是按 $R_8 = \sqrt[8]{10} \approx 1.33$ 倍数增加的；另一种是国际通用的 $R_{10}$ 容量系列，它是按 $R_{10} = \sqrt[10]{10} \approx 1.26$ 的倍数增加的。如容量有 100、125、160、200、250、315kVA……。我国国家标准 GB 1094《电力变压器》确定采用 $R_{10}$ 容量系列。

## 二、选择主变压器型式的原则

选择主变压器型式时，应考虑以下问题。

### （一）相数的确定

在 330kV 及以下电力系统中，一般都应选用三相变压器。因为单相变压器组相对来讲投资大、占地多、运行损耗也较大，同时配电装置结构复杂，也增加了维修工作量。但是由于变压器的制造条件和运输条件的限制，特别是超大型变压器，尤其需要考察其运输可能性，从制造厂到发电厂（或变电站）之间，变压器尺寸可能超过运输途中车辆、船舶、码头、桥梁等运输工具或设施的允许承载能力。若受到限制时，则宜选用两台小容量的三相变压器取代 1 台大容量三相变压器，或者选用单相变压器组。对 500kV 及以上电力系统中的主变压器，相数的选择，除按容量、制造水平、运输条件确定外，更重要的是考虑负荷和系统情况，保证供电可靠性，进行综合分析，在满足技术、经济的条件下来确定选用单相变压器还是三相变压器。

### （二）绕组数的确定

国内电力系统中采用的变压器按其绕组数分类有双绕组普通式、三绕组式、自耦式以及低压绕组分裂式等型式变压器。发电厂如以两种升高电压级向用户供电或与系统连接时，可以采用 2 台双绕组变压器或三绕组变压器，亦可选用三绕组自耦变压器。一般当最大机组容量为 125MW 及以下的发电厂多采用三绕组变压器，因为 1 台三绕组变压器的价格及所使用的控制电器和辅助设备，与相应的两台双绕组变压器相比都较少。但三绕组变压器的每个绕组通过的功率应达到该变压器额定容量的 15% 及以上，否则绕组未能充分利用，反而不如选用两台双绕组变压器合理。对于最大机组为 200MW 以上的发电厂，由于机组容量大，额定电流及短路电流都甚大，发电机出口断路器制造困难，价格昂贵，且对供电可靠性要求较高。一般在发电机回路及厂用分支回路采用分相封闭母线，而封闭母线回路中一般不装置断路器和隔离开关。况且，三绕组变压器由于制造上的原因，中压侧不留分接头，只作死抽头，不利于高、中压侧的调压和负荷分配。为此，一般以采用双绕组变压器加联络变压器更为合理。其联络变压器宜选用三绕组变压器，低压绕组可作为厂用备用电源或厂用启动电源，亦可连接无功补偿装置。当采用扩大单元接线时，应优先选用低压分裂绕组变压器，这样，可以大大限制短路电流。在 110kV 及以上中性点直接接地系统中，凡需选用三绕组变压器的场所，均可优先选用三绕组自耦变压器，它损耗小、体积小、效率高，但限制短路电流的效果较差，变比不宜过大。

### （三）绕组组别的确定

变压器三相绕组的联结组别必须达到出线电压和系统电压相位一致，否则不能并列运行。电力系统采用的绕组连接方式只有星形"Y"和三角形"D"两种。因此，变压器三相绕组的连接方式应根据具体工程来确定。我国 110kV 及以上电压侧，变压器三相绕组都采用"YN"连接；35kV 侧采用"Y"连接，其中性点多通过消弧线圈接地；35kV 以下高电压侧，变压器三相绕组都采用"D"连接。

　　在发电厂和变电站中，一般考虑系统或机组的同步并列要求以及限制三次谐波对电源的影响等因素，根据以上绕组连接方式的原则，主变压器联结组别一般都选用 YN，d11 常规接线方式。近年来，国内外亦有采用全星形联结组别的变压器。所谓"全星型"变压器，一般是指其接线组别为：YN，yn0，y0（YN，yn0，yn0）或 YN，y0（YN，yn0）的三绕组变压器或自耦变压器。它不仅与 35kV 电网并列时，由于相位一致比较方便，而且零序阻抗较大，有利于限制短路电流。同时，也便于在中性点处连接消弧线圈。但是，由于全星形变压器三次谐波磁通无通路，因此，将引起正弦波电压畸变，并对通信设备发生干扰，同时对继电保护整定的准确度和灵敏度均有影响。

　　（四）调压方式的确定

　　为了保证发电厂或变电站的供电质量，电压必须维持在允许范围内。通过切换变压器的分接头开关，改变变压器高压侧绕组匝数，从而改变其变比，以实现电压调整。切换方式有两种：不带电切换，称为无激磁调压，调整范围通常在 ±2×2.5% 以内；另一种是带负荷切换，称为有载调压，调整范围可达 30%，其结构复杂，价格较贵，只在以下情况下才予以选用：

　　（1）接于出力变化大的发电厂的主变压器，特别是潮流方向不固定，且要求变压器副边电压维持在一定水平时。

　　（2）接于时而为送端，时而为受端，具有可逆工作特点的联络变压器。为保证供电质量，要求母线电压恒定时。

　　（3）发电机经常在低功率因数下运行时。

　　（五）冷却方式选择

　　电力变压器的冷却方式，随其型式和容量不同而异，一般有以下几种类型。

　　（1）自然风冷却。一般适于 7500kVA 以下小容量变压器。为使热量散发到空气中，装有片状或管形辐射式冷却器，以增大油箱散热面积。

　　（2）强迫空气冷却。又简称风冷式。容量大于 10 000kVA 的变压器，在绝缘允许的油箱尺寸下，当有辐射器的散热装置仍达不到要求时，常采用人工冷却。在辐射管间装数台电动风扇，用风吹冷却器，使油迅速冷却，加速热量散出。风扇的启停可以自动控制，亦可人工操作。

　　（3）强迫油循环水冷却。单纯的加强表面冷却可以降低油温，但当油温降到一定程度时，油的黏度增加，以致油的流速降低，对大容量变压器如果达不到预期冷却效果，可采用潜油泵强迫油循环，让水对油管进行冷却，把变压器中热量带走。在水源充足的条件下，采用这种冷却方式极为有利，散热效率高，节省材料，减少变压器本体尺寸。但要一套水冷却系统和有关附件，且对冷却器的密封性能的要求较高。即使只有极微量的水渗入油中，也会严重地影响油的绝缘性能，故油压应高于水压（1~1.5）×$10^5$Pa，以免水渗入油中。

　　（4）强迫油循环风冷却。其原理同于强迫油循环水冷却。

　　（5）强迫油循环导向冷却。近年来大型变压器都采用这种冷却方式。它是利用潜油泵将冷油压入线圈之间、线饼之间和铁芯的油道中，使铁芯和绕组中的热量直接由具有一定流速的油带走，而变压器上层热油用潜油泵抽出，经过水冷却或风冷却器冷却后，再由潜油泵注入变压器油箱底部，构成变压器的油循环。

　　（6）水内冷变压器。变压器绕组用空心导体制成。在运行中，将纯水注入空心绕组中，借助水的不断循环，将变压器中的热量带走。但水系统比较复杂，且变压器价格较高。

此外，采用充气式变压器，以 $SF_6$ 气体取代变压器油，或在油浸变压器上装设蒸发冷却装置，在热交换器中，冷却介质利用蒸发时的巨大吸热能力，使变压器油中的热量得到有效散出，抽出汽化的冷却介质进行二次冷却，重新变为液体，周而复始地进行热交换，使变压器得到冷却。这种冷却方式，国内外尚处于研制阶段，尚未得到工程应用。

思 考 题

5-1 发热对电气设备有哪些影响？

5-2 导体短路时的电动力指什么？如何计算？

5-3 电气设备选择的一般条件是什么？为什么需要按短路条件来校验？

5-4 选择母线截面积的方法有几种？什么叫经济电流密度？

5-5 电力电缆的选择条件和校验项目有哪些？

5-6 热稳定和动稳定指什么？

5-7 断路器与隔离开关的选择与校验的项目有什么不同？

5-8 高压熔断器的选择与校验的项目有哪些？

5-9 电流互感器的接线方式有哪些？为什么电流互感器的二次侧不允许开路？

5-10 电压互感器常用的接线方式有哪些？为什么电压互感器二次侧不允许短路？

5-11 低压电器的选择与校验的项目有哪些？

5-12 发电厂和变电站的主变压器的容量、台数是如何确定的？

习题与解答

# 第六章　电力负荷特性和计算分析

## 第一节　负荷曲线与特性分析

学习要求

### 一、电力系统负荷的构成

电力系统的总负荷就是系统中千万个用电设备消费功率的总和。它们大致分为感应电动机、同步电动机、电热电炉、整流设备、照明设备等几大类。不同行业中，各类用电设备占的比重也不同。表 6-1 所示是几种工业部门用电设备比重的统计。

表 6-1　　　　　　　　　　　　几种工业部门用电设备比重的统计

| 类别\比重（%） | 综合性中小企业 | 辅助工业 | 化学工业化肥焦化厂 | 化学工业电化厂 | 大型机械加工工业 | 钢铁工业 |
|---|---|---|---|---|---|---|
| 异步电动机 | 79.1 | 99.8 | 56.0 | 13.0 | 82.5 | 20.0 |
| 同步电动机 | 3.2 | | 44.0 | | 1.3 | 10.0 |
| 电热电炉 | 17.1 | 0.2 | | | 15.0 | 70.0 |
| 整流设备 | | | | 87.0 | 1.2 | |

注　1. 比重按功率计。

　　2. 照明设备的比重很小，未统计在内。

将各工业部门消费的功率与农业、交通运输和市政生活消费的功率相加就可得到电力系统的综合用电负荷。综合用电负荷加网络中损耗的功率为系统中各发电厂应供出的功率，因而称作电力系统的供电负荷。供电负荷再加各发电厂本身消费的功率——厂用电，为系统中各发电机应发出的功率，称作电力系统的发电负荷。

### 二、用电设备的工作制

我国低压电器行业采用了 IEC 34-1 规定的八种工作制中的三种，即长期连续工作制 $S_1$、短时工作制 $S_2$ 和断续周期工作制 $S_3$。

（1）长期工作制 $S_1$。在恒定负载（如额定功率）下连续运行相当长时间，可以使设备达到热平衡的工作条件。这类工作制的用电设备长期连续运行，负荷比较稳定，如通风机、水泵、空气压缩机、电炉和照明等。

（2）短时工作制 $S_2$。设备在额定工作电流恒定的一个工作周期内不会达到允许温升，而两个工作周期之间的间歇又很长，能使设备冷却到环境温度值。如金属切削机床用的辅助机械（横梁升降、刀架快速移动装置等）、水闸用电机等，这类设备的数量很少。

（3）断续周期工作制 $S_3$。这类工作制的用电设备周期性的工作、停歇，反复运行，而且工作和停歇的时间都很短，周期一般不超过 10min，使设备既不能在一个工作时间内升温到额定值，也不能在一个停歇时间内冷却到环境温度，如电焊机和电梯电动机等设备。断续周期工作制的用电设备可用"负荷持续率"（又称暂载率）来表征其工作性质。

负荷持续率为一个工作周期内工作时间与工作周期的百分比值，用 ε 表示

$$\varepsilon = \frac{t_g}{t_g + t_0} = \frac{t_g}{T} \qquad (6-1)$$

式中　　$T$——工作周期；

　　　　$t_g$——工作周期内的工作时间；

　　　　$t_0$——工作周期内的停歇时间。

必须注意：断续周期工作制的用电设备的设备容量，一般是对应于某一标准负荷持续率的。同一设备，在不同的负荷持续率工作时，输出功率是不同的。因此在计算负荷时，必须考虑到设备容量所对应的负荷持续率，而且要按规定的负荷持续率对设备容量进行统一换算。

### 三、负荷曲线

负荷曲线是指在某一时间段内描绘负荷随时间的推移而变化的曲线。按负荷性质可绘制有功和无功的负荷曲线；按负荷持续时间可绘制日、月和年的负荷曲线；按负荷在电力系统内的统计范围可绘制个别用户、电力线路、变电站、发电厂乃至整个地区、整个系统的负荷曲线。将这几方面负荷曲线综合在一起就可确定某一特定负荷曲线，如图 6-1（a）所示就是钢铁工业的有功功率日负荷曲线。有的负荷曲线是按一定时间为间隔绘制出来的，逐点描绘的负荷曲线为依次连续的折线，不适于实际应用。为了计算简单起见，往往将逐点描绘的负荷曲线用等效的阶梯曲线来代替，见图 6-1。

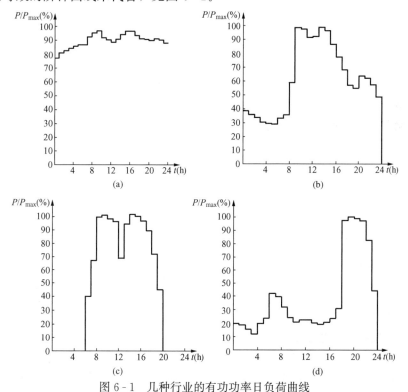

图 6-1　几种行业的有功功率日负荷曲线

（a）钢铁工业；（b）食品行业；（c）农村加工业；（d）市政生活

相对来说，无功功率负荷曲线的用途较小，无论是电力系统的运行或设计部门，一般都不编制无功负荷曲线，而只是隔一段时间编制一次无功功率平衡表或各枢纽点电压曲线。而有功功率负荷曲线对电力系统的运行十分有用，电力系统的设计、生产主要是建立在预测的有功负荷曲线的基础之上的。以下介绍几种典型的负荷曲线。

（一）日负荷曲线

日负荷曲线表示一天 24h 内负荷变化的情况，如图 6-1 所示，此曲线可用于决定系统的日发电量。

（二）年最大负荷曲线

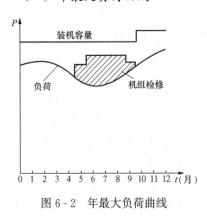

图 6-2　年最大负荷曲线

可根据典型日负荷曲线间接制成，表示从年初到年终的整个 1 年内的逐月（或逐日）综合最大负荷的变化情形，某电力系统的年最大负荷曲线如图 6-2 所示。从图上可以看出，夏季的最大负荷较小，这是由于夏季日长夜短，照明负荷普遍减小的缘故。但是如果季节性负荷（农村排灌、空调制冷等）的比重较大，则也可能使夏季的最大负荷反而超过冬季（国外及国内沿海城市常如此）。至于年终负荷较年初为大，则是由于各工矿企业为超额完成年度计划而增加生产，以及新建、扩建厂矿投入生产的结果。年最大负荷曲线可以用来决定整个系统的装机容量，以便有计划地扩建发电机组或新建发电厂。此外，还可以利用年最大负荷曲线的负荷较小的时段安排发电机组的检修计划。

（三）年负荷持续曲线

年负荷持续曲线如图 6-3 所示。它是不分日月先后的界限，只按全年的负荷数值变化，将各个不同的负荷值在 1 年中的累计持续时间重新排列组成的，即反映了用户全年负荷变动与负荷持续时间的关系。例如，图 6-3 中的 $P_1$ 对应的时间为 $t_1$ 小时，说明一年内负荷超过 $P_1$ 的累计时间有 $t_1$ 小时。根据图 6-3 的曲线可以计算一年内用户消耗的总电量 $A$ ，即

$$A = \int_0^{8760} P \, dt \qquad (6-2)$$

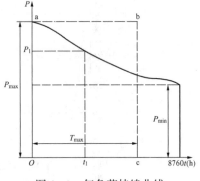

图 6-3　年负荷持续曲线

而根据年最大负荷利用小时数 $T_{max}$ ，便可将上式进一步写成

$$A = P_{max} T_{max} = \int_0^{8760} P \, dt$$

从而使计算大为简化。

**四、负荷曲线的特征指标分析**

分析负荷曲线可以了解负荷变动的规律。从工厂来说，可以合理地、有计划地安排车间、班次或大容量设备的用电时间，从而降低负荷高峰，填补负荷低谷，这种"削峰填谷"的办法可使负荷曲线比较平坦，调整负荷既提高了供电能力，也是节电的措施之一。从负荷曲线上还可以求得一些有用的参数。

（1）年最大负荷 $P_{max}$ ，负荷曲线上的最高点，见图 6-3。

（2）年最小负荷 $P_{min}$ ，负荷曲线上的最低点，见图 6-3。

（3）全年消耗的电量 $A_Y$ 为

$$A_Y = \int_0^{8760} P\,\mathrm{d}t \qquad\qquad (6\text{-}3)$$

全日消耗的电量 $A_D$ 为

$$A_D = \int_0^{24} P\,\mathrm{d}t$$

（4）年最大负荷利用小时数 $T_{max}$ ，$T_{max}$ 是这样一个假想时间，在这一时间内某电力负荷按年最大负荷持续运行消耗的电量恰恰等于该电力负荷全年实际消耗的电量。

由 $T_{max}$ 的定义，有如下关系式

$$T_{max} = \frac{A_Y}{P_{max}} \qquad\qquad (6\text{-}4)$$

式中　　$A_Y$——全年所消耗的电能，kWh。

从对图 6-3 的分析可以看出，$T_{max}$ 的大小在某种意义上反映了实际供电设备利用率的大小，$T_{max}$ 值越大，设备利用率就高，$T_{max}$ 值越小，设备利用率就低。

（5）平均负荷 $P_{av}$ ，某段时间的平均负荷指这段时间内平均消耗的电能，则

$$P_{av} = \frac{A_Y}{8760} \text{ 或} \frac{A_D}{24} \qquad\qquad (6\text{-}5)$$

（6）负荷率，平均负荷与最大负荷的比值。对有功负荷来说

$$\alpha = \frac{P_{av}}{P_{max}} \quad (\alpha < 1) \qquad\qquad (6\text{-}6)$$

$\alpha$ 反映了有功负荷的均匀程度，$\alpha$ 值越小，说明曲线起伏越大，即有功负荷变化大。同样，对无功负荷来说

$$\beta = \frac{Q_{av}}{Q_{max}} \quad (\beta < 1) \qquad\qquad (6\text{-}7)$$

一般的工业企业负荷系数年平均值为

$$\alpha = 0.70 \sim 0.75$$
$$\beta = 0.76 \sim 0.82$$

## 第二节　负荷计算的方法

用户所有用电设备所需要用的电功率就是电力负荷。但是这个概念在实际变配电系统的设计和计算上用途并不大，而主要应用的是计算负荷的概念。所谓计算负荷，就是在已知用电设备性质、容量等条件的情况下，按照一定的方法和规律，通过计算确定的电力负荷。它包括有功计算负荷、无功计算负荷、视在计算负荷和计算电流、尖峰电流等内容。求计算负荷的这项工作称为负荷计算。

根据长期观察所测得的负荷曲线可以发现：对于同一类型的用电设备组、同一类型车间或同一类企业，其负荷曲线具有相似的形状。因此，典型负荷曲线就可作为负荷计算时各种必要系数的基本依据。利用这种系数，根据工厂所提供的用电设备容量，便可将其变换成电力设备所需要的假想负荷——计算负荷。用此计算负荷选择供电系统中的导线和电缆截面积，确定变压器容量，为选择电气设备参数、整定保护装置动作值以及制定提高功率因数措

施等提供了依据。

**一、计算负荷的意义**

将全厂所有用电设备的额定容量相加作为全厂电力负荷是不合适的，因为工厂里各种用电设备在运行中其电力负荷总是在不断变化的，但一般不会超过其额定容量；而各台用电设备的最大负荷出现的时间也不会都相同，所以全厂的最大负荷总是比全厂各种用电设备额定容量的总和要小。如果根据设备容量总和来选择导线和供电设备必将造成浪费。反之，若负荷计算过小，造成导线和供电设备选择得小，在运行中必将使上述元件过热，加速绝缘老化，甚至损坏，因此必须合理地进行负荷计算。由于工厂用电设备是一些有各种各样变化规律的用电负荷，要准确算出负荷的大小是很困难的。所谓"计算负荷"是按发热条件选择电气设备的一个假定负荷。计算负荷产生的热效应需和实际变动负荷产生的最大热效应相等。所以根据计算负荷来选择导线及设备，在实际运行中它们的最高温升就不会超过容许值。

通常我们把典型用电设备组的日负荷曲线上的"最大负荷"作为"计算负荷"，并作为按发热条件选择电气设备的依据。为什么这样考虑呢？因为导体通过电流达到稳定温升的时间大约为 $3\sim4\tau$（$\tau$ 为发热时间常数），而一般中小截面导线的 $\tau$ 都在 $10\text{min}$ 以上，也就是说载流体大约经半小时（$30\text{min}$）后可达到稳定温升值，为了使计算方法一致，对其他供电元件（如大截面导线、变压器、开关电器等）均采用从负荷曲线上测得的"最大负荷"作为计算负荷。用 $P_{ca}$ 来表示有功计算负荷，其余 $Q_{ca}$、$S_{ca}$、$I_{ca}$ 表示无功计算负荷、视在计算负荷和计算电流。

**二、确定计算负荷的系数**

比较、分析大量的负荷曲线，又可以发现同一类型的工业企业（或同一类型车间、设备）的负荷曲线，均有大致相似的形状。从中可发现数值较相近的系数。

1. 需要系数 $K_d$

在设备额定功率 $P_N$ 已知的条件下，只要实测统计出用电设备组（车间、全厂）的计算负荷 $P_{ca}$，即在典型的用电设备组负荷曲线上出现的最大负荷 $P_{max}$，就可以求出需要系数 $K_d$，定义如下

$$K_d = \frac{\text{负荷曲线最大有功负荷}}{\text{设备容量}} = \frac{P_{max}}{P_N} \qquad (6\text{-}8)$$

有关数据见表 6-2～表 6-5。

表 6-2　　　　　　　　　　各用电设备组的需要系数 $K_d$ 及功率因数

| 用电设备组名称 | $K_d$ | $\cos\varphi$ | $\tan\varphi$ |
|---|---|---|---|
| 单独传动的金属加工机床： | | | |
| （1）冷加工车间； | 0.14～0.16 | 0.50 | 1.73 |
| （2）热加工车间 | 0.20～0.25 | 0.55～0.6 | 1.52～1.33 |
| 压床、锻锤、剪床及其他锻工机械 | 0.25 | 0.60 | 1.33 |
| 连续运输机械： | | | |
| （1）联锁的； | 0.65 | 0.75 | 0.88 |
| （2）非联锁的 | 0.60 | 0.75 | 0.88 |
| 轧钢车间反复短时工作制的机械 | 0.3～0.40 | 0.5～0.6 | 1.73～1.33 |

续表

| 用电设备组名称 | $K_d$ | $\cos\varphi$ | $\tan\varphi$ |
|---|---|---|---|
| 通风机：<br>(1) 生产用；<br>(2) 卫生用 | 0.75~0.85<br>0.65~0.70 | 0.8~0.85<br>0.80 | 0.75~0.62<br>0.75 |
| 泵、活塞式压缩机、鼓风机、排风机、电动发电机等 | 0.75~0.85 | 0.80 | 0.75 |
| 破碎机、筛选机、碾砂机等 | 0.75~0.80 | 0.80 | 0.75 |
| 磨碎机 | 0.80~0.85 | 0.80~0.85 | 0.75~0.62 |
| 铸铁车间造型机 | 0.70 | 0.75 | 0.88 |
| 搅拌器、凝结器、分级器 | 0.75 | 0.75 | 0.88 |
| 感应电炉（不带功率因数补偿装置）<br>(1) 高频；<br>(2) 低频 | 0.80<br>0.80 | 0.10<br>0.35 | 10.05<br>2.67 |
| 电阻炉：<br>(1) 自动装料；<br>(2) 非自动装料 | 0.7~0.80<br>0.6~0.70 | 0.98<br>0.98 | 0.20<br>0.20 |
| 小容量试验设备和试验台：<br>(1) 带电动发电机组；<br>(2) 带试验变压器 | 0.15~0.40<br>0.1~0.25 | 0.72<br>0.20 | 1.02<br>4.91 |
| 起重机：<br>(1) 锅炉房、修理、金工、装配车间；<br>(2) 铸铁车间、平炉车间；<br>(3) 轧钢车间、脱锭工序等 | 0.05~0.15<br>0.15~0.30<br>0.25~0.35 | 0.50<br>0.50<br>0.50 | 1.73<br>1.73<br>1.73 |
| 电焊机：<br>(1) 点焊与缝焊用；<br>(2) 对焊用 | 0.35<br>0.35 | 0.60<br>0.70 | 1.33<br>1.02 |
| 电焊变压器：<br>(1) 自动焊接用；<br>(2) 单头手动焊接用；<br>(3) 多头手动焊接用 | 0.50<br>0.35<br>0.40 | 0.40<br>0.35<br>0.35 | 2.29<br>2.68<br>2.68 |
| 焊接用电动发电机组：<br>(1) 单头焊接用；<br>(2) 多头焊接用 | 0.35<br>0.70 | 0.60<br>0.75 | 1.33<br>0.80 |
| 电弧炼钢炉变压器 | 0.90 | 0.87 | 0.57 |
| 煤气电气滤清机组 | 0.80 | 0.78 | 0.80 |

**表 6-3　　　　3~6~10kV 高压用电设备需要系数 $K_d$ 及功率因数**

| 序号 | 高压用电设备组名称 | $K_d$ | $\cos\varphi$ | $\tan\varphi$ |
|---|---|---|---|---|
| 1 | 电弧炉变压器 | 0.92 | 0.87 | 0.57 |
| 2 | 锅炉 | 0.90 | 0.87 | 0.57 |
| 3 | 转炉鼓风机 | 0.70 | 0.80 | 0.75 |

| 序号 | 高压用电设备组名称 | $K_d$ | $\cos\varphi$ | $\tan\varphi$ |
|---|---|---|---|---|
| 4 | 水压机 | 0.50 | 0.75 | 0.88 |
| 5 | 煤气站排风机 | 0.70 | 0.80 | 0.75 |
| 6 | 空压站压缩机 | 0.70 | 0.80 | 0.75 |
| 7 | 氧气压缩机 | 0.80 | 0.80 | 0.75 |
| 8 | 轧钢设备 | 0.80 | 0.80 | 0.75 |
| 9 | 试验电动机组 | 0.50 | 0.75 | 0.88 |
| 10 | 高压给水泵（感应电动机） | 0.50 | 0.80 | 0.75 |
| 11 | 高压输水泵（同步电动机） | 0.80 | 0.92 | 0.43 |
| 12 | 引风机、送风机 | 0.8～0.9 | 0.85 | 0.62 |
| 13 | 有色金属轧机 | 0.15～0.20 | 0.70 | 1.02 |

表 6-4　　　　　　　　各种车间的低压负荷需要系数 $K_d$ 及功率因数

| 序 号 | 车 间 名 称 | $K_d$ | $\cos\varphi$ | $\tan\varphi$ |
|---|---|---|---|---|
| 1 | 铸钢车间（不包括电炉） | 0.3～0.4 | 0.65 | 1.17 |
| 2 | 铸铁车间 | 0.35～0.4 | 0.7 | 1.02 |
| 3 | 锻压车间（不包括高压水泵） | 0.2～0.3 | 0.55～0.65 | 1.52～1.17 |
| 4 | 热处理车间 | 0.4～0.6 | 0.65～0.7 | 1.17～1.02 |
| 5 | 焊接车间 | 0.25～0.3 | 0.45～0.5 | 1.98～1.73 |
| 6 | 金工车间 | 0.2～0.30 | 0.55～0.65 | 1.52～1.17 |
| 7 | 木工车间 | 0.28～0.35 | 0.6 | 1.33 |
| 8 | 工具车间 | 0.3 | 0.65 | 1.17 |
| 9 | 修理车间 | 0.2～0.25 | 0.65 | 1.17 |
| 10 | 落锤车间 | 0.2 | 0.6 | 1.33 |
| 11 | 废钢铁处理车间 | 0.45 | 0.68 | 1.08 |
| 12 | 电镀车间 | 0.4～0.62 | 0.85 | 0.62 |
| 13 | 中央实验室 | 0.4～0.6 | 0.6～0.8 | 1.33～0.75 |
| 14 | 充电站 | 0.6～0.7 | 0.8 | 0.75 |
| 15 | 煤气站 | 0.5～0.7 | 0.65 | 1.17 |
| 16 | 氧气站 | 0.75～0.85 | 0.8 | 0.75 |
| 17 | 冷冻站 | 0.7 | 0.75 | 0.88 |
| 18 | 水泵站 | 0.5～0.65 | 0.8 | 0.75 |
| 19 | 锅炉房 | 0.65～0.75 | 0.8 | 0.75 |
| 20 | 压缩空气站 | 0.7～0.85 | 0.75 | 0.88 |
| 21 | 乙炔站 | 0.7 | 0.9 | 0.48 |
| 22 | 试验站 | 0.4～0.5 | 0.8 | 0.75 |

续表

| 序　号 | 车　间　名　称 | $K_d$ | $\cos\varphi$ | $\tan\varphi$ |
|---|---|---|---|---|
| 23 | 发电机车间 | 0.29 | 0.60 | 1.32 |
| 24 | 变压器车间 | 0.35 | 0.65 | 1.17 |
| 25 | 电容器车间（机械化运输） | 0.41 | 0.98 | 0.19 |
| 26 | 高压开关车间 | 0.30 | 0.70 | 1.02 |
| 27 | 绝缘材料车间 | 0.41～0.50 | 0.80 | 0.75 |
| 28 | 漆包线车间 | 0.80 | 0.91 | 0.48 |
| 29 | 电磁线车间 | 0.68 | 0.80 | 0.75 |
| 30 | 线圈车间 | 0.55 | 0.87 | 0.51 |
| 31 | 扁线车间 | 0.47 | 0.75～0.73 | 0.88～0.80 |
| 32 | 圆线车间 | 0.43 | 0.65～0.70 | 1.17～1.02 |
| 33 | 压延车间 | 0.45 | 0.78 | 0.80 |
| 34 | 辅助性车间 | 0.30～0.35 | 0.65～0.70 | 1.17～1.02 |
| 35 | 电线厂主厂房 | 0.44 | 0.75 | 0.88 |
| 36 | 电瓷厂主厂房（机械化运输） | 0.47 | 0.75 | 0.88 |
| 37 | 电表厂主厂房 | 0.40～0.50 | 0.80 | 0.75 |
| 38 | 电刷厂主厂房 | 0.50 | 0.80 | 0.75 |

**表 6 - 5　　　　　各种工厂的全厂需要系数 $K_d$ 及功率因数**

| 工厂类型 | 需要系数 $K_d$ | | 最大负荷时功率因数 | |
|---|---|---|---|---|
| | 变动范围 | 建议采用 | 变动范围 | 建议采用 |
| 汽轮机制造厂 | 0.38～0.49 | 0.38 | — | 0.88 |
| 锅炉制造厂 | 0.26～0.33 | 0.27 | 0.73～0.75 | 0.73 |
| 柴油机制造厂 | 0.32～0.34 | 0.32 | 0.74～0.84 | 0.74 |
| 重型机械制造厂 | 0.25～0.47 | 0.35 | — | 0.79 |
| 机床制造厂 | 0.13～0.3 | 0.2 | — | — |
| 重型机床制造厂 | 0.32 | 0.32 | — | 0.71 |
| 工具制造厂 | 0.34～0.35 | 0.34 | — | — |
| 仪器仪表制造厂 | 0.31～0.42 | 0.37 | 0.8～0.82 | 0.81 |
| 滚珠轴承制造厂 | 0.24～0.34 | 0.28 | — | — |
| 量具刃具制造厂 | 0.26～0.35 | 0.26 | — | — |
| 电机制造厂 | 0.25～0.38 | 0.33 | — | — |
| 石油机械制造厂 | 0.45～0.5 | 0.45 | — | 0.78 |
| 电线电缆制造厂 | 0.35～0.36 | 0.35 | 0.65～0.8 | 0.73 |
| 电气开关制造厂 | 0.3～0.6 | 0.35 | — | 0.75 |
| 阀门制造厂 | 0.38 | 0.38 | — | — |

续表

| 工厂类型 | 需要系数 $K_d$ | | 最大负荷时功率因数 | |
|---|---|---|---|---|
| | 变动范围 | 建议采用 | 变动范围 | 建议采用 |
| 铸管厂 | — | 0.5 | — | 0.78 |
| 橡胶厂 | 0.5 | 0.5 | 0.72 | 0.72 |
| 通用机器厂 | 0.34~0.43 | 0.4 | — | — |
| 小型造船厂 | 0.32~0.5 | 0.33 | 0.6~0.8 | 0.7 |
| 中型造船厂 | 0.35~0.45 | | 0.7~0.8 | |
| 大型造船厂 | 0.35~0.4 | | 0.7~0.8 | |
| 有色冶金企业 | 0.6~0.7 | 0.65 | — | — |
| 化学工厂 | 0.17~0.38 | 0.28 | — | — |
| 纺织工厂 | 0.32~0.60 | 0.5 | — | — |
| 水泥工厂 | 0.50~0.84 | 0.71 | — | — |
| 锯木工厂 | 0.14~0.30 | 0.19 | — | — |
| 各种金属加工厂 | 0.19~0.27 | 0.21 | — | — |
| 钢结构桥梁厂 | 0.35~0.40 | — | | 0.60 |
| 混凝土桥梁厂 | 0.30~0.45 | — | | 0.55 |
| 混凝土轨枕厂 | 0.35~0.45 | — | | — |

2. 利用系数 $K_u$

利用系数可定义为

$$K_u = \frac{\text{负荷曲线平均有功负荷}}{\text{设备容量}} = \frac{P_{av}}{P_N} \tag{6-9}$$

由式 (6-9) 可见, 利用系数是极容易测得的。

3. 同时系数 $K_\Sigma$

当车间配电干线上接有多台用电设备时, 对干线上连接的所有设备进行分组 (m 组), 然后分别求出各用电设备组的计算负荷。考虑到干线上各组用电设备的最大负荷不同时出现的因素, 求干线上的计算负荷时, 将干线上各用电设备组的计算负荷相加后应乘以相应的最大负荷同时系数 (又称参差系数、混合系数)。

有功同时系数为

$$K_{\Sigma P} = \frac{P_{ca}}{\sum\limits_{i=1}^{m} P_{ca \cdot i}} \tag{6-10}$$

无功同时系数为

$$K_{\Sigma Q} = \frac{Q_{ca}}{\sum\limits_{i=1}^{m} Q_{ca \cdot i}} \tag{6-11}$$

需要指出的是上述所有的系数都不能认为是固定不变的, 随着工业企业技术革新和进步, 节约用电技术的不断推广以及负荷调整等, 这些系数也将随之变化, 因此需要定期加以修正。有关系数见表 6-6。

**表 6-6**　　　　　　　　　　**需要系数法的同时系数**

| 应　用　范　围 | $K_\Sigma$ |
|---|---|
| 确定车间变电站低压母线最大负荷时，所采用的有功负荷或无功负荷的同时系数 | |
| 　　　　　　　冷加工车间 | 0.7～0.8 |
| 　　　　　　　热加工车间 | 0.7～0.9 |
| 　　　　　　　动力站 | 0.8～1.0 |
| 确定配电所母线最大负荷时，所采用的有功负荷或无功负荷的同时系数 | |
| 　　　　　　　计算负荷小于 5000kW | 0.9～1.0 |
| 　　　　　　　计算负荷为 5000～10 000kW | 0.85 |
| 　　　　　　　计算负荷超过 10 000kW | 0.8 |

注　1. 当由各车间直接计算全厂最大负荷时，应同时乘以表中的两种同时系数。
　　2. 无功负荷的同时系数一般采用与有功负荷的同时系数相同的数值。

4. 形状系数 $K_z$

形状系数 $K_z$ 定义为

$$K_z = \frac{P_{ca}}{P_{av}} \tag{6-12}$$

式中　　$P_{ca}$——计算负荷。

5. 附加系数 $K_f$

附加系数 $K_f$ 定义为

$$K_f = \frac{P_m}{P_{av}} \tag{6-13}$$

其中，$P_m$ 为负荷曲线上出现的、以 $\Delta t$ 作为时间间隔的最大平均负荷，当 $\Delta t = 30min$ 时，$P_m = P_{30}$。

### 三、求计算负荷的常用方法

求计算负荷的常用方法是需要系数法和利用系数法，详见本章第三节的计算示例。

## 第三节　工厂供电负荷的统计计算示例

考虑到在变配电系统中，并不是所有用电设备都同时运行，即使同时运行的设备也不一定每台都达到额定容量，因此不能用简单地把所有用电设备的容量相加的方法来确定计算负荷。

### 一、计算负荷的估算法

在做设计任务书或初步设计阶段，尤其当需要进行方案比较时，车间或企业的年平均有功功率和无功功率往往可按下述方法估算。

（一）单位产品耗电量法

已知企业的生产量 $n$ 及每一单位产品电能消耗量 $W$（见表 6-7），可先求出企业年电能需要量 $W_n$。

$$W_n = Wn \tag{6-14}$$

表 6 - 7                                    各种单位产品的电能消耗量

| 标 准 产 品 | 单 位 | 单位产品耗电量（kW·h） |
|---|---|---|
| 有色金属铸件 | t | 600～1000 |
| 铸铁件 | t | 300 |
| 锻铁件 | t | 30～80 |
| 拖拉机 | 台 | 5000～8000 |
| 汽车 | 辆 | 1500～2500 |
| 轴承 | 套 | 1～4 |
| 电表 | 只 | 7 |
| 静电电容器 | kvar | 3 |
| 变压器 | kVA | 2.5 |
| 电动机 | kW | 14 |
| 量具刃具 | t | 6300～8500 |
| 工作母机 | t | 1000 |
| 重型机床 | t | 1600 |
| 纱 | t | 40 |
| 橡胶制品 | t | 250～400 |

于是可以求得最大有功功率为

$$P_{max} = W_n / T_{max} \tag{6-15}$$

式中，$T_{max}$ 为年最大有功负荷利用小时数，见表 6-8。表中数据是根据现有同类企业年消耗电能除以年最大负荷所得到的假想时间统计得出的，它表示企业全年如果都在最大负荷下工作时的工作时数。同理，也可以求出年最大无功负荷利用小时数，见表 6-8。

表 6 - 8                                    某些企业的最大负荷年利用小时数

| 工 厂 类 别 | 最大负荷年利用小时数 | |
|---|---|---|
| | 有功负荷年利用小时数 | 无功负荷年利用小时数 |
| 化工厂 | 6200 | 7000 |
| 苯胺颜料工厂 | 7100 | — |
| 石油提炼工厂 | 7100 | — |
| 重型机械制造厂 | 3770 | 4840 |
| 机床厂 | 4345 | 4750 |
| 工具厂 | 4140 | 4960 |
| 滚珠轴承厂 | 5300 | 6130 |
| 起重运输设备厂 | 3300 | 3880 |
| 汽车拖拉机厂 | 4960 | 5240 |
| 农业机械制造厂 | 5330 | 4220 |
| 仪器制造厂 | 3080 | 3180 |
| 汽车修理厂 | 4370 | 3200 |

| 工 厂 类 别 | 最大负荷年利用小时数 | |
|---|---|---|
| | 有功负荷年利用小时数 | 无功负荷年利用小时数 |
| 车辆修理厂 | 3560 | 3660 |
| 电器工厂 | 4280 | 6420 |
| 氮肥厂 | 7000~8000 | — |
| 金属加工厂 | 4355 | 5880 |

**（二）车间生产面积负荷密度法**

如表 6-9 所示，当已知车间生产面积负荷密度指标 $\rho$（单位为 $kW/m^2$）时，车间的平均负荷按式（6-16）求得

$$P_{av} = \rho A \qquad (6-16)$$

式中　$A$ ——车间生产面积，m。

若能统计出企业的负荷密度指标，也可以用此方法估算企业的用电负荷。

**表 6-9　　　　　　　　　　　车间低压负荷估算指标**

| 车 间 类 型 | 负荷估算指标 | | 自然平均功率因数 | |
|---|---|---|---|---|
| | $K_d$ | $\rho$（$kW/m^2$） | $\cos\varphi$ | $\tan\varphi$ |
| 铸钢车间（不包括电弧炉） | 0.3~0.4 | 0.055~0.06 | 0.65 | 1.17 |
| 铸铁车间 | 0.35~0.4 | 0.06 | 0.7 | 1.02 |
| 锻压车间（不包括高压水泵） | 0.2~0.3 | — | 0.55~0.65 | 1.52~1.17 |
| 热处理车间 | 0.4~0.6 | — | 0.65~0.7 | 1.17~1.02 |
| 焊接车间 | 0.25~0.3 | 0.04 | 0.45~0.5 | 1.98~1.73 |
| 金工车间 | 0.2~0.3 | 0.1 | 0.55~0.65 | 1.52~1.17 |
| 木工车间 | 0.28~0.35 | 0.06 | 0.6 | 1.33 |
| 工具车间 | 0.3 | 0.1~0.12 | 0.65 | 1.17 |
| 修理车间 | 0.2~0.25 | — | 0.65 | 1.17 |
| 落锤车间 | 0.2 | — | 0.6 | 1.33 |
| 废钢铁处理车间 | 0.45 | — | 0.68 | 1.08 |
| 电镀车间 | 0.4~0.62 | — | 0.85 | 0.62 |
| 中央实验室 | 0.4~0.6 | — | 0.6~0.8 | 1.33~0.75 |
| 充电站 | 0.6~0.7 | — | 0.8 | 0.75 |
| 煤气站 | 0.5~0.7 | 0.09~0.13 | 0.65 | 1.17 |
| 氧气站 | 0.75~0.85 | — | 0.8 | 0.75 |
| 冷冻站 | 0.7 | — | 0.75 | 0.88 |
| 水泵站 | 0.5~0.65 | — | 0.8 | 0.75 |
| 锅炉房 | 0.65~0.75 | 0.15~0.2 | 0.8 | 0.75 |
| 压缩空气站 | 0.7~0.85 | 0.15~0.2 | 0.75 | 0.88 |

**二、求计算负荷的方法**

（一）对单台电动机

供电线路可能出现的最大负荷即计算负荷为

$$P_{ca} = \frac{P_{N \cdot M}}{\eta_N} \approx P_{N \cdot M} \qquad (6-17)$$

式中　　$P_{N \cdot M}$——电动机的额定功率；

　　　　$\eta_N$——电动机在额定负荷下的效率。

对单个白炽灯、单台电热设备、电炉变压器等，设备额定容量就作为计算负荷，即 $P_{ca} = P_N$。

对单台反复短时工作制的设备，其设备容量均作为计算负荷。不过对于吊车，如负荷持续率 $\varepsilon \neq 25\%$，对于电焊机如负荷持续率 $\varepsilon \neq 100\%$，则应相应地换算为 $25\%$ 或 $100\%$ 时的设备容量。

（二）多组用电设备的负荷计算

多组用电设备求计算负荷的常用方法如下。

1. 需要系数法

用需要系数法求计算负荷的具体步骤如下：

（1）将用电设备分组，求出各组用电设备的总额定容量。

（2）查出各组用电设备相应的需要系数及对应的功率因数。则

$$P_{ca \cdot 1} = K_{d1} P_{N1}, \quad P_{ca \cdot 2} = K_{d2} P_{N2} \cdots$$

$$Q_{ca \cdot 1} = P_{ca1} \tan\varphi_1, \quad Q_{ca \cdot 2} = P_{ca2} \tan\varphi_2 \cdots$$

于是　　　　$P_{ca} = \sum P_{ca \cdot i}, \quad Q_{ca} = \sum Q_{ca \cdot i}, \quad S_{ca} = \sqrt{P_{ca}^2 + Q_{ca}^2}$

（3）用需要系数法求车间或全厂计算负荷时，需要在各级配电点乘以同期系数 $K_{\Sigma}$。对图 6-4 所示系统，a 处的计算负荷（$P_{ca \cdot a}$，$Q_{ca \cdot a}$）系由考虑同期系数 $K_{\Sigma \cdot a}$ 的低压计算负荷加上变压器工作时的功率损失，用以选择车间变电站高压端的供电导线截面。b 处的计算负荷（$P_{ca \cdot b}$，$Q_{ca \cdot b}$）是由 $K_{\Sigma \cdot b}$ 乘以 $\sum P_{ca \cdot a}$ 及 $\sum Q_{ca \cdot a}$ 再加上高压用电设备的计算负荷，用来确定配电所母线及导线 b 的截面。c 处的计算负荷（$P_{ca \cdot c}$，$Q_{ca \cdot c}$）是由 $K_{\Sigma \cdot c}$ 乘以 $\sum P_{ca \cdot b}$ 及 $\sum Q_{ca \cdot b}$，用来确定总降压变电站母线及线路 c 的截面和总降压变电站变压器容量。d 处是供给全厂用电的总供电线路，由 $P_{ca \cdot c}$ 与 $Q_{ca \cdot c}$ 加总降压变压器的功率损失求得。

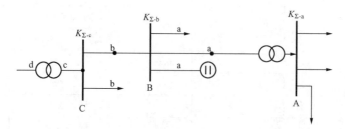

图 6-4　求全厂计算负荷时乘以同期系数 $K_{\Sigma}$ 示意图

在低压母线 B 处也需乘以 $K_{\Sigma \cdot b}$。$K_{\Sigma \cdot i}$ 的取值一般为 $0.85 \sim 0.95$，但它们的连乘积建议不小于 $0.8$，由于愈趋近电源端负荷愈平稳，所以对应的 $K_{\Sigma \cdot i}$ 也愈大。

表 6-6 所示为同期系数 $K_{\Sigma}$ 的参考值。

2. 利用系数法

利用系数法求计算负荷的具体步骤如下：

(1) 将用电设备分组，求出各用电设备组的总额定容量。

(2) 查出各组用电设备的利用系数及对应的功率因数，则

$$P_{av\cdot1} = K_{u\cdot1} P_{N\cdot1} ,\ P_{av\cdot2} = K_{u\cdot2} P_{N\cdot2} \cdots$$

$$Q_{av\cdot1} = P_{av\cdot1} \tan\varphi_1 ,\ Q_{av\cdot2} = P_{av\cdot2} \tan\varphi_2 \cdots$$

于是　　　　　　　$$P_{av} = \sum P_{av\cdot i} ,\ Q_{av} = \sum Q_{av\cdot i} \cdots$$

(3) 求负荷的有效值 $P_{ca}$

$$P_{ca} = K_z P_{av} \approx (1.05 \sim 1.1) P_{av}$$

$$Q_{ca} = K_z Q_{av} = (1.05 \sim 1.1) Q_{av}$$

$$S_{ca} = \sqrt{P_{ca}^2 + Q_{ca}^2}$$

用第 2 种方法求计算负荷不需要乘以同期系数 $K_{\Sigma}$ 。

## 第四节　建筑配电负荷的统计计算示例

在民用建筑设计中，常用的负荷计算方法有负荷密度法、单位指标法、需要系数法和利用系数法等。《民用建筑电气设计规范》对负荷计算方法的选取原则做了如下规定：

(1) 在方案阶段可采用单位指标法；在初步设计及施工图阶段，宜采用需要系数法。对于住宅，在设计的各个阶段均可采用单位指标法。

(2) 用电设备台数较多，各台设备用电容量相差不悬殊时，宜采用需要系数法。一般用于干线、配电所的负荷计算。

(3) 用电设备台数较少，各台设备用电容量相差悬殊时，宜采用利用系数法。一般用于支干线、配电屏（箱）的负荷计算。

### 一、计算负荷的估算

在民用建筑的方案设计阶段，必须对建筑内电力负荷进行估算，估算的准确与否，直接关系到建筑的变配电系统总体方案，变压器台数、容量的选择，以及配电设备、开关、导线的选择等，对建筑的投资预算影响很大。目前，我们习惯使用的负荷估算方法有负荷密度法和单位指标法。

1. 负荷密度法

所谓负荷密度法就是根据国家的电力政策、建筑物的性质、负荷的性质等多方面的因素，使用对已竣工工程的数据进行分析统计后确定的单位面积功率（负荷密度）数据，以对所设计系统的计算负荷进行估算的一种方法。其估算有功功率 $P_{ca}$ 的公式为

$$P_{ca} = \frac{P_0 S}{1000} \quad (\text{kW}) \tag{6-18}$$

式中　　$P_0$——单位面积功率（负荷密度），$W/m^2$ ；

　　　　$S$——建筑面积，$m^2$ 。

从上面的公式可以看出，使用负荷密度法估算的计算负荷是否准确，完全取决于单位面

积功率 $P_0$ 的准确程度。因此，在选择确定单位面积功率时，应综合考虑多方面的因素。

（1）建筑物的性质。建筑物的性质不同，标准不同，用电的单位面积功率就不同。从目前我国各地建成的部分旅馆看，用电单位面积功率大致为 $65\sim80\mathrm{W/m}^2$；而作为住宅，其单位面积功率大致为 $55\sim75\mathrm{W/m}^2$。即使同为住宅，由于标准不一样，其单位面积功率也会有很大差别。表 6-10 给出了建设部 1999 年颁发的《住宅设计规范》中规定的用电负荷标准及电能表规格。

表 6-10                                用电负荷标准及电能表规格

| 套型 | 居住空间个数（个） | 使用面积（m²） | 用电负荷标准（kW） | 电能表规格（A） |
|------|------|------|------|------|
| 一类 | 2 | 34 | 2.5 | 5（20） |
| 二类 | 3 | 45 | 2.5 | 5（20） |
| 三类 | 3 | 56 | 4.0 | 10（40） |
| 四类 | 4 | 68 | 4.0 | 10（40） |

（2）空调的形式。一般来说，民用建筑中的电力负荷可分为空调、动力和照明（含少量电热）三大类，它们分别占总负荷的比例为：空调负荷占 40%～50%；照明负荷占 35%～30%；动力负荷占 25%～20%。

如上所述，空调负荷占总用电量的 40%～50%，因此对计算负荷的估算准确与否影响很大。使用不同形式的空调系统，其耗电量的大小有很大的区别。若不知道空调的形式时，在系统的初步设计阶段，也可由设备专业提出估算的空调电力负荷。若设备专业未能提出估算的电力负荷，则可按如下方法估算：空调冷量的冷吨数与空调面积的平方米数之比取为 $0.04\sim0.05$ 冷吨/m²，每冷吨对应的变压器装机容量按 $1.4\sim1.6\mathrm{kVA}$ 估算。

（3）照明负荷。前面已经讲到照明负荷约占总用电量的 30%左右，设计时应按照度标准来推算照明负荷。目前的建筑照明设计，在满足功能要求的同时，还充分考虑美观与装饰效果，更好地烘托建筑物的特点。因此，采用各种各样的灯具，多种多样的照明方式，这会使照明负荷计算复杂化。另外，照明设计很多只是预留照明电源，将来由装修单位具体设计照明。装修时往往只考虑使用功能和环境设置的要求，而照度标准并不一定是唯一的设计依据和要求，即使是按照度标准设计，由于选择的光源和灯具不一样，用电量的大小也会有很大的差别。因此，一般情况下对于局部照明区域尽量按大一级的照度负荷密度做估算，而对整个大楼的照明负荷再考虑一个同期系数。表 6-11 给出了部分建筑单位面积照明计算负荷指标，表 6-12 列举部分照明光源的功率因数。

表 6-11                            单位建筑面积照明用电计算负荷

| 建筑物名称 | 单位建筑面积计算负荷（W/m²） | | 建筑物名称 | 单位建筑面积计算负荷（W/m²） | |
|------|------|------|------|------|------|
| | 白炽灯 | 荧光灯 | | 白炽灯 | 荧光灯 |
| 一般住宅 | 6～12 | | 图书馆 | | 8～15 |
| 高级住宅 | 10～20 | | 大中型商场 | | 10～17 |
| 一般办公楼 | | 8～10 | 展览厅 | 16～40 | |

续表

| 建筑物名称 | 单位建筑面积计算负荷（W/m²） | | 建筑物名称 | 单位建筑面积计算负荷（W/m²） | |
|---|---|---|---|---|---|
| | 白炽灯 | 荧光灯 | | 白炽灯 | 荧光灯 |
| 高级办公楼 | 15～23 | | 锅炉房 | 5～8 | |
| 科学研究楼 | | 12～18 | 库房 | 4～9 | |
| 教学楼 | | 11～15 | 餐厅 | 8～16 | |
| 高级餐厅 | 15～30 | | 剧场 | 12～27 | |
| 旅馆、招待所 | 11～18 | | 体育练习馆 | 12～24 | |
| 高级旅馆、招待所 | 26～35 | | 门诊楼 | 12～25 | |
| 文化馆 | 15～18 | | 病房楼 | 8～10 | |
| 电影院 | 12～20 | | 车库 | 5～7 | |

表 6 - 12　　　　　　　　　　部分照明光源的功率因数

| 光源类别 | $\cos\varphi$ | 光源类别 | $\cos\varphi$ |
|---|---|---|---|
| 白炽灯、卤钨灯 | 1 | 高压钠灯 | 0.45 |
| 荧光灯（无补偿） | 0.6 | 金属卤化物灯 | 0.4～0.61 |
| 荧光灯（有补偿） | 0.9～1 | 镝灯 | 0.52 |
| 高压水银灯 | 0.45～0.65 | 氙灯 | 0.9 |

2. 单位指标法

单位指标法与负荷密度法基本相同，是根据已有的单位用电指标来估算计算负荷。其有功计算负荷 $P_{ca}$ 的计算公式为

$$P_{ca} = \frac{P_e N}{1000} \quad (\text{kW}) \tag{6-19}$$

式中　$P_e$——单位用电指标，如 W/户，W/人，W/床；

　　　$N$——单位数量，如户数，人数，床数。

由于单位用电指标的确定与国家的经济的发展、电力政策以及人民消费水平的高低有很直接的关系，因此，这一数据变化会很频繁。另外，由于我国地域辽阔，经济发展不平衡，人民的消费水平差别也很大，这就造成了在单位用电指标的确定上有很大的差距。例如：上海地区普通住宅的单位指标为 4～6kW/户，高级商住楼单位指标为 10～15kW/户；而北京地区按每户一台空调、一台电热水器考虑时单位指标为 4kW/户左右；按国家 1999 年颁布的《住宅设计规范》要求，单位指标为 2～4kW/户；深圳地区的酒店客房单位指标为 1.2kW/房。所以总的来说，单位用电指标数据的确定有很大的难度。因此，目前可供选择和使用的数据不多，这也使得这种估算方法在使用上受到了一定的限制。

**二、按需要系数法确定计算负荷**

在工程初步设计和施工图设计阶段，一般采用需要系数法确定照明负荷和动力负荷。对于民用建筑采用需要系数法是简单可行的。

1. 按需要系数法确定计算负荷的公式

有功计算负荷

$$P_{ca} = K_d P_N \qquad (6-20)$$

无功计算负荷

$$Q_{ca} = P_{ca} \tan\varphi \qquad (6-21)$$

视在功率计算负荷

$$S_{ca} = \sqrt{P_{ca}^2 + Q_{ca}^2} \qquad (6-22)$$

计算电流

$$I_{ca} = \frac{S_{ca}}{\sqrt{3} U_N} \qquad (6-23)$$

式中　　$K_d$——需要系数；

　　　　$P_N$——用电设备组的设备容量总和，kW；

　　　　$\tan\varphi$——该用电设备组功率因数角的正切值；

　　　　$U_N$——额定线电压，kV。

需要系数 $K_d$ 是根据多年运行经验积累大量实际运行数据，并考虑各种因素，进行综合、分析、比较后确定的。其中主要考虑了下述因素：

（1）同组用电设备中不是所有用电设备都同时工作；

（2）同时工作的用电设备不可能同时满载运行；

（3）用电设备组的平均效率；

（4）配电线路的平均效率。

总之将所有影响负荷计算的因素归并成为一个系数 $K_d$，称之为需要系数，通常也称为需用系数。由于需要系数的确定对于计算负荷的计算结果影响非常大，准确地确定需要系数是准确地确定计算负荷的先决条件。所以，在国家标准规范中根据不同的负荷性质、不同的工作环境、不同的建筑类型等条件来确定需要系数。

民用建筑中部分用电设备的需要系数见表 6-13～表 6-15。

表 6-13　　　　　　　　　　宾馆饭店主要用电设备的需要系数及功率因数

| 序号 | 项目 | 需要系数（$K_d$） | $\cos\varphi$ | 序号 | 项目 | 需要系数（$K_d$） | 功率因数 $\cos\varphi$ |
|---|---|---|---|---|---|---|---|
| 1 | 全馆总负荷 | 0.4～0.5 | 0.8 | 9 | 厨房 | 0.35～0.45 | 0.7 |
| 2 | 全馆总动力 | 0.5～0.6 | 0.8 | 10 | 洗衣机房 | 0.3～0.4 | 0.7 |
| 3 | 全馆总照明 | 0.35～0.45 | 0.85 | 11 | 窗式空调器 | 0.35～0.45 | 0.8 |
| 4 | 冷冻机房 | 0.65～0.75 | 0.8 | 12 | 客房 | 0.4 | |
| 5 | 锅炉房 | 0.65～0.75 | 0.75 | 13 | 餐厅 | 0.7 | |
| 6 | 水泵 | 0.6～0.7 | 0.8 | 14 | 会议室 | 0.7 | |
| 7 | 通风机 | 0.6～0.7 | 0.8 | 15 | 办公室 | 0.8 | |
| 8 | 电梯 | 0.18～0.2 | DC0.4/AC0.8 | 16 | 车库 | 1 | |

表 6 - 14　　　　　　　　　　　民用建筑照明负荷需要系数

| 建筑类别 | 需要系数 $K_d$ | 建筑类别 | 需要系数 $K_d$ | 建筑类别 | 需要系数 $K_d$ |
|---|---|---|---|---|---|
| 住宅楼 | 0.4~0.7 | 图书馆、阅览室 | 0.8 | 病房楼 | 0.5~0.6 |
| 科研楼 | 0.8~0.9 | 实验室、变电站 | 0.7~0.8 | 剧院 | 0.6~0.7 |
| 商店 | 0.85~0.95 | 单身宿舍 | 0.6~0.7 | 展览馆 | 0.7~0.8 |
| 门诊楼 | 0.6~0.7 | 办公楼 | 0.7~0.8 | 事故照明 | 1 |
| 影院 | 0.7~0.8 | 教学楼 | 0.8~0.9 | 托儿所 | 0.55~0.65 |
| 体育馆 | 0.65~0.75 | 社会旅馆 | 0.7~0.8 | | |

表 6 - 15　　　　　　　　十层及以上民用建筑照明负荷需要系数

| 户数 | 20 户以下 | 20~50 户 | 50~100 户 | 100 户以上 |
|---|---|---|---|---|
| 需要系数（$K_d$） | 0.6 | 0.5~0.6 | 0.4~0.5 | 0.4 |

按需要系数法确定计算负荷，虽然计算简便，但从上述表格中我们也可以看出，需要系数的确定并未考虑用电设备中少数容量很大的设备对计算负荷的影响。因此在确定用电设备台数较少而容量差别较大的低压干线和分支线的计算负荷时，结果往往偏小。

2. 三相用电设备组计算负荷的确定

（1）用电设备分组。从表 6 - 13 可以看出，不同性质的用电设备，其功率因数、需要系数可能是不同的。因此在使用需要系数法确定计算负荷时，应将配电干线范围内的用电设备按类型统一分组，并取用不同的需要系数，再根据各组用电设备的功率因数，对各组的计算负荷进行计算。

在使用需要系数法分组求计算负荷时，可能会出现有的设备组设备台数很少，这种情况下如不做一些特殊的考虑，仍简单地选用需要系数，可能会造成计算结果偏小，从而造成设计结果不合理的问题。针对这一问题，《民用建筑电气设计规范》做出了相应规定，即对用电设备进行分组计算时，若该组用电设备的台数少于等于 3 台时，计算负荷等于其设备功率的总和，而不再考虑需要系数；若用电设备在 3 台以上时，其计算负荷应通过计算确定，即要考虑需要系数。

（2）单组用电设备计算负荷的确定。单组用电设备计算负荷的公式为

$$P_{ca} = K_d P_N \tag{6 - 24}$$

$$Q_{ca} = P_{ca} \tan\varphi \tag{6 - 25}$$

$$S_{ca} = \sqrt{P_{ca}^2 + Q_{ca}^2} \tag{6 - 26}$$

$$I_{ca} = \frac{S_{ca}}{\sqrt{3} U_N} \tag{6 - 27}$$

（3）单相用电设备计算负荷的确定。《民用建筑电气设计规范》中规定："单相负荷应均匀分配到三相上。当单相负荷的总容量小于计算范围内三相对称负荷总容量的 15％时，全部按三相对称负荷计算；当超过 15％时，应将单相负荷换算为等效三相负荷，再与三相对称负荷相加"。等效三相负荷可按下列方法计算：

1) 只有相负荷时，等效三相负荷取最大相负荷的 3 倍；

2) 只有线间负荷时，单台时等效三相负荷取线间负荷的 $\sqrt{3}$ 倍；多台时等效三相负荷取最大线间负荷的 $\sqrt{3}$ 倍加上次线间最大负荷的（$3-\sqrt{3}$）倍；

3) 既有线间负荷又有相间负荷时，应先将线间负荷换算为相间负荷，然后各相负荷分别相加，选取最大相负荷乘 3 倍作为等效三相负荷。

3. 多组用电设备计算负荷的确定

确定拥有多组用电设备的配电干线或低压母线上的计算负荷时，应适当考虑各用电设备组最大负荷不同时出现这样一个因素，可根据具体情况，计入一个同时系数 $K_\Sigma$（又叫参差系数或混合系数）。对低压干线，$K_\Sigma=0.9\sim1$；对低压母线，由用电设备组直接相加来确定计算负荷时，$K_\Sigma=0.8\sim0.9$。这样可以有如下多组用电设备计算负荷的计算公式

$$P_{ca}=K_\Sigma\sum_{i=1}^{n}P_{ca\cdot i} \tag{6-28}$$

$$Q_{ca}=K_\Sigma\sum_{i=1}^{n}P_{ca\cdot i}\tan\varphi_i \tag{6-29}$$

$$S_{ca}=\sqrt{P_{ca}^2+Q_{ca}^2} \tag{6-30}$$

$$I_{ca}=\frac{S_{ca}}{\sqrt{3}U_N} \tag{6-31}$$

式中　　$P_{ca\cdot i}$——第 $i$ 组用电设备的计算负荷；

$\tan\varphi_i$——第 $i$ 组用电设备功率因数角的正切值。

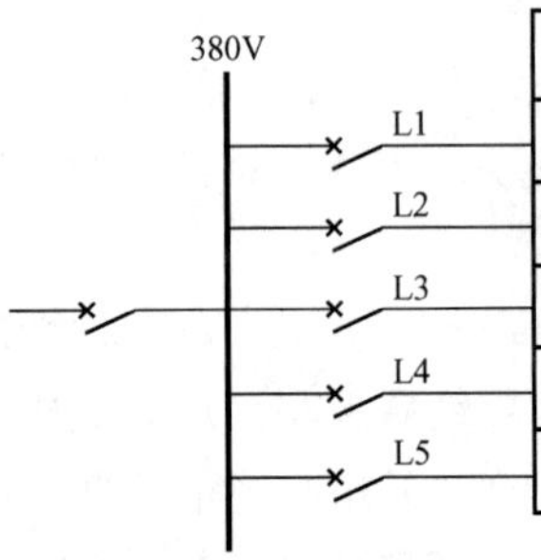

| 建筑 | 荧光灯容量及补偿后功率因数 | | 白帜灯容量 |
|---|---|---|---|
| 1号住宅楼 | 30kW | 0.9 | 15kW |
| 2号住宅楼 | 30kW | 0.9 | 15kW |
| 3号住宅楼 | 30kW | 0.9 | 15kW |
| 4号住宅楼 | 30kW | 0.9 | 15kW |
| 托儿所 | 5kW | 0.9 | 2kW |

图 6-5　求全区计算负荷时乘以同期系数 $K_\Sigma$ 的示意图

**例 6-1**　某住宅区照明供电干线如图 6-5 所示。各建筑物均采用三相四线制进线，额定电压为 380V，且光源容量已由单相负荷换算为三相负荷，各荧光灯具均采用无功补偿，试计算该住宅区各幢楼的照明计算负荷及变压器低压侧计算负荷。

**解**　查表 6-12 可知：白炽灯的功率因数 $\cos\varphi=1$，荧光灯的功率因数（有补偿）$\cos\varphi=0.9$　$\tan\varphi=0.48$。查表 6-14 可知：住宅楼照明负荷的需要系数 $K_d=0.5$（0.4～0.7），托儿所照明负荷的需要系数 $K_d=0.6$（0.55～0.65）

每幢住宅楼白炽灯的计算负荷为

$$P_{B\cdot ca}=K_d\times P_{B\cdot N}=0.5\times15=7.5(kW)$$

$$Q_{B\cdot ca}=0$$

每幢住宅楼荧光灯的计算负荷为

$$P_{Y\cdot ca}=K_d\times P_{Y\cdot N}=0.5\times30=15(kW)$$

$$Q_{Y\cdot ca}=P_{Y\cdot ca}\times\tan\varphi=15\times0.48=7.2(kvar)$$

每幢住宅楼总照明计算负荷为

$$P_{ZZ\cdot ca}=P_{B\cdot ca}+P_{Y\cdot ca}=7.5+15=22.5(kW)$$

$$Q_{ZZ\cdot ca} = Q_{B\cdot ca} + Q_{Y\cdot ca} = 0 + 7.22 = 7.2(\text{kvar})$$

托儿所白炽灯的计算负荷为

$$P_{B\cdot ca} = K_d \times P_{B\cdot N} = 0.6 \times 2 = 1.2(\text{kW})$$

$$Q_{B\cdot ca} = 0$$

托儿所荧光灯的计算负荷为

$$P_{Y\cdot ca} = K_d \times P_{Y\cdot N} = 0.6 \times 5 = 3(\text{kW})$$

$$Q_{Y\cdot ca} = P_{Y\cdot ca} \times \tan\varphi = 3 \times 0.48 = 1.44(\text{kvar})$$

托儿所总照明计算负荷为

$$P_{TR\cdot ca} = P_{B\cdot ca} + P_{Y\cdot ca} = 1.2 + 3 = 4.2(\text{kW})$$

$$Q_{TR\cdot ca} = Q_{B\cdot ca} + Q_{Y\cdot ca} = 0 + 1.44 = 1.44(\text{kvar})$$

低压母线上的计算负荷为

取 $K_\Sigma = 0.9$，有

$$P_{SUM\cdot ca} = K_\Sigma \sum(P_{ZZ\cdot ca} + P_{TR\cdot ca}) = 0.9 \times (22.5 \times 4 + 4.2) = 84.78(\text{kW})$$

$$Q_{SUM\cdot ca} = K_\Sigma \sum(Q_{ZZ\cdot ca} + Q_{TR\cdot ca}) = 0.9 \times (7.2 \times 4 + 1.44) = 27.22(\text{kvar})$$

$$S_{SUM\cdot ca} = \sqrt{P_{SUM\cdot ca}^2 + Q_{SUM\cdot ca}^2} = \sqrt{84.78^2 + 27.22^2} = 89.04(\text{kVA})$$

$$I_{SUM\cdot ca} = \frac{S_{SUM\cdot ca}}{\sqrt{3}U_N} = \frac{89.04}{\sqrt{3} \times 0.38} = 135.28(\text{A})$$

# 第五节　负荷预测简介

负荷预测是从已知的用电需求出发，考虑政治、经济、气候等相关因素，对未来的用电需求做出的预测，包括电力需求预测和电能需求预测两部分内容。对系统规划而言，电力需求预测决定发电、输电、配电系统新增容量的大小；电能预测决定发电设备的类型（如调峰机组、基荷机组等）。对系统运行而言，负荷预测用来合理安排机组启停、检修，以及确定系统的旋转备用容量。事实上，负荷预测在电网调度自动化系统的能量管理系统（EMS）等高级应用软件中起着非常重要的作用。负荷预测是一项重要的基础性工作。

我国对负荷预测的重视程度经历过一个认识的过程。在1970年到1996年的缺电时期，由于控制用电、控制报装等客观原因，造成负荷预测的准确度不高，并且对新方法的应用力度不够。1997年后，我国电力市场供需矛盾缓解，局部地区供大于求，甚至出现了供电负增长，电力发展由资源约束转向了需求约束。1998年全社会用电同比增长只有2.6%，1999年有些地区的用电仍处于低迷状态。在市场机制下，对负荷预测的重要性和迫切性提到了新的高度，同时也对负荷预测的精度提出了更高的要求。了解负荷预测技术的发展趋势，掌握负荷预测的最新技术，将有助于提高负荷预测的精度、合理调度系统的安全和经济运行方式。

## 一、负荷及负荷预测的种类

对负荷类型的划分有许多种不同的方法。比较常见的是按全社会用电情况分为第一、第二、第三产业和居民用电4大类；同时按照行业类别将负荷细分为8类，即农林牧渔水利业、工业、地质普查和勘探业、建筑业、交通运输邮电通讯业、商业饮食物资供销仓储业、

居民用电和其他。以 1997（1998）年为例，全国八大行业用电结构及比例分别为：工业占71.77（72.97）％，居民生活用电占 12.24（11.35）％，农林牧渔水利业占 5.88（6.19）％，其他事业占 4.44（4.12）％，商业饮食物资供销仓储业占 2.61（2.39）％，交通运输邮电通讯业占 1.94（1.86）％，建筑业占 1.05（1.04）％，地质普查和勘探业占 0.07（0.08）％。

根据负荷预测的周期，可按以下两种方法进行分类：

一种可分为长期负荷预测（数年～数十年的负荷预测）；中期负荷预测（1 月～1 年的负荷预测，用于水库调度、机组检修、交换计划、燃料计划等长期运行计划的编制）；短期负荷预测（1 日～1 周的负荷预测，用于编制调度计划）；超短期负荷预测（未来 1h 以内的负荷预测，其中 5～10s 的负荷预测用于质量控制；1～5min 的负荷预测，用于安全监视；10～60min 的负荷预测用于预防控制和紧急状态处理）。

另一种可分为长期负荷预测（20 年以上）；年负荷预测；月负荷预测；日负荷预测；周负荷预测；短期负荷预测（10～60min）；超短期负荷预测（5～10s 或 1～5min）。

按全社会用电或行业类别可分为城市民用电负荷预测或商业负荷预测、农村负荷预测、工业负荷预测等。

按被预测负荷的特性可分为最大负荷预测、最小负荷预测、平均负荷预测、峰谷差预测、高峰负荷平均预测、低谷负荷平均预测、母线负荷预测、负荷率预测等。

做好负荷预测工作首先应了解负荷预测的机理，并掌握负荷预测技术的特点。

负荷预测主要基于可知性原理、可能性原理、连续性原理、相似性原理、反馈性原理和系统性原理。负荷预测具有以下几个明显的特点，即不准确性或不完全准确性、条件性、时间性和同一时间不同条件下的多方案性。显然，不可能存在某种方法在任何时候、任何地点、对任何对象，都具有普遍的适用性。

**二、负荷预测的步骤**

（1）明确负荷预测的内容和要求。根据不同地区、不同时期的具体情况，确定合理的预测内容和预测指标。

（2）调查并搜集资料。要尽可能全面、细致地收集所需要的资料，避免用臆想的数据去填补负荷预测数学模型中所缺少的资料。

（3）基础资料分析。对收集的大量信息去伪存真，提高关键数据的可信度。

（4）经济发展预测。掌握经济发展对电力需求的影响。一般说来，经济增长必然带动电力需求的增长。在这方面要重点关注国家增加投入、扩大内需、结构调整、通货紧缩、企业经营状况及深化改革等因素。

（5）选取预测模型、确定模型的参数。

（6）负荷预测。用预测模型进行负荷预测，给出"上、中、下"几个可能的、较为可靠的预测方案。

（7）结果审核。结合专家经验对预测结果、预测精度及可信度作出评价，用历史数据样本进行检验，并进行自适应修正。

（8）准备滚动负荷预测。积累资料，为下个年度的滚动负荷预测做好准备。

**三、负荷预测的方法**

1. 常规单一的负荷预测方法

（1）专家预测法。曾经流行的是 Delphi 法——专家小组预测法。它分为准备阶段、第一轮预测、反复预测（3~5 次）和确定结论等几个步骤。该方法简单，但盲目性较大。

（2）类比法。对具有相似研究特征的事件进行对比分析和预测，如新开发区的建设无历史经验可以借鉴，此时可用类比法预测负荷的发展。

（3）主观概率预测法。对不能做实验或实验成本太高、无法接受的方案，请若干专家估计特定事件发生的主观概率，然后综合得出该事件的概率。

（4）单耗法。该方法需做大量细致的调研工作，对短期负荷预测效果较好。

（5）负荷密度法。已知某地区的总人口（总建筑面积或土地面积），按每人平均用电量（即用电密度）计算该地区的年用电量。

（6）比例系数增长法。假定负荷按过去的比例增长，预测未来的发展。

（7）弹性系数法。设 $x$ 为自变量，$y=f(x)$ 可导，则 $\varepsilon_{yx}=(\mathrm{d}y/y)/(\mathrm{d}x/x)$ 称为弹性系数。一般取 $x$ 为国民生产总值，$y$ 为用电量。电力弹性系数的概念自从国外引入以来，便被视为衡量电力工业和国民经济发展关系的重要指标。一般而言，$\varepsilon_{yx}>1$ 表明电力工业的发展超前于国民经济的发展；反之，$\varepsilon_{yx}<1$ 说明电力工业的发展滞后于国民经济的发展。但近几年，电力弹性系数连续多年低于 1，而国民经济仍保持较高的增长速度，导致经济增长与用电增长关系处于非正常状态。

这些方法的共同点是，将电力需求作为一个整体，根据某个单一的指标进行预测，方法虽然简单，但比较笼统，且很难反映现代经济、政治、气候等条件的影响。因此，应该采用先进的计量经济模型、投入产出模型、数学规划模型、气候影响协调模型等进行预测。

2. 负荷预测的新技术

（1）趋势外推预测技术。电力负荷虽有随机、不确定的一面，但却有明显的变化和发展趋势。根据各行业负荷变化的规律，运用趋势外推技术进行负荷预测，能够得到较为理想的结果。外推法有线性趋势预测、对数趋势预测、二次曲线趋势预测、多项式趋势预测、季节型预测和累计预测等方法。外推法的优点是只需要历史数据、所需的数据量较少。缺点是如果负荷出现变动，会引起较大的误差。

（2）负荷回归模型预测技术。根据以往负荷的历史资料，用数理统计中的回归分析方法对变量的观测数据统计分析，确定变量之间的相关关系，从而实现负荷预测的目的。回归模型有一元线性回归、多元线性回归、非线性回归等回归预测模型。其中，线性回归可用于中期负荷预测。

（3）时间序列预测技术。实际问题中，多数预测目标的观测值构成的序列表现为广义平稳的随机序列或可以转化为平稳的随机序列。依据这一规律建立和估计产生实际序列的随机过程模型，并用它进行负荷预测。时间序列负荷预测方法有一阶自回归、$n$ 阶自回归、自回归与移动平均 ARMA（$n$，$m$）预测等。这些方法的优点是所需历史数据少、工作量少；缺点是没有考虑负荷变化的因素，只适用于负荷变化比较均匀的短期预测的情况。

（4）灰色预测技术。概率统计追求大样本量，必须先知道分布规律、发展趋势，而时间序列法只致力于数据拟合、对规律性的处理不足。以灰色系统理论为基础的灰色预测技术，可在数据不多的情况下找出某个时期内起作用的规律，建立负荷预测的模型。该方法适用于短期负荷预测，而且处于研究和实用化阶段。

#### 四、负荷预测技术的发展动态

**1. 优选组合预测技术**

优选组合预测技术有两层含义：一层是从几种预测方法得到的结果中选取适当的权重加权平均；另一层含义是，可在几种方法中比较，选择标准偏差最小或拟合度最佳的一种方法。

**2. 专家系统预测技术**

专家系统是基于知识建立起来的计算机系统，它拥有某个领域内专家们的知识和经验，能像专家们那样运用这些知识，通过推理做出决策。

实践证明，精确的负荷预测不仅需要高新技术的支撑，同时也需要融合人类自身的经验和智慧。因此，就会需要专家系统这样的技术。专家系统预测技术适用于中长期负荷预测。

**3. 模糊预测技术**

建立在模糊数学理论上的一种负荷预测新技术，有模糊聚类预测方法、模糊相似优先比方法和模糊最大贴近度方法等。

**4. 神经网络（ANN）预测技术**

ANN（Artificial Neural Network）预测技术，可以模仿人脑做智能化处理，对大量非结构性、非确定性规律具有自适应功能，有信息记忆、自主学习、知识推理和优化计算的特点。这些是常规算法和专家系统技术所不具备的。

神经网络预测技术适于做短期负荷预测，此时可近似认为负荷的发展是一个平稳的随机过程。否则，可能会因政治、经济等大的转折导致其模型的数学基础的破坏。

**5. 小波分析预测技术**

小波分析是 20 世纪数学研究成果中最杰出的代表。它是一种时域—频域分析方法，在时域和频域上同时具有良好的局部化性质。小波变换能将各种交织在一起的不同频率混合组成的信号，分解成不同频带上的块信息。

对负荷序列进行正交小波变换，投影到不同的尺度上，各个尺度上的子序列分别代表原序列中不同"频域"的分量，可清楚地表现负荷序列的周期性。以此为基础，对不同的子负荷序列分别进行预测。由于各子序列周期性显著，采用周期自回归模型（PAR）会得到更为精确的预测结果。最后，通过序列重组得到完整的小时负荷预测结果，它要比直接用原负荷序列进行预测来得精确。

**6. 空间负荷预测方法**

空间负荷预测方法是 20 世纪 80 年代提出的一种负荷预测理论，不仅能够进行负荷预测，而且能对未来负荷的地理位置分布进行预测。

这种方法适用于新建开发区的负荷预测，并能够与 DSM、MIS、GIS 等结合，实现资源共享，进而使负荷预测和系统规划更全面、更合理。

负荷预测不仅在电力系统规划和运行方面具有重要的地位，而且还具有明显的经济意义。从经济角度看，负荷预测实质上是对电力市场需求的预测。

负荷预测的准确度对任何电力公司都有较大的影响。预测值太低，可能会导致切负荷或减少向相邻供电区域售电的收益；预测值太高，会导致新增发电容量甚至现有发电容量不能充分利用，即有些电厂的容量系数太小，造成投资浪费和资金效益低下。

**思 考 题**

6-1　负荷曲线指什么？其主要特征有哪些？

6-2　计算负荷指什么？需要系数是如何确定的？

6-3　利用系数、同时系数和形状系数指什么？

6-4　计算负荷的估算方法有哪些？各有什么特点？

6-5　工厂负荷计算与建筑负荷计算各有什么特点？

6-6　什么叫负荷预测？简述其主要的方法与步骤。

习题与解答

学习要求

# 第七章 继电保护基础

## 第一节 继电保护的基本知识

### 一、继电保护的基本原理

电力系统运行过程中可能出现各种故障和不正常运行状态，这会使系统的正常工作遭到破坏，造成对用户少送电或电能质量难以满足要求，甚至造成人身伤亡和电气设备损坏（事故）。除应采取各项积极措施消除或减少发生故障（或事故）的可能性以外，一旦故障发生，必须迅速而有选择性地切除故障元件，完成这一功能的电力系统保护装置称为继电保护装置。

一般情况下，发生短路之后总是伴随有电流增大、电压降低、线路始端测量阻抗减小以及电压与电流之间相位角变化等情况。利用这些基本参数的变化可构成各种不同原理的继电保护，如过电流保护、低电压保护、距离保护（阻抗保护）等，还可以利用流过某一元件电流方向的不同判定保护区内或是区外故障（差动保护），或是判定为正向故障还是反向故障（方向电流保护），利用不对称故障时出现的负序和零序分量作为判据构成各种保护。

除了这些反应电气量变化的保护以外，还有一些根据电气设备特点实现的反应非电气量的保护，如油浸式变压器的瓦斯保护，反应电动机绕组温度升高而构成的过负荷保护等。

图 7-1 继电保护装置的原理结构图

继电保护装置是由一个或若干个继电器以一定的方式连接与组合，以实现上述各种保护原理。其原理结构如图 7-1 所示。

### 二、对继电保护装置的基本要求

无论构成原理如何，动作于断路器跳闸的继电保护装置，在技术上一般应满足选择性、速动性、灵敏性和可靠性这四个基本要求。

#### （一）选择性

继电保护装置的选择性是指当电力系统中出现故障时，继电保护装置发出跳闸命令，仅将故障设备切除，使得故障停电范围尽可能小，保证无故障部分继续运行。

对于图 7-2 所示单侧电源供电网络，当 k1 点故障时，按照选择性要求，断路器 QF1 和 QF2 的保护装置动作，断路器 QF1 和 QF2 跳闸，切除发生在线路 L1 上的故障，保证无故障部分继续运行。

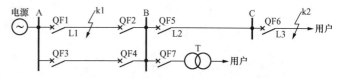

图 7-2 继电保护装置的选择性说明

在要求继电保护装置动作具有选择性的同时，还必须考虑继电保护装置或断路器有拒绝动作的可能性，因而需要考虑后备保护的问题。

当图 7-2 所示系统中 k2 点短路时，根据选择性的要求，QF6 的保护装置应该动作，跳开 QF6，切除故障线路 L3。当由于某种原因，该处的继电保护装置或断路器拒绝动作，故障便不能消除。此时可由上一级线路（靠近电源侧）L2 的保护装置动作，切除故障。保护装置的这种作用称为相邻元件的后备保护。同理，QF1 和 QF3 的保护可以作为 QF5 和 QF7 的后备保护。

后备保护又可以分为远后备、近后备。当后备保护是由上一级（不是本线路上的保护）实现的，称为远后备保护；当本元件的主保护拒绝动作时，由本元件的另一套保护作为后备保护，称为近后备保护。

（二）速动性

快速地切除故障可以提高电力系统运行的稳定性，减少用户在电压降低的情况下工作的时间，缩小故障元件的损坏程度。因此，在发生故障时应力求保护装置能迅速动作切除故障。

理论上继电保护装置的动作速度越快越好，但是实际应用中，为防止干扰信号造成保护装置误动作及保证保护间的相互配合（选择性），经常人为地设置一些动作时限，故障切除的总时间等于保护装置和断路器动作时间之和。

目前，继电保护装置的动作速度完全能满足电力系统要求。

（三）灵敏性

继电保护装置的灵敏性是指其对于保护范围内发生故障或非正常运行状态的反应能力。要求保护装置在事先规定的保护范围内部发生故障时，不论短路点的位置、短路的类型以及短路点是否有过渡电阻，都能敏锐感觉，正确反应。保护装置的灵敏性一般用灵敏系数来衡量。

（四）可靠性

保护装置的可靠性是指在保护装置规定的保护范围内发生了它应该动作的故障时，它不应该拒绝动作，而在任何其他该保护不应该动作的情况下，则不应该误动作。

具体选择继电保护方式和装置时，除了满足上述的基本要求外，还应该考虑经济条件。

### 三、常用的保护继电器及操作电源

（一）保护继电器

1. 电流继电器

电流继电器是电流保护的测量元件，它是反应某一个电气量而动作的简单继电器的典型，图 7-3 为 DL—10 系列电流继电器的结构示意图。

电流继电器一般是过量继电器。图 7-3 中，当继电器的线圈通过电流 $I_r$ 时产生磁通，经由铁芯、气隙和衔铁构成闭合回路。衔铁被磁化以后，产生电磁力矩，如果通过的电流足够大，使得电磁力矩足以克服弹簧产生的反作用力矩和摩擦力矩时，衔铁被吸引，常开触点闭合，称为继电器动作，恰能使得继电器动作的最小电流称为继电器的动作电流，记为 $I_{op \cdot r}$。减小继电器线圈通过的电流，当使得弹簧产生的反作用力矩大于电磁力矩和摩擦力矩之和时，常开触点打开，称为继电器返回。恰能使得继电器返回的最大电流称为继电器的返回电流，记为 $I_{re \cdot r}$。电流继电器的返回系数 $K_{re}$ 定义为

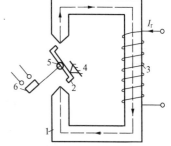

图 7-3　电磁式电流继电器的结构
1—铁芯；2—衔铁；3—线圈；
4—止挡；5—弹簧；6—触点

$$K_{re} = \frac{I_{re \cdot r}}{I_{op \cdot r}} \qquad (7-1)$$

过电流继电器的返回系数一般小于 1，常用的电磁型过电流继电器返回系数一般为 0.85。

2. 电压继电器

过电压继电器的触点形式、动作值、返回值的定义与过电流继电器相类似。

低电压继电器的触点为常闭触点。系统正常运行时低电压继电器的触点打开，一旦出现故障，引起母线电压下降达到一定程度（动作电压），继电器触点闭合，保护动作；当故障清除，系统电压恢复上升达到一定数值（返回电压）时，继电器触点打开，保护返回。

3. 中间继电器

中间继电器的主要作用是在继电保护装置和自动装置中用以增加触点数量以及扩大容量，该类继电器一般都有几对触点，可以是常开触点或是常闭触点。

4. 时间继电器

时间继电器的作用是建立必要的延时，以保证保护动作的选择性和某种逻辑关系。对时间继电器的要求是：延时动作、瞬时返回。

5. 信号继电器

信号继电器用做继电保护装置和自动装置动作的信号指示，标示装置所处的状态或接通灯光（音响）信号回路。信号继电器动作之后触点自保持，不能自动返回，需由值班人员手动复归或电动复归。

几种常用继电器的图形符号如表 7-1 所示。

表 7-1　　　　　　　　　　　　　常用继电器图形符号

| 序号 | 元件 | 文字符号 | 图形符号 | 序号 | 元件 | 文字符号 | 图形符号 |
|---|---|---|---|---|---|---|---|
| 1 | 过电流继电器 | KA | $I>$ | 4 | 中间继电器 | KM | |
| 2 | 欠电压继电器 | KV | $U<$ | 5 | 信号继电器 | KS | |
| 3 | 时间继电器 | KT | $t$ | 6 | 差动继电器 | KD | |

（二）操作电源

各种继电器连接构成的继电保护装置需要获取能量以完成其各项功能并控制断路器的动作，其能量来源于操作电源。

操作电源指高压断路器的合闸、跳闸回路以及继电保护装置中的操作回路、控制回路、信号回路等所需电源。常用的操作电源有三类：直流电源、整流电源、交流电源。

对于继电保护装置，操作电源一定要非常可靠，否则当系统故障时，保护装置可能无法可靠动作。

**四、继电保护常用的仪用互感器**

继电保护装置都是弱电装置，不能直接与高压强电系统连接，为了隔离高压，一般需要采用仪用互感器。常用的仪用互感器包括电流互感器和电压互感器。常用的仪用互感器图形符号如图 7-4 所示。

（一）电流互感器 TA

1. 电流互感器的作用

电流互感器是一种仪用电流变换器，它的作用是将电力系统一次回路的大电流变为二次回路（保护或是测量回路）的标准小电流（5A 或 1A）。目前电力系统较多采用的是铁芯不带气隙的电磁式电流互感器（简称为电流互感器），它的工作原理同变压器相似。使用电流互感器可以使得测量仪表和保护装置标准化、小型化，并使其结构轻巧、价格便宜，便于屏内安装，还能将二次设备与高电压部分隔离。另外，互感器二次侧均接地，从而保证了二次设备和工作人员的安全。

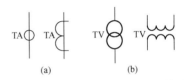

图 7-4 常用的仪用互感器图形符号
(a) 电流互感器；(b) 电压互感器

应该注意，运行中电流互感器二次绕组万万不可开路，以免危害设备和工作人员的安全。

2. 电流互感器的误差与 10% 误差曲线

由于理论分析与实际情况的差异，电流互感器一次侧电流按比例变换到二次侧的值与二次侧的实际电流之间存在误差。

短路故障时，通入电流互感器一次侧的电流远大于其额定值，使铁芯饱和，电流互感器会产生较大误差。为了控制误差在允许范围内（继电保护要求变比误差不超过 10%、角度误差不超过 7°），对接入电流互感器一次侧的电流及二次侧的负载阻抗有一定的限制，确定这一限制值可以根据电流互感器的 10% 误差曲线。

当变比误差为 10%、角度误差为 7° 时，饱和电流倍数 $m$（电流互感器一次侧的电流与一次侧额定电流的比值）与二次侧负载的关系曲线，称为电流互感器的 10% 误差曲线。只要 $m$ 与二次负载阻抗的交点在 10% 误差曲线下方，误差就不会超过 10%。

3. 电流互感器的接线方式

电流互感器的接线方式是指电流互感器二次绕组与电流继电器的接线方式。目前常用的有三相式完全星形接线、两相两继电器的不完全星形接线、两相单继电器的两相电流差接线，如图 7-5 所示。

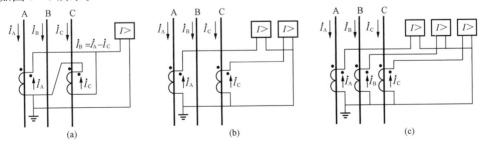

图 7-5 电流互感器的接线方式
(a) 两相电流差；(b) 两相不完全星形；(c) 三相星形

两相电流差接线一般只适用 10kV 以下小接地电流系统中，作为相间短路保护、小容量设备和高压电动机的保护。而电网相间短路的电流保护中，电流互感器一般采用两相两继电器的不完全星形接线。

## （二）电压互感器 TV

电压互感器是将电力系统一次回路中的高电压变为二次回路保护或是测量回路中标准的低电压（一般为 100V）的仪用互感器。与电流互感器类似，主要起到隔离与变换电压的作用。电压互感器主要分为电磁式电压互感器和电容式电压互感器。

值得注意的是，运行中电压互感器二次绕组万万不可短路，否则将产生很大的短路电流，烧毁互感器，危害设备和工作人员的安全。

与电流互感器一样，电压互感器同样存在误差以及接线方式等问题，由于后续内容中讨论的主要是电流保护，在此对电压互感器就不再多述。

## 第二节 单侧电源电网相间短路的电流保护

工作环境决定了输电线路是电力系统中最易发生故障的部分。当发生短路故障时，输电线路的主要特征之一就是电流增大，利用这个特点可以构成电流保护。单侧电源电网的电流保护装设于线路的电源侧，根据整定原则的不同，电流保护可分为无时限电流速断保护、带时限电流速断保护和定时限过流保护三种。

### 一、无时限电流速断保护

（一）无时限电流速断保护的原理及整定计算

1. 基本原理

根据电网对继电保护的要求（快速动作），可以使电流保护的动作不带时限（只有继电器本身固有动作时间）构成瞬动保护。保护的动作电流按躲过被保护线路外部短路的最大短路电流来整定，以满足选择性。无时限电流速断保护，简称为电流Ⅰ段。

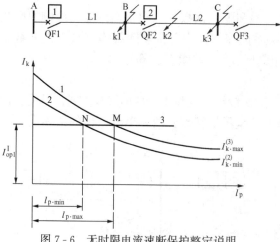

图 7-6 无时限电流速断保护整定说明

2. 整定计算

图 7-6 中，L1、L2 装设无时限电流速断保护，曲线 1、2 别表示在系统最大、最小运行方式下，线路 L1 上不同位置处三相、两相短路时的短路电流 $I_k^{(3)}$、$I_k^{(2)}$。

（1）动作电流。为了保证选择性，在相邻线路出口处 k2 点短路时，线路 L1 上的无时限电流速断保护不应动作。因此，速断保护 1 的动作电流 $I_{op1}^{I}$ 应大于在最大运行方式下 k2 点三相短路时通过被保护元件的短路电流，由于相邻线路 L2 的首端 k2 点短路时的短路电流和线路 L1 末端 k1 点短路电流值相等，因此，保护 1 的动作电流 $I_{op1}^{I}$ 可按大于最大运行方式下线路 L1 末端 k1 点三相短路电流值 $I_{k1.max}^{(3)}$ 来整定，即

$$I_{op1}^{I} = K_{rel}^{I} I_{k1.max}^{(3)} \tag{7-2}$$

式中 $K_{rel}^{I}$——可靠系数，当采用电磁型电流继电器时，取 1.2～1.3。

（2）动作时间。无时限电流速断保护动作时间，只是继电器本身固有动作时间，因此有

$$t_1^{\mathrm{I}} \approx 0\mathrm{s} \tag{7-3}$$

（3）灵敏度。无时限电流速断保护的灵敏度是用保护区长度 $l_{\mathrm{p}}$ 占被保护线路全长 $l$ 的百分数 $m$ 来表示，即

$$m = \frac{l_{\mathrm{p}}}{l} \tag{7-4}$$

当系统运行方式或短路类型改变时，保护范围改变，灵敏性随之改变。图 7-6 中，直线 3 代表保护 1 的动作电流，它与曲线 1、2 分别交于 M、N 点，因此，可以确定电流速断保护的最大保护范围 $l_{\mathrm{p.max}}$ 和最小保护范围 $l_{\mathrm{p.min}}$。

$$l_{\mathrm{p.max}} = \frac{1}{x_1}\left(\frac{E_{\mathrm{ph}}}{I_{\mathrm{op.1}}^{\mathrm{I}}} - x_{\mathrm{s.min}}\right) \tag{7-5}$$

$$l_{\mathrm{p.min}} = \frac{1}{x_1}\left(\frac{\sqrt{3}\,E_{\mathrm{ph}}}{2I_{\mathrm{op.1}}^{\mathrm{I}}} - x_{\mathrm{s.max}}\right) \tag{7-6}$$

式中　　$x_1$——单位长度的线路正序阻抗；

　　　　$E_{\mathrm{ph}}$——系统的次暂态电势（相）；

　　　$x_{\mathrm{s.min}}$——最大运行方式下的系统电抗；

　　　$x_{\mathrm{s.max}}$——最小运行方式下的系统电抗。

可以看出，无时限电流速断保护最大保护范围 $l_{\mathrm{p.max}}$ 小于线路 L1 的全长，这说明无时限电流速断保护只能保护线路的一部分，不能保护线路的全长。

满足灵敏度要求的保护范围为：最大运行方式下三相短路时，$m \geqslant 50\%$；最小运行方式下两相短路时，$m \geqslant 15\% \sim 20\%$。

（二）无时限电流速断保护的接线

无时限电流速断保护的单相接线如图 7-7 所示，它由电流继电器 KA、中间继电器 KM、信号继电器 KS 组成。

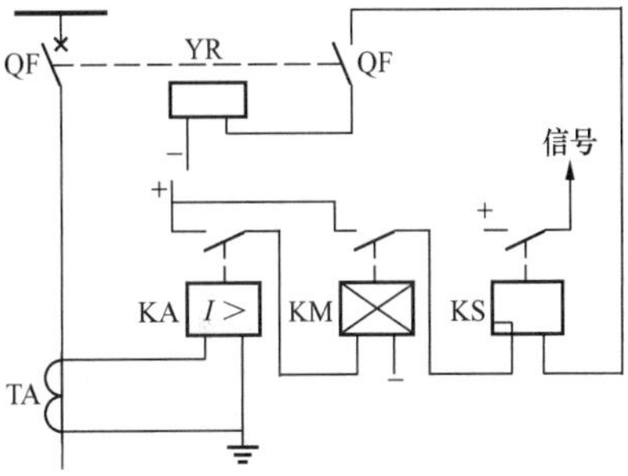

图 7-7　无时限电流速断保护的原理接线

## 二、带时限电流速断保护

（一）带时限电流速断保护的工作原理及整定计算

1. 基本原理

无时限电流速断保护不能保护线路全长，其保护范围外的故障必须由另外的保护来切除，这时可以增设第二套保护——带时限电流速断保护。

带时限电流速断保护的保护范围一般延伸至相邻线路，但是不应超出相邻线路无时限电流速断或是带时限电流速断保护的保护范围。保护动作时限比无时限电流速断保护大一个或两个时限级差 $\Delta t$，以免无选择性动作。

2. 整定计算

图 7-8 中，假设线路 L1 和 L2 分别装有带时限电流速断保护 1 和无时限电流速断保护 2，在变电站 B 降压变压器上装设无时限电流速断保护（差动保护），现整定保护 1。

（1）动作电流。

1）考虑与相邻线路的电流 I 段配合，则动作电流整定为

$$I_{\mathrm{op1}}^{\mathrm{II}} = K_{\mathrm{rel}}^{\mathrm{II}} I_{\mathrm{op2}}^{\mathrm{I}} \tag{7-7}$$

式中　$I_{op1}^{II}$——保护 1 带时限电流速断保护（电流Ⅱ段）的动作电流值；

　　　　$K_{rel}^{II}$——可靠系数，取为 1.1～1.15；

　　　　$I_{op2}^{I}$——保护 2（相邻元件）的无时限电流速断保护（电流Ⅰ段）动作电流值。

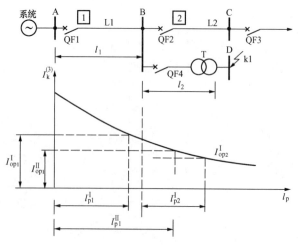

图 7-8　带时限电流速断保护整定说明

如果相邻线路有多条，取其中最大者。

2）考虑与相邻变压器的速断保护（差动保护、电流速断保护）配合，则动作电流整定为

$$I_{op1}^{II} = K_{rel}^{II\prime} I_{k1.max}^{(3)} \qquad (7-8)$$

式中　$I_{k1.max}^{(3)}$——最大运行方式下，相邻变压器对侧母线上发生三相短路时，流经保护 1 的最大短路电流，当有多个此类变压器时，$I_{k1.max}^{(3)}$ 应取最大值；

　　　　$K_{rel}^{II\prime}$——可靠系数，取值 1.3～1.4。

取 1)、2) 中大者作为保护 1 电流Ⅱ段的动作电流。

（2）动作时间。为保证保护动作的选择性，保护 1 电流Ⅱ段的动作时间应比相邻无时限速断保护（Ⅰ段）的动作时间高出一个时间阶 $\Delta t$，因此

$$t_1^{II} = t_2^{I} + \Delta t \qquad (7-9)$$

$\Delta t$ 与所选断路器及其操动机构、继电器的型式有关，一般取为 0.5s。

（3）灵敏度。带时限电流速断保护应该能够保护线路的全长，因此当线路末端短路时，保护应该能够灵敏动作。考虑最不利的情况，即系统最小运行方式下，当被保护线路末端发生两相短路 $I_{k.min}^{(2)}$ 时，保护仍能灵敏动作，此时的灵敏度系数称为最小灵敏度系数 $K_{s.min}^{II}$

$$K_{s.min}^{II} = \frac{I_{k.min}^{(2)}}{I_{op1}^{II}} = \frac{\sqrt{3} I_{k.min}^{(3)}}{2 I_{op1}^{II}} \qquad (7-10)$$

考虑到各种误差因素的影响，一般要求 $K_{s.min}^{II} \geqslant 1.3～1.5$。

（二）带时限电流速断保护的接线

带时限电流速断保护的单相接线如图 7-9 所示。从图中可以看出，与无时限电流速断保护相比，带时限电流速断保护以时间继电器 KT 取代了中间继电器 KM。

带时限电流速断保护可以作为本线路的近后备。但是，由于它在相邻线路上的动作范围只是线路的一部分，不能作为相邻线路的后备保护（远后备），因此还需要装设一套过电流保护（电流Ⅲ段）作为本线路的近后备保护以及相邻线路的远后备保护。

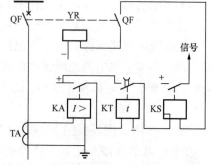

图 7-9　带时限电流速断保护原理接线

### 三、定时限过电流保护

定时限过流保护（简称过流保护），即电流保护的第Ⅲ段。它的动作电流按躲过最大负

荷电流来整定，并以时限来保证动作选择性。

（一）定时限过流保护的原理及整定计算

1. 基本原理

过电流保护的动作电流按躲过最大负荷电流整定，当电网发生短路故障时反应电流的增大而动作。它具有动作电流较小，灵敏度较高的特点，不仅能保护本线路全长，而且还可作为相邻线路短路故障时的远后备保护。

图 7-10（a）所示为单侧电源辐射型电网中过流保护的配置，1、2、3 为过流保护装置。为了满足选择性，越靠近电源侧保护动作时限越长 $t_1 > t_2 > t_3$。保护动作时间与电流大小无关，因而称其为定时限过流保护。

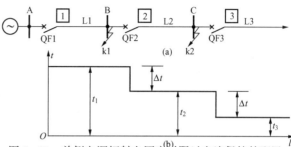

图 7-10 单侧电源辐射电网定时限过电流保护的配置和时限特性

(a) 电网结构；(b) 时限特性

过电流保护时限特性如图 7-10（b）所示。这种选择保护装置动作时限的方法称为选择时限的阶梯原则。

电网电流保护中，一般采用电流速断或带时限电流速断保护作线路的主保护，采用过流保护做本线路近后备保护，并作为相邻线路的远后备保护。对处于电网末端附近的保护装置（如保护 3），其过流保护动作时限不长，在这种情况下可以作本级线路的主保护兼后备保护，而不必装设无时限电流速断和带时限的电流速断保护。

2. 整定计算

（1）动作电流。为保证被保护元件通过最大负荷电流时过电流保护不误动，并且在外部故障切除后能够可靠返回，其动作电流为

$$I_{\mathrm{op1}}^{\mathrm{III}} = \frac{K_{\mathrm{rel}}^{\mathrm{III}} K_{\mathrm{ast}}}{K_{\mathrm{re}}} I_{\mathrm{L.\,max}} \tag{7-11}$$

式中    $K_{\mathrm{rel}}^{\mathrm{III}}$——可靠系数，一般取 1.15～1.25；

         $K_{\mathrm{ast}}$——电动机自启动系数，由网络具体接线和负荷性质决定，一般取 1.5～3；

         $K_{\mathrm{re}}$——继电器的返回系数，电磁型过电流继电器取为 0.85；

       $I_{\mathrm{L.\,max}}$——正常运行时，通过被保护元件的最大负荷电流。

（2）动作时间。按照阶梯原则整定，高于相邻的定时限过电流保护一个时间阶 $\Delta t$，即

$$t_1^{\mathrm{III}} = t_2^{\mathrm{III}} + \Delta t \tag{7-12}$$

（3）灵敏度。为了保证在保护范围末端短路时，过电流保护能够可靠、灵敏动作，对动作电流必须按照保护范围末端最小的可能短路电流进行灵敏度系数的校验。

近后备时，应有

$$K_{\mathrm{s.\,min}}^{\mathrm{III}} = \frac{I_{\mathrm{k1.\,min}}^{(2)}}{I_{\mathrm{op1}}^{\mathrm{III}}} = \frac{\sqrt{3}\, I_{\mathrm{k1.\,min}}^{(3)}}{2 I_{\mathrm{op1}}^{\mathrm{III}}} \geqslant 1.3 \sim 1.5 \tag{7-13}$$

式中    $I_{\mathrm{k1.\,min}}^{(2)}$——系统最小运行方式下，本线路末端发生两相短路时流经保护装置的短路电流稳态值。

远后备时，应有

$$K_{\mathrm{s.\,min}}^{\mathrm{III}} = \frac{I_{\mathrm{k2.\,min}}^{(2)}}{I_{\mathrm{op1}}^{\mathrm{III}}} = \frac{\sqrt{3}\, I_{\mathrm{k2.\,min}}^{(3)}}{2 I_{\mathrm{op1}}^{\mathrm{III}}} \geqslant 1.2 \tag{7-14}$$

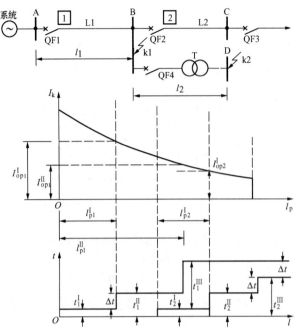

图 7 - 11　三段式电流保护的保护范围及时限特性

式中　$I_{k2.min}^{(2)}$——系统最小运行方式下，相邻线路末端两相短路时流经保护装置的短路电流稳态值。

（二）定时限过电流保护的接线

定时限过电流保护的接线与带时限电流速断保护的接线相同，只是时间继电器的整定时延为 $t_{op1}^{III}$。

**四、三段式电流保护**

（一）三段式电流保护的构成

由无时限电流速断保护、带时限电流速断保护以及定时限过流保护可以构成一整套保护装置，即为输电线路的三段式电流保护，其保护范围及时限特性如图 7 - 11 所示。一个完整的三段式电流保护接线如图 7 - 12 所示。必须指出，在输电线路上并不一定都要装设三段式

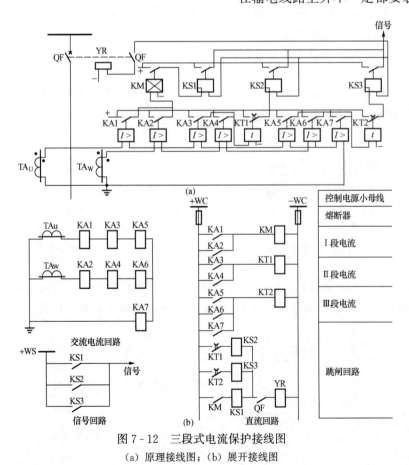

图 7 - 12　三段式电流保护接线图
（a）原理接线图；（b）展开接线图

电流保护，对不同的线路，应根据具体情况选择三段式（Ⅰ段＋Ⅱ段＋Ⅲ段）或两段式（Ⅰ段＋Ⅲ段，Ⅱ段＋Ⅲ段）电流保护。

（二）三段式电流保护的整定计算

**例 7 - 1** 在图 7 - 13 所示 110kV 单侧电源辐射电网中，线路 L1、L2 上均装设三段式电流保护，采用两相星形接线。已知：最大与最小运行方式下系统的等值阻抗分别为 13Ω、14Ω，单位长度线路的正序电抗 $x_1 = 0.4\Omega/\text{km}$，L1 正常运

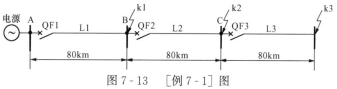

图 7 - 13 ［例 7 - 1］图

行时最大负荷电流为 120A，L2 的过电流保护时限为 2.0s，$K_{\text{ast}} = 2.2$。试计算线路 L1 各段电流保护的动作电流、动作时间，并校验灵敏度。

**解** （1）计算最大及最小运行方式下图中各短路点的短路电流，计算结果汇总于表 7 - 2 中。

表 7 - 2 短 路 电 流 计 算 结 果 （kA）

| 短路点 | k1 | k2 | k3 |
|---|---|---|---|
| 最大运行方式下三相短路电流 | 1.475 | 0.862 | 0.609 |
| 最小运行方式下三相短路电流 | 1.443 | 0.851 | 0.604 |

（2）整定 L1 的各段电流保护。

1）无时限电流速断保护（电流Ⅰ段），保护范围不超出本线路。

①动作电流（按照躲过本线路末端的最大短路电流计算）。

$$I_{\text{op1}}^{\text{I}} = K_{\text{rel}}^{\text{I}} I_{\text{k1.max}}^{(3)} = 1.2 \times 1.475 = 1.77(\text{kA})$$

②动作时间（只是继电器的固有动作时间，近似为 0s）

$$t_1^{\text{I}} \approx 0(\text{s})$$

③灵敏度（按照保护范围校验）为

根据式（7 - 5）计算得出，$l_{\text{p.max}} = 61.28\text{km}$，因此 $m = l_{\text{p.max}}/\text{L1} = 61.28/80 = 76.6\% >$ 50%；

根据式（7 - 6）计算得出，$l_{\text{p.min}} = 46.21\text{km}$，因此 $m = l_{\text{p.min}}/\text{L1} = 46.21/80 = 57.8\% >$ 15～20%。

可见，电流Ⅰ段能够满足灵敏度要求。

2）带时限电流速断保护（电流Ⅱ段），与相邻的Ⅰ段配合，保护范围不超出相邻线路的Ⅰ段末端。

①动作电流（与相邻线路 L2 的电流Ⅰ段配合）为

$$I_{\text{op1}}^{\text{II}} = K_{\text{rel}}^{\text{II}} I_{\text{op2}}^{\text{I}} = 1.1 \times (1.2 \times 0.862) = 1.138(\text{kA})$$

②动作时间（较相邻线路的速断保护高出一个时限级差 $\Delta t = 0.5\text{s}$）为

$$t_1^{\text{II}} = t_2^{\text{I}} + \Delta t = 0 + 0.5 = 0.5(\text{s})$$

③灵敏度（对本线路末端的最小短路电流应能灵敏反应，满足 $K_{\text{s.min}}^{\text{II}} > 1.3$）为

$$K_{\text{s.min}}^{\text{II}} = \frac{I_{\text{k1.min}}^{(2)}}{I_{\text{op1}}^{\text{II}}} = \frac{\sqrt{3} I_{\text{k1.min}}^{(3)}}{2 I_{\text{op1}}^{\text{II}}} = \frac{\sqrt{3} \times 1.443}{2 \times 1.138} = 1.1 < 1.3$$

通过计算可知，灵敏度不能够满足要求，因此 L1 的 II 段应该与相邻线路的 II 段配合，重新整定动作电流及动作时间

$$I_{op1}^{II} = K_{rel}^{II} I_{op2}^{II} = 1.1 \times 1.1 \times 1.2 \times 0.609 = 0.884 \text{(kA)}$$

$$t_1^{II} = t_2^{II} + \Delta t = 0 + 0.5 + 0.5 = 1.0 \text{(s)}$$

则

$$K_{s.min}^{II} = \frac{I_{k1.min}^{(2)}}{I_{op1}^{II}} = \frac{\sqrt{3} I_{k1.min}^{(3)}}{2 I_{op1}^{II}} = \frac{\sqrt{3} \times 1.443}{2 \times 0.884} = 1.41 > 1.3，\text{灵敏度可以满足要求。}$$

3）定时限过电流保护为

①动作电流（躲过最大的负荷电流）为

$$I_{op1}^{III} = \frac{K_{rel}^{III} K_{ast}}{K_{re}} I_{L.max} = \frac{1.15 \times 2.2}{0.85} \times 120 = 0.357 \text{(kA)}$$

②动作时间

$$t_1^{III} = t_2^{III} + \Delta t = 2.0 + 0.5 = 2.5 \text{(s)}$$

③灵敏度：

近后备时，$K_{s.min}^{III} = \dfrac{I_{k1.min}^{(2)}}{I_{op1}^{III}} = \dfrac{\sqrt{3} I_{k1.min}^{(3)}}{2 I_{op1}^{III}} = \dfrac{\sqrt{3} \times 1.443}{2 \times 0.357} = 3.5 > 1.5$

远后备时，$K_{s.min}^{III} = \dfrac{I_{k2.min}^{(2)}}{I_{op1}^{III}} = \dfrac{\sqrt{3} I_{k2.min}^{(3)}}{2 I_{op1}^{III}} = \dfrac{\sqrt{3} \times 0.851}{2 \times 0.357} = 2.1 > 1.2$

灵敏度满足要求。

以上计算的保护动作电流均为一次侧的动作电流，流入继电器的动作电流应为 $I_{op.r} = \dfrac{K_{con} I_{op}}{K_{TA}}$。其中，$K_{con}$ 为接线系数，根据接线方式不同而异，对于两相星形接线 $K_{con} = 1$；$K_{TA}$ 为电流互感器变比；$I_{op}$ 为电流保护的一次侧的动作电流。

**五、反时限过电流保护**

反时限过电流保护是动作时限与被保护线路中短路电流大小有关的一种保护。当短路电流大时，保护的动作时限短，而短路电流小时动作时限长，其原理接线及时限特性如图 7 - 14（a）和图 7 - 14（b）所示。

图 7 - 14 中，KA 为反时限过电流继电器，同时完成电流元件和时间元件的职能，并且在一定程度上它具有如图 7 - 12 所示的三段式电流保护的功能。

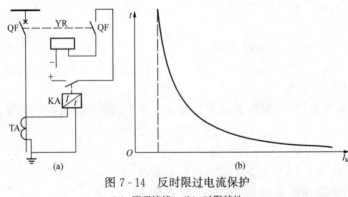

图 7 - 14 反时限过电流保护
(a) 原理接线；(b) 时限特性

反时限过电流保护装置的起动电流仍应按照式（7 - 11）的原则进行整定，同时为了保证各保护之间动作的选择性，其动作时限也应按照阶梯型的原则来确定。但是，由于保护装置的动作时间与电流有关，因此其时限特性的整定和配合要比定时限保护复杂，保护的整定

计算步骤详见本章第六节。

当用微机实现反时限过流保护时，可以比较方便地用软件实现任何反时限电流—时间特性。

## 第三节　电网的接地保护

目前我国110kV及以上电压等级的电网都采用中性点直接接地方式（大接地电网），而3～35kV的电网采用中性点不接地或经消弧线圈接地的方式（小接地电网）。电网接地故障多为单相接地。

### 一、中性点直接接地电网的接地保护

大接地系统一般采用零序电流保护作为专门的接地保护装置。零序电流保护也是广泛采用三段式保护：零序Ⅰ段（无时限零序电流速断保护）只保护线路的一部分；零序Ⅱ段（带时限零序电流速断保护）一般带有0.5s延时，可保护线路全长，并与相邻线路保护相配合，零序Ⅲ段（零序过流保护）作为本线路和相邻线路接地短路的后备保护。

三段式零序电流保护的接线类似于三段式全电流保护，只是引入继电器的是零序电流。

### 二、中性点非直接接地电网的接地保护

小接地电流系统中发生单相接地时，由于故障点的电流很小且线电压仍保持对称，对负荷供电没有影响。因此一般允许再继续运行一段时间，而不必立即跳闸。但必要时保护应该动作于跳闸。

（一）中性点不接地电网的接地保护

中性点不接地电网发生单相接地故障时具有以下特点：

（1）电网各处故障相对地电压为零，非故障相对地电压升高至电网线电压，电网中出现零序电压，其大小等于正常时的电网相电压。

（2）非故障线路保护安装处流过零序（电容）电流，其方向由母线指向非故障线路，超前零序电压90°；故障线路保护安装处流过所有非故障元件的零序（电容）电流之和，数值较大，其方向由故障线路指向母线，滞后零序电压90°。

中性点不接地电网单相接地故障时的电容电流分布如图7-15所示。

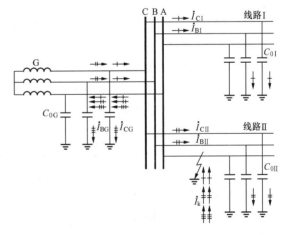

图7-15　小接地系统单相接地时电容电流分布

1. 绝缘监察

利用中性点不接地电网发生单相接地时电网出现零序分量电压的特点，可构成绝缘监视装置，实现无选择性的接地保护，如图7-16所示。当电网中任一线路发生单相接地时，全电网都会出现零序电压，发出告警信号。

2. 零序电流保护

零序电流保护是利用流过故障线路的零序电流大于非故障线路的零序电流的特点，区分故障和非故障元件，从而构成有选择性地保护，如图7-17所示。根据需要，保护可动作于

信号，也可动作于跳闸。

保护装置的动作电流应按躲过本线路的零序（电容）电流整定，保护的灵敏度应按在被保护线路上发生单相接地故障时，流过保护的最小零序电流校验。

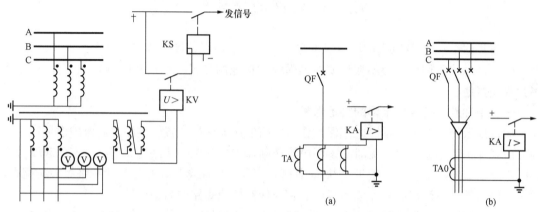

图 7-16　绝缘监察装置的原理接线

图 7-17　零序电流保护原理接线示意

(a) 3 个 TA 获取零序电流；

(b) 专用的零序电流互感器获取零序电流

**（二）中性点经消弧线圈接地电网的保护**

中性点经消弧线圈接地电网一般采用过补偿方式（电感电流大于接地电容电流），当发生单相接地故障时，接地点的电容电流被消弧线圈中的电感电流所补偿，为一很小的感性电流。

此类电网发生单相接地时，仍然有电网各处故障相对地电压为零、非故障相对地电压升高至电网线电压的特点，电网中出现零序电压，其大小等于电网正常时的相电压的特点，但是故障线路和非故障线路保护安装处的电流都是由母线流向线路，并且大小差别一般不大。因此，此类电网要实现有选择性的保护比较困难。目前这类电网可采用的保护有：无选择性的绝缘监视装置，反应稳态三次谐波分量的接地保护，反应暂态零序电流的保护等。

## 第四节　电力系统主设备的保护

### 一、电力变压器的保护

电力变压器是电力系统中大量使用的重要电气设备，它的安全运行是电力系统可靠工作的必要条件。

变压器的内部故障有：绕组的相间短路和匝间短路、直接接地系统侧绕组的接地短路。变压器发生内部故障是很危险的，因为故障点的高温电弧不仅会烧坏绕组绝缘和铁芯，而且可能引起油箱爆炸。变压器外部故障主要有：油箱外部绝缘套管、引出线上发生相间短路或一相碰接变压器的箱壳（或称直接接地短路）。

变压器的异常工作状态有：过负荷、由外部短路引起的过电流、油箱漏油引起的油位下降、外部接地短路引起中性点过电压、绕组过电压或频率降低引起的过励磁、变压器油温升高和冷却系统故障等。

对于变压器故障应该动作于跳闸，不正常工况时应该发出信号。

（一）变压器差动保护

1．差动保护的原理

对于容量较大的变压器，差动保护是必不可少的主保护，它是基于比较变压器各侧电流大小和相位的原理构成，单相原理接线如图 7-18 所示。两侧电流互感器 TA1 和 TA2 之间的区域就是差动保护的保护范围，保护动作于断开两侧断路器 QF1 和 QF2。

理想情况下，当变压器正常运行或是差动保护区外故障时，流入差动继电器的电流应为零。但是，由于两侧电流互感器的特性差异以及变压器的励磁涌流等原因，使得此时流过差动继电器的电流并不为零，

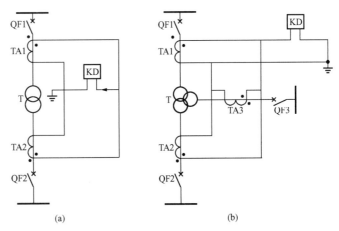

图 7-18 变压器差动保护单相原理接线
（a）双绕组变压器；（b）三绕组变压器

这就是不平衡电流。综合考虑暂态和稳态的影响，变压器总的不平衡电流为

$$I_{\text{unb. com}} = (K_{\text{err}}K_{\text{st}}K_{\text{np}} + \Delta U + \Delta f_{\text{s}})\frac{\sqrt{3}I_{\text{k. max}}}{K_{\text{TA. d}}} \tag{7-15}$$

式中　　$K_{\text{err}}$——电流互感器的最大误差，取 0.1（10%）；

　　　　$I_{\text{k. max}}$——流经变压器 Y 侧的最大短路电流；

　　　　$K_{\text{st}}$——电流互感器同型系数，同型时取 0.5，不同型时取 1；

　　　　$K_{\text{np}}$——非周期分量影响系数，不采取措施时取 1.5～2，采用速饱和变流器时取 1～1.3；

　　　　$\Delta U$——变压器的调压范围，不带负载调压的变压器 $\Delta U = \pm 5\%$，有载调压的变压器的 $\Delta U$ 范围较大；

　　　　$\Delta f_{\text{s}}$——变比误差，取 0.05；

　　　　$K_{\text{TA. d}}$——变压器星形侧电流互感器的变比。

变压器差动保护的动作值应躲过此不平衡电流。变压器差动保护的关键就是如何减少不平衡电流。减小的方法有：尽量使得变压器两侧的电流互感器特性一致、采用特制专用的差动保护继电器、减少互感器侧负荷、平衡互感器阻抗、利用快速饱和变流器等。

2．BCH-2 型差动继电器

BCH-2 型差动继电器可以很好地消除变压器励磁涌流的影响，是目前中、小型变压器广泛采用的差动保护继电器。继电器的内部结构如图 7-19 所示。采用 BCH-2 继电器构成差动保护的整定参见例 7-2。

（二）瓦斯保护

变压器差动保护并不能保护变压器所有的内部故障（如变压器油面降低，绕组匝间短路等）。因此，常采用瓦斯保护与差动保护一起作为主保护，对变器内部故障全面保护。

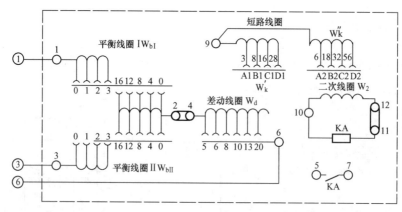

图 7-19　BCH-2 差动继电器的内部结构

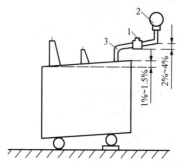

图 7-20　变压器气体保护的安装
1—气体继电器；2—油枕；3—连接管道

瓦斯保护的测量元件为气体继电器，继电器安装于变压器油箱和油枕的通道上，如图 7-20 所示。为了便于气体的排放，安装时需要有一定的倾斜度；变压器顶盖与水平面间应有 1%～1.5% 的坡度，连接管道应有 2%～4% 的坡度。

（三）变压器的电流速断保护

对于容量较小的变压器，可在电源侧装设电流速断保护，与瓦斯保护互相配合，保护变压器内部和电源侧套管及引出线上全部故障。

变压器电流速断保护的单相原理接线如图 7-21 所示。电源侧为直接接地系统时，保护采用完全星形接线；如为非直接接地系统，则采用两相不完全星形接线。

保护动作于跳开两侧断路器。动作电流按躲过变压器负荷侧母线上短路时流过保护的最大短路电流和躲过变压器空载投入时的励磁涌流计算，取二者中的大值作为变压器电流速断保护的动作电流。

根据需要电力变压器还有其他保护，在此不再一一叙述。

二、同步发电机的保护

发电机常见的电气故障主要有：定子绕组相间短路、定子绕组匝间短路、定子绕组单相接地、励磁回路一点或两点接地等；其不正常运行状态主要有：励磁电流急剧下降或消失、外部短路引起定子绕组过电流、负荷超过发电机额定容量而引起的过负荷、转子表层过热、定子绕组过电压以及发电机失步、发电机逆功率、非全相运行励磁回路故障或强励磁时间过长而引起的转子绕组过负荷等。

（一）纵差保护

发电机纵差保护作为发电机定子绕组及其引出线相间短路的主保护，在保护范围内发生相间短路时，快速动作于停机，其单相原理接线如图 7-22 所示。

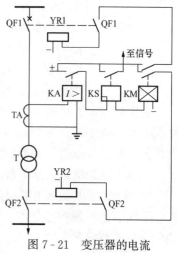

图 7-21　变压器的电流
速断保护

保护的动作电流：

（1）躲过外部短路时差动回路出现的最大不平衡电流 $I_{\text{unb. max}}$

$$I_{\text{op}} = K_{\text{rel}} I_{\text{unb. max}} = 0.1 K_{\text{rel}} K_{\text{np}} K_{\text{st}} I_{\text{K. max}} \quad (7-16)$$

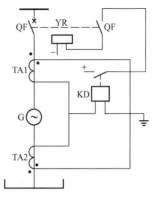

式中　$K_{\text{rel}}$——可靠系数，取为1.3；

　　　$K_{\text{np}}$——非周期分量系数，当采用具有速饱和铁芯的差动继电器时取为1；

　　　$K_{\text{st}}$——电流互感器同型系数，当电流互感器型号相同时取为0.5。

（2）躲过电流互感器二次回路一相断线时的差动回路出现的额定负荷电流 $I_{\text{NG}}$

$$I_{\text{op}} = K_{\text{rel}} I_{\text{NG}} \quad (7-17)$$

图7-22　发电机纵差保护原理接线图

式中　$K_{\text{rel}}$——可靠系数，取为1.3。

发电机的纵差保护瞬时动作于跳闸。虽然它是发电机内部相间短路最灵敏的保护，但是在中性点附近经过渡电阻相间短路时，保护仍存在一定的死区。

（二）其他保护

同步发电机的保护还包括发电机的匝间短路保护；发电机定子绕组单相接地保护；发电机励磁回路接地保护；发电机失磁保护；发电机相间短路的后备保护；发电机定子过负荷保护；励磁绕组过负荷保护；转子表面负序过负荷保护（负序电流保护）等。一些大型发电机还装设有：发电机逆功率保护、发电机低频保护、发电机非全相运行保护、过电压保护、过励磁保护、失步保护等。

## 第五节　10kV 配电系统的保护

### 一、10kV 配电线路的保护

我国的10kV配电线路保护一般采用电流速断、过电流及三相一次重合闸构成。对于特殊线路结构或特殊负荷的线路，当上述保护不能满足要求时，可考虑增加其他保护（如电流保护Ⅱ段、电压闭锁等）。由于10kV线路一般为保护的最末级，或最末级用户变电站保护的上一级保护，所以在整定计算中，定值计算偏重灵敏性，对有用户变电站的线路，选择性靠重合闸来保证。

（一）电流速断保护

1. 无时限电流速断保护

10kV配电线路的无时限电流速断保护一般装设于重要配电所引出的线路，保护的整定计算与三段式电流保护中的电流Ⅰ段相同。

此保护应该保证能够切除所有使得保护安装处母线残压低于50%～60%额定电压的短路。为了满足这一要求，必要时保护装置可以无选择性的动作并以自动装置来补救。

2. 带时限电流速断保护

当无时限电流速断保护不能够满足选择性动作时，需要换成装设带时限电流速断保护。当6～10kV配电线路过电流保护的动作时限不会超过0.5～0.7s，并且没有保护配合上的要求时，可以不装设电流速断保护。

（二）过电流保护

过电流保护是配电线路上装设的主要保护，对于 6～10kV 配电线路都要求装设，它与高压输电线路过电流保护的整定是一样的。

（三）单相接地保护

一般的 10kV 电网都是小接地电流系统，单相接地故障时，只需发信号（绝缘监察），运行人员可以有 1～2h 的时间查找接地点。因此配电线路装设单相接地保护并不是必须的，可以根据需要选择安装。

**二、10kV 配电变压器的保护**

10kV 配电变压器的常见故障及不正常运行方式与高压系统中电力变压器相同，由于 10kV 配电变压器的容量一般并不很大，保护有自己的特点。

目前，越来越多的 10kV 配变为干式变压器，无须安装瓦斯保护。运行经验表明，此类变压器可以采用负荷开关加熔断器的保护方案，这样既可以开断正常时的负荷电流（负荷开关）又可以实现短路保护（熔断器）。如若采用油浸式变压器，可以参考表 7-3 进行保护配置。

表 7-3　　　　　　　　　　　　　　6～35kV 变压器的保护配置

| 变压器容量（kVA） | 保护配置 | | | | | | | 备注 |
|---|---|---|---|---|---|---|---|---|
| | 定时限过电流保护 | 电流速断保护 | 纵差保护 | 单相低压侧接地保护 | 过负荷保护 | 瓦斯保护 | 温度保护 | |
| ＜400 | — | — | — | — | — | ≥315kVA 的车间内油浸变压器装设 | — | 一般用高压熔断器保护 |
| 400～630 | 高压侧采用断路器时装设 | 高压侧采用断路器且过电流保护动作时限＞0.5s 时装设 | — | 装设 | 并列运行的变压器装设；单独运行并作为其他负荷的备用电源的变压器根据过负荷的可能性装设 | 车间内变压器装设 | — | 一般采用 GL 型继电器兼做过电流及电流速断保护 |
| 800 | | | | | | | — | |
| 1000～1600 | 装设 | 过电流保护动作时限＞0.5s 时装设 | — | | | 装设 | — | |
| 2000～5000 | | | 当电流速断保护不能满足灵敏度要求时装设 | | | | 装设 | — |
| 6300～8000 | — | 单独运行的变压器或是负荷不太重要的变压器装设 | 并列运行的变压器或是重要变压器当电流速断保护不能满足灵敏度要求时装设 | — | — | — | — | ≥5000kVA 的单相变压器宜装设远距离测温装置 ≥8000kVA 的三相变压器宜装设远距离测温装置 |
| ≥10000 | — | | 装设 | | | | | |

注　"—" 代表不用装设。

补充说明:

(1) 当带时限动作的过电流保护不能够满足灵敏性的要求时,应该采用低电压闭锁的带时限过电流保护;

(2) 除了轻瓦斯保护动作于发信号以外,其他的保护一般动作于跳开变压器的各电源侧断路器;

(3) 单独运行并作为其他负荷备用电源的变压器,如果低压侧电压为 230/400V,低压侧出线断路器带有过负荷保护时,可装设专门的过负荷保护。过负荷保护一般采用单相式,动作于信号,若是无经常值班人员的变电站,可动作于跳闸或是断开部分负荷;

(4) 对于单相低压侧接地保护,当利用高压侧过电流保护及低压侧出线断路器保护不能满足灵敏性的要求时,应该装设变压器中性线上的零序过电流保护。

保护的整定与电力变压器相类似,不再多述。

### 三、10kV 电力电容器的保护

10kV 电力电容器一般是并联在配电网络中,用以补偿工频交流电力系统中的感性负荷,提高电力系统的功率因数,改善电能质量,降低线路损耗。为了保证其安全运行,电力电容器也应该装设适当的保护装置。

#### (一) 并联电容器组的主要故障及其保护方式

并联电容器组的主要故障及其保护方式见表 7-4。电容器组的继电保护方式与其接线方案相关。

表 7-4          并联电容器组的主要故障及其保护方式

| 常见故障及不正常运行方式 | 保护方式 |
|---|---|
| 电容器内部故障及其引出线短路 | 专用熔断器保护,熔丝额定电流可为电容器额定电流的 1.5～2.0 倍 |
| 电容器组与断路器之间连线的短路 | 带短时限的电流速断或是过电流保护,动作于跳闸 |
| 电容器组中某一些故障电容切除后引起过电压 | 对单星形接线的电容器组,采用中性线对地电压不平衡保护;<br>对多段串联单星形接线电容器组,采用段间电压差动或是桥式差电流保护;<br>对双星形接线的电容器组,采用中性线不平衡电压或是不平衡电流保护 |
| 电容器组单相接地故障 | 利用电容器组所接母线上的绝缘监察装置检出 |
| 电容器组过电压 | 装设过电压保护,带时限动作于信号或是跳闸 |
| 电容器组连接母线失压 | 装设低电压保护,带时限动作于信号或是跳闸 |
| 电容器组过负荷 | 只有当系统高次谐波含量较高或电容器组投运后实测其回路中电流超过允许值时才装设过负荷保护 |

#### (二) 电容器保护

1. 过电流保护

当电容器组与断路器之间的连线发生故障时,应该装设过电流保护。电容器组三相三继电器式电流保护的接线如图 7-23 所示。

电流继电器的动作电流为

$$I_{op.r} = \frac{K_{rel}K_{con}}{K_{re}K_{TA}} I_{NC} \tag{7-18}$$

式中   $K_{rel}$——可靠系数,一般时限在 0.5s 以下取 2.5;时限较长时取 1.3;

$K_{con}$——接线系数，采用三相三继电器时或是两相两继电器时取1；

$K_{re}$——返回系数，取0.85；

$K_{TA}$——电流互感器变比；

$I_{NC}$——电容器组的额定电流。

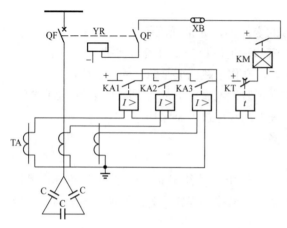

图7-23　电容器组过电流保护原理接线图

继电器的灵敏度系数应该满足

$$K_{s.min} = \frac{I_{K.min.r}}{I_{op.r}} > 2 \quad (7-19)$$

式中　$I_{K.min.r}$——最小运行方式下，电容器首端两相短路时流过继电器的电流。

2. 其他保护

对电容器组内部故障，双三角形连接电容器组一般采用横联差动保护。如果电容器组采用双星形接线，那么其内部故障时需要采用中性线电流平衡保护。

为了防止在母线电压波动幅度比较大的情况下导致电容器组长期过电压运行，应该装设过电压保护装置，当运行中的电压超过整定值时，电压继电器动作，经过一定时间使断路器跳闸。

## 第六节　工厂供电系统的保护

工厂供电系统一般指的是一个厂区范围之内的供配电系统。该供电系统的电源一般是以110kV或是35kV电压等级的输电线，从地区变电站引接至厂区内的总降压变电站，进行电压变换之后以10kV电压等级的工厂高压配电线路（架空线或是电缆）引到各个车间，再通过各类的车间变电站变换成380V/220V的低压电，提供给工厂内的各类生产生活用电设备。

工厂供电系统中的高压配电网一般采用继电保护装置或是高压熔断器进行保护，而车间内低压配电系统的保护多采用低压断路器和低压熔断器实现。工厂供电系统还应考虑变、配电所中的变压器以及母线保护。并且为了提高供电可靠性，工厂一般还装有备用电源自动投入装置和线路自动重合闸装置。

### 一、工厂供电系统中供电网络的保护

工业企业的供电线路基本上是架空线或是电缆构成的辐射状单端供电网络，并且厂区内的距离一般较短，所以这类网络的保护一般比较简单。常用的保护是定时限或反时限过电流保护、低电压保护、电流速断保护、中性点不接地系统的单相接地保护等。当采用双电源供电时，需要考虑带方向的电流保护。

如果工厂供电网络采用35kV及以上的高压网络，电流保护可能无法满足选择性的要求，这时就要考虑采用性能更加完善的距离保护。

（一）过电流保护

在工厂供电网络中一般采用过电流保护。基本原理在本章的第二节中已经介绍过，在工

厂供电系统中使用时，整定原则与整定方法不变。此处只介绍反时限过电流保护的整定计算步骤以及时限配合特性问题。

图7-24所示的单端供电网络中装设反时限过电流保护。图7-24（b）为最大运行方式下网络中短路电流的分布曲线。假设在每条线路始端（k1、k2、k3、k4点）短路时的最大短路电流分别为 $I_{k1.max}$、$I_{k2.max}$、$I_{k3.max}$、$I_{k4.max}$，则在此电流的作用下，各线路自身的保护装置的动作时限均为最小。为了在各线路保护装置之间保证动作的选择性，各保护的动作时限配合如图7-24（c）所示，反时限过电流保护的整定计算步骤如下：

（1）对于保护1，其启动电流可按式（7-11）整定为 $I_{op.1}$；当k1点短路时，在 $I_{k1.max}$ 的作用下，保护1的动作时限应该最小，

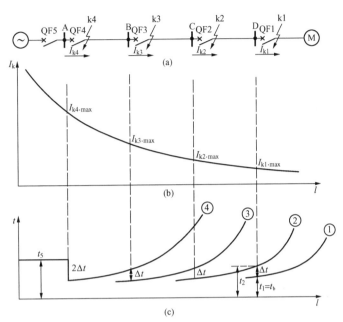

图7-24 反时限过电流保护的时限配合
（a）网络接线；（b）短路电流分布曲线；（c）各保护动作的时限特性

由于其距离源最远，所以可整定为瞬时动作，其动作时限为继电器的固有动作时间，$t_1 = t_b$。

根据这两个条件可选择保护1时限特性曲线，如图中的曲线①。选择特性曲线可以根据制造厂家提供的曲线组或是实验获得。

（2）对于保护2，与保护1一样确定启动电流 $I_{op.2}$，据此确定时限特性的一个点；同时，为了满足选择性，k1点短路时保护2的动作时限应比保护1高出 $\Delta t$，$t_2 = t_b + \Delta t$。因此选择保护2的时限特性曲线如图中的曲线②。

可以看出，选择反时限的动作特性，当保护2的出口处（k2点）短路时，短路电流大于k1点短路的短路电流，保护以小于 $t_2$ 的时间动作，故障得以快速切除，这正是反时限过电流保护的优点所在。

（3）保护3、4可用同样的方法整定。而电源（发电机）的过电流保护一般采用定时限（$t = t_5$）。

与定时限过电流保护相比，反时限过电流保护需要的继电器数量少，接线简单，投资少，可以交流操作，并且可以实现电流速断。但是，它的动作时限误差一般较大，尤其是在速断部分。由于这种保护简单、经济，在中小型的工厂供电系统中应用十分普遍。

（二）电流速断保护

考虑到反时限过电流保护的速断时间误差较大，为了可靠、快速地切除故障，就需要装设速断保护。电流速断保护的整定详见本章的第二节。

（三）阶段式电流保护

为了保证保护动作的选择性，电流速断保护的保护范围不能达到线路全长，因此要构成

阶段式的电流保护，工厂供电网一般是无时限电流速断保护与定时限过电流保护组合。

（四）低电压保护

低电压保护的主要元件是欠电压继电器。它在工厂供电系统中主要用于提高过电流保护的灵敏度以及在系统发生故障时切除不重要的电动机。

1. 提高过电流保护的灵敏度

可采用过电流保护与低电压保护联锁的办法提高保护灵敏度，单相原理接线如图7-25所示。

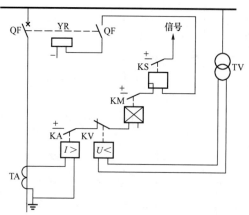

图7-25 过电流保护与低电压保护连锁的原理接线

2. 系统故障时切除不重要的电动机

系统发生故障时，往往伴随电压的降低甚至消失，这将引起电动机的转速下降。当故障切除后，系统电压恢复时，由于电动机要恢复转速而吸收比额定电流大好几倍的自启动电流，致使系统的电压损失增大，母线电压太低，会影响重要电动机的重新工作。对于某些不重要的电动机可装设低电压保护，当系统电压降低到一定程度时首先将它们从系统中切除，从而保证重要电动机的自启动。

上述两种情况的低电压保护动作电压为

$$U_{op} = \frac{U_{min}}{K_{rel}K_{re}} \tag{7-20}$$

式中　　$U_{min}$——正常工作时的最低工作电压，一般取为电网额定电压的90%；

　　　　$K_{rel}$——可靠系数，取1.1；

　　　　$K_{re}$——低电压继电器的返回系数，取1.25。

用于切除不重要电动机的低电压保护动作时间一般为0.5s。

（五）单相接地保护

工厂供电系统中高压部分（1kV以上）一般采用中性点不接地的接地方式（小接地电流系统），当发生单相接地时，由于这种故障并不影响接于线电压上电气设备的正常工作，一般并不要求立即将电源切断，但为了防止两点接地而产生更大的短路电流，应针对单相接地故障设置绝缘监察装置（参见本章第三节），必要时也可通过继电保护装置切断故障。

需要注意，中性点不接地系统中，单相接地故障不立刻切除的条件是其接地电容电流满足限制值，单回路单相接地电容电流大小可近似估算为

架空线路　　　　　　　　　　$I_C = \frac{Ul}{350}$ 　　　　　　　　　　（7-21）

电缆线路　　　　　　　　　　$I_C = \frac{Ul}{10}$ 　　　　　　　　　　（7-22）

其中，$U$为线电压，$l$为该电压等级的线路长度。对于6~10kV的线路，一般要求接地电容电流小于30A，对于20~60kV的线路接地电容电流不得超过10A。如果不能满足要求，可以将中性点经消弧线圈接地。

考虑小接地电流系统的特点，针对工厂供电系统的具体情况，工厂供电系统的单相接地

保护可以采用绝缘监察或是零序电流保护（接线见图 7 - 16 和图 7 - 17）。

采用三个 TA 获取零序电流时，零序电流保护的动作电流需要躲过正常负荷电流下产生的不平衡电流以及其他线路接地时本线路的三倍零序电流 $3I_0$（电容电流），因此动作电流为

$$I_{\text{op.r}} = K_{\text{rel}}\left(I_{\text{unb}} + \frac{3I_0}{K_{\text{TA}}}\right) \tag{7-23}$$

式中    $K_{\text{rel}}$ ——可靠系数，当保护瞬时动作时，取 $4 \sim 5$；保护延时 0.5s 动作时，取 $1.5 \sim 2$；

       $I_{\text{unb}}$ ——正常运行时，继电器感受到的不平衡电流；

       $K_{\text{TA}}$ ——电流互感器的变比。

采用专用的零序电流互感器时，不平衡电流很小，可以忽略。零序电流保护的动作电流为

$$I_{\text{op.r}} = K_{\text{rel}}3I_0/K_{\text{TA}} \tag{7-24}$$

灵敏度系数为

$$K_{\text{s.min}} = (3I_{\text{0.min}}/K_{\text{TA}})/I_{\text{op.r}} \tag{7-25}$$

式中    $3I_{\text{0.min}}$ ——本线路末端单相接地时流经保护安装处的最小零序电流。

当采用专用的零序电流互感器时，要求 $K_{\text{s.min}} \geqslant 1.25$，否则应该满足 $K_{\text{s.min}} \geqslant 1.5$。

（六）方向电流保护

1. 方向问题的提出与解决

如果工厂供电系统采用环形电网或是双侧电源供电，当电网中某一处发生故障时，如仍装设定时限过电流保护，仅靠时限整定将无法满足保护动作的选择性。

例如，在图 7 - 26（a）中，所有断路器上装设定时限过电流保护。当 k1 点短路时，按照动作选择性的要求，保护 1、2 动作断开断路器 QF1、QF2，满足选择性的动作时间配合为 $t_6 > t_5 > t_4 > t_3 > t_2$；当 k2 点短路时，按照动作选择性的要求，保护 3、4 动作断开断路器 QF3、QF4，满足选择性的动作时间配合为 $t_6 > t_5 > t_4$，$t_1 > t_2 > t_3$，很明显，同一个电网中这两个条件不可能同时满足。图 7 - 26（b）的单电源环网中，同样存在这样的问题。

解决上述问题，需要在原来保护的基础上装设方向元件（功率方向继电器），判断短路时的功率方向。定义功率的正方向由母线流向线路，反方向由线路流向母线，功率方向继电器只有在通过的功率为正向时才动作。在图 7 - 26（a）中，当 k1 点短路时，由于通过保护 3 的短路功率方向为负（虚线箭头所示），它不动作。这样一来，图 7 - 26（a）中 QF1、QF3、QF5 和 QF2、QF4、QF6 就可以分别按照

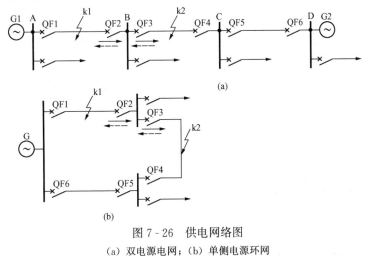

图 7 - 26 供电网络图
（a）双电源电网；（b）单侧电源环网

阶梯原则与单端供电的定时限过电流保护一样整定了，再不会出现相互冲突的问题。

2. 功率方向继电器的接线

在相间短路保护中功率方向继电器通常采用 90°接线方式，电压、电流的引入见表 7 - 5。

表 7 - 5　　　　　　　90°接线方式功率方向继电器接入的电流及电压

| 功率方向继电器 | $\dot{I}_r$ | $\dot{U}_r$ |
|---|---|---|
| $KP_U$ | $\dot{I}_U$ | $\dot{U}_{VW}$ |
| $KP_V$ | $\dot{I}_V$ | $\dot{U}_{WU}$ |
| $KP_W$ | $\dot{I}_W$ | $\dot{U}_{UV}$ |

采用 90°接线方式可以保证继电器在正向短路时可靠而灵敏地反应，而反向短路时可靠不动。

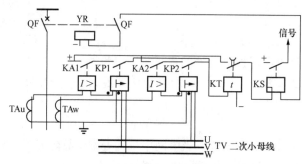

图 7 - 27　功率方向过流保护原理接线

3. 方向电流保护

引入了功率方向继电器以后的过电流保护原理接线如图 7 - 27 所示，其整定计算与过电流保护相同。

双侧电源电网或是环形电网中加装方向元件是为了保证过电流保护动作的选择性，若不装方向元件不会造成无选择性误动作，就不必装设方向元件，以免接线复杂，降低可靠性。在什么情况下加装方向元件，需进行具体分析。

**二、工厂供电系统变压器以及母线的保护**

（一）工厂供电系统中变压器的保护

工厂供电系统中，总降压变电站和车间变电站中都有变压器，由于容量、功能的差异，这两种变压器采用的保护也略有不同。

1. 总降变压器的保护

总降压变电站变压器的保护方式取决于它的容量和数量。对容量为 7500kVA 及以下的单台变压器，可考虑设置以下保护：

1）对于由外部相间短路引起的变压器过电流可采用过电流保护，保护装置的整定值应考虑事故时可能出现的过负荷，当这种保护不能满足灵敏度要求时，可考虑采用复合电压启动的过电流保护；

2）当过电流保护时限大于 0.5s（或 0.7s）时，可采用电流速断保护；

3）瓦斯保护（油浸式变压器）；

4）温度监视。

对容量为 10 000kVA 及以上的单独运行的变压器或并列运行的每台容量为 6300kVA 及以上的变压器，除应设置 1）、3）、4）等项保护装置以外，为了对变压器内部故障（包括套管的故障）达到速断的目的，还需采用纵联差动保护。

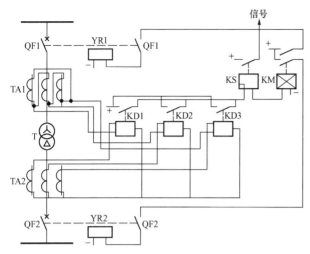

图 7 - 28 BCH—2 型继电器构成的变压器差动保护

由 BCH—2 差动继电器组成的变压器差动保护如图 7 - 28 所示。

**例 7 - 2** 工厂总降压变电站中一台单独运行的降压变压器，装设 BCH—2 型差动保护，变压器的容量为 15MVA，变比为 $35\pm2\times2.5\%/6.6$kV，Y/△—11 接法，$u_k\%=8$。已知：归算至平均电压（37kV）的变压器高压侧最大短路电流为 $I_{k.\,max}^{(3)}=3.57$kA，最小短路电流为 $I_{k.\,min}^{(3)}=2.14$kA；变压器低压侧的最大负荷电流为 1kA，试整定变压器的差动保护。

**解** （1）首先，计算变压器各侧的额定电流 $I_N$，选出电流互感器的变比 $K_{TA}$，计算电流互感器二次连接臂中的电流 $I_{N2}$。计算结果列于表 7 - 6。

表 7 - 6                   **变 压 器 的 计 算 数 据**

| 数据名称 | 各侧数据 | |
|---|---|---|
| | 35kV 侧（H 侧） | 6.6kV 侧（L 侧） |
| 变压器的额定电流（kA） | $I_{N.H}=\dfrac{S_N}{\sqrt{3}U_{N.H}}=\dfrac{15}{\sqrt{3}\times35}=0.247$ | $I_{N.L}=\dfrac{S_N}{\sqrt{3}U_{N.L}}=\dfrac{15}{\sqrt{3}\times6.6}=1.312$ |
| 电流互感器的接线方式 | △ | Y |
| 电流互感器的计算变比 | $K_{TA.H}=\dfrac{I_{N.H}}{5}\sqrt{3}=\dfrac{247}{5}\sqrt{3}=427.8$ | $K_{TA.L}=\dfrac{I_{N.L}}{5}=1312/5$ |
| 电流互感器的标准变比 | $K_{TA.H}=500/5=100$ | $K_{TA.L}=1500/5=300$ |
| 电流互感器二次连接臂电流（A） | $I_{N2.H}=\dfrac{K_{con}I_{N.H}}{K_{TA.H}}=\dfrac{\sqrt{3}\times0.247}{100}=4.28$ | $I_{N2.L}=\dfrac{K_{con}I_{N.L}}{K_{TA.L}}=\dfrac{1\times1.312}{300}=4.37$ |

计算中，$K_{con}$ 为接线系数。电流互感器为△接线时取 $\sqrt{3}$；电流互感器为 Y 接线时为 1。

（2）根据计算结果，选择 6.6kV 侧作为基本侧，平衡绕组 Wb I 接于基本侧，Wb II 接于 35kV 侧。将外部短路的最大短路电流归算至基本侧（平均电压 6.3kV），取基准容量为 15MVA，则

$$I_{k.\,max.\,6.3kV}^{(3)}=\cfrac{1}{\cfrac{1}{3.57/\dfrac{15}{\sqrt{3}\times37}}+0.08}\times\frac{15}{\sqrt{3}\times6.3}=9.44\,(kA)$$

（3）计算差动保护一次侧的动作电流。

1）按躲过变压器的励磁涌流

$$I_{op}=K_{rel}I_{N.L}=1.3\times1312=1705.6\,(A)$$

2）躲过电流互感器二次回路断线时差动回路的电流

$$I_{op} = K_{rel} I_{L.max} = 1.3 \times 1000 = 1300(A)$$

3）躲过外部故障时的最大不平衡电流

$$I_{op} = K_{rel} I_{unb.max} = 1.3[(1 \times 0.1 \times 1 + 0.05 + 0.05) \times 9440] = 2454.4(A)$$

取这三个计算值中最大者即为差动保护基本侧的一次动作电流，所以 $I_{op} = 2454.4A$，差动继电器基本侧动作电流为 $I_{op.r} = \dfrac{2454.4 \times 1}{300} = 8.18$（A）。

（4）确定差动继电器各绕组的匝数。该继电器在保持 $W_k''/W_k' = 2$ 时，其动作安匝数为 $W_{op} = \dfrac{AN}{I_{op.r}} = 60/8.18 = 7.33$，实际取为 7 匝。这是基本侧差动线圈的实际匝数和一组平衡线圈的实用匝数的和，即 $W_{op.set} = W_{d.set} + W_{bI.set} = 6 + 1 = 7$。

非基本侧的平衡绕组匝数为 $W_{bII} = \dfrac{I_I}{I_{II}}(W_{bI} + W_d) - W_d = 4.37 \times 7/4.28 - 6 = 1.15$，选定整定匝数为 2 匝。

相对误差为 $|\Delta f_s| = \left| \dfrac{W_{bII} - W_{bII.set}}{W_{bII} + W_{d.set}} \right| = |(1.15 - 2)/(1.15 + 6)| = |-0.12| < 5\%$，因此不必重新计算动作电流。

短路绕组的匝数考虑：短路线圈匝数用得越多，保护躲过励磁涌流的能力越强，但内部故障有较大的非周期分量时，继电器的动作时间增长。对于涌流倍数大的较小容量变压器，内部故障时短路电流的非周期分量衰减快，对保护装置的动作时间要求相对较低，因此短路线圈宜取多匝，可选用抽头 C1－C2 或是 D1－D2。另外短路线圈匝数的选定还与电流互感器的型号有关，具体的匝数选定是否合适，要根据试验确定。本题中选定 C1－C2。

（5）灵敏度校验。负荷侧短路时的最小三相短路电流为

$$I_{k.min.6.3kV}^{(3)} = \dfrac{1}{\dfrac{1}{2.14/\dfrac{15}{\sqrt{3} \times 37}} + 0.08} \times \dfrac{15}{\sqrt{3} \times 6.3} = 7.259(kA)$$

反应到电源侧继电器中为

$$I_{k.r} = \dfrac{\sqrt{3} \times I_{k.min.6.3kV}^{(3)}}{2K_T} \times \dfrac{\sqrt{3}}{K_{TA.H}} = \dfrac{\sqrt{3}}{2} \times 1.236 \times \dfrac{\sqrt{3}}{100} = 18.5(A)$$

电源侧差动继电器的动作电流为 $I_{op.r} = \dfrac{AN}{W_{d.set} + W_{bII.set}} = 60/(6 + 2) = 7.5$（A）

计算差动继电器的最小灵敏度系数 $K_{s.min} = 18.5/7.5 = 2.47 > 2$，可见灵敏度满足要求。

2. 车间变压器的保护

车间变压器的保护应力求简化。首先可考虑用熔断器保护或采用熔断器与负荷开关配合保护；其次可考虑采用定时限或反时限的过电流保护，整定方法与单端供电线路情况相同，当动作时限大于 0.7s 时，可加装速断保护。

（1）过电流保护。车间变压器的过电流保护一般采用两相三继电器的接线方式，如图 7-29 所示。采用此种接线方式的优点在于既不要增加电流互感器，又可以使得保护在未装电流互感器那一相低压侧单相接地故障时保护具有与其他相发生单相接地故障相同的

灵敏度，而不是只有一半。

另外，当变压器低压侧采用"变压器－干线式"供电时，其二次侧出线至低压切断电器的距离较长，发生单相接地短路的可能性较大一些。如果高压侧装设的过电流保护装置对低压侧单相短路保护的灵敏度不能达到规定的要求时，可考虑在低压侧中性线上装设专门的零序电流保护装置作为单相接地保护。电流继电器接于中性线上的电流互感器，其动作电流应躲过正常运行时变压器中性线上流过的最大不平衡电流（国家标准规定该电流不超过低压侧额定线电流 $I_{\text{N.T.2}}$ 的 25%）于是有

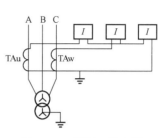

图 7 - 29　两相三继电器
接线方式

$$I_{\text{op}} = 0.25 K_{\text{rel}} I_{\text{N.T.2}} \tag{7-26}$$

可靠系数 $K_{\text{rel}}$ 取 1.2～1.3，保护的动作时限为 0.5～0.7s，动作跳开低压侧开关。灵敏度按照变压器低压侧干线末端单相接地的最小短路电流校验，要求灵敏度系数满足 $K_{\text{s.min}} \geqslant 1.25$～1.5。

如果变压器低压侧由自动空气开关接至低压配电盘而且距离较远时，对低压侧的单相接地短路也可动作于自动开关的分励脱扣器跳闸。如果距离很近或采用电缆连线时，可不装设单相接地保护。

（2）瓦斯保护。320kVA 以上的户内变电站变压器和 800kVA 以上的户外变压器都应装设瓦斯保护，如图 7 - 20 所示。瓦斯保护只能反应油箱内部的故障，所以不能单独作为变压器的主保护。

### （二）工厂供电系统的母线保护

母线是工厂变、配电所中电能集中与分配的重要环节，它的安全运行对不间断供电具有极为重要的意义。由于母线是静止的，相比于旋转部件要可靠得多，但是它仍有可能发生故障。一旦母线故障，后果极其严重，会使用户大面积停电。

运行经验表明，大多数母线故障是单相接地，多相短路故障所占的比例很小。发生母线故障的原因主要有母线绝缘子及断路器套管闪络、电压互感器或装于母线与断路器之间的电流互感器故障、母线隔离开关在操作时绝缘子损坏以及运行人员的误操作等。

工厂中母线保护的主要方式有两种。

（1）利用接于母线上供电元件的保护装置来保护母线。例如，利用总降压变电站中为变压器设置的各种电流保护来保护母线。

（2）装设母线的专用保护。当母线为分段母线时，其他元件的保护不能保证只切除故障母线，此时就要装设专门的母线保护。

对母线保护的基本要求是快速而有选择的将故障部分隔离并且具有足够的灵敏度以及可靠性。大接地电流系统中专门的母线保护通常为母线电流差动保护，在工厂供电系统这种小接地电流系统中母线保护一般为过电流保护或是不完全母线差动保护。

图 7 - 30 所示为总降压变电站 6～10kV 母线的过电流保护接线。其中，馈线上装有定时限过电流保护，变压器低压侧也装有定时限过电流保护，变电站 6～10kV 母线为单母分段接线，母线装设专门的保护（母线分段器上装设过电流保护）。

母线分段器过电流保护的动作电流为

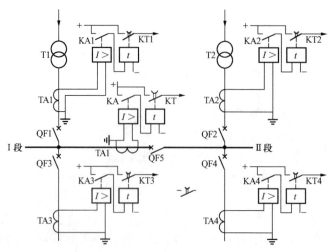

图 7-30　母线分段器上的过电流保护

$$I_{op} = \frac{K_{rel}}{K_{re}} I_{pk} \qquad (7-27)$$

其中，$I_{pk}$ 为考虑电动机自启动时流过分段断路器 QF5 的最大尖峰电流。母线分段器过电流保护的动作时间 $t_B$ 应大于馈线动作时间一个时限级差 $\Delta t$，变压器二次侧过电流保护的动作时间应该比 $t_B$ 大一个时限级差 $\Delta t$。

当第 I 段母线发生故障时，母线分段器过电流保护动作，母线分段断路器 QF5 断开，故障段与非故障段脱离。然后 QF1 的保护动作，第 II 段母线仍继续运行。

如果工厂的总降压变电站容量较大，母线一般装不完全母线差动保护，如图 7-31 所示。这种接法适用于工厂变配电所进线少、馈线回路数较多的场合。一般采用两相式，由两段电流保护构成。

可以看出，这种差动接线不是在所有接于母线上的元件上装设电流互感器，只在对端有电源的元件上装设电流互感器。

第一段 KA1 为电流速断保护，其动作电流按照躲过线路电抗器后的最大短路电流 $I_{K.max}$ 整定。

$$I_{op} = K_{rel} I_{K.max} \qquad (7-28)$$

可靠系数 $K_{rel}$ 取 1.2～1.4。保护动作时限的考虑：当出线的断路器容量是按线路电抗器后短路选择且出线具有延时过流保护时，电流速断保护不带时限；如果出线断路器的容量是按线路电抗器前短路选择，且线路上除装设延时过流保护外，还装设了快速动作的保护装置，则电流速断

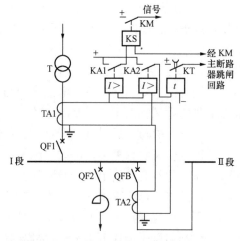

图 7-31　母线不完全母线差动电流保护

保护带时限，其时限比线路快速动作的保护装置大一个时限级差 $\Delta t$，以防止线路电抗器后发生短路时保护误动作。

第二段 KA2 为过电流保护。由于正常运行时流过差动回路的电流等于未接入差动保护的所有连接元件的负荷电流之和，所以过流保护的动作电流需躲过上述可能最大的负荷电流（考虑电动机自启动）之和来整定。过流保护的动作时限比出线保护装置的最大动作时限大一时限级差 $\Delta t$。

### 三、工厂供电系统中电动机的保护

**（一）电动机的主要故障及其保护方式**

对于电压为 3kV 以上的感应电动机和同步电动机，主要故障、不正常工作情况和保护

配置见表 7-7。

表 7-7　　　　　　　　　　　　电动机的主要故障及其保护方式

| 常见故障及不正常运行方式 | 保护方式 |
| --- | --- |
| 定子绕组及引出线相间短路 | <2kW 电动机，采用两相式电流速断保护，灵敏度不满足要求时采用纵差保护；≥2kW 电动机，采用纵差保护； |
| 定子绕组单相接地 | 接地电流大于 5A 时装设有选择性的单相接地保护；小于 5A 时装设接地检测装置 |
| 定子绕组过负荷 | 装设过负荷保护 |
| 定子绕组低电压 | 装设电动机低电压保护 |
| 同步电动机失步 | 装设失步保护 |
| 同步电动机失磁 | 专用的失磁保护 |
| 同步电动机出现非同步冲击电流 | 对于≥2MW 及不允许非同步冲击的同步电动机装设防止电源短时中断再恢复时造成非同步冲击的保护 |

　　由于运行中的电动机，大部分都是中小型的，因此不论是根据经济条件或是根据运行要求，它们的保护装置都应该力求简单和可靠。

　　对电压在 500V 以下的电动机，特别是 75kW 及其以下的电动机，广泛采用熔断器来保护相间短路和单相接地故障，对于较大容量的高压电动机，应该装设由继电器构成的相间短路保护，瞬时动作于跳闸。

（二）电动机的保护

1. 电流速断与过负荷保护

　　工厂用电动机容量小于 2000kW 时一般可以装设电流速断保护作为相间短路的主保护，接线如图 7-32 所示。

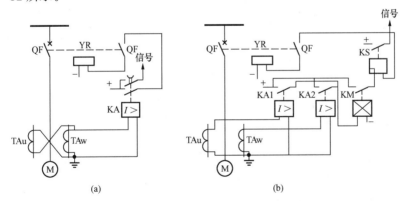

图 7-32　电动机电流速断保护原理接线图

(a) 两相电流差接线；(b) 两相两继电器不完全星形接线

保护的动作电流为

$$I_{\mathrm{op.r}} = \frac{K_{\mathrm{rel}} K_{\mathrm{con}}}{K_{\mathrm{TA}}} I_{\mathrm{st\sim}} \tag{7-29}$$

式中　　$K_{\mathrm{rel}}$——可靠系数，电磁型电流继电器取 1.4～1.6，感应型电流继电器取 1.8～2；

　　　　$K_{\mathrm{con}}$——接线系数，采用两相两继电器时取 1，两相电流差接线时取 $\sqrt{3}$；

　　　　$K_{\mathrm{TA}}$——电流互感器变比；

$I_{st\sim}$——电动机的启动电流周期分量。

保护装置的灵敏度系数应该满足：

$$K_{s.\,min}=\frac{I_{K.\,min}^{(2)}}{I_{op}}\geqslant 2 \tag{7-30}$$

式中　$I_{K.\,min}^{(2)}$——系统最小运行方式下，电动机出口两相短路时的短路电流。

电动机过负荷保护的接线与速断相同，动作电流为

$$I_{op.\,r}=\frac{K_{rel}K_{con}}{K_{re}K_{TA}}I_{NM} \tag{7-31}$$

式中　$K_{rel}$——可靠系数，保护动作于信号时取 1.05，动作于跳闸时取 1.1～1.2；

　　　$K_{con}$——接线系数，采用三相三继电器时或是两相两继电器时取 1；

　　　$K_{re}$——返回系数，取 0.85；

　　　$I_{NM}$——电动机的额定电流。

电动机的过负荷分为短时过负荷和稳定性过负荷两种，只有稳定过负荷才对电动机有危害。在构成电动机的过负荷保护时，一方面应考虑能使它保护不允许的过负荷，而另一方面还要考虑在原有负荷和周围介质温度的条件下，充分利用电动机的过负荷特性。因此过负荷保护的时限特性最好是与电动机的过负荷特性相一致，并比它稍低一些。按照这一要求，过负荷保护通常可以由反时限过电流继电器来构成。

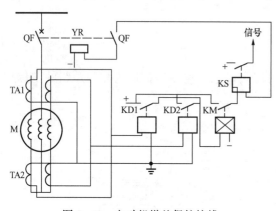

图 7-33　电动机纵差保护接线

**2. 纵差保护**

对于具有六个引出端的不小于 2kW 电动机，一般采用纵差保护作为保护相间短路的主保护，一般接线如图 7-33 所示。

应该注意，电流互感器的容量按照 10％误差曲线选择，并且变比、型号相同。保护的动作电流按照躲过电动机的额定电流 $I_{NM}$ 整定。

$$I_{op.\,r}=\frac{K_{rel}}{K_{TA}}I_{NM} \tag{7-32}$$

式中　$K_{rel}$——可靠系数，采用 BCH2-2 型继电器时取 1.3，采用 DL-11 型继电器时取 1.5～2。

**3. 单相接地保护**

小接地电流系统中的高压电动机，当容量小于 2000kW，而接地电容电流大于 10A，或是容量不小于 2000kW，而接地电容电流大于 5A 时，应装设接地保护，无时延动作于跳闸。高压电动机的零序电流取自专用的零序电流互感器。

**四、工厂供电系统的备用电源自动投入与综合重合闸装置**

为了提高工厂供电的可靠性，保证重要负荷不间断供电，在供电中常采用备用电源自动投入装置和自动重合闸装置。

（一）备用电源自动投入装置（AAT）

备用电源自动投入装置是当工作电源或工作设备因故障断开后，能自动将备用电源或备用设备投入工作，使用户不致停电的一种自动装置，简称为 AAT。

在实际应用中，AAT 装置形式多样，但根据备用方式（即备用电源或备用设备的存在方式）划分，可分为明备用和暗备用两种，如图 7-34 所示。

图 7-34（a）是有一条工作线路和一条备用线路的明备用情况。AAT 装在备用进线断路器上。正常运行时备用电源断开，当工作线路一旦失去电压后便被 AAT 切除，随即将备用线路自动投入。

图 7-34（b）为两条独立工作线路分别供电的暗备用情况，AAT 装在母线分段断路器

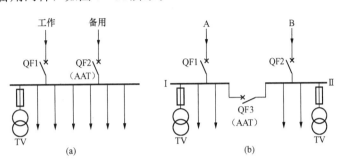

图 7-34　备用电源自动投入示意图
(a) 明备用；(b) 暗备用

上，正常运行时分段断路器打开，当其中一条线路失去电压后，AAT 能自动将失压线路的断路器断开，随即将分段断路器自动投入，让非故障线路供应全部负荷。

对 AAT 装置的基本要求如下：

（1）工作母线无论任何原因失压，AAT 均应动作。但是应保证工作电源或是工作设备断开以后，AAT 才能动作，投入备用电源；

（2）常用（工作）电源因负荷侧故障被继电保护切除或备用电源无电时，AAT 均不应动作；

（3）常用电源正常的停电操作时，AAT 装置不准动作，以防备用电源误投入；

（4）AAT 装置只能动作一次；

（5）AAT 的动作时间应使得负荷停电的时间最短。

（二）自动重合闸装置（ARC）

自动重合闸装置简称为 ARC。该装置也是一种反事故装置，它主要装设在有架空线路出线的断路器上。当架空线路发生故障由继电保护装置动作断开后，同时启动 ARC 装置，经过一定时限 ARC 装置使断路器重新合上。若线路的故障是瞬时性的，则重合成功恢复供电。若线路故障是永久性的，再借助继电保护将线路切断。

1. 对 ARC 装置的基本要求

对 ARC 装置的基本要求如下：

（1）在考虑保护装置的复归、故障点去游离后绝缘强度的恢复、断路器操动机构的复归及其准备好再次合闸的时间的情况下，要求自动重合闸装置动作时间愈短愈好。

（2）手动跳闸时不应重合。当运行人员手动操作控制开关或通过遥控装置使断路器跳闸时，属于正常运行操作，自动重合闸装置不应动作。

（3）手动合闸于故障线路时，继电保护动作使断路器跳闸后不应重合。因为在手动合闸前，线路上还没有电压，如果合闸到故障线路，则线路故障多为永久性故障，即使重合也不会成功。

（4）自动重合闸装置动作应符合规定。对工厂而言，无特殊要求时，对架空线路只重合一次，对电缆线路不采用 ARC，因为电缆瞬时性故障的概率较小。

（5）自动重合闸装置动作后应自动复归，准备好再次动作。这对于雷击机会较多的线路是非常必要的。

（6）自动重合闸装置应能在重合闸动作后或重合闸动作前，加速继电保护的动作。自动重合闸装置与继电保护相互配合，可加速切除故障。

（7）自动重合闸装置可自动闭锁。当断路器处于不正常状态（如操动机构气压或液压低）不能实现自动重合闸时或某些保护动作不允许自动合闸时，应将自动重合闸装置闭锁。

### 2. 工厂供电系统中的 ARC

工厂一般采用单侧电源三相一次自动重合闸装置，装于线路的送电侧。

图 7-35 是按"不对位"原理启动并具有后加速保护动作性能的单侧电源三相一次自动重合闸装置接线展开图。该装置主要由 DH-2A 型重合闸继电器（由时间继电器 KT、中间继电器 KM、电容 C、充电电阻 R4、放电电阻 R6 及信号灯 HW 组成）、断路器跳闸位置继电器 KCT、防跳继电器 KCF、加速保护动作的中间继电器 KAT、表示重合闸动作的信号继电器 KS、手动操作的控制开关 SA、投入或退出重合闸装置的控制开关 ST 组成。

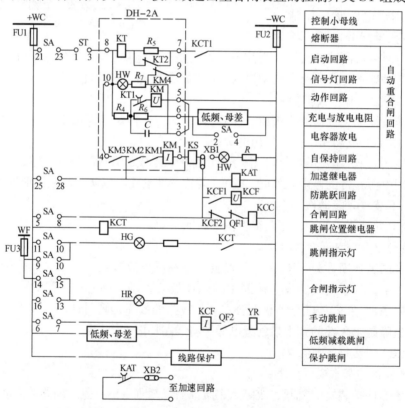

图 7-35 电气式三相一次重合闸接线展开图

### 3. ARC 与继电保护的配合

在电力系统中，自动重合闸与继电保护配合工作，可以加速切除故障，提高供电的可靠性。自动重合闸与继电保护配合的方式有自动重合闸前加速保护和自动重合闸后加速保护两种，两种配合如图 7-36 所示。

自动重合闸前加速保护，简称为"前加速"。一般用于具有几段串联的辐射形线路中，自动重合闸装置仅装在靠近电源的一段线路上。当线路上发生故障时，靠近电源侧的保护首

先无选择性地瞬时动作跳闸，而后借助
自动重合闸来纠正这种非选择性动作。

　　自动重合闸后加速保护一般又简称
"后加速"。采用 ARC 后加速时，必须在
各线路上都装设有选择性的保护和自动
重合闸装置。当任一线路上发生故障时，
首先由故障线路的保护有选择性动作，
将故障切除，然后由故障线路的自动重
合闸装置进行重合。如果是瞬时故障，
则重合成功，线路恢复正常供电；如果

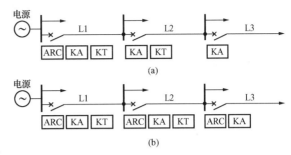

图 7 - 36　重合闸与过流保护的配合
(a) 前加速；(b) 后加速

是永久性故障，则加速故障线路的保护装置使之不带延时地将故障再次切除。这样，就在重
合闸动作后加速了保护动作，使永久性故障尽快地切除。

### 五、工厂供电系统中低压配电网络的保护

　　工厂低压系统一般指的是车间配电系统，其保护可以采用熔断器、低压断路器或是二者
的配合完成。

　　(一) 熔断器保护

　　车间配电系统中，熔断器的配置应该能够满足选择性的要求，并需注意只能装设在相线
上，保护线和保护中性线上不允许装设熔断器，以免熔断器熔断之后导致接于保护线或是保
护中性线上的电气设备外露可导电部分带电，危及人身安全。选用熔断器时，它的额定电压
应不低于保护线路的额定电压；额定电流不小于其所安装的熔体额定电流；类型要符合安装
条件以及被保护设备的技术要求。

　　1. 熔断器的熔体电流选择

　　对于保护电力线路和电气设备的熔断器，它的熔体电流选择应考虑以下的方面：

　　首先，熔断器熔体电流 $I_{N.FE}$ 应该不小于装设线路正常运行时的计算电流 $I_C$，即

$$I_{N.FE} \geqslant I_C \tag{7-33}$$

　　其次，熔断器熔体电流 $I_{N.FE}$ 应该躲过由于电动机启动引起的尖峰电流 $I_{pk}$，即

$$I_{N.FE} \geqslant K I_{pk} \tag{7-34}$$

式中　$K$ ——计算系数，根据熔体的特性以及电动机的拖动情况决定。参见表 7 - 8。

**表 7 - 8　　　　　　　　　计 算 系 数 K 值**

| 条　件 | K　值 | | |
|---|---|---|---|
| 启动时间 | <3s | 3~8s | ≥8s, 频繁启动制动 |
| 供电单台电动机 | 0.25~0.35 | 0.35~0.5 | 0.5~0.6 |
| 供电多台电动机 | 0.5~1 | | |

　　第三，为使得熔断器可靠地保护导线或是电缆不至于在线路短路或是过负荷时损坏甚至
起燃，因此需要熔断器与被保护线路的允许电流 $I_{al}$ 相配合，即

$$\frac{I_{N.FE}}{I_{al}} \leqslant K_{ol} \tag{7-35}$$

式中　$K_{ol}$ ——绝缘导线和电缆的允许短时过负荷系数。用于短路保护时，对于电缆以及绝

缘穿管导线，取 2.5；对于明敷的绝缘导线，取 1.5；用于短路以及过载保护时，取 1。

2. 熔断器的灵敏度校验

熔断器保护的灵敏度系数计算为

$$K_s = \frac{I_{k.min}}{I_{N.FE}} \qquad (7-36)$$

式中　$I_{k.min}$——熔断器保护线路末端在系统最小运行方式下的短路电流，对于中性点不接地系统，取两相短路电流 $I_k^{(2)}$，对于中性点直接接地系统，取单相接地短路电流 $I_k^{(1)}$；

　　　　$I_{N.FE}$——熔断器熔体额定电流。

3. 上下级熔断器之间的配合

一般使上、下级熔体的额定电流值相差 2 个等级即能满足动作选择性的要求。

4. 熔断器断流能力的校验

熔断器分断电流 $I_{oc.FE}$ 应该满足

$$I_{oc.FE} > I_{sh}^{(3)} \qquad (7-37)$$

式中　$I_{sh}^{(3)}$——流经熔断器的短路冲击电流。

（二）低压断路器保护

低压断路器也称为自动空气开关，常用作配电线路和电气设备的过载、欠压、失压和短路保护。

选用低压断路器时应该注意：低压断路器的额定电压应不低于所保护线路的额定电压；低压断路器的额定电流不小于其所安装的脱扣器的额定电流；低压断路器的类型符合它的安装条件、保护性能以及操作方式的要求。

低压断路器配备的电流脱扣器有长延时电流脱扣器、短延时脱扣器和瞬时脱扣器。其中长延时的脱扣器用作于过负荷保护，短延时或是瞬时脱扣器均用于切断短路电流。选择过流脱扣器时，它的额定电流 $I_{N.OR}$ 应不小于线路的计算电流 $I_C$，各种脱扣器整定如下：

（1）瞬时过电流脱扣器动作电流应躲过线路的尖峰电流 $I_{pk}$，即

$$I_{op(0)} \geq K_{rel} I_{pk} \qquad (7-38)$$

式中　$K_{rel}$——断路器的可靠系数。对于动作时间低于 0.02s 的断路器取 1.7～2；对于动作时间高于 0.02s 的断路器取 1.35；对于供多台设备的干线取 1.3。

（2）短延时过流脱扣器的动作电流同样需要躲过线路的尖峰电流，即

$$I_{op(S)} \geq 1.2 I_{pk} \qquad (7-39)$$

短延时过流脱扣器的动作时延一般分为 0.2s、0.4s 和 0.6s 三种，按照前后保护装置的选择性要求来确定，应该使得前一级保护的动作时间比后一级保护的动作时间长一个时间级差。

（3）长时延过流脱扣器的动作电流 $I_{op(L)}$ 只要比线路的计算电流 $I_C$ 稍大即可，即

$$I_{op(L)} \geq 1.1 I_C \qquad (7-40)$$

（4）低压断路器过电流脱扣器动作电流与被保护线路的配合。

为了不至于发生线路因过负荷或是短路引起线路的绝缘导线或是电缆过热受损，甚至失火，而其低压断路器不跳闸的事故，断路器电流脱扣器的动作电流还需与被保护线路的允许

电流 $I_{al}$ 相配合，应满足

$$I_{op} \leqslant K_{ol} I_{al} \qquad (7-41)$$

式中　　$K_{ol}$——绝缘导线和电缆的短时允许过负荷系数。对于长延时电流脱扣器取 1.1，对于瞬时和短延时电流脱扣器取 4.5，当只用作过负荷保护时取 1。

（5）低压断路器过流保护的灵敏度校验。

灵敏度系数计算为

$$K_s = \frac{I_{k.min}}{I_{op}} \qquad (7-42)$$

式中　　$I_{k.min}$——断路器保护线路末端在系统最小运行方式下的短路电流，对于中性点不接地系统，取两相短路电流 $I_k^{(2)}$，对于中性点直接接地系统，取单相接地短路电流 $I_k^{(1)}$；

　　　　$I_{op}$——断路器瞬时或是短延时过流脱扣器的动作电流。

按规定，灵敏度系数必须满足 $K_s \geqslant 1.5$。

**例 7-3**　一条 380V 动力线路，计算电流为 120A，尖峰电流为 400A，线路拟采用 BLV-3×70mm² 导线，穿塑料管敷设，环境温度为 27℃，拟选 DW-400 低压断路器，试整定低压断路器的瞬时以及长延时电流脱扣器的动作电流。

**解**　（1）选择过电流脱扣器的额定电流。过流脱扣器额定电流 $I_{N.OR}$ 应不小于线路的计算电流 $I_C = 120A$，初步选定 $I_{N.OR} = 150A$。

（2）整定瞬时过电流脱扣器。

1）动作电流。设瞬时过电流脱扣器的额定电流整定为 3 倍过流脱扣器额定电流，即 $I_{op(0)} = 3 \times 150 = 450A$。但此时，$I_{op(0)} \geqslant K_{rel} I_{pk} = 1.35 \times 400 = 540A$ 不能够满足，因此将过电流脱扣器的额定电流重新选定 $I_{N.OR} = 200A$，则可以满足 $I_{op(0)} = 3 \times 200 = 600$（A）$> 540$（A）。

2）检验瞬时过流脱扣器与导线的配合。BLV-3×70mm² 在 25℃ 环境温度时穿管敷设的允许电流为 130A。考虑温度修正，在 27°C 的环境温度下，导线的允许载流量为

$$\sqrt{\frac{65-27}{65-25}} \times 130 = 129.7 \text{（A）}。$$

考虑瞬时过流脱扣器与导线的配合，$K_{ol} I_{al} = 4.5 \times 126.7 = 570.2$（A），满足要求的动作电流为 $I_{op(0)} \leqslant K_{ol} I_{al}$，但是 $I_{op(0)} = 600$，显然不满足要求。

考虑加大导线的截面，选择 BLV-3×95mm²，25℃ 的允许电流为 158A，在 27℃ 的环境温度下，导线的允许载流量为 $\sqrt{\frac{65-27}{65-25}} \times 158 = 154$（A），$K_{ol} I_{al} = 4.5 \times 154 = 639$（A），满足 $I_{op(0)} \leqslant K_{ol} I_{al}$ 的要求。

（3）长延时过流脱扣器的整定。

1）动作电流。$I_{op(L)}$ 应该满足 $I_{op(L)} \geqslant 1.1 I_C$，因此 $I_{op(L)} = 1.1 \times 120 = 132$（A）。

2）检验长延时过流脱扣器与导线的配合。因为 $K_{ol} I_{al} = 1.1 \times 154 = 169.4$（A），$I_{op(L)} = 132A$，可见满足 $I_{op(L)} \leqslant K_{ol} I_{al}$。

（三）低压电网保护中低压断路器与熔断器的配合

低压配电网中，低压断路器与熔断器常见的配合方案，一般是低压断路器为上一级熔断

器为下一级。它们之间的配合也需要满足选择性。

要校验低压断路器与熔断器之间的选择性配合，只有通过保护特性曲线，前一级低压断路器可按厂家提供的保护特性曲线考虑 10%～20% 的负偏差，而后一级的熔断器可按厂家提供的保护特性曲线考虑 30%～50% 的正偏差。在这种情况下，如果两条曲线既不重叠也不交叉，并且前一级曲线总在后一级曲线之上，则前后两级保护可实现选择性的动作。而且两条曲线之间的距离越大，动作的选择性越有保证。

由于安秒特性是非线性的，为了使得保护满足选择性的要求，设计与计算时最好采用图解的方法。

## 第七节　民用建筑变配电系统的保护

### 一、概述

一般民用建筑变配电系统的高压侧为 10kV 小接地电流系统，低压侧为 380/220V 中性点直接接地系统。用电设备一般为 380V 动力设备（也包括少部分低压动力设备，如电加热设备）和 220V 照明设备（也包括部分 36V 安全电压的照明设备）。

此外，一些民用建筑配电系统中还有少量的大型动力设备使用高压（3kV 或 6kV）电动机，这部分设备数量虽然很少，但负荷的性质很重要（一般为一级或二级负荷），且设备很贵重，也需要进行保护。

对于不同的变配电设备应采用不同的保护，民用建筑变配电系统中的保护主要有：

（1）供电线路一般设过载保护、短路保护、单相接地保护、雷电过电压保护、操作过电压保护等。

（2）变压器一般设过载保护、内部短路保护、接线端子短路保护、雷电过电压保护等。

（3）各种用电负荷一般设过载保护、各种短路保护等。

与高压电力系统一样，民用建筑变配电系统的继电保护也要满足选择性、灵敏性、可靠性以及灵活性的要求。

### 二、民用建筑变配电系统的保护

#### （一）系统（10kV 系统）的保护

10kV 配电系统为小接地电流系统，当发生单相接地短路时可以只发信号，因此 10kV 线路的单相接地保护，一般采用绝缘监察装置，其原理如图 7-16 所示。

除此以外，10kV 配电线路一般装有定时限过流保护（过载保护）和电流速断保护（短路保护）作为其短路故障的保护，其原理、构成、接线、整定计算等参见本章第二节介绍的单侧电源电网的电流保护。

民用建筑中采用 10kV 配电时，若线路所带负载的级别不高，线路较短时，也可以采用高压熔断器做过载和短路保护，这样可以使成本降低。由于这种配电方式中配电线路较短，使用高压断路器做短路保护时，不易解决选择性问题，因此使用更多的是用负荷开关接通和分断负荷电流及分断过载电流，而短路电流则靠上一级的继电保护装置来保护。

#### （二）变压器的保护

1. 油浸式变压器的保护

民用建筑变配电系统中，对于油浸式变压器一般采用电流速断保护和瓦斯保护一起作为变压器的主保护，过电流保护作为变压器的后备保护，具体实现可以参见本章第四节。

2. 干式变压器的保护

从防火和防污染的角度考虑，目前民用建筑变配电系统中多数使用干式变压器。干式变压器一般应该装有定时限过流保护和电流速断保护作为变压器的主保护及后备保护，这些保护的原理与整定和油浸变压器相同。

值得注意的是，干式变压器的安全运行和使用寿命，很大程度上取决于变压器绕组绝缘的安全可靠。绕组温度超过绝缘耐受温度使绝缘破坏，是导致变压器不能正常工作的主要原因之一。因此对变压器的运行温度进行监测以及报警控制是十分重要的，为此，不同厂家设计生产了各种温控仪。图 7-37 所示为 TTC-300 系列温控系统的原理示意图。

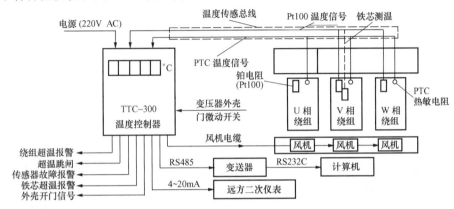

图 7-37 TTC-300 系列温控系统原理

为了适应配电自动化系统的要求，对变压器的保护也提出了智能化的要求。一般来说，变压器的智能控制系统可由变压器、各种传感器、智能控制单元和计算机组成，如图 7-38 所示。

在图 7-38 干式变压器智能控制系统简图中，智能单元 FTU 通过温度控制器采集干式变压器铁芯和绕组的温度，对冷却风机的启停进行控制；通过相应的传感器对变压器的电流、电压等电量进行检测，并根据检测到的数据对变压器的输出电

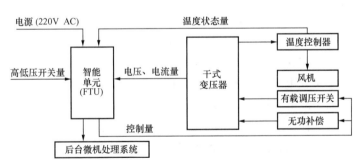

图 7-38 干式变压器智能控制系统简图

压进行控制，对系统的无功补偿量进行调整；还可以对变压器高压侧和低压侧断路器的状态进行监测。作为现场安装的设备，还可以通过光缆、电话线、无线电等多种信道与后台计算机监控系统通信，实现遥测、遥信、遥控的功能，以及对变压器运行状态的实时监控，从而实现变压器的经济运行。

（三）380/220V 低压配电系统的保护

低压配电系统中，故障的主要危害是对于设备以及人身安全的影响，确保用电安全可靠是低压配电系统保护的主旨。除了考虑采用接地保护（接零或接地）之外，还应装设专门的

保护。

1. 低压断路器保护和（或）低压熔断器保护

对重要的负荷和主要配电干线，可以采用低压断路器实现过载和短路保护；对分支线路或不重要的负荷，可以采用低压熔断器做短路保护。有关低压熔断器和（或）低压断路器保护的内容可参见本章第六节。

2. 漏电保护

（1）漏电保护装置。漏电保护装置是指针对用电设备外壳采用"接零"或直接接地方式，当设备绝缘损坏使外壳带电时，反应人身触电产生的漏电流而动作切断电源的保护装置。按其功能和结构特征可分为漏电开关、漏电断路器、漏电继电器和漏电保护插座四种。

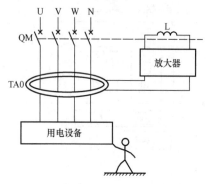

图 7 - 39　漏电保护器的工作原理

漏电保护器是一种电流动作型保护，适用于电源变压器中性点接地系统（如 TT 和 TN 系统。TT 系统是在中性点接地系统中，将电气设备外壳通过与系统接地无关的接地体直接接地；TN 系统是指在中性点直接接地系统中，电气设备在正常情况下不带电的金属外壳用保护线通过中性线与系统中性点相连接），也适用于对地电容较大的某些中性点不接地的系统（如 IT 系统，IT 系统指在中性点不接地系统中将电气设备正常情况下不带电的金属部分与接地体之间作良好的金属连接）但对相－相触电不适用。其工作原理如图 7 - 39 所示，它是低压配电系统中防止电击事故的有效措施之一，也是防止漏电引起电气火灾和电气设备损坏事故的技术措施。漏电保护还可作为线路接地故障的后备保护。

（2）漏电保护的配置与选用。只在插座回路上安装漏电保护器的做法不能够防范插座回路以外电气线路和设备电弧性接地故障引起的火灾。为了缩小发生人身电击及接地故障切断电源时引起的停电范围，按照规范要求，漏电保护器的配置通常分为两级，即在电源进线上再安装一级漏电保护器。两级漏电保护器的额定漏电动作电流和动作时间应协调配合，另外，安装在电源端的漏电保护器应采用低灵敏度延时型的漏电保护器。

选用漏电保护器的技术条件应符合国标的有关规定，并具有国家认证标志，其技术额定值应与被保护线路或设备的技术参数相配。应注意保证漏电保护器的安装接线正确，否则将起不到应有的保护作用。各级漏电保护的动作电流应该按照躲过安装处电网正常的漏电电流来考虑。

思 考 题

7-1　继电保护的基本原理有哪些？

7-2　继电保护装置由哪几部分构成？对于继电保护装置有哪些基本要求？

7-3　什么是电磁继电器的返回系数？测量继电器具有什么特点？

7-4　什么是操作电源？常用操作电源有哪几类？

7-5　仪用互感器的主要作用是什么？

7-6 三段式电流保护中，各段的灵敏度是如何校验的？为什么Ⅱ、Ⅲ段的灵敏度系数要求大于1而不是等于1？

7-7 为什么反时限过电流继电器在一定程度上具有三段式电流保护的功能？

7-8 中性点非直接接地电网的单相接地保护措施有哪些？

7-9 对于中性点非直接接地电网并列运行线路上的电流保护，试分析为什么采用不完全星形接线优于完全星形接线？

7-10 电力变压器的故障以及不正常运行状态有哪些？如何配置保护？

7-11 同步发电机的故障以及不正常运行状态有哪些？如何配置保护？

7-12 工厂供电系统中的低电压保护主要起到什么作用？

7-13 民用建筑配电系统的保护有什么特点？通常采用的保护有哪些？

视频：瞬时电流速断
保护动作原理

视频：限时电流速断
保护动作原理

视频：定时限过电流
保护动作原理

习题与解答

# 第八章　防雷与接地

## 第一节　接　地　概　述

学习要求

大地具有导电性良好和散流速度快等特点，它是一个无穷大的散流体。所谓无穷大是相对于电压、电流而言。无论多高的电压，多大的电流，都不能改变大地始终保持零电位的特性。利用大地经常保持零电位这一特性，人为地将电气设备中带电或不带电的部位与大地连接，称为电气连接，简称接地。

按接地的目的不同，接地可分为以下三种：

（1）工作接地。为保证电力系统正常工作而采取的接地，即中性点接地运行方式。

（2）保护接地。一切正常工作不带电而由于绝缘损坏有可能带电的金属部分（电气设备金属外壳、配电装置的金属构架等）的接地。

（3）防雷接地。使防雷保护装置（如避雷针、避雷线、避雷器）导泄雷电流的接地。防雷接地还兼有防止操作过电压的作用。

### 一、工作接地

电力系统的中性点是指星形连接的变压器或发电机的中性点。工作接地指电力系统中性点接地方式，也就是常说的电力系统中性点运行方式。

电力系统发展初期，发电机和变压器的中性点是不接地的，这是由于当时供电范围小、电压低、网络不大。随着电力系统规模的不断扩大，中性点不接地系统在运行中常发生弧光过电压引起的事故。于是考虑改变中性点的运行方式，以减少此类事故。

运行经验表明，中性点运行方式的正确与否关系到电压等级、绝缘水平、通信干扰、接地保护方式、运行的可靠性、系统接地等许多方面。

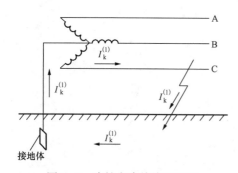

图 8-1　中性点直接接地系统

目前，我国电力系统中普遍采用的中性点运行方式：中性点直接接地（如图 8-1 所示）、中性点不接地、中性点经消弧线圈接地等三种。由于中性点直接接地方式，发生单相接地时的短路电流较大，故称之为大电流接地系统；而中性点不接地和中性点经消弧线圈接地方式，当发生单相接地时，其短路电流的数值较小，故称这两种方式为小电流接地系统。此外，在电缆线路较多的情况下，我国也开始采用中性点经小电阻接地方式。以下仅对这三种接地方式做简要介绍。

1. 中性点直接接地电力系统

随着电力网电压等级的升高，对绝缘的投资大大增加，为了降低设备造价，可以采用中性点直接接地系统。

图 8-1 所示为变压器中性点直接接地系统，这种系统中性点始终保持地电位。正常运行时，中性点无电流通过；单相接地时，因系统中出现了除中性点外的另一个接地点，构成

了短路回路，接地相短路电流很大，各相之间电压不再是对称的。这时，为了防止损坏设备，需要由继电保护装置将故障线路切除，以保证系统中非故障部分的正常运行。由于架空线路上的故障绝大多数是暂时性的，在线路上加装自动重合闸装置，其成功率较高，将可大大提高供电可靠性。

为了限制单相接地短路电流，并不将系统中所有电源中性点接地，而是由调度中心确定中性点接地的数量，每个电源点一般有一个或几个中性点接地以保证接地保护的正确动作。

中性点直接接地系统的主要优点是：单相接地时，其中性点电位不变，非故障相对地电压接近于相电压（可能略有增大），因此降低了电力网绝缘的投资，而且电压越高，其经济效益也越大。所以，目前我国对 110kV 及以上电力网一般都采用中性点直接接地系统。

2. 中性点不接地电力系统

图 8-2 所示为中性点不接地系统。其主要优点是运行可靠性高，这种系统发生单相接地时，不能构成短路回路，接地相电流不大，电力网线电压的大小和相位关系仍维持不变，因此不必立即切除故障线路。接在线电压上的电器仍能继续运行，但非接地相的对地电压升为相电压的 $\sqrt{3}$ 倍，这种系统的相对地绝缘水平是根据线电压设计的，以保证发生一相接地后，其健全相对地电压的升高不致危及设备的绝缘。当系统发生单相接地时，可以继续运行，提高了运行的可靠性。

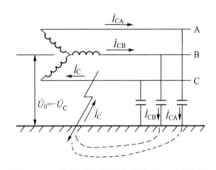

图 8-2 中性点不接地系统的一相接地

但要注意，这种系统发生单相接地时，继续运行的时间不能太长，一般不允许超过 2h，因为时间过长可能导致健全相的绝缘薄弱环节处损坏，发展成相间短路。运行人员可以在 2h 内，迅速发现并消除故障。

中性点不接地系统的缺点是绝缘的投资大，线路绝缘必须按线电压设计，中性点绝缘必须按相电压设计。

根据上述分析，目前在我国中性点不接地系统的适用范围为：

(1) 电压小于 500V 的装置（380/220V 照明装置除外）。

(2) 3～10kV 电力网，当单相接地电流小于 30A 时；发电机直配系统，接地电流小于 5A 时。

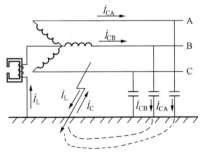

图 8-3 中性点经消弧线圈接地系统
的一相接地

(3) 35kV 电力网，单相接地电流小于 10A 时。

3. 中性点经消弧线圈接地电力系统

当中性点不接地系统单相接地电流较大时，可采用中性点经消弧线圈接地。消弧线圈是一个具有铁芯的可调电感线圈，其功能可由图 8-2 和图 8-3 比较来说明。从图 8-2 可见，由于输电线对地有电容，中性点不接地系统中有一相接地时，故障相接地电流 $i_C$ 为容性电流，且随着电力网的延伸，此电流也就越大，甚至可能使接地点电弧不能自行熄灭，而是引起弧光过电压，影响周围设备的安全，严重的还将发展成系统事故。为了避免发生上述情况，在中性点不接地电力网中某些中性点处装设消弧线圈，如图 8 - 3 所示。由图可见，由于装设了消弧线圈，构成了另一回路，故障相的电流中增加了一个感性电流分量 $i_L$，它和装设消弧线圈前的容性电流分量相补偿，减小了接地点的电流，使电弧易于自行熄灭，提高了供电的可靠性。

根据消弧线圈的电感电流对接地电容电流补偿程度的不同，可有以下三种补偿方式。

（1）全补偿。全补偿时，故障相的电流等于 0（即 $i_L = i_C$）。从消弧观点来看，这是最理想的方式，但实际上它存在严重的缺点，因为，此时消弧线圈的感抗与其他非故障相的电容容抗正好构成串联谐振关系，由于系统在运行时并不是严格对称的（如三个相的对地电容不完全相等、断路器三相触头不同时闭合等），中性点存在一定的位移电压，它将在串联谐振回路中产生过电压，危及电力网的绝缘，影响电网的正常运行。因此，一般避免在运行中出现全补偿的可能性。

（2）欠补偿。欠补偿是使感性电流小于容性电流（即 $i_L < i_C$）的补偿方式。这种方式一般也较少采用，因为在运行中部分线路有突然断开的可能，这样使接地电容电流变小，有可能出现全补偿的情况。所以，一般很少采用。

（3）过补偿。过补偿是使感性电流大于容性电流（即 $i_L > i_C$）的补偿方式。由于这种方式不会因为线路的退出而出现全补偿现象，所以，一般运行中均采用这种补偿方式。

凡单相接地电流过大，不满足中性点接地条件的电力网，均可采用中性点经消弧线圈接地系统。

**二、保护接地**

1. 人体的触电

当人体触电时，电流通过人体，使部分或整个身体遭到电的刺激或伤害，引起电伤或电击。电伤指人体的外部受到电的损伤，如灼伤、电烙印等。电击则指人体的内部器官受到伤害，如电流作用于人体的神经中枢，使心脏和呼吸机能的正常工作受到破坏，发生抽搐和痉挛、失去知觉等现象，也可能使呼吸器官和血液循环器官的活动停止或大大减弱，而形成所谓假死。此时，若不及时采用人工呼吸和其他医疗方法救护，人将不能复生。所以电击的危险性很大，一般的死亡事故，大都由电击造成。

人触电时的损害程度与通过人体的电流值、通电时间、流经人体的途径、电流种类及人体状况多种因素有关。各因素中与电流大小、通电时间的关系最为密切。根据试验研究认为，交流电在 10mA 以上开始对人有危害，当超过 50mA 时对人就有致命危险。但是决定电流值的人体电阻变动的范围很大，在 1500Ω 以上，甚至达几万欧。当皮肤表面破损或潮湿时，人体电阻的最小值可达 800～1000Ω 以下。因此在最恶劣的情况下，人所接触的电压只要达到 $0.05 \times (800 \sim 1000)$ Ω ＝40～50V，就有致命的危险。

2. 保护接地的作用

图 8 - 4 所示表明了保护接地的作用，电源的中性点不接地，如果电机的外壳不接地，则当电机一相绝缘损坏时，其外壳就处在相电压作用下，人若触及外壳，就有电容电流通过人体，如图 8 - 4（a）所示。这样与直接接触一相载流导体有同样的危险。

当有保护接地时，如图 8 - 4（b）所示，电机外壳的对地电压将是

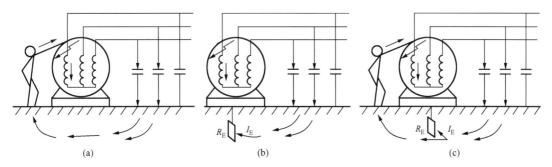

图 8-4　保护接地作用的说明

(a) 无保护接地；(b) 有保护接地；(c) 有保护接地时人触及外壳的电流分布

$$U_E = I_E R_E \qquad (8-1)$$

式中　$I_E$——单相接地电流；

　　　$R_E$——接地装置的接地电阻。

这时，当人体触及电机外壳时，接地电流将同时沿着接地装置和人体两条通路流过，如图 8-14（c）所示，通过人体的电流为

$$I_b = I_E \frac{R_E}{R_b + R_E} \qquad (8-2)$$

式中　$R_b$——人体的电阻。

式（8-2）表明，接地装置的接地电阻 $R_E$ 愈小，通过人体的电流 $I_b$ 就愈小。令 $R_E \ll R_b$，则 $I_b \ll I_E$，当 $R_E$ 极微小时，通过人体的电流几乎等于零。因此，适当地选择接地装置的接地电阻 $R_E$，就可以保证人身安全。

3. 对接地装置接地电阻值的要求

接地装置由埋入土中的金属接地体（角钢、钢管等）和连接的接地线所构成。当电气设备绝缘损坏发生接地时，接地电流通过接地体向大地作半球形扩散，形成电流场。由于半球形面积距接地体愈远而愈大，故与此相应的单位长度大地散流电阻也愈远愈小。在距接地体 15～20m 以外的地方，该电阻实际上接近于零。在接地处电阻最大，电位最高，离接地点愈远，电位愈低。经过计算，距接地点 20m 的地方，大地电位为零。

接地装置的接地电阻等于接地体的对地电阻和接地体及其连接导体的电阻之总和。一般金属导体电阻很小，可忽略不计。

在大接地短路电流系统中，接地电流 $I_E$ 较大，但故障切除时间快，接地装置上只在很短时间内出现电压。因此，单相接地时，接地网电压规定不得超过 2000V，其接地装置的接地电阻应为

$$R_E \leqslant \frac{2000}{I_E} \qquad (8-3)$$

式中　$I_E$——计算用流经接地装置的入地短路电流，A，当 $I_E > 4000A$ 时，$R_E$ 必须小于 0.5Ω。

在小接地短路电流系统中，$I_E$ 较小，但继电保护常作用于信号而不切除故障部分，接地装置处于高电位状态的时间较长，因此，应限制接地电压。当接地装置仅用于高压设备时，规定接地电压不得超过 250V，即

$$R_E \leqslant \frac{250}{I_E} \qquad\qquad (8-4)$$

当接地装置为高低压设备共用时，考虑到人与低压设备接触的机会更多，规定接地电压不得超过120V，即

$$R_E \leqslant \frac{120}{I_E} \qquad\qquad (8-5)$$

1000V以下中性点直接接地系统的接地电阻一般不宜大于4Ω；当变压器容量不超过100kV·A时，中性点接地装置的接地电阻可不大于10Ω。1000V以下中性点不接地系统的接地电阻一般不应大于10Ω。

4. 接触电压和跨步电压

发生接地故障时，人处于分布电压区域内，可能有两种方式触及不同电位点而受到电压的作用。当人触及漏电外壳，加于人手与脚之间的电压，称为接触电压，即通常按人站在距设备水平距离0.8m的地面上，手触设备所承受的电压。如设备外壳带电的最高电位为$U_E$，距设备0.8m处地面的电压为$U$，则接触电位差为

$$U_{tou} = U_E - U \qquad\qquad (8-6)$$

当人在分布电压区域内跨开一步，两脚间（相距0.8m）所承受的电压称为跨步电压。如该两点的电位分别为$U_1$和$U_2$，则跨距电位差即跨步电压为

$$U_s = U_1 - U_2 \qquad\qquad (8-7)$$

人体所能耐受的接触电压和跨步电压的允许值，与通过人体的电流值、持续时间的长短、地面土壤电阻率及电流流经人体的途径有关。在大接地短路电流系统中，$U_{tou}$和$U_s$的允许值为

$$U_{tou} \leqslant \frac{250 + 0.25\rho}{\sqrt{t}} \qquad\qquad (8-8)$$

$$U_s \leqslant \frac{250 + \rho}{\sqrt{t}} \qquad\qquad (8-9)$$

在小接地短路电流系统中，$U_{tou}$和$U_s$的允许值为

$$U_{tou} \leqslant 50 + 0.25\rho \qquad\qquad (8-10)$$

$$U_s \leqslant 50 + 0.2\rho \qquad\qquad (8-11)$$

式中　$\rho$——人脚站立处地面土壤的电阻率，$\Omega/m$；

　　　$t$——接地短路电流的持续时间，s。

5. 保护接零

在中性点直接接地的三相四线制（380/220V）电力网中，保证维护安全的方法是采用保护接零，即将用电设备的金属外壳与电源（发电机或变压器）的接地中性线作金属性连接，并要求供电给用电设备的线路，在用电设备一相碰壳时，能够在最短的时限内可靠地断开。图8-5所示为保护接零示意图。如果用电设备（如电动机）的一相绝缘损坏发生碰壳

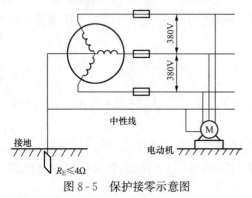

图8-5　保护接零示意图

时，该相回路中产生单相短路电流，熔断器迅速熔断或自动空气开关自动跳开，而使用电设备从电力网中切除。这样就使装置可能被人接触到的金属部分不致长期出现危险电压。

同时，接零回路中的电阻远小于人体电阻，在电路未断开以前的时间内，短路电流几乎全部通过接零回路，通过人体的电流接近于零。基于以上原因，使人体的安全得到保证。

在中性点直接接地的三相四线制电力网中，零线还应重复接地。若无重复接地，如图8-6（a）所示，发生零线断线，则断线处以后的用电设备，在一相绝缘对外壳击穿时，外壳对地的电压接近于相电压，对人体安全产生威胁。当有重复接地时，如图8-6（b）所示，当重复接地电阻与电源中性点接地电阻相等，零线断线处后的用电设备，在一相绝缘对外壳击穿时，外壳对地电压降低一半，虽减轻对人体的威胁程度，但对人体并不是绝对安全的。如果接地电阻太大，发生绝缘击穿的用电设备外壳对地出现较高的电压，对人体仍构成威胁，所以最重要的是尽可能避免零线断线。

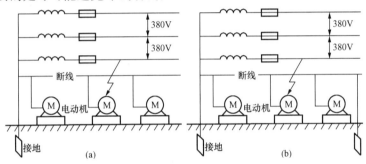

图8-6 重复接地示意图

（a）无重复接地；（b）有重复接地

电压为1000V以下而中性点不接地的电力网，如经变压器与电压为1000V以上的电力网联系时，为防止变压器高、低压绕组间绝缘击穿引起危险，应在变压器低压侧的中性线或一相线上装设击穿熔断器，低压架空电力线路的终端及其分支线的终端，还应在每个相线上装设击穿保险箱。

另外要注意，由同一台发电机、变压器或母线供电的低压线路，只能采用一种保护方式，不可对一部分电器设备采用保护接地，而对另一部分电器设备采用保护接零。因为在三相四线制采用保护接零方式的电力网中，如有采用保护接地方式的电气装置时，当后者一相绝缘损坏发生碰壳短路时，接地电流将受到接地电阻的限制，致使保护装置不动作，故障不能及时切除。同时，当接地电流通过电源的中性点接地电阻时，零线上产生高电位，使采用保护接零的电气设备上都将带有不允许的高电位，而危及工作人员的安全。

保护接地和保护接零的适用范围如下：

（1）额定电压为1000V及以上的高压配电装置中的设备，在一切情况下均应采用保护接地。

（2）额定电压为1000V以下的低压配电装置中的设备，在中性点不接地电网中，应采用保护接地；在中性点直接接地的电网中，应采用保护接零。在没有中性线的情况下，亦可采用保护接地。

### 三、防雷接地

防雷接地是针对防雷保护的需要而设置的，目的是减小雷电流通过接地装置时的地电位升高。主要特点是雷电流的幅值大和雷电流的等值频率高。

1. 输电线路的防雷接地

高压输电线路在每一杆塔下一般都设有接地装置，并通过引线与避雷线相连，其目的是使击中避雷线的雷电流通过较低的接地电阻而进入大地。

高压线路杆塔都有混凝土基础，它也起着接地体的作用，称为自然接地电阻。大多数情况下单纯依靠自然接地电阻是不能满足要求的，需要装设人工接地装置。规程规定线路杆塔接地电阻如表 8-1 所示。

表 8-1                        装有避雷线的线路杆塔工频接地电阻值（上限）

| 土壤电阻率 $\rho$（$\Omega \cdot m$） | 工频接地电阻（$\Omega$） |
|---|---|
| 100 及以下 | 10 |
| 100 以上至 500 | 15 |
| 500 以上至 1000 | 20 |
| 1000 以上至 2000 | 25 |
| 2000 以上 | 30，或敷设 6~8 根总长不超过 500m 的放射线，或用两根连续伸长接地线，阻值不做规定 |

2. 变电站的防雷接地

变电站内需要有良好的接地装置以满足工作、安全和防雷保护的接地要求。一般的做法是根据安全和工作接地要求敷设一个统一的接地网，然后在避雷针和避雷器下面增加接地体以满足防雷接地的要求。

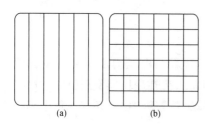

图 8-7  接地网示意图
(a) 长孔；(b) 方孔

接地网普遍由扁钢水平连接，埋入地下 0.6~0.8m 处。其面积 $S$ 大体与发电厂和变电站的面积相同，如图 8-7 所示。这种接地网的总接地电阻可按下式估算

$$R = \frac{0.44\rho}{\sqrt{S}} + \frac{\rho}{L} \approx 0.5\frac{\rho}{\sqrt{S}} \quad (\Omega) \quad (8-12)$$

式中，$L$ 是接地体（包括水平与垂直）总长度（m）；$S$ 是接地网的总面积（$m^2$）。接地网构成网孔形的目的主要在于均压，接地网两水平接地带之间的距离，一般可取为 3~10m，然后校核接触电压 $U_j$ 和跨步电压 $U_K$ 后再予以调整。

变电站的工频接地电阻的数值一般应在 0.5~5$\Omega$ 的范围内，这主要是为了满足工作及安全接地的要求。

## 第二节  雷 电 的 形 成 及 危 害

### 一、雷电的形成

雷电产生的原因解释很多，现象也比较复杂。通常的解释为：地面湿气受热上升，在空中与不同冷热气团相遇，凝成水滴或冰晶，形成积云。积云在运动过程中受到强气流的作用，形成了带有正负电荷的两部分积云，这种带电积云称为雷云。在上下气流的强烈撞击和摩擦下，雷云中的电荷越积越多，一方面在空中形成了正负不同雷云间的强大电场，另一方面临近地面的雷云（实验表明绝大多数是负极性雷云）使大地或建筑物感应出（静电感应）与其极性相反

的电荷，这样雷云与大地或建筑物间也形成了强大电场。当雷云附近电场强度达到足以使空气绝缘破坏（25～30kV/cm）时，空气便开始游离，变为导电的通道。不过这个导电的通道是由雷云逐步向地面发展的，这个过程叫做先导放电。由于雷云中的电荷分布是不均匀的，地面上的感应电荷分布也是不均匀的，只有从雷云的电荷中心到异性雷云的电荷中心或地面上的感应电荷中心之间的电场强度是最强的，因此先导放电是沿着这条场强最强的方向发展的。当先导放电的头部接近异性雷云的电荷中心或地面上的感应电荷中心时，就开始进入放电的第二阶段，即主放电阶段。主放电又叫回击放电，其放电电流即雷电流可达几十万安培，电压可达几百万伏，温度可达 2 万摄氏度。在几个微秒时间内，使周围的空气通道烧成白热而猛烈膨胀，并出现耀眼的亮光和巨响，这就是通常所说的"打闪"和"打雷"。

### 二、雷电过电压

雷电过电压又称为大气过电压或外部过电压，它是由于变配电系统内的设备或建筑物遭受到来自大气中的雷击或雷电感应而引起的过电压。

雷电过电压有两种基本形式：一种是雷电直接击中建筑物、电气设备、供电线路，其过电压引起强大的雷电流通过这些物体放电进入大地，从而产生破坏性极大的热效应和机械效应，相伴的还有电磁效应和闪络放电，这称为直击雷或直接雷击；另一种雷电过电压称为雷电感应或感应雷，它是雷电对设备、线路或其他物体的静电感应或电磁感应所引起的过电压。

### 三、雷电的危害

1. 雷电的热效应和机械效应

图 8-8 给出了雷电流的波形。从图中我们可以清楚地看到，雷电流是一个幅值很大，陡度很高的冲击电流。雷电流的幅值 $I_m$ 与雷云中的电荷量及雷电放电通道的阻抗有关。雷电流一般在 1～4$\mu$s 内增长到幅值 $I_m$。雷电流在幅值以前的一段波形，称为波头；而从幅值起到雷电流衰减到 $0.5I_m$ 的一段波形，称为波尾。

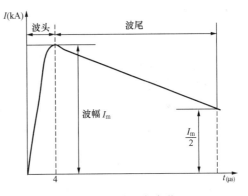

图 8-8 雷电流波形

遭受直接雷击的树木、电杆、房屋等，因通过强大的雷电流会产生很大的热量。但在极短的时间内又不易散发出来，所以会使金属熔化，使树木烧焦。同时由于物体的水分受高热而汽化膨胀，将产生强大的机械力而爆炸，使建筑物等遭受严重的破坏。

2. 雷电的磁效应

在雷电流通过的周围，将有强大的电磁场产生，使附近的导体或金属结构以及电力装置中产生很高的感应电压，可达几十万伏，足以破坏一般电气设备的绝缘；在金属结构回路中，接触不良或有空隙的地方，将产生火花放电，引起爆炸或火灾。

## 第三节 防 雷 装 置

### 一、避雷针

1. 用途

为了防止设备免受直接雷击，通常采用装设避雷针（或避雷线，下同）的措施，避雷针高于被保护物，其作用是将雷电吸引到避雷针本身上来并安全地将雷电流引入大地，从而保护了设备。

　　避雷针一般用于保护发电厂和变电站，可根据不同情况，或装设在配电构架上，或独立架设。

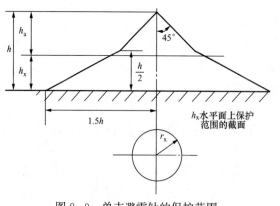

图 8-9　单支避雷针的保护范围

### 2. 避雷针的保护范围

　　(1) 单支避雷针。其保护范围可按下法确定，如图 8-9 所示，在高度 $h_x$ 水平面上的保护范围的半径 $r_x$ 可按下式计算

$$\left. \begin{array}{l} 当\ h_x \geqslant \dfrac{h}{2}\ 时，r_x = (h - h_x)p \\[2mm] 当\ h_x < \dfrac{h}{2}\ 时，r_x = (1.5h - 2h_x)p \end{array} \right\} \quad (8-13)$$

式中　$h$——避雷针的高度，m；
　　　　$p$——高度影响系数。

$p$ 值按式 (8-14) 计算

$$\left. \begin{array}{l} h \leqslant 30\text{m}\ 时，p = 1 \\[2mm] 30 < h \leqslant 120\text{m}\ 时，p = \dfrac{5.5}{\sqrt{h}} \end{array} \right\} \quad (8-14)$$

如设备位于此保护范围内，则此设备受雷击的概率小于 0.1%。

　　(2) 双支等高避雷针。其保护范围可按下面的方法确定。如图 8-10 (a) 所示，两针外侧的保护范围可按单针计算方法确定，两针间的保护范围应按通过两针顶点及保护范围上部边缘最低点 O 的圆弧来确定，O 点的高度 $h_0$ 按下式计算

$$h_0 = h - \frac{D}{7p} \quad (8-15)$$

式中，$D$ 为两针间的距离 (m)；$p$ 同前。

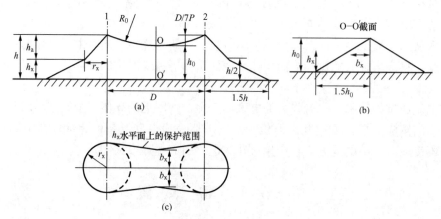

图 8-10　两等高避雷针的联合保护范围
(a) 两等高避雷针保护范围示意图；(b) O—O′ 断面；(c) $h_x$ 水平面上的保护范围

　　两针间的高度为 $h_x$ 的水平面上的保护范围的截面图如图 8-9 (b) 所示，在 O—O′ 截面

中高度为 $h_x$ 的水平面上保护范围的一侧宽度 $b_x$ 可按下式计算，如图 8-10（c）所示。

$$b_x = 1.5(h_0 - h_x) \tag{8-16}$$

一般两针间的距离与针高之比 $D/h$ 不宜大于 5。

（3）两支不等高避雷针。其保护范围按下法确定，如图 8-11 所示。两针内侧的保护范围先按单针作出高针 1 的保护范围，然后经过较低针 2 的顶点作水平线与之交于点 3，再设

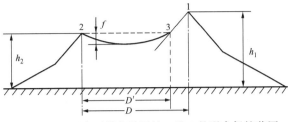

图 8-11 两支不等高避雷针 1 及 2 的联合保护范围

点 3 为一假想针的顶点，作出两等高针 2 和 3 的保护范围，图中 $f = \dfrac{D'}{7p}$。两针外侧的保护范围仍按单针计算。

**二、避雷线（又称架空地线）**

1. 用途

避雷线主要用于保护线路，也可用于保护发电厂、变电站。

2. 保护范围

单根避雷线的保护范围如图 8-12 所示，其计算式为

$$\left. \begin{array}{l} 当 h_x \geqslant \dfrac{h}{2} 时，r_x = 0.47(h - h_x)p \\ 当 h_x < \dfrac{h}{2} 时，r_x = (h - 1.53h_x)p \end{array} \right\} \tag{8-17}$$

式中，系数 $p$ 同前。

两根等高平行避雷线的保护范围按如下方法确定，如图 8-13 所示。

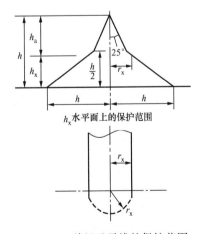

图 8-12 单根避雷线的保护范围

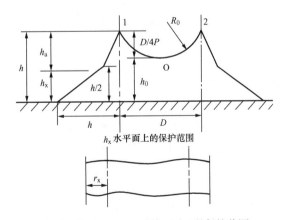

图 8-13 两平行避雷线 1 及 2 的保护范围

外侧的保护范围应按单线计算，两线横截面的保护范围可以通过两线 1、2 点及保护范围上部边缘最低点 O 的圆弧所确定，O 点的高度应按式（8-18）计算

$$h_0 = h - \dfrac{D}{4p} \tag{8-18}$$

式中　　$D$——两线间距离，m。

　　两不等高避雷线的保护范围可按两不等高避雷针的保护范围的确定原则求得。

**三、避雷器**

　　避雷器的作用是限制过电压以保护电气设备。避雷器的类型主要有保护间隙、管型避雷器、阀型避雷器和氧化锌避雷器等几种。保护间隙和管型避雷器主要用于限制大气过电压，一般用于配电系统、线路和变电站进线段的保护。阀型避雷器用于变电站和发电厂的保护。阀型避雷器及氧化锌避雷器的保护性能对变压器或其他电气设备的绝缘水平的确定有着直接的影响，因此改善它们的保护性能具有很重要的经济意义。

　　1. 保护间隙与管型避雷器

　　保护间隙由两个电极（即主间隙和辅助间隙）组成，常用的角型间隙及其与保护设备相

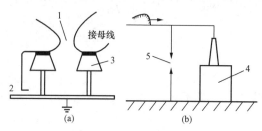

图 8-14　间隙与被保护设备的连接
(a) 形式一；(b) 形式二
1、5—主间隙；2—辅助间隙；3—瓷瓶；
4—被保护设备或接被保护设备

并联的接线如图 8-14 所示，为使被保护设备得到可靠保护，间隙的伏秒特性的上限应低于被保护设备绝缘的冲击放电伏秒特性的下限并有一定的安全裕度。当雷电波入侵时，间隙先击穿，工作母线接地，避免了被保护设备上的电压升高，从而保护了设备。过电压消失后，间隙中仍有由工作电压所产生的工频电弧电流（称为续流），此电流是间隙安装处的短路电流。由于间隙的熄弧能力较差，往往不能自行熄灭，将引起断路器

的跳闸。这样，虽然保护间隙限制了过电压，保护了设备，但将造成线路跳闸事故，这是保护间隙的主要缺点。

　　管型避雷器实质上是一种具有较高熄弧能力的保护间隙，其原理结构如图 8-15 所示。它有两个相互串联的间隙，一个在大气中，称为外间隙 $S_2$，其作用是隔离工作电压避免产气管被流经管子的工频泄漏电流所烧坏；另一个间隙 $S_1$ 装在管内称为内间隙或灭弧间隙，其一电极为棒形电极 2，另一电极为环形电极 3。管由纤维、塑料或橡胶等产气体材料制成。雷击时内外间隙同时击穿，雷电流经间隙流入大地；过电压消失后，内外间隙的击穿状态将由

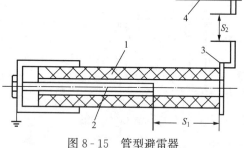

图 8-15　管型避雷器
1—管体；2—棒形电极；3—环形电极；4—母线；
$S_1$—内间隙；$S_2$—外间隙

导线上的工作电压所维持，此时流经间隙的工频电弧电流为工频续流，其值为管型避雷器安装处的短路电流，工频续流电弧的高温使管内产气材料分解出大量气体，管内压力升高，气体在高压力作用下由环形电极的开口孔喷出，形成强烈的纵吹作用，从而使工频续流在第一次经过零值时就被熄灭，管型避雷器的熄弧能力与工频续流大小有关，续流太大产气过多，管内气压太高将造成管子炸裂；续流太小产气过少，管内气压太低不足以熄弧，故管型避雷器熄灭工频续流有上下限的规定，通常在型号中表明，例如：

$$GXS\frac{U_N}{I_{min}-I_{max}}$$

分子为额定电压，分母为熄弧电流上下限（有效值）范围。

使用时必须核算安装处在各种运行情况下短路电流的最大值和最小值，管型避雷器的熄弧电流上下限应分别大于和小于短路电流的最大值和最小值。

管型避雷器的主要缺点为

（1）伏秒特性较陡且放电分散性较大，而一般变压器和其他设备绝缘的冲击放电伏秒特性较平，二者不能很好配合。

（2）管型避雷器动作后工作母线直接接地形成截波，对变压器纵绝缘不利（保护间隙也有上述缺点）。

2. 阀型避雷器

阀型避雷器的基本元件为间隙和非线性电阻，间隙和非线性电阻元件（又称阀片）相串联如图 8-16 所示。间隙放电的伏秒特性低于被保护设备的冲击耐压强度，阀片的电阻值与流过的电流有关，具有非线性特性，电流愈大电阻愈小。阀型避雷器的基本工作原理如下：在电力系统正常工作时，间隙使电阻阀片与工作母线隔离，以免由母线的工作电压在电阻阀片中产生的电流使阀片烧坏。当系统中出现过电压且其幅值超过间隙放电电压时，间隙击穿，冲击电流通过阀片流入大地，由于阀片的非线性特性，故在阀片上产生的压降（称为残压）将得到限制，使其低于被保护设备的冲击耐压，设备就得到了保护。当过电压消失后，间隙中由工作电压产生的工频电弧电流仍将继续流过避雷器，此续流受阀片电阻的非线性特性所限制远较冲击电流为小，使间隙能在工频续流第一次经过零值时

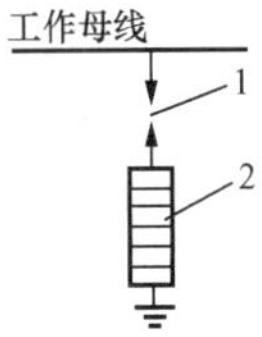

图 8-16　阀型避雷器原理结构图
1—间隙；
2—电阻阀片

就将电弧切断。以后，就依靠间隙的绝缘强度能够耐受电网恢复电压的作用而不会发生重燃。这样，避雷器从间隙击穿到工频续流的切断不超过半个工频周期，继电保护来不及动作系统就已恢复正常。

从上述可知，被保护设备的冲击耐压值必须高于避雷器的冲击放电电压和残压，若避雷器此两参数能够降低，则设备的冲击耐压值也可相应下降。

阀型避雷器分普通型和磁吹型两类，普通型的熄弧完全依靠间隙的自然熄弧能力，没有采取强迫熄弧的措施，其阀片的热容量有限，不能承受较长持续时间的内过电压冲击电流的作用。

磁吹型利用磁吹电弧来强迫熄弧，其单个间隙的熄弧能力较强，能在较高的恢复电压下切断较大的工频续流，故串联的间隙和阀片的数目都较少，因而其冲击放电电压和残压较低，保护性能较好。

3. 氧化锌避雷器

氧化锌避雷器，其阀片以氧化锌为主要材料，附以少量精选过的金属氧化物，在高温下烧结而成。氧化锌具有很理想的非线性伏安特性。如图 8-17 所示。

除了有较理想的非线性伏安特性外，其主要的优点：

（1）无间隙。在工作电压作用下，不会使 ZnO 阀片烧坏。

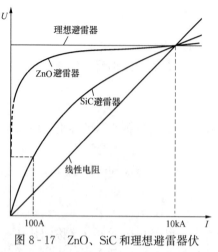

图 8-17　ZnO、SiC 和理想避雷器伏
安特性的比较

（2）无续流。当作用在 ZnO 阀片上的电压超过某一值（此值称为起始动作电压）时，将发生"导通"，其后，ZnO 阀片上的残压受其良好的非线性特性所控制，当系统电压降至起始动作电压以下时，ZnO 的"导通"状态终止，又相当于一绝缘体，因此不存在工频续流。

（3）电气设备所受过电压可以降低。在整个过电压过程中都有电流流过，因此降低了作用在变电站电气设备上的过电压。

（4）通流容量大。ZnO 避雷器的通流容量较大，可以用来限制内部过电压。

此外，由于无间隙和通流容量大，故 ZnO 避雷器体积小，质量轻，结构简单，运行维护方便，使用寿命也长。由于无续流，故也可使用于直流输电系统。

## 第四节　输电线路和变电站的防雷

### 一、输电线路的防雷

在确定输电线路的防雷方式时，应全面考虑线路的重要程度、系统运行方式、线路经过地区雷电活动的强弱、地形地貌的特点、土壤电阻率的高低等条件，结合当地原有线路的运行经验，根据技术经济比较的结果，因地制宜，采取合理的保护措施。

1. 架设避雷线

避雷线是高压和超高压输电线路最基本的防雷措施，其主要目的是防止雷直击导线，此外，避雷线对雷电流还有分流作用，可以减小流入杆塔的雷电流，使塔顶电位下降；对导线有耦合作用，可以降低导线上的感应过电压。

为了降低正常工作时避雷线中电流所引起的附加损耗和将避雷线兼作通信用，可将避雷线经小间隙对地绝缘起来，雷击时此小间隙击穿，避雷线接地。

2. 降低杆塔接地电阻

对于一般高度的杆塔，降低杆塔接地电阻是提高线路耐雷水平、防止反击雷的有效措施。土壤电阻率低的地区，应充分利用杆塔的自然接地电阻，采用与线路平行的地中伸长地线的办法可以因其与导线间的耦合作用而降低绝缘子串上的电压，从而使线路的耐雷水平提高。

3. 架设耦合地线

在降低杆塔接地电阻有困难时，可以采用在导线下方架设地线的措施，其作用是增加避雷线与导线间的耦合作用以降低绝缘子串上的电压。此外，耦合地线还可增加对雷电流的分流作用。

4. 采用不平衡绝缘方式

在现代高压及超高压线路中，同杆架设的双回路线路日益增多，对此类线路在采用通常的防雷措施不能满足要求时，还可采用不平衡绝缘方式。使绝缘子串片数有差异，这样，雷击时绝缘子串片数少的回路先闪络，闪络后的导线相当于地线，增加了对另一回路的耦合作用，提高了另一回路的耐雷水平，使之不发生闪络以保证继续供电。

5. 装设自动重合闸

由于雷击造成的闪络大多能在跳闸后自行恢复绝缘性能，所以重合闸成功率较高。

6. 采用消弧线圈接地方式

在雷电活动强烈，接地电阻又难以降低的地区，可考虑采用中性点不接地或经消弧线圈接地的方式，绝大多数的单相着雷闪络接地故障能被消弧线圈所消除。

7. 装设管型避雷器

一般在线路交叉处和在高杆塔上装设避雷器以限制过电压。

8. 加强绝缘

对于高杆塔，可以采取增加绝缘子串片数的办法来提高防雷性能。

## 二、变电站防雷保护

1. 引言

变电站遭受雷害可能来自两个方面：雷直击于变电站；雷击线路，沿线路向变电站入侵的雷电波。对直击雷的保护，一般采用避雷针或避雷线。由于线路落雷频繁，所以沿线路入侵的雷电波是变电站遭受雷害的主要原因。其主要防护措施是在变电站内装设阀型避雷器以限制入侵雷电波的幅值，使设备上的过电压不超过其冲击耐压值；在发电厂、变电站的进线上设置进线保护段以限制流经阀型避雷器的雷电流和限制入侵雷电波的陡度。此外，对直接与架空线相连的旋转电机（称直配电机）还在电机母线上装设电容器，限制入侵雷电波以保护电机匝间和中性点绝缘。

2. 变电站的直击雷保护

为了防止雷直击于发电厂、变电站，可以装设避雷针，应该使所有设备都处于避雷针保护范围之内。此外，还应采取措施，防止雷击避雷针时的反击事故。

对于110kV及以上的变电站，可以将避雷针架设在配电装置的构架上，这是由于此类电压等级配电装置的绝缘水平较高，雷击避雷针时在配电构架上出现的高电位不会造成反击事故。装设避雷针的配电构架应装设辅助接地装置，此接地装置与变电站接地网的连接点离主变压器接地装置与变电站接地网的连接点应不小于15m，目的是使雷击避雷针时在避雷针接地装置上产生的高电位，在沿接地网向变压器接地点传播的过程中逐渐衰减，以便到达变压器接地点时不会造成变压器的反击事故。由于变压器的绝缘较弱又是变电站中最重要的设备，故在变压器门型构架上不应装设避雷针。

对于35kV及以下的变电站，因其绝缘水平较低，故不允许将避雷针装设在配电构架上，以免出现反击事故，需要架设独立避雷针，并应满足不发生反击的要求。

3. 变电站内阀型避雷器的保护作用

变电站内必须装设阀型避雷器以限制雷电波入侵时的过电压，这是变电站防雷保护的基本措施之一。

变电站有很多电气设备，不可能在每个设备旁边都装设一组避雷器，一般只在变电站母线上装设避雷器，由于变压器是最重要的设备，因此，避雷器应尽量靠近变压器。

4. 变电站进线段的保护

变电站进线段保护的作用在于限制流经避雷器的雷电流和限制入侵波的陡度。

（1）35kV 及以上变电站的进线段保护。对于 35～110kV 无避雷器的线路，则雷直击于变电站附近线路的导线上时，流经避雷器的雷电流可能超过 5kA，而且陡度 α 也可能超过允许值，因此，对 35～110kV 无避雷线的线路在靠近变电站的一段进线上必须架设避雷线，

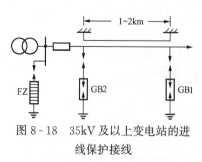

图 8-18　35kV 及以上变电站的进线保护接线

以保证雷电波只在此进线段外出现，进线段内出现雷电波的概率将大大减小。架设避雷线的这段进线称为进线保护段，其长度一般取为 1～2km。图 8-18 所示为 35kV 及以上变电站的进线保护接线。

（2）35kV 小容量变电站的简化进线保护。对 35kV 的小容量变电站，可根据变电站的重要性和雷电活动强度等情况采取简化的进线保护。由于 35kV 小容量变电站的范围小，避雷器距变压器的距离一般在 10m 以内，故入侵陡度 α 允许增加，进线段长度可以缩短到 500～600m。为限制流入变电站阀型避雷器的雷电流，在进线首端可装设一组管型避雷器或保护间隙，如图 8-19 所示。

5. 三相三绕组变压器的防雷保护

如前述，当变压器高压侧有雷电波入侵时，通过绕组间的静电和电磁耦合，在其低压侧也将出现过电压。三相三绕组变压器在正常运行时，可能存在只有高、中压绕组工作，低压绕组开路的情况，此时，在高压或中压侧有雷电波作用时，由于低压绕组对地电容较小，开路的低压绕组上的静电感应分量可达很高的数值，将危及绝缘。考虑到静电感应分量将使三相低压绕组的电位同时升高，为了限制这种过电压，只要在任一相低压绕组直接出口处对地加装一个避雷器即可，中压绕组虽也有开路的可能，但其绝缘水平较高，一般不装。

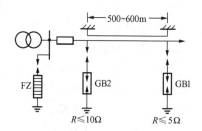

图 8-19　3150～5000kVA、35kV 变电站的简化保护接线

# 第五节　工厂供电系统的防雷

## 一、工厂架空线路的防雷

送电线路防雷的目的是尽量保护导线不受雷击，即使遭受雷击，也不致发展成为稳定电弧而中断供电。工厂供电系统又不同于一般输电线路，它是电力系统负荷的末端，又具有自己的特点，如：

（1）一般厂区架空线路都在 35kV 以下，是中性点不接地系统，当雷击杆顶对一相导线放电时，工频接地电流很小，不会引起线路的跳闸。

（2）配电网络一般不长，更因厂内的架空线路多受建筑物和树木的屏蔽，遭受雷击的机会比较少。

（3）对重要负荷的工厂较易实现双电源供电和自动重合闸装置，可以减轻雷害事故的影响。

由此决定了工厂供电系统架空线路的防雷要求。一般对 35kV 线路可以采用以下的防雷保护措施：

（1）架空线路应增加绝缘子个数，采用较高等级的绝缘子，或顶相用针式而下面两相改

用悬式绝缘子，提高反击电压水平。

（2）部分架空线装设避雷线。

（3）改进杆塔结构，譬如当应力允许时，可以采用瓷横担等。

（4）减少接地电阻。

（5）采用电缆供电。

而对 6～10kV 架空线，一般比 35kV 线路高度低，不须装设避雷线。防雷方式可利用钢筋混凝土的自然接地，必要时可采用双电源供电和自动重合闸。

**二、工厂变电站的防雷**

工厂变电站是工厂电力供应的枢纽，一旦遭受雷击，会造成全厂停产，影响很大。工厂还有许多其他建筑物，有的较高，有的易燃，有的易爆，也要有可靠的防雷装置。

运行经验表明，按规程规定装设避雷针或避雷线对直击雷进行防护，是非常可靠的。但是由于线路落雷次数多，所以沿线路侵入雷电波所形成的雷害事故相对比较频繁，这方面主要依靠设置阀式避雷器来保护。35kV 线路需在距变电站 1～2km 的进线段加强防雷措施，一般可采用装设避雷线来解决。

对直击雷和线路侵入冲击波的防护应考虑以下几点。

（1）对直击雷的防护。独立避雷针受直击雷时的高电位对附近设施的反击和电磁感应。根据运行经验表明，按规程规定装设避雷针或避雷线对直击雷进行防护，是非常可靠的。但独立避雷针受到雷击时，在接闪器、引下线和接地体上都产生很高电位，如果避雷针与附近设施的距离不够，它们之间便会产生放电现象，这种情况可能引起电气设备的绝缘被破坏，金属管道被击穿，对某些建筑物甚至造成爆炸、火灾和人身伤亡，也就是"反击"现象。为了防止"反击"，务须使避雷针和附近金属导体间有一定的距离，从而使绝缘介质闪络电压大于反击电压。

（2）对线路侵入冲击波的防护。当雷击于线路导线时，沿导线就有雷电冲击波流动，从而会传到变电站。变电站的电气设备中最重要、价值最昂贵、绝缘最薄弱的就是变压器，因此，避雷器的选择，必须使其伏秒特性的上限低于变压器的伏秒特性的下限，并且避雷器的残压必需小于变压器绝缘耐压所能允许的程度。但是它们的数值都必须小于冲击波的幅值，以保证侵入波能够受到避雷器放电的限制。

（3）变电站防雷的进线段保护。对于全线无避雷线的 35kV 变电站进线，当雷击于附近的架空线时，冲击波的陡度必然会超过变电站电气设备绝缘所能允许的程度，流过避雷器的电流也会超过 5kA，当然这是不能允许的。所以，这种线路靠近变电站的一段进线上必须装设避雷装置。

**三、工厂建筑物低压进线对高电位引入的防护**

建筑物低压进线对高电位引入的防护方法较多，现仅列出以下的两个方面。

（1）架空线进线的处理。一般应将架空线进户处绝缘子的铁脚接地，该间隙的放电电压约 40kV，在要求严格时，可装设低压阀式避雷器或 2～3mm 的放电间隙，使放电电压低到 4kV。当高电位沿架空线侵入时，绝缘子发生表面闪络（避雷器或间隙被击穿），从而使高电位接地，降低架空线上的高电位。

（2）采用电缆段进线。为了防止雷击时高电位引入建筑物，低压线路可采用电缆引入，当难于全线采用电缆时，可以从架空线上转换一段有金属外皮的电缆埋地引入。

## 第六节　建筑配电系统的防雷

### 一、建筑物的防雷分级

按国家规范 GB 50057—1994《建筑物防雷设计规范》中规定，建筑物应根据其重要性、使用性质、发生雷击事故的可能性和后果，按防雷要求分为三类。

1. 一类防雷的建筑物

（1）制造、使用或贮存炸药、火药、起爆药、火工品等大量爆炸物质的建筑物，因电火花而引起爆炸，会造成巨大破坏和人身伤亡者。

（2）具有 0 区或 10 区爆炸危险环境的建筑物。

（3）具有 1 区爆炸危险环境的建筑物，因电火花而引起爆炸，会造成巨大破坏和人身伤亡者。

2. 二类防雷的建筑物

（1）国家级重点文物保护的建筑物。

（2）国家级的会堂、办公建筑物、大型博览展览建筑物、大型火车站、国宾馆、国家级档案馆、大型城市的重要给水水泵房等特别重要的建筑物。

（3）国家级计算中心、国际通信枢纽等对国民经济有重要意义且有大量电子设备的建筑物。

（4）制造、使用或贮存爆炸物质的建筑物，且电火花不易引起爆炸或不致造成重大破坏和人身伤亡者。

（5）具有 1 区爆炸危险环境的建筑物，且电火花不易引起爆炸或不致造成重大破坏和人身伤亡者。

（6）具有 2 区或 11 区爆炸危险环境的建筑物。

（7）工业企业内有爆炸危险的露天钢质封闭气罐。

（8）预计雷击次数大于 0.06 次/年的部、省级办公建筑物及其他重要或人员密集的公共建筑物。

（9）预计雷击次数大于 0.3 次/年的住宅、办公楼等一般民用建筑物。

3. 三类防雷的建筑物

（1）省级重点文物保护的建筑物及省级档案馆。

（2）预计雷击次数大于或等于 0.012 次/年，且小于或等于 0.06 次/年的部、省级办公建筑物及其他重要或人员密集的公共建筑物。

（3）预计雷击次数大于或等于 0.06 次/年，且小于或等于 0.3 次/年的住宅、办公楼等一般型民用建筑物。

（4）预计雷击次数大于或等于 0.06 次/年的一般性工业性建筑物。

（5）根据雷击后对工业生产的影响及产生的后果，并结合当地气象、地形、地质及周围环境等因素，确定需要防雷的 21 区、22 区、23 区火灾危险环境。

（6）在平均雷暴日大于 15 天/年的地区，高度在 15m 及以上的烟囱、水塔等孤立的高耸建筑物；在平均雷暴日小于等于 15 年/年的地区，高度在 20m 及以上的烟囱、水塔等孤立的高耸建筑物。

### 二、年平均雷暴日数和年预计雷击次数

凡有雷电活动的日子，包括看到雷闪或听到雷声，都称为雷暴日。由当地气象台站统计多年雷暴日的年平均值，称为年平均雷暴日数。

年预计雷击次数是表征建筑物可能遭受雷击的一个频率参数。用下式经验公式来计算

$$N = kN_g A_e \tag{8-19}$$

式中　$N$——建筑物的年预计雷击次数，次/年。

$k$——校正系数，在一般情况下取 1，在下列情况下取相应数值：位于旷野孤立的建筑物取 2；金属屋面砖木结构的建筑物取 1.7；位于河边、湖边、山坡下或山地中土壤电阻率较小处、地下水露头处、土山顶部、山口风口等处建筑物，及特别潮湿的建筑物取 1.5。

$A_e$——与建筑物截收雷击次数相同的等效面积，$km^2$，按《建筑物防雷设计规范》GB5007—1994 附录一的有关规定进行计算。

$N_g$——建筑物所处地区雷击大地的年平均密度，次/（$km^2 \cdot$ 年）。

### 三、民用建筑防直击雷的措施和装置

民用建筑物的防雷，应当在当地气象、地形、地貌、地质等环境条件下，根据雷电活动规律和被保护建筑物的特点，因地制宜地采取措施，做到安全、可靠、经济、合理。对于一类防雷建筑，应装设独立的避雷针或架空避雷线（网）对直击雷进行防护，当建筑物高于 30m 时，还应采取防侧击雷的措施。对于二类和三类防雷建筑物也应有防直击雷的措施，宜采用装设在建筑物上的避雷网（带）或避雷针或其混合组成的接闪器。对于第二类防雷建筑物高度超过 45m，对于第三类防雷建筑物高度超过 60m 时，都应有防侧击雷的措施。

民用建筑的防雷措施，原则上是以防直击雷为主要目的，防止直击雷的装置一般由接闪器、引下线和接地装置三部分组成。

1. 接闪器

接闪器包括直接接受雷击的接闪针、避雷线、避雷带、避雷网，以及用作接闪的金属屋面和金属构件等。接闪器总是高出被保护物的，是与雷电流直接接触的导体。

使用避雷针做接闪器时，宜采用圆钢或焊接钢管制成，直径应不小于表 8-2 所列的数值。

表 8-2 　　　　　　　　　　　避雷针用圆钢及钢管最小直径　　　　　　　　　　（mm）

| 针长 | 圆钢直径 | 钢管直径 |
| --- | --- | --- |
| 小于 1m | 12 | 20 |
| 1～2m | 16 | 25 |
| 烟囱顶上的避雷针 | 20 | 40 |

避雷带和避雷网所用材料一般宜为直径不小于 8mm 的圆钢或截面不小于 $48mm^2$、厚度不小于 4mm 的扁钢。

2. 引下线

引下线是连接接闪器和接地装置的金属导线，其作用是将接闪器与接地装置连接在一起，使雷电流构成通路。引下线一般采用圆钢或扁钢，宜优先选用圆钢，其直径不应小于 8mm；若选用扁钢时，其截面不应小于 $48mm^2$，其厚度不应小于 4mm。

高层建筑中利用柱或剪力墙中的钢筋作为引下线是我国常用的做法。

3. 接地装置

接地装置是接地体和接地线的总和。接地体是埋入土壤中或混凝土基础中作散流作用的导体，包括垂直接地体和水平接地体两部分。接地线是指从引下线到断线卡或换线处至接地体的连接导体，应与水平接地体等截面。

埋于土壤中的人工垂直接地体宜采用角钢、钢管或圆钢；而埋入土壤中的水平接地体宜采用扁钢或圆钢等。

**四、防止雷电波侵入的措施**

雷电波的侵入，是由于雷电对架空线路或金属管道的作用，雷电波可能沿着这些管线侵入屋内危及人身安全或损坏设备。

对于一类防雷建筑物，为防止雷电波侵入应采取如下措施：低压电缆宜全线采用电缆直接埋地敷设，并在入户端将电缆的外皮、钢管接到防雷电感应的接地装置上。当低压线路全线埋地引入，其埋地长度不应小于 15m。

在电缆与架空线的连接处，还应装设避雷器。避雷器、电缆金属外皮、钢管和绝缘子铁脚、金具等应连在一起接地，其冲击接地电阻不应大于 $10\Omega$。

对于二类防雷建筑物其防雷电波侵入的措施，应符合下列要求：

（1）当全线路采用埋地电缆或敷设在架空线槽内的电缆引入时，在进户端应将电缆金属外皮、金属线槽接地；当低压架空线转接金属铠装电缆或护套电缆穿钢管直接埋地引入时，其埋地长度应大于 15m；当架空线直接引入时，在入户处应加装避雷器，并将其与绝缘子铁脚、金具连接在一起接到电气设备的接地装置上。

（2）架空和直埋接地的金属管道在进入建筑物处应就近与防雷的接地装置相连；当不相连时，架空管道应接地，其接地冲击电阻不应大于 $10\Omega$。

对于三类防雷建筑物其防雷电波侵入的措施，应符合下列要求：对电缆进出线，应在进出端将电缆的金属外皮、钢管等与电气设备接地相连。对低压架空进出线，应在进出处装设避雷器，并将其与绝缘子铁脚、金具连接在一起接地，其冲击接地电阻不宜大于 $30\Omega$。

**五、高层建筑的防雷**

一类建筑和二类建筑中的高层民用建筑的防雷，尤其是防直击雷，有特殊的要求和措施。这是因为一方面越是高层建筑，落雷的次数越多；另一方面，由于建筑物很高，有时雷云接近建筑物附近时发生的先导放电，屋面接闪器（避雷针、避雷带、避雷网等）未起作用；有时雷云飘动，使建筑物受到雷电的侧击。

高层民用建筑为防侧击雷，应设置多层避雷带、均压环和在外墙的转角处设引下线。一般在高层建筑的边沿和凸出部分，少用避雷针，多用避雷带，以防雷电侧击。

目前，高层建筑的防雷设计，是把整个建筑物的梁、板、柱、基础等主要结构的钢筋，通过焊接连成一体。在建筑物的顶部，设置避雷网压顶，在建筑物的腰部，多处设置避雷带、均压环，这样，使整个建筑物及每层分别连成一个整个笼式避雷网，对雷电起到均压作用。当雷击时，建筑物各处构成了等电位面，对人和设备都安全。同时由于屏蔽效应，笼内空间电场强度为零，笼上各处电位基本相等，则导体间不会发生反击现象。建筑物内部的金属管道由于与房屋建筑的结构钢筋作电气连接，也能起到均衡电位的作用。此外，各结构钢筋连在一起，并与基础钢筋相连，由于高层建筑基础较深，面积较大，利用钢筋混凝土基础中的钢筋作为防雷接地体，它的接地电阻一般都能满足 5Ω 以下的要求。

**思 考 题**

8-1　什么是工作接地、保护接地、防雷接地？

8-2　消弧线圈的电感电流对接地电容电流的补偿有几种方式？各有什么特点？

8-3　雷电是如何产生的？造成的危害有哪些？

8-4　避雷针的保护有什么特点？其保护范围是如何计算的？

8-5　避雷线有哪些主要用途？其保护范围是如何计算的？

8-6　避雷器的主要类型有哪些？各有什么特点？

8-7　输电线路的防雷措施有哪些？

8-8　变电站对直击雷和雷电波的入侵各采取什么防范措施？

8-9　工厂供电系统对防雷有什么要求？其主要的防雷措施有哪些？

8-10　建筑配电系统对防雷有什么要求？其主要的防雷措施有哪些？

习题与解答

# 第九章 电力工程设计

## 第一节 电气工程制图的基本知识

图样作为"工程界的语言"，必须要有一些统一的规定，以利于生产和交流技术思想。电气工程图是一类比较特殊的图样，它有其本身的许多规定，除此之外，还必须遵守"机械制图""建筑制图"等方面的有关规定。实际工程的电气接线是靠电气图纸来表征的，电气图纸是电气工程的语言，它对电气工程的设计、安装、制造、试验、运行维护和生产管理都是不可缺少的。为了表达、传递和沟通信息，电气工程图纸必须按照统一的标准和规定绘制。

**一、电气工程图的种类**

电气工程图是一类应用十分广泛的电气图，用它来阐述电气工程的构成和功能，描述电气装置的工作原理，提供安装接线和维护使用信息。一般而言，一项工程的电气图通常由以下几部分组成。

1. 目录和前言

图纸目录包括序号、名称、编号、张数等。

前言包括设计说明、图例、设备材料明细表、工程经费概算等。

2. 电气系统图和框图

电气系统图和框图主要表示整个工程或其中某一项目的供电方式和电能输送的关系，亦可表示某一装置各主要组成部分的关系。例如：电气一次主接线图、建筑供配电系统图等。

3. 电路图

电路图主要表示某一系统或装置的工作原理。如电动机控制回路图、继电保护原理图等。

4. 接线图

接线图主要表示电气装置内部各元件之间及与其他装置之间的连接关系，便于安装接线及维护。

5. 电气平面图

电气平面图主要表示某一电气工程中电气设备、装置和线路的平面布置。它一般是在建筑平面的基础上绘制出来的。常见的电气工程平面图有线路平面图、变电站平面图、照明平面图、弱电系统平面图、防雷与接地平面图等。

6. 设备元件和材料表

设备元件和材料表是把某一电气工程所需主要设备、元件、材料和有关的数据列成表格，表示其名称、符号、型号、规格、数量等。

7. 设备布置图

设备布置图主要表示各种电气设备的布置形式、安装方式及相互间的尺寸关系，通常由平面图、立面图、断面图、剖面图等组成。

8. 大样图

大样图主要表示电气工程某一部件、构件的结构，用于指导加工与安装，其中一部分大样图为国家标准图。

9. 产品使用说明书用电气图

电气工程中选用的设备和装置，其生产厂家往往随产品使用说明书附上电气图。这些也是电气工程图的组成部分。

10. 其他电气图

在电气工程图中，电气系统图、电路图、接线图、平面图是最主要的图。在某些较复杂的电气工程中，为了补充和详细说明某一方面，还需要有一些特殊的电气图，如：功能图、逻辑图、曲线图、表格、印刷电路板图等。

**二、电气工程制图的一般规则概述**

本小节扼要介绍国家标准 GB/T 18135—2000《电气工程 CAD 制图规则》中常用的有关规定，同时对其引用的有关标准中的规定加以引用与解释。另外还参考了电力行业标准 DL/T 5127—2001 中对电气专业 CAD 制图的相关规定。

（一）图纸格式

1. 幅面尺寸

图纸通常由边框线、图框线、标题栏、会签栏组成。

由边框线所围成的图面，称为图纸的幅面。幅面大小共分 5 类：A0、A1、A2、A3、A4，其尺寸如表 9-1 所示。根据需要，可对 A3、A4 号图加长，加长幅面尺寸如表 9-2 所示。

**表 9-1**　　　　　　　　　　　　　基本幅面尺寸　　　　　　　　　　　　　（mm）

| 幅面代号 | A0 | A1 | A2 | A3 | A4 |
|---|---|---|---|---|---|
| 宽×长（$B \times L$） | 841×1189 | 594×841 | 420×594 | 297×420 | 210×297 |
| 留装订边边宽（$c$） | 10 | 10 | 10 | 5 | 5 |
| 不留装订边边宽（$e$） | 20 | 20 | 10 | 10 | 10 |
| 装订侧边宽（$a$） | 25 | | | | |

2. 图框

图框又分为内框和外框，外框尺寸即表 9-1、表 9-2 中规定的尺寸。内框尺寸为外框尺寸减去相应的"$a$""$c$""$e$"的尺寸。如图 9-1、图 9-2 所示。加长幅面的内框尺寸，按选用的基本幅面大一号的图框尺寸确定。

**表 9-2**　　加长幅面尺寸　　（mm）

| 代　号 | 尺寸（$B \times L$） |
|---|---|
| A3×3 | 420×891 |
| A3×4 | 420×1189 |
| A4×3 | 297×630 |
| A4×4 | 297×841 |
| A4×5 | 297×1051 |

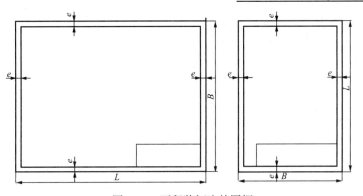

图 9-1　不留装订边的图框

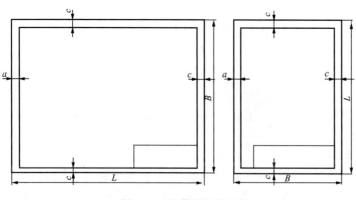

图 9-2　留装订边的图框

3. 标题栏

（1）标题栏位置。无论对 X 型水平放置的图纸，还是 Y 型垂直放置的图纸，标题栏都应该在图面的右下角，如图 9-1、图 9-2 所示。标题栏的观看方向一般与图的观看方向相一致。

（2）国内工程通用标题栏的基本信息及尺寸，如图 9-3 和图 9-4 所示。

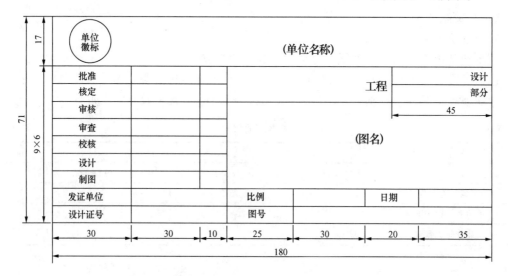

图 9-3　设计通用标题栏（A0～A1）（单位：mm）

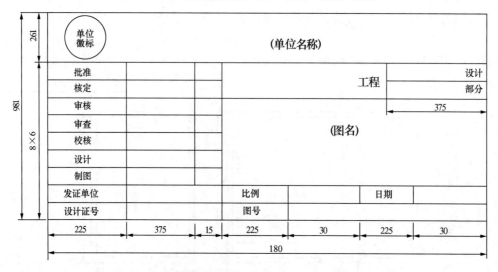

图 9-4　设计通用标题栏（A2～A4）（单位：mm）

4. 会签栏

由多个专业相关的图纸应有会签栏，会签栏的格式如图 9-5 所示。

5. 图幅分区

对于幅面大而内容复杂的电气图，为确定图上内容的位置及一些其他用途，需对图幅进行分区。

图中将图纸的两对边各自等分加以分区，分区的数目应为偶数。每一分区的长度一般在 25~75mm 之间。每个分区内竖边方向用大写拉丁字母、横边方向用阿拉伯数字分别编号。编号的顺序应从标题栏相对的左上角开始。分区代号用字母和数字表示，如 B3、C5 等。如图 9-6 所示。

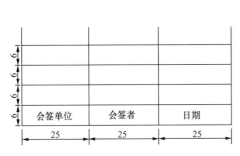

图 9-5　会签栏（单位：mm）

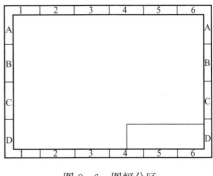

图 9-6　图幅分区

（二）文字

1. 字体

电气技术图样和简图中的文字字体，所选汉字应为长仿宋体。

2. 文字尺寸高度

（1）常用的文字尺寸宜在下列尺寸中选择：2.5mm、3.5mm、5mm、7mm、10mm、14mm、20mm。

（2）字符的宽高比约为 0.7。

（3）各行文字间的行距不应小于 1.5 倍的字高。

3. 表格中的文字和数字

（1）数字书写：带小数的数值，按小数点对齐；不带小数的数值，按个位数对齐。

（2）文字书写：正文按左对齐。

（三）图线

1. 线宽

根据用途，图线宽度宜从下列线宽中选用：0.18mm、0.25mm、0.35mm、0.5mm、0.7mm、1.0mm、1.4mm、2.0mm。

图形对象的线宽应尽量不多于 2 种，每两种线宽间的比值应不小于 2。

2. 图线间距

平行线（包括画阴影线）之间的最小间距不小于粗线宽度的两倍，建议不小于 0.7mm。

3. 图线型式

根据不同的结构含义，采用不同的线型，如表 9-3 所示。

表9-3    图 线 型 式

| 图线名称 | 图线型式 | 一 般 用 途 |
|---|---|---|
| 实　　线 | —————— | 可见轮廓线，母线，可见导线，可见过渡线，尺寸线，尺寸界线，引出线，边界线，剖面线，地形线 |
| 虚　　线 | - - - - - - - | 辅助线，屏蔽线，机械连接线，不可见轮廓线，不可见导线，不可见过渡线，计划扩展内容用线 |
| 点划线 | —·—·—·—· | 轴线，对称中心线，分界线，围框线 |
| 双点划线 | —··—··—·· | 辅助围框线，中断线 |

（四）比例

推荐采用比例规定，如表9-4所示。

表9-4    推荐采用的比例规定

| 类　　别 | 推 荐 比 例 | | |
|---|---|---|---|
| 放大比例 | 50：1 <br> 5：1 | — | — |
| 原尺寸 | 1：1 | | |
| 缩小比例 | 1：2 <br> 1：20 <br> 1：200 <br> 1：2000 | 1：5 <br> 1：50 <br> 1：500 <br> 1：5000 | 1：10 <br> 1：100 <br> 1：1000 <br> 1：10000 |

注　如果因为特殊需要对表中所列比例再加以放大或缩小，推荐的比例可以在两个方向加以扩展，但所需比例应是推荐比例的10整数倍。由于功能原因不能应用推荐比例的特殊情况下，可选用中间比例。

## 第二节　电力设备图形符号

图形符号是指用于图样或其他文件以表达一个设备或概念的图形、标记或字符。

**一、图形符号的构成**

电气图用图形符号由符号要素、限定符号、一般符号、方框符号和组合符号构成。

1. 符号要素

符号要素是一种具有确定意义的简单图形，不能单独使用。符号要素必须同其他图形组合后才能构成一个设备或概念的完整符号。例如继电器的线圈及其各触点等符号要素可共同组成继电器的符号。符号要素组合使用时，其布置可以同符号所表示的设备的实际结构不一致。

2. 限定符号

限定符号是一种加在其他符号上用以提供附加信息的符号。它通常不能单独使用。有时一般符号也可用作限定符号。如电容器的一般符号加到传声器符号上，即构成电容式传声器符号。

3. 一般符号

一般符号是一种用以表示一类产品和此类产品特征的很简单的符号。

4. 方框符号

方框符号是一种简单图形，用以表示元件、设备等的组合及其功能的符号。它既不给出元件、设备的细节，也不考虑所有连接。方框符号通常使用在单线表示法的图中，也可用在表示出全部输入和输出接线的图中。

5. 组合符号

组合符号是通过以上已规定的符号进行适当组合派生出来的，用以表示某些特定装置或概念的符号。我国规定的电气图形符号由 13 个部分组成，符号的形式、内容、数量等全部与 IEC 标准相同，可以参看相关的标准。

**二、图形符号的使用规则**

电气制图在选用图形符号时，应遵守以下使用规则。

（1）图形符号的大小和方位可根据图面布置确定，但不应改变其含义，而且符号中的文字和指示方向应符合读图要求。

（2）在绝大多数情况下，符号的含义由其形式决定，而符号的大小和图线的宽度一般不影响符号的含义。有时为了强调某些方面，或者为了便于补充信息，允许采用不同大小的符号，改变彼此有关符号的尺寸，但符号间及符号本身的比例应保持不变。

（3）在满足需要的前提下，尽量采用最简单的形式；对于电路图，必须使用完整形式的图形符号来详细表示。

（4）在同一张电气图样中只能选用一种图形形式，图形符号的大小和线条的粗细亦应基本一致。

（5）符号方位不是强制的。在不改变符号含义的前提下，符号可根据图面布置的需要旋转或成镜像放置，但文字和指示方向不得倒置。

（6）图形符号中一般没有端子符号。如果端子符号是符号的一部分，则端子符号必须画出。

（7）导线符号可以用不同宽度的线条表示，以突出或区分某些电路、连接线等。

（8）图形符号一般都画有引线。在不改变其符号含义的原则下，引线可取不同方向。在某些情况下，引线符号的位置不加限制；当引线符号的位置影响符号的含义时，必须按规定绘制。

（9）图形符号均是按无电压、无外力作用的正常状态表示的。

（10）图形符号中的文字符号、物理量符号，应视为图形符号的组成部分。当这些符号不能满足时，可再按有关标准加以充实。

**三、发电厂和变电站常用图形符号**

发电厂和变电站电气一次回路常用图形符号，如表 9-5 所示。

表 9-5　　　　　　　　　　发电厂和变电站电气一次回路常用图形符号

| 类　　别 | 图形符号 | 符号说明 | 旧符号 |
|---|---|---|---|
| 电　机 | Ⓖ | 直流发电机 | Ⓕ Ⓕ |
| | Ⓜ | 直流电动机 | |
| | Ⓖ | 交流发电机 | |
| | Ⓜ | 交流电动机 | |

续表

| 类　　　别 | 图形符号 | | 符号说明 | 旧符号 | |
|---|---|---|---|---|---|
| | 形式 1 | 形式 2 | | 形式 1 | 形式 2 |
| 变压器<br>电抗器<br>互感器 | | | 双绕组变压器（电压互感器） | | |
| | | | 三绕组变压器 | | |
| | | | 自耦变压器 | | |
| | | | 电抗器、扼流线圈 | | |
| | | | 电流互感器 | | |
| 开关装置 | | | 断路器 | | |
| | | | 隔离开关 | | |
| | | | 负荷开关 | | |
| | | | 接触器 | | |
| 熔断器<br>避雷器 | | | 熔断器 | | |
| | | | 跌落式熔断器 | | |
| | | | 熔断器式开关 | | |
| | | | 避雷器 | | |

# 第三节　电力工程CAD简介

## 一、CAD 技术

CAD（Computer Aided Design）是指计算机辅助设计，它是利用计算机软硬件系统辅助工程技术人员对产品或工程进行设计、分析、修改以及交互式显示输出的一种方法和手段，是一门多学科的综合性应用技术，也是计算机技术的一个重要的应用领域。

CAD已经成为科研、教学、生产和管理等开展工作的有力工具，它的作用日益受到人们的重视。CAD已经广泛应用于机械、航空航天、船舶、纺织、建筑、电子、汽车、化工、冶金、气象和环境等众多部门。CAD 的广泛应用可以大大缩短产品开发周期，降低产品成本，提高产品质量。

CAD 技术发展至今已有 50 多年的历史。CAD 技术基础是计算机图形处理技术，CAD 技术的发展与计算机图形学技术的发展密切相关。20 世纪 50 年代，美国第一台图形显示器的问世，预示着 CAD 技术雏形的出现。20 世纪 70 年代，随着计算机图形学技术的日趋成熟，CAD 技术有了很大发展，可以解决产品设计的二维绘图、三维线框造型等。20 世纪 80 年代，随着微机技术的不断发展，计算机图形学进入了一个新的发展阶段，CAD 技术发展到三维造型、自由曲面设计、有限元分析、机构分析与仿真等工程应用中，并出现了许多成熟的 CAD 软件，其中，应用于工程设计领域的 CAD 软件有：AutoCAD、Protel、MAT-LAB 等。目前，CAD 技术正经历着由传统 CAD 向现代 CAD 技术的转变。

CAD 技术在产品或工程设计中主要应用于如下几个方面。

（1）绘制二维、三维工程图，这是最普遍的一种应用方式。

（2）建立图形及符号库，便于设计调用，从而提高设计效率。

（3）进行工程分析，CAD 技术提供了强大的工程分析工具，可帮助设计人员进行高效率设计工作。

（4）生成设计文档，按设计属性制成说明文档或输出报表，以便设计实施过程更直观。

**二、AutoCAD 绘图软件包**

AutoCAD 是由美国 Autodesk 公司开发的通用计算机辅助绘图与设计软件包，是一个交互式绘图软件，是用于二维及三维设计、绘图的系统工具，用户可以使用它来创建、浏览、管理、打印、输出、共享及准确使用富含信息的设计图形。

AutoCAD 是目前世界上应用最广的 CAD 软件，市场占有率位居世界第一。AutoCAD 软件具有如下特点：

（1）具有完善的图形绘制功能。

（2）具有强大的图形编辑功能。

（3）可以采用多种方式进行二次开发或用户定制。

（4）可以进行多种图形格式的转换，具有较强的数据交换能力。

（5）支持多种硬件设备。

（6）支持多种操作平台。

（7）具有通用性、易用性，适用于各类用户。

在中国，AutoCAD 已成为工程设计领域中应用最为广泛的计算机辅助设计软件之一。

AutoCAD 主要具有以下功能：

（1）二维绘图与编辑。创建二维图形对象，标注文字，创建图块。

（2）三维绘图与编辑。创建曲面模型和实体模型。

（3）尺寸标注。

（4）视图显示方式设置。

（5）绘图实用工具。

（6）数据库管理功能，可将图形对象与外部数据库的数据关联。

（7）图形输入输出。

（8）允许用户进行二次开发。用户可以通过 Autodesk 以及数千家软件开发商开发的五千多种应用软件把 AutoCAD 改造成为满足各专业领域的专用设计工具。这些领域中包括电气、建筑、机械、测绘、电子以及航空航天等。

此外，从 AutoCAD 2000 开始，该系统又增添了许多强大的功能，如 AutoCAD 设计中心（ADC）、多文档设计环境（MDE）、Internet 驱动、新的对象捕捉功能、增强的标注功能以及局部打开和局部加载的功能，从而使 AutoCAD 系统更加完善。

### 三、电力工程设计中 CAD 技术的应用

在电力工程设计中应用 CAD 技术主要体现在如下几个方面。

（1）电力设计中经常需要用到一系列的数据资料，如设计手册或设计规范中的数表、图表。这些数据通常由人工查询和处理。在 CAD 过程中，这些数据可以存储于计算机中。存储数据资料的方法可以采用高级语言编程并以数组的形式存于计算机内，亦可以将这些数据以数据库的形式存放于数据文件中。这样，在设计过程中要获取这些数据将非常方便。

（2）利用高级语言（如 MATLAB、C++等）编程，进行各种机械计算和强度计算、电力系统潮流计算、绘制各种导线和曲线等。

（3）采用 AutoCAD 软件包绘制电力设计中各种二维、三维工程图纸，如电力系统主接线图，平面布置图，配电装置断面图等。

## 第四节　变电站电气主接线设计示例

### 一、设计任务及要求

由于工、农、商业用电的需要，需要在某地新建一座 2×50000kVA，110/10kV 的降压变电站。为了提高运行可靠性、提高劳动生产率、降低建设成本、带动企业科技进步、提高整体管理水平，要求本站尽量按照无人值班变电站的要求设计。

### 二、设计原始资料

1. 本变电站的建设规模

（1）变电站类型为 110kV 降压变电站。

（2）变电站的容量为 2×50000kVA；年最大利用小时数为 4200h/年。

2. 电力系统部分

（1）本变电站在电力系统中的地位和作用是：为终端变电站，满足周围地区的负荷增长要求。

（2）接入系统的电压等级为 110kV，为两回进线，分别接两个附近的变电站，输电线长分别为 8km 和 12km，如图 9 - 7 所示。

（3）电力系统总装机容量为

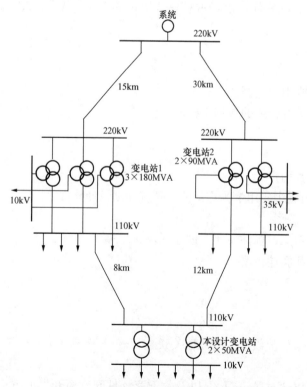

图 9 - 7　本变电站与电力系统连接的接线图

8000MW，$X_1 = X_2 = 0.4$，$X_0 = 0.6$，短路容量为 2800MVA。

（4）有关变电站的电气参数。

220kV 变电站 1：三绕组变压器容量为 $S = 180$MVA，变比 220/110/10，阻抗电压为 $U_{k1-2} = 8.7\%$，$U_{k1-3} = 33\%$，$U_{k2-3} = 23.3\%$，YN，yn0，d11，中性点接地运行，额定电压为 $220 \pm 8 \times 1.25\%/121/10.5$。

220kV 变电站 2：三绕组变压器容量为 $S = 90$MVA，变比 220/110/35，阻抗电压为 $U_{k1-2} = 13.4\%$，$U_{k1-3} = 21.8\%$，$U_{k2-3} = 7.3\%$，YN，yn0，d11，中性点接地运行，额定电压为 $220 \pm 7 \times 1.46\%/121/38.5$。

3. 负荷情况

（1）10kV 侧共有 26 回线路（其中 2 回为备用），每回出线最大负荷均设定为 3000kW，最小负荷按最大的 70% 计算。

（2）负荷同时率取 0.85，$\cos\varphi = 0.8$，$T_{max} = 4200$h/年。

（3）所用电率为 1%。

4. 环境条件

（1）本站位于郊区，有公路可到达。

（2）海拔高度为 92.0m，土壤电阻率为 $2.5 \times 10^4 \Omega \cdot cm$，地下深处（0.8m）温度为 28.0℃，最热月（7 月）最高气温月平均值为 34.0℃，最冷月（1 月）最低气温月平均值为 8.0℃，雷暴日数为 63.2（日/年）。

### 三、主接线设计

（一）主接线的设计原则和步骤

1. 主接线的设计原则

电气主接线设计的基本原则是以设计任务书为依据，以国家经济建设的方针、政策、技术规定、标准为准绳，结合工程实际情况，在保证供电可靠，调度灵活，满足各项技术要求的前提下，兼顾运行、维护方便，尽可能地节省投资，就近取材，力争设备元件的设计先进性和可靠性，坚持可靠、先进、适用、经济、美观的原则。结合主接线设计的基本原则，所设计的主接线应满足供电可靠性、灵活、经济，留有扩建和发展的余地。在进行论证分析时，更应辩证地统一供电可靠性和经济性的关系，方能做到先进性和可行性。

2. 主接线的设计步骤

（1）对设计依据和原始资料进行综合分析；

（2）拟定可能采用的主接线形式；

（3）确定主变的容量和台数；

（4）厂用电源的引接方式；

（5）论证是否需要限制短路电流，并采取什么措施；

（6）对拟定的方案进行技术、经济比较，确定最佳方案；

（7）选择断路器、隔离开关等电气设备。

（二）主接线方案的拟定

电气主接线是根据电力系统和发电厂（变电站）具体条件决定的，它以电源和出线为主体，当只有两台变压器和两条输电线路时，采用桥形接线，所用断路器数目最少。在进出线数目较多时，为方便电能汇集和分配，设置母线作为中间环节，使接线简单清晰，运行方便，有利于安装和扩建。但有母线后，配电装置占用面积较大，使用断路器等设备数增加，因而有时也采用无母线的接线方式。

在对原始资料分析的基础上，结合对电气主接线的可靠性、灵活性等基本要求的综合考虑，初步拟定以下三种主接线形式。

（三）主接线方案的技术比较

1. 单母线分段接线

单母线分段接线如图 9-8 所示。

优点：简单清晰，设备少，投资少，运行操作方便，当某一进线断路器故障或检修时，可维持两台变压器同时运行向负荷供电。

缺点：可靠性和灵活性较差。

2. 无母线接线

线路变压器组接线是无母线接线的一种方式，如图 9-9 所示。

缺点：由于无汇流母线，不利于功率的汇集和平衡分配，且当某一进线断路器故障或检修时，该回路必须暂时停运，导致过负荷运行。

3. 内桥形接线

内桥形接线如图 9-10 所示。

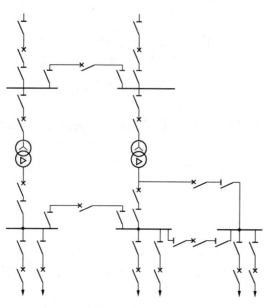

图 9-8 单母线分段接线（高压侧）

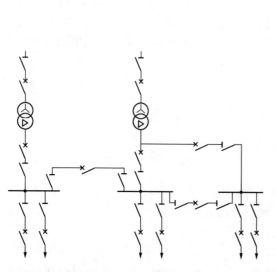

图 9-9 线路变压器组接线（高压侧）

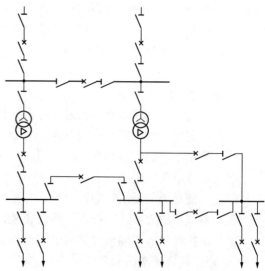

图 9-10 内桥形接线（高压侧）

优点：高压断路器数量少，二个回路只需三台断路器。

缺点：变压器的切除和投入较复杂，需动作两台断路器，影响一回线路暂时停运；桥形断路器检修时，两个回路需解列运行。当进线断路器检修时，线路需较长时间停运。

根据以上分析比较，无母线接线可靠性差，故放弃无母线接线方式。从技术上选择单母线分段和内桥形接线再作经济比较。

（四）主变压器的选择

（1）相数确定原则。主变采用三相或单相，考虑变压器的制造条件、可靠性要求及运输条件等因素。具体考虑到以下原则：

1）不受运输条件限制，可选用三相变压器；

2）对 500kV 及以上电力系统的主变选择，除按容量、制造水平、运输条件确定外，更重要考虑负荷和系统情况，保证供电可靠性，进行综合分析。在满足技术经济的条件下确定选用单相变压器，还是三相变压器。

（2）绕组连接方式的确定。变压器三相绕组的联结组别必须保证和系统电压相位一致，否则，不能并列运行。电力系统绕组的连接方式只有星形"Y"和三角形"△"两种，因而可根据具体工程来确定。

我国 110kV 及以上电压，变压器三相绕组都采用 YN 连接；35kV 采用 Y 连接，其中性点多通过消弧线圈接地；35kV 及以下电压，变压器三相绕组都采用 D 连接。

变电站中，考虑到系统或机组的同步并列要求以及限制三次谐波对电源的影响因素，主变联结组别一般都选用 YN,d11 常规接线。

根据以上原则，主变绕组连接方式采用 YN,d11。

（3）调压方式的确定

为了保证发电厂或变电站的供电质量，电压必须维持在允许范围内。通过变压器分接头开关的切换，改变变压器高压绕组的匝数，从而改变其变比，实现电压调整。切换方式有两种：不带负荷切换，称为无激磁调压，调整范围通常在 $2 \times 2.5\%$ 以内；另一种是带负荷切换，称为有载调压，调整范围可达 30%，其结构较复杂，价格较贵，只有在以下情况才予以选用：

1）接于出口电压变化大的发电厂的主变压器；特别是潮流方向不固定，且要求变压器二次电压维持在一定水平时。

2）接于时而为送端、时而为受端，且具有可逆工作特点的联络变压器，为保证供电质量，要求母线电压恒定时。

3）发电机经常在低功率因数下运行。

根据该站的实际情况，主变调压方式选择有载调压。

（4）冷却方式的选择

冷却方式采用强迫油循环风冷却。

（5）容量、台数的确定

当两台变压器并联运行时，一台变压器停运，另一台变压器应能承担 70% 左右的总负荷。根据负荷情况

$$P = 70\% \times 3000 \times 24 \times 0.85 = 42840 (\text{kW})$$

$$S = 42840/0.8 = 53\,550(\text{kVA})$$

则选取两台额定容量为 50 000kVA 的变压器。

根据以上选择结果，查设计手册，变压器参数如表 9-6 所示。

表 9-6　　　　　　　　　　　　主 变 压 器 参 数

| 型　　号 | 额定容量 (kVA) | 电压（kV） | | 损耗（kW） | | 空载电流 (%) | 阻抗电压 (%) |
|---|---|---|---|---|---|---|---|
| | | 高压 | 低压 | 空载 | 负载 | | |
| SFPZ7-50000/110 | 50 000 | 110 | 10.5 | 59.7 | 216 | 1.0 | 10.5 |

（五）主接线方案的经济性比较

1. 概述

方案必须满足电力系统运行、检修和发展的基本技术要求。同时，在满足技术要求的若干方案中作经济性比较，选取投资及年运行费用最小的方案。

2. 经济性比较的内容

（1）综合总投资。

（2）年运行费用 $U$ 的计算。

3. 经济性比较项目计算式

（1）综合总投资的计算

$$Z = Z_0(1 + a/100)$$

式中　　$Z_0$——主体设备投资，包括变压器、开关设备、配电装置及明显的增修桥梁、公路和拆迁的费用；

　　　　$a$——不明显的附加费用比例系数，如基础加工、电缆沟道开挖费用等，对 220kV取 70，110kV 取 90。

（2）年运行费用计算。主接线中电气设备的年运行费用 $U$ 主要包括变压器的电能损耗及设备的检修、维护和折旧等费用，按投资百分率计算，即

$$U = a \times \Delta W + U_1 + U_2 (\text{万元})$$

式中　　$U_1$——检修维护费用，取 $(0.022 \sim 0.042)Z$，$Z$ 为综合投资费用；

　　　　$U_2$——折旧费，取 $0.0582Z$；

　　　　$a$——电能损耗折算系数，取平均售电价；

　　　　$\Delta W$——变压器电能损失。

双绕组变压器电能损耗计算式为

$$\Delta W = \sum[n(\Delta P_0 + k\Delta Q_0) + (1/n)(\Delta P + k\Delta Q)(S/S_N)^2]t$$

式中　　$n$——相同变压器台数；

　　　　$S_N$——每台变压器额定容量，kVA；

　　　　$S$——$n$ 台变压器负担的总负荷，kVA；

　　　　$t$——对应负荷 $S$ 使用的小时数，h；

　　$\Delta P_0$、$\Delta Q_0$——每台变压器的空载有功损耗和无功损耗，kW 和 kvar；

　　$\Delta P$、$\Delta Q$——每台变压器的短路有功损耗和无功损耗，kW 和 kvar；

　　　　$k$——单位无功损耗引起的有功损耗系数，系统中的变压器取 $0.1 \sim 0.15$。

4. 本站具体经济计算

查《电力系统设计参考资料》并将其单价扩大为原来的 4 倍。

单母线分段　　　　　　（70.8－9.27×2）×4＝209.04（万元）

内桥形接线　　　　　　33.6×4＝134.4（万元）

主变　　　　　　　　　43×4＝172（万元）

断路器　　　　　　　　13×4＝52（万元）

隔离开关　　　　　　　1.7×4＝6.8（万元）

（1）综合总投资

$$Z=Z_0(1+a/100)，a=90$$

1）单母线分段

$$Z=(172×2+209.04+52×5+6.8×8)×(1+90/100)=1648.14（万元）$$

2）内桥形接线

$$Z=(172×2+134.4+52×3+6.8×6)×(1+90/100)=1282.88（万元）$$

（2）年运行费用

$$U=a×\Delta W+U_1+U_2$$
$$=0.07×\Delta W+0.042×Z+0.058×Z$$
$$=0.07×\Delta W+0.1×Z$$

$$\Delta W=\sum[n(\Delta P_0+k\Delta Q_0)+(1/n)(\Delta P+k\Delta Q)(S/S_N)^2]t$$
$$=[2×(59.7+0.1×500)+(1/2)×(216+0.1×5250)$$
$$×\left(\frac{24×4000×0.85/0.8}{50\,000}\right)^2]×4200$$
$$=739.7（万\ kWh）$$

1）单母线分段

$$U=0.07×739.7×10^4×10^{-4}+0.1×1648.14=216.59（万元）$$

2）内桥形接线

$$U=0.07×739.7×10^4×10^{-4}+0.1×1282.88=180.07（万元）$$

从以上的总投资和年运行费用计算可看出，投资省的方案年运行费用也少，所以确定内桥形接线为最佳方案。

**四、短路电流计算**

**（一）短路电流计算目的及方法**

当电力系统发生短路时，由于电源供电回路阻抗的减小以及突然短路时的瞬变过程，使短路回路中的短路电流值大大增加，可能超过该回路额定电流的许多倍。短路还会引起电网中电压的下降，特别是短路点处的电压下降最多。

短路电流计算方法如下。

1. 运算曲线法

计算步骤：

（1）计算各元件参数标幺值，作出等值电路；

（2）进行网络简化，求出各个电源点与短路点之间的电抗，即转移电抗；

（3）将转移电抗换算成各电源的计算电抗；

（4）查运算曲线，得到各电源在某一时刻的短路电流标幺值；

（5）将标幺值换算成有名值并求和，即短路电流。

2. 计算机算法

计算机算法是利用对称分量法原理进行计算的。首先，假设网络是线性的，应用迭加原理，将三相实际网络分解为正序、负序、零序三个网络，并假定正常情况下，网络是对称的，即三个序网是各自独立的。然后用迭加原理，将各个序网的电压、电流分解为正常分量和故障分量。最后根据故障类型的边界条件，将三个序网连成一个完整网络，应用线性交流电路理论，计算出三个序网电压、电流的故障分量，再与正常分量相加，便可得三序电压、电流的实际值，再由三序电压、电流计算出三相实际网络电压和电流。

采用计算机算法有下列基本假设：

（1）不计元件的电阻，只计电抗；

（2）不计输电线路对地电纳；

（3）不计变压器的非标准变比；

（4）不计负荷或负荷用恒定电抗表示；

（5）发电机次暂态电动势的 $E''$ 标幺值均为 1，幅角均为 0。

（二）短路点的确定

为了使所选导体和电器具有足够的可靠性、经济性和合理性，并在一定时期内适应系统的发展需要，做选择、验算用的短路电流按下列条件确定：

（1）容量和接线，按本工程设计最终容量计算，其接线应采用可能发生最大短路电流的接线方式；

（2）短路种类，按三相短路计算；

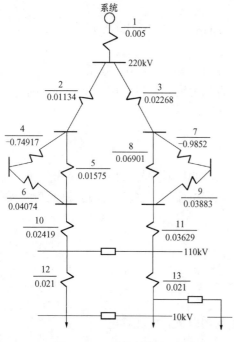

图 9-11　系统等值电路图

（3）短路点的确定，一般选以下地点作短路点：

1）发电机、变压器回路的断路器；

2）母联断路器；

3）带电抗的出线回路；

4）各电压级母线。

（三）短路电流计算

1. 参数计算（略）

取基准容量 $S_b = 100MVA$，各级基准电压 $U_b$ 为其平均额定电压，所有阻抗均换算成标幺值计算。系统等值电路如图 9-11 所示。

系统网络简化，得简化后的系统网络如图 9-12 所示。

2. 计算各短路点的短路电流（标幺值及有名值）

短路电流计算结果表，如表 9-7 所示（过程略）。

**表 9‑7  短路电流计算结果表**

| 短路点 | 标幺值 | 基准电流 $I_b$ | 有名值（kA） |
|---|---|---|---|
| k1 | 0.2207 | 40.165 | 8.8656 |
| k2 | 0.04956 | 439.899 | 21.802 |
| k3 | 23.6855 | 0.502 | 11.8911 |
| k4 | 6.7926 | 5.498 | 37.349 |

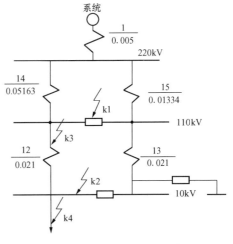

图 9‑12  系统网络简化电路图

### 五、电气设备的选择与校验

**（一）设备选择原则及条件**

1. 设备选择一般原则

（1）应满足正常运行、检修、短路和过电压情况下的要求，并考虑远景发展；

（2）应按当地环境条件校验；

（3）应力求技术先进性和经济合理；

（4）应与整个工程的建设标准协调一致；

（5）同类设备应尽量减少品种数量；

（6）选用的新产品均应具有可靠的试验数据，并正式鉴定合格。

2. 设备选择的条件

选择的高压电器设备，应能在长期工作条件下和发生过电压、过电流情况下，保持正常运行。

**（二）高压短路器、隔离开关选择**

1.110kV 高压断路器、隔离开关选择

110kV 断路器、隔离开关选择结果如表 9‑8 所示（选择及校验过程详见本书相关章节）。

**表 9‑8  110kV 断路器、隔离开关选择结果表**

| 计算数据 | $LW_1-110/1600-31.5$ | $GW_4-110D/600-50$ |
|---|---|---|
| $U_{NS}110$（kV） | $U_N110$（kV） | $U_N110$（kV） |
| $I_{max}295$（A） | $I_N1600$（A） | $I_N600$（A） |
| $I''8.8656$（kA） | $I_{Nbr}31.5$（kA） | — |
| $i_{sh}22.6073$（kA） | $i_{Ncl}80$（kA） | — |
| $Q_k251.517$（kA²·s） | $I_t^2 \cdot t\ 2976.75$（kA²·s） | $I_t^2 \cdot t\ 980$（kA²·s） |
| $i_{sh}22.6073$（kA） | $i_{es}80$（kA） | $i_{es}50$（kA） |

2.10kV 断路器和隔离开关选择

10kV 断路器、隔离开关选择结果如表 9‑9 所示（选择及校验过程详见本书相关章节）。

表 9 - 9 10kV 断路器、隔离开关选择结果表

| 计算数据 | $ZN_{12}-10/3150-40$ | $GN_{10}-10T/4000-160$ |
|---|---|---|
| $U_{NS}10(kV)$ | $U_N10(kV)$ | $U_N10(kV)$ |
| $I_{max}3091.5(A)$ | $I_N3150(A)$ | $I_N4000(A)$ |
| $I''21.802(kA)$ | $I_{Nbr}40(kA)$ | — |
| $i_{sh}55.59(kA)$ | $i_{Ncl}100(kA)$ | — |
| $Q_k251.517(kA^2 \cdot s)$ | $I_t^2 \cdot t2976.75(kA^2 \cdot s)$ | $I_t^2 \cdot t980(kA^2 \cdot s)$ |
| $i_{sh}55.59(kA)$ | $i_{es}100(kA)$ | $i_{es}160(kA)$ |

（三）母线选择

1. 10kV 侧母线的选择

已知母线的额定电压为 10kV，短路电流 $I''_2=21.802kA$，$I_\infty^{(3)}=21.802kA$，最大负荷年利用小时数为 4200h/年，变压器后备保护 $t_b=3s$，断路器全开断时间 $t_{kd}=0.2s$，地区最热月平均温度为 34℃，母线按三相水平布置，相间距离 $a=0.7m$。

选择与校验过程详见本书相关章节。

10kV 侧母线选择 2 条标准槽形母线 $125\times50\times6.5(h\times b\times c)$，绝缘子距取 1.5m。

2. 变压器与 10kV 侧母线连接线选择

已知线路额定电压为 10kV，短路电流 $I''_2=21.802kA$，$I_\infty^{(3)}=21.802kA$，最大负荷年利用小时数为 4200h/年，变压器后备保护 $t_b=3s$，断路器全开断时间 $t_{kd}=0.2s$，地区最热月平均温度为 34℃，母线按三相水平布置，相间距离 $a=0.7m$。

变压器与 10kV 侧母线连接线选用 2 条标准槽形母线 $150\times65\times7(h\times b\times c)$，绝缘子距取 1.5m。

**六、设计结果**

1. 设计说明书

2. 电气系统图（见附录中的附图 1 变电站主接线图）

# 第五节 工厂供电设计示例

**一、基础资料**

1. 某机械厂产品及单耗

某机械厂产品及单耗，如表 9 - 10 所示。

表 9 - 10 某机械厂产品及单耗表

| 产品类型 | 数量（套） | 单位质量（kg） | 每千克耗电量（kW·h/kg） | 耗电量（kW·h） |
|---|---|---|---|---|
| 特大型 | 3000 | 300 | 1 | 900 000 |
| 中型 | 20 万 | 20.5 | 5 | 20 500 000 |
| 小型 | 10 万 | 0.35 | 10 | 350 000 |
| 总计 | | | | 21 750 000 |

2. 负荷类型

本厂除动力站部分设备为二级负荷外，其余均为三级负荷。

3. 电源

工厂东北方向 6km 外有新建地区降压变电站，110/35/10kV，1×25MVA 变压器一台，作为工厂的主电源，允许用 35kV 或 10kV 中的一种电压，以一回架空线向工厂供电。

此外，由正北方向其他工厂引入 10kV 电缆作为备用电源，平时不准投入，只有在该厂的主电源发生故障或检修时提供照明及部分重要负荷用电，输送容量不得超过全厂计算负荷的 20%。

4. 其他设计资料

（1）全厂总平面布置图及供电平面图。

（2）全厂管路系统图。

（3）车间工艺装备的用电安装容量及负荷计算表，如表 9-11 所示。

表 9-11　　　　　　　　　某机械制造厂负荷计算表

| 配电计算点名称 | 设备台数 n | 计算有功功率 $P_C$(kW) | 计算无功功率 $Q_C$(kvar) | 计算视在功率 $S_C$(kVA) | 计算电流 $I_C$(A) | 功率因数 $\cos\varphi$ | 有功功率损耗 $\Delta P$(kW) | 无功功率损耗 $\Delta Q$(kvar) | 变压器容量 (kVA) |
|---|---|---|---|---|---|---|---|---|---|
| 三车间干线 | 102 | 365 | 187 | 410 | 623 | 0.89 | | | |
| 四车间干线 1 | 43 | 196 | 152 | 248 | 377 | 0.79 | | | |
| 四车间干线 2 | 49 | 143 | 167 | 220 | 334 | 0.65 | | | |
| 第一变电站（B1） | 194 | 704 | 506 | 866 | 1316 | 0.82 | 18 | 89.6 | 1000 |
| 锻工（B2） | 37 | 920 | 267 | 958 | 1456 | 0.96 | 19 | 96 | 1000 |
| 二车间（B3） | 177 | 612 | 128 | 747 | 1135 | 0.82 | 15 | 74 | 800 |
| 一车间（B4） | 28 | 657 | 131 | 670 | 1018 | 0.98 | 13 | 67 | 800 |
| 一车间（B5） | 70 | 470 | 188 | 506 | 760 | 0.93 | 13 | 50 | 630 |
| 工具机修（B6） | 81 | 496 | 213 | 540 | 820 | 0.92 | 10 | 51 | 630 |
| 空气站煤气站（B7） | 45 | 854 | 177 | 871 | 1323 | 0.98 | 17 | 87 | 1000 |
| 高压泵房（B8） | 3 | 737 | 357 | 819 | 1244 | 0.9 | 16 | 82 | 1600 |
| 给水泵房（B9） | 3 | 589 | 439 | 735 | 1117 | 0.8 | 15 | 73 | 800 |
| 污水泵房、照明、其他（B10） | 30 | 342 | 166 | 380 | 577 | 0.9 | 16 | 78 | 800 |
| 全厂总负荷 | | 6381 | 2866 | 6995 | | 0.912 | 149 | 748 | 6300 |

（4）其他气象及地质资料：年最高平均气温 $\theta=34.2℃$；年平均气温 20℃；年雷电日 60 天；海拔 92m，厂区土壤为砂质黏土，$\rho=100\Omega/\text{cm}^2$。

（5）电力系统参数：

35kV 侧系统最大三相短路容量　　　1000MVA

35kV 侧系统最小三相短路容量　　　500MVA

（6）供电部门对功率因数的要求值：

当 35kV 供电时，$\cos\varphi=0.9$；

当 10kV 供电时，$\cos\varphi=0.95$。

（7）电价执行两部制电价：

容量电价　按变压器安装容量，8 元/（月·kVA）；

电度电价　当供电电压 35kV 时，$\beta=0.18$ 元/kWh；当供电电压 10kV 时，$\beta=0.22$ 元/kWh。

（8）工厂为二班制，全年工作时数 4500h，最大负荷利用小时数 4000h。

（9）线路功率损失引起的发电厂附加投资 $Z=2000$ 元/kW。

**二、设计步骤**

**（一）工厂总降压变电站设计**

1. 工厂总降压变电站电气接线设计

（1）要求：可靠、安全、合理、经济。

（2）电源引接电压等级的选择。

1）35kV 电源的优点：①35kV 功率因数要求值较低，$\cos\varphi=0.9$，可以减少提高功率因数的补偿设备的投资；②35kV 电压高，电能损耗小，年运行费用节省，电压损失较小，调压问题容易解决；③需要建总降压变电站，便于集中控制管理，容易实现控制自动化；④有利于工厂的进一步扩建。

2）10kV 电源的优点：①10kV 不需要建总降压变电站；②占用工厂建设面积较少；③可以减轻维护工作量，减少工作人员。

（3）方案比较。

1）方案一：35kV 电源。

①计算全厂的 $P_\text{C}$，$Q_\text{C}$，$I_\text{C}$。由表 9-11 某机械制造厂负荷计算表（设计任务书提供），得

$P'_\text{C1}=6381\text{kW}$；

$Q'_\text{C1}=2866\text{kvar}$；

$P_\text{C1}=K_\Sigma\times P'_\text{C1}=0.9\times6381=5742.9（\text{kW}）$；

$Q_\text{C1}=K_\Sigma\times Q'_\text{C1}=0.9\times2866=2579.4（\text{kvar}）$；

$S_\text{C1}=\sqrt{P_\text{C1}^2+Q_\text{C1}^2}=\sqrt{5742.9^2+2579.2^2}=6294.75（\text{kVA}）$

所以，可选择变压器的型号为 $\text{SL}_7-6300/35$，其低压侧的电压为 10.5kV。查手册可得 $\text{SL}_7-6300/35$ 的参数为

$$\Delta P_0=8.2\text{kW}$$
$$\Delta P_\text{k}=41\text{kW}$$
$$I_0\%=2$$
$$U_\text{k}\%=7.5$$

则

$$\Delta P_T = \Delta P_0 + \Delta P_k \times \left(\frac{S_{C1}}{S_N}\right)^2$$

$$= 8.2 + 41 \times \left(\frac{6294.75}{6300}\right)^2 = 49.13(\text{kW})$$

$$\Delta Q_T = S_N \times \frac{I_0\%}{100} + S_N \times \frac{U_k\%}{100} \times \left(\frac{S_{C1}}{S_N}\right)^2$$

$$= 6300 \times \frac{2}{100} + 6300 \times \frac{7.5}{100} \times \left(\frac{6294.75}{6300}\right)^2 = 597.7(\text{kvar})$$

$$P_C = P_{C1} + \Delta P_T = 5742.9 + 49.13 = 5792.03(\text{kW})$$

$$Q_C = Q_{C1} + \Delta Q_T = 2579.4 + 597.7 = 3177.1(\text{kvar})$$

$$S_C = \sqrt{P_C^2 + Q_C^2} = \sqrt{5792.03^2 + 3177.1^2} = 6606.46(\text{kVA})$$

$$I_C = \frac{S_C}{\sqrt{3} \times U_N} = \frac{6606.46}{\sqrt{3} \times 35} = 109(\text{A})$$

②选择架空线。根据发热及机械强度要求选择架空线,选择 LGJ-35。

③初投资费用。初投资费用如表 9-12 所示。

**表 9-12　　　　　　　初 投 资 费 用 表**

| 项　　目 | 说　　明 | 单价(万元) | 数　　量 | 费用(万元) |
|---|---|---|---|---|
| 线路综合投资 | LGJ-35 | 1 | 6km | 6 |
| 变压器综合投资 | SL$_7$-6300/35 | 7.056 | 1 | 7.056 |
| 变压器进线 QF | SW-35 | 1.2 | 3 | 3.6 |
| 避雷器及电压互感器 | TV | 0.92 | 3 | 2.76 |
| 功率损失引起的发电厂附加投资 | $3I^2 r_0 l + \Delta P_T$ | 0.2 | 231kW | 46.2 |
| 总　　计 | | | | 65.62 |

表 9-12 中功率损失引起的发电厂附加投资计算为

$$3I^2 r_0 l + \Delta P_T = 3 \times 109^2 \times 0.85 \times 6/1000 + 49.13 = 231(\text{kW})$$

④运行费用。运行费用如表 9-13 所示。

**表 9-13　　　　　　　运 行 费 用 表**

| 项　　目 | 说　　明 | 费　用(万元) |
|---|---|---|
| 线路折旧费 | 线路投资的 5% | $6 \times 5\% = 0.3$ |
| 电气设备折旧费 | 设备投资的 8% | $(7.056 + 3.6 + 2.76) \times 8\% = 1.07$ |
| 线路电能损耗 | $3I_C^2 r_0 l \tau \beta$ | 7.526 |
| 变压器电能损耗 | $\left[\Delta P_T T_{gT} + \Delta P_k \times \left(\frac{S_C}{S_N}\right)^2 \tau\right]\beta$ | 8.941 |
| 总　　计 | | 17.84 |

表 9-13 中线路的电能损耗计算为

$$3I_C^2 r_0 l \tau \beta = 3 \times 109^2 \times 0.85 \times 6 \times 2300 \times 0.18/1000 = 7.526(\text{万元})$$

变压器的电能损耗计算为

$$\left[\Delta P_{\mathrm{T}}T_{\mathrm{gT}}+\Delta P_{\mathrm{k}}\times\left(\frac{S_{\mathrm{C}}}{S_{\mathrm{N}}}\right)^2\tau\right]\beta=\left[49.13\times8000+41\times\left(\frac{6606.46}{6300}\right)^2\times2300\right]\times0.18$$

$$=8.941(万元)$$

所以总的投资＝初投资＋年运行费用＝65.62＋17.84＝83.46万元。

2）方案二：10kV电源。

①计算全厂的 $P_{\mathrm{C}}$，$Q_{\mathrm{C}}$，$I_{\mathrm{C}}$。由表9-11某机械制造厂负荷计算表（设计任务书提供），得

$$P_{\mathrm{C}}'=6381\mathrm{kW}$$

$$Q_{\mathrm{C}}'=2866\mathrm{kvar}$$

$$P_{\mathrm{C}}=K_{\Sigma}\times P_{\mathrm{C}}'=0.9\times6381=5742.9(\mathrm{kW})$$

$$Q_{\mathrm{C}}=K_{\Sigma}\times Q_{\mathrm{C}}'=0.9\times2866=2579.4(\mathrm{kvar})$$

$$S_{\mathrm{C}}=\sqrt{P_{\mathrm{C}}^2+Q_{\mathrm{C}}^2}=\sqrt{5742.9^2+2579.2^2}=6294.75(\mathrm{kVA})$$

$$I_{\mathrm{C}}=\frac{S_{\mathrm{C}}}{\sqrt{3}\times U_{\mathrm{N}}}=\frac{6294.75}{\sqrt{3}\times10}=363.43(\mathrm{A})$$

选择导线 LGJ－95。

②初投资费用：    线路的综合投资＝1.24×6＝7.44（万元）

功率损失引起的发电厂附加投资

$$3I^2r_0lZ_0=3\times363.43^2\times0.33\times6\times0.2/1000=156.9万元$$

③年运行费用：    线路折旧费＝7.44×5%＝0.372万元

线路的电能损耗

$$3I_{\mathrm{C}}^2r_0l\tau\beta=3\times363.43^2\times0.33\times6\times2100\times0.22/1000=36.25(万元)$$

所以总的投资＝初投资＋年运行费用

$$=7.44+156.9+0.372+36.25=200.06（万元）$$

综上比较：由于35kV的总投资大大小于10kV的总投资，因此，电源引接电压等级选择35kV。

（4）电压损失的比较。

查手册可得：LGJ－35    $r_0=0.85\Omega/\mathrm{km}$，$x_0=0.385\Omega/\mathrm{km}$

LGJ－95    $r_0=0.33\Omega/\mathrm{km}$，$x_0=0.354\Omega/\mathrm{km}$

$$\Delta U_{10}=\frac{P_{\mathrm{C}}\times r_0\times l+Q_{\mathrm{C}}\times x_0\times l}{U_{\mathrm{N}}}$$

$$=\frac{5742.9\times0.33\times6+2579.4\times0.354\times6}{10}=1191.76(\mathrm{V})$$

$$\Delta U_{35}=\frac{P_{\mathrm{C}}\times r_0\times l+Q_{\mathrm{C}}\times x_0\times l}{U_{\mathrm{N}}}$$

$$=\frac{5742.9\times0.85\times6+2579.4\times0.385\times6}{35}=1053.7(\mathrm{V})$$

$$\Delta U_{10}\%=\Delta U_{10}\times0.001\times100/U_{\mathrm{N}}=1191.76\times0.001\times100/10=12$$

$$\Delta U_{35}\%=\Delta U_{35}\times0.001\times100/U_{\mathrm{N}}=1053.7\times0.001\times100/35=4.4$$

因此，从电压损失的角度看，也应该选择35kV的电源引接。

2．短路电流计算

（1）主接线图。工厂供电系统主接线图如图9-13所示。

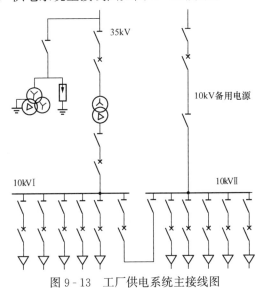

图 9-13  工厂供电系统主接线图

（2）工厂供电系统短路示意图。工厂供电系统短路示意图如图9-14所示。

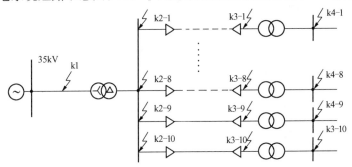

图 9-14  工厂供电系统短路示意图

1～8回—电缆出线；9、10回—架空线出线

1）计算第1回出线的短路电流

①电路图。工厂供电第1回出线短路示意图如图9-15所示。

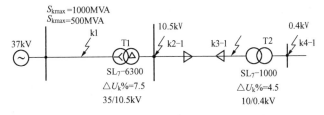

图 9-15  工厂供电第1回出线短路示意图

②选定基准值 $S_b$，$U_b$，$I_b$。选取 $S_b = 100\text{MVA}$，取：

$$U_{b1} = 37\text{kV}，则 I_{b1} = \frac{S_b}{\sqrt{3}U_{b1}} = \frac{100}{\sqrt{3} \times 37} = 1.56(\text{kA})$$

$$U_{b2}=10.5\text{kV}，\text{则 }I_{b2}=\frac{S_b}{\sqrt{3}U_{b2}}=\frac{100}{\sqrt{3}\times10.5}=5.5(\text{kA})$$

$$U_{b3}=0.4\text{kV}，\text{则 }I_{b3}=\frac{S_b}{\sqrt{3}U_{b3}}=\frac{100}{\sqrt{3}\times0.4}=144.34(\text{kA})$$

③计算系统各元件阻抗的标幺值，绘制等效电路图。

$$X_{1\text{min}*}=\frac{S_b}{S_{k\text{max}}}=\frac{100}{1000}=0.1$$

$$X_{1\text{max}*}=\frac{S_b}{S_{k\text{min}}}=\frac{100}{500}=0.2$$

$$X_{2*}=x_0\times l_1\times\frac{S_b}{U_{av1}^2}=0.386\times6\times\frac{100}{37^2}=0.169$$

$$X_{3*}=\frac{\Delta U_{k1}\%}{100}\times\frac{S_b}{S_{NT1}}=\frac{7.5}{100}\times\frac{100}{6.3}=1.19$$

$$X_{4*}=x_0\times l_2\times\frac{S_b}{U_{av2}^2}=0.08\times0.25\times\frac{100}{10.5^2}=0.018$$

$$X_{5*}=\frac{\Delta U_{k2}\%}{100}\times\frac{S_b}{S_{NT2}}=\frac{4.5}{100}\times\frac{100}{1}=4.5$$

做等效电路图。工厂供电第 1 回出线短路等效阻抗图如图 9 - 16 所示。

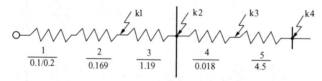

图 9 - 16　工厂供电第 1 回出线短路等效阻抗图

④求电源点到短路点的总阻抗。

最大运行方式下：

$$X_{\Sigma1\text{min}*}=X_{1\text{min}*}+X_{2*}=0.1+0.169=0.269$$

$$X_{\Sigma2\text{min}*}=X_{1\text{min}*}+X_{2*}+X_{3*}=0.1+0.169+1.19=1.459$$

$$X_{\Sigma3\text{min}*}=X_{1\text{min}*}+X_{2*}+X_{3*}+X_{4*}=0.1+0.169+1.19+0.018=1.477$$

$$X_{\Sigma4\text{min}*}=X_{1\text{min}*}+X_{2*}+X_{3*}+X_{4*}+X_{5*}=X_{4*}$$
$$=0.1+0.169+1.19+0.018+4.5$$
$$=5.977$$

最小运行方式下：

$$X_{\Sigma1\text{max}*}=X_{1\text{max}*}+X_{2*}=0.2+0.169=0.369$$

$$X_{\Sigma2\text{max}*}=X_{1\text{max}*}+X_{2*}+X_{3*}=0.2+0.169+1.19=1.559$$

$$X_{\Sigma3\text{max}*}=X_{1\text{max}*}+X_{2*}+X_{3*}+X_{4*}=0.2+0.169+1.19+0.018=1.577$$

$$X_{\Sigma4\text{max}*}=X_{1\text{max}*}+X_{2*}+X_{3*}+X_{4*}+X_{5*}=X_{4*}$$
$$=0.2+0.169+1.19+0.018+4.5$$
$$=6.077$$

⑤求短路电流的周期分量、冲击电流。

最大运行方式下：

$$I_{\sim 1\text{max}*} = \frac{1}{X_{\Sigma 1\text{min}*}} = \frac{1}{0.269} = 3.717$$

$$I_{\sim 2\text{max}*} = \frac{1}{X_{\Sigma 2\text{min}*}} = \frac{1}{1.459} = 0.685$$

$$I_{\sim 3\text{max}*} = \frac{1}{X_{\Sigma 3\text{min}*}} = \frac{1}{1.477} = 0.677$$

$$I_{\sim 4\text{max}*} = \frac{1}{X_{\Sigma 4\text{min}*}} = \frac{1}{5.977} = 0.167$$

$$I_{\sim 1\text{max}} = I_{\sim 1\text{max}*} \times I_{\text{b1}} = 3.717 \times 1.56 = 5.799 (\text{kA})$$

$$I_{\sim 2\text{max}} = I_{\sim 2\text{max}*} \times I_{\text{b2}} = 0.685 \times 5.5 = 3.768 (\text{kA})$$

$$I_{\sim 3\text{max}} = I_{\sim 3\text{max}*} \times I_{\text{b3}} = 0.677 \times 5.5 = 3.724 (\text{kA})$$

$$I_{\sim 4\text{max}} = I_{\sim 4\text{max}*} \times I_{\text{b4}} = 0.167 \times 144.34 = 24.105 (\text{kA})$$

$$i_{\text{sh1max}} = K_{\text{m}} \times I_{\sim 1\text{max}} = 2.55 \times 5.799 = 14.787 (\text{kA})$$

$$i_{\text{sh2max}} = K_{\text{m}} \times I_{\sim 2\text{max}} = 2.55 \times 3.768 = 9.608 (\text{kA})$$

$$i_{\text{sh3max}} = K_{\text{m}} \times I_{\sim 3\text{max}} = 2.55 \times 3.724 = 9.496 (\text{kA})$$

$$i_{\text{sh4max}} = K_{\text{m}} \times I_{\sim 4\text{max}} = 1.84 \times 24.105 = 44.353 (\text{kA})$$

最小运行方式下：

$$I_{\sim 1\text{min}*} = \frac{1}{X_{\Sigma 1\text{max}*}} = \frac{1}{0.369} = 2.71$$

$$I_{\sim 2\text{min}*} = \frac{1}{X_{\Sigma 2\text{max}*}} = \frac{1}{1.559} = 0.641$$

$$I_{\sim 3\text{min}*} = \frac{1}{X_{\Sigma 3\text{max}*}} = \frac{1}{1.577} = 0.634$$

$$I_{\sim 4\text{min}*} = \frac{1}{X_{\Sigma 4\text{max}*}} = \frac{1}{6.077} = 0.165$$

$$I_{\sim 1\text{min}} = I_{\sim 1\text{min}*} \times I_{\text{b1}} = 2.71 \times 1.56 = 4.228 (\text{kA})$$

$$I_{\sim 2\text{min}} = I_{\sim 2\text{min}*} \times I_{\text{b2}} = 0.641 \times 5.5 = 3.526 (\text{kA})$$

$$I_{\sim 3\text{min}} = I_{\sim 3\text{min}*} \times I_{\text{b3}} = 0.634 \times 5.5 = 3.487 (\text{kA})$$

$$I_{\sim 4\text{min}} = I_{\sim 4\text{min}*} \times I_{\text{b4}} = 0.165 \times 144.34 = 23.816 (\text{kA})$$

$$i_{\text{sh1min}} = K_{\text{m}} \times I_{\sim 1\text{min}} = 2.55 \times 4.228 = 10.781 (\text{kA})$$

$$i_{\text{sh2min}} = K_{\text{m}} \times I_{\sim 2\text{min}} = 2.55 \times 3.526 = 8.991 (\text{kA})$$

$$i_{\text{sh3min}} = K_{\text{m}} \times I_{\sim 3\text{min}} = 2.55 \times 3.487 = 8.892 (\text{kA})$$

$$i_{\text{sh4min}} = K_{\text{m}} \times I_{\sim 4\text{min}} = 1.84 \times 23.816 = 43.821 (\text{kA})$$

2）其他回路的短路电流计算。其他回路的短路电流计算结果表如表 9-14 所示。

表 9-14　　　　　　　　　　短路电流计算结果表

| 出线端名称 | 三车间内附设 | 锻工车间 | 二车间 | 一车间 | 一车间 | 工具机修车间 | 压缩空气站 | 高压泵房 | 给水泵房 | 污水泵房 |
|---|---|---|---|---|---|---|---|---|---|---|
| $I_{\sim 1\text{max}}$ | 5.799 | 5.799 | 5.799 | 5.799 | 5.799 | 5.799 | 5.799 | 5.799 | 5.799 | 5.799 |
| $I_{\sim 2\text{max}}$ | 3.770 | 3.770 | 3.770 | 3.770 | 3.770 | 3.770 | 3.770 | 3.770 | 3.770 | 3.770 |

续表

| 出线端<br>名称 | 三车间内<br>附设 | 锻工车间 | 二车间 | 一车间 | 一车间 | 工具机修<br>车间 | 压缩空<br>气站 | 高压泵房 | 给水泵房 | 污水泵房 |
|---|---|---|---|---|---|---|---|---|---|---|
| $I_{\sim 3max}$ | 3.732 | 3.751 | 3.733 | 3.755 | 3.755 | 3.714 | 3.705 | 3.751 | 3.678 | 3.678 |
| $I_{\sim 4max}$ | 24.149 | 24.193 | 20.334 | 20.359 | 16.769 | 16.738 | 24.119 | 33.734 | 20.272 | 20.727 |
| $i_{sh1max}$ | 14.788 | 14.788 | 14.788 | 14.788 | 14.788 | 14.788 | 14.788 | 14.788 | 14.788 | 14.788 |
| $i_{sh2max}$ | 9.613 | 9.613 | 9.613 | 9.613 | 9.613 | 9.613 | 9.613 | 9.613 | 9.613 | 9.613 |
| $i_{sh3max}$ | 9.495 | 9.565 | 9.518 | 9.575 | 9.575 | 9.471 | 9.448 | 9.565 | 9.380 | 9.380 |
| $i_{sh4max}$ | 44.434 | 44.515 | 37.414 | 37.460 | 30.855 | 30.797 | 40.380 | 62.071 | 37.300 | 37.300 |
| $I_{\sim 1min}$ | 4.228 | 4.228 | 4.228 | 4.228 | 4.228 | 4.228 | 4.228 | 4.228 | 4.228 | 4.228 |
| $I_{\sim 2min}$ | 3.528 | 3.528 | 3.528 | 3.528 | 3.528 | 3.528 | 3.528 | 3.528 | 3.528 | 3.528 |
| $I_{\sim 3min}$ | 3.487 | 3.512 | 3.495 | 3.515 | 3.515 | 3.479 | 3.471 | 3.512 | 3.448 | 3.448 |
| $I_{\sim 4min}$ | 23.751 | 23.794 | 20.051 | 20.076 | 16.576 | 16.546 | 23.723 | 32.964 | 19.991 | 19.991 |
| $i_{sh1min}$ | 10.780 | 10.780 | 10.780 | 10.780 | 10.780 | 10.780 | 10.780 | 10.780 | 10.780 | 10.780 |
| $i_{sh2min}$ | 8.996 | 8.996 | 8.996 | 8.996 | 8.996 | 8.996 | 8.996 | 8.996 | 8.996 | 8.996 |
| $i_{sh3min}$ | 8.893 | 8.954 | 8.913 | 8.963 | 8.963 | 8.872 | 8.852 | 8.954 | 8.792 | 8.792 |
| $i_{sh4min}$ | 43.702 | 43.781 | 36.895 | 36.939 | 30.500 | 30.444 | 43.650 | 60.650 | 36.783 | 36.783 |

3. 高低压电气设备选择

（1）母线的选择。

1）主母线（10kV）。根据设计要求采用矩形铝母线，因为

$$I_C = \frac{S_{C1}}{\sqrt{3} \times U_N} = \frac{6294.75}{\sqrt{3} \times 10} = 363.43 \text{(A)}$$

所以根据发热条件要求，选择 40mm 宽、4mm 厚的矩形铝母线，即 LMY—40×4（mm²）。

2）支母线。根据发热及机械强度要求选择 LGJ—35。

（2）断路器 QF 及隔离开关 QS 选择。

1）35kV 侧。35kV 侧断路器 QF 及隔离开关 QS 选择结果表如表 9-15 所示。

表 9-15　　　　　　　　35kV 侧断路器 QF 及隔离开关 QS 选择结果表

| 项　　目 | 计算数据 | SW₂—35/1000 | GW₂—35（D）/600 |
|---|---|---|---|
| $U_N$(kV) | 35 | 35 | 35 |
| $I_{max}$(A) | 109 | 1000 | 600 |
| $I_k$(kA) | 5.799 | 16.5 | — |
| $i_{sh}$(kA) | 14.787 | 45 | 42 |
| $I_t^2 t$(kA²·s) | 5.799²×1.1 | 16.5²×4 | 75²×4 |

2）10kV 侧。

①主变 10kV 侧断路器 QF 及隔离开关 QS 选择。主变 10kV 侧断路器 QF 及隔离开关 QS 选择结果如表 9-16 所示。

表 9-16　　　　　　　主变 10kV 侧断路器 QF 及隔离开关 QS 选择结果表

| 项　目 | 计 算 数 据 | $SN_{10}-10J/600$ | $GN_{19}-10C/600$ |
|---|---|---|---|
| $U_N$ (kV) | 10 | 10 | 10 |
| $I_{max}$ (A) | 363.43 | 600 | 600 |
| $I_k$ (kA) | 3.768 | 17.3 | — |
| $i_{sh}$ (kA) | 9.608 | 44.1 | 52 |
| $I_t^2 t$ (kA$^2$·s) | $3.768^2 \times 1.1$ | $17.3^2 \times 4$ | $20^2 \times 5$ |

②10 回 10kV 出线都选择同样的断路器 QF 及隔离开关 QS，10kV 出线断路器 QF 及隔离开关 QS 选择结果如表 9-17 所示。

表 9-17　　　　　　　10kV 出线断路器 QF 及隔离开关 QS 选择结果表

| 项　目 | 计 算 数 据 | $SN_{10}-10J/600$ | $GN_{19}-10C/600$ |
|---|---|---|---|
| $U_N$ (kV) | 10 | 10 | 10 |
| $I_{max}$ (A) | 92.4 | 600 | 600 |
| $I_k$ (kA) | 3.724 | 17.3 | — |
| $i_{sh}$ (kA) | 9.496 | 44.1 | 52 |
| $I_t^2 t$ (kA$^2$·s) | $3.724^2 \times 1.1$ | $17.3^2 \times 4$ | $20^2 \times 5$ |

（3）电流互感器 TA。

1）35kV 户外。

选择 LSJ-35-150/5。

2）10kV 户内。

选择 LAJ-10-400/5。

3）10kV 出线端。

L-1 选择 LA-10-75/5；L-2 选择 LA-10-75/5；

L-3 选择 LA-10-50/5；L-4 选择 LA-10-50/5；

L-5 选择 LA-10-40/5；L-6 选择 LA-10-40/5；

L-7 选择 LA-10-75/5；L-8 选择 LA-10-100/5；

L-9 选择 LA-10-50/5；L-10 选择 LA-10-50/5。

（4）电压互感器 TV。

1）35kV 侧选择 JDJJ-35-35/0.1kV。

2）10kV 侧选择 JDZJ-10-$\frac{10}{\sqrt{3}}/\frac{0.1}{\sqrt{3}}/\frac{0.1}{3}$kV。

（5）电力电缆。选择 YJV$_{29}$-10。

（6）避雷器。

1）35kV 侧选择 FZ—35。

2）10kV 侧选择 FZ—10。

4. 本厂供电系统主接线图

见附图 3 工厂供电系统主接线图。

5. 本厂总降压变电站电气平面布置图

见附图 3 总降压变电站电气平面布置图。

6. 总降压变电站主要设备材料清单

总降压变电站主要设备材料清单如表 9-18 所示。

表 9-18　　　　　　　　总降压变电站主要设备材料清单

| 序号 | 设备名称 | 型号规格 | 单位 | 数量 | 备注 |
|---|---|---|---|---|---|
| 1 | 变压器 | $SL_7-6300/35$ | 台 | 1 | |
| 2 | 支持绝缘子 | $ZW_C-35$ | 只 | 3 | |
| 3 | 断路器 | $SW_2-35/1000$ | 只 | 1 | $CD_{12}$ 操动机构 |
| 4 | 电流互感器 | $LSJ-35-150/5$ | 台 | 3 | |
| 5 | 隔离开关 | $GN_{19}-10C/600$ | 组 | 1 | $CS_2$ 操动机构 |
| 6 | 隔离开关 | $GW_2-35$ | 组 | 2 | $CS_2$ 操动机构 |
| 7 | 熔断器 | $RW_9-35$ | 只 | 3 | |
| 8 | 电压互感器 | $JDJJ-35-35/0.1$ | 只 | 2 | |
| 9 | 避雷器 | $FZ-35$ | 只 | 3 | |
| 10 | 高压开关柜 | $GG-1A（F）-03$ | 个 | 1 | |
| 11 | 高压开关柜 | $GG-1A（F）-04$ | 个 | 1 | |
| 12 | 高压开关柜 | $GG-1A（F）-07$ | 个 | 10 | |
| 13 | 高压开关柜 | $GG-1A（F）-11$ | 个 | 1 | |
| 14 | 高压开关柜 | $GG-1A（F）-54$ | 个 | 2 | |
| 15 | 高压开关柜 | $GG-1A（F）-95$ | 个 | 1 | |
| 16 | 高压开关柜 | $GG-1A（F）-101$ | 个 | 1 | |
| 17 | 高压开关柜 | $GG-1A（F）-225$ | 个 | 1 | |
| 18 | 保护屏 | $PK-2$ | 面 | 2 | |
| 19 | 控制屏 | $PK-1$ | 面 | 2 | |
| 20 | 电容器 | $BWM10.5-334$ | 组 | 1 | |
| 21 | 穿墙套管 | $CLNB-10$ | 只 | 9 | |
| 22 | 矩形铝母线 | $LMY160$ | m | 18 | |
| 23 | 支持绝缘子 | $ZA-10$ | 只 | 54 | |
| 24 | 钢芯铝绞线 | $LGJ-35$ | m | 1800 | |

（二）厂区供电线路设计

1. 配电方式

为了便于集中管理，提高用户用电的可靠性，选择放射型配电方式。

2. 选择线路导线型号

（1）计算第 1 回出线的线路导线型号

$$I_C = \frac{S_C}{\sqrt{3}U} = \frac{866}{\sqrt{3} \times 10} = 50A$$

$$I'_{al} = K_\theta \times I_{al}$$

$$K_\theta = \sqrt{\frac{Q_2 - Q_1}{Q_2 - Q_0}} = \sqrt{\frac{60 - 34.2}{60 - 25}} = 0.737$$

查手册得截面为 $16mm^2$ 的载流能力为 $60A$，截面为 $25mm^2$ 的载流能力为 $80A$。因为 $I'_{al} = K_\theta \times I_{al}$，所以

截面为 $16mm^2$：   $I'_{al} = K_\theta \times I_{al} = 0.737 \times 60 = 44.22 < I_C$

截面为 $25mm^2$：   $I'_{al} = K_\theta \times I_{al} = 0.737 \times 80 = 58.96 > I_C$

因此选择截面为 $25mm^2$ 的导线。

（2）校验

$$S_{dmin} = \frac{I_k}{C} \times \sqrt{t_{jx}} = \frac{3723}{95} \times \sqrt{0.25} = 19.594mm^2 < 25mm^2$$

故所选择的导线满足要求，即选择电缆的型号为 $YJV_{29} - 3 \times 25mm^2$。

3. 计算电压损失

查表得 $r_0 = 1.414\Omega/km$，$x_0 = 0.098\Omega/km$。则

$$\Delta U_{10} = \frac{P_C \times r_0 \times l + Q_C \times x_0 \times l}{U_N}$$

$$= \frac{704 \times 1.414 \times 0.25 + 506 \times 0.098 \times 0.25}{10} = 26.13(V)$$

$$\Delta U_{10}\% = \Delta U_{10} \times 0.001 \times 100/U_N = 26.13 \times 0.001 \times 100/10 = 0.26 < 4$$

4. 其他线路选择

线路选择结果如表 9-19 所示。

表 9-19　　　　　　　　　　　　线 路 选 择 结 果 表

| 序号 | 线路用途 | 计 算 负 荷 | | 10kV 侧电流 $I_C$ (A) | 截面 | 选定截面 | 电压损失 $\Delta U_{10}\%$ |
|---|---|---|---|---|---|---|---|
| | | $P_C$ (kW) | $Q_C$ (kvar) | | | | |
| L1 | 供 T1 | 704 | 506 | 50.00 | 25 | 25 | 0.26 |
| L2 | 供 T2 | 920 | 267 | 55.31 | 25 | 25 | 0.13 |
| L3 | 供 T3 | 612 | 428 | 43.12 | 16 | 25 | 0.18 |
| L4 | 供 T4 | 657 | 131 | 38.68 | 16 | 25 | 0.08 |
| L5 | 供 T5 | 470 | 188 | 29.21 | 16 | 25 | 0.05 |
| L6 | 供 T6 | 496 | 213 | 31.18 | 16 | 25 | 0.22 |

续表

| 序号 | 线路用途 | 计算负荷 | | 10kV 侧电流 $I_C$（A） | 截面 | 选定截面 | 电压损失 $\Delta U_{10}$% |
| --- | --- | --- | --- | --- | --- | --- | --- |
| | | $P_C$（kW） | $Q_C$（kvar） | | | | |
| L7 | 供 T7 | 854 | 171 | 50.29 | 16 | 25 | 0.43 |
| L8 | 供 T8 | 737 | 357 | 47.28 | 25 | 25 | 0.11 |
| L9 | 供 T9 | 589 | 439 | 42.44 | 10 | 25 | 0.67 |
| L10 | 供 T10 | 342 | 166 | 21.96 | 10 | 25 | 0.37 |

5. 配电线路选择

（1）电缆。

L—1 选择 $YJV_{29}$ —3×25；L—2 选择 $YJV_{29}$ —3×25；

L—3 选择 $YJV_{29}$ —3×25；L—4 选择 $YJV_{29}$ —3×25；

L—5 选择 $YJV_{29}$ —3×25；L—6 选择 $YJV_{29}$ —3×25；

L—7 选择 $YJV_{29}$ —3×25；L—8 选择 $YJV_{29}$ —3×25。

（2）架空线。

L—9 选择 LGJ—3×25；L—10 选择 LGJ—3×25。

（三）设计结果

（1）设计说明书。

（2）电气平面图（见附录中的附图 2 总降压变电站电气平面布置图）。

（3）电气系统图（见附录中的附图 3 工厂供电系统主接线图）。

# 第六节　建筑配电设计示例

## 一、设计条件和要求

（1）某中学综合教学楼建筑面积为 9080m²，建筑高度 24m，地下一层，地上六层，现浇框架—剪力墙结构。地下一层为自行车库，层高 3.0m，地上一层为食堂，层高为 5m，地上二层为阶梯教室，层高为 5.7m，地上三层至六层为宿舍，层高 2.7m，板厚 0.15m，卫生间、浴室垫层为 0.13m，其他垫层为 0.05m，首层、二层有吊顶。

（2）根据学校统一的供电规划方案，低压电缆分七路埋地引入该建筑的低压配电室，为其用电负荷供电，此段线路的电压损失为 1%。

（3）本设计对消防负荷只提供相应的供电条件，不做具体设计。

（4）二层报告厅的照明、音响等由专业厂家设计施工，本设计只提供相应的供电条件。

（5）各层建筑平面及设备配置图（略）。

## 二、设计内容

本工程电气（强电）设计内容包括：配电系统、照明系统、插座系统、空调配电系统、动力配电系统、防雷接地系统。

## 三、系统设计与设备选择计算

1. 负荷统计表

根据相关专业提出的用电负荷及其在建筑平面图上的配置，做出负荷统计表，如表

9-20所示。

表 9-20　　　　　　　　　　　负 荷 统 计 表

| 楼　层 | 负荷名称 | 功率（kW） | 数量（台） | 合计（kW） | 层合计（kW） |
|---|---|---|---|---|---|
| 地下一层 | 污水泵 | 0.75 | 6 | 4.5 | 15.5 |
| | 生活泵 | 5.5 | 2 | 11 | |
| 首层 | 排风机 | 0.37 | 1 | 0.37 | 82.74 |
| | 通风机 | 1.1 | 1 | 1.1 | |
| | 电加热器 | 12 | 2 | 24 | |
| | 空调室内机 | 0.1 | 8 | 0.8 | |
| | 空调室外机 | 0.27 | 1 | 0.27 | |
| | 通风机 | 2.2 | 1 | 2.2 | |
| | 通风机 | 3 | 2 | 6 | |
| | 热风幕 | 12 | 4 | 48 | |
| 二层 | 空调室内机 | 0.27 | 2 | 0.54 | 15.1 |
| | 空调室外机 | 0.76 | 6 | 4.56 | |
| | 排风机 | 2.5 | 4 | 10 | |
| 三～六层 | 热水器 | 6 | 2 | 12 | 13 |
| | 除垢器 | 1 | 1 | | |
| 屋顶层 | 空调室外机 | 13 | 22 | 286 | 299.37 |
| | 通风机 | 7.5 | 1 | 7.5 | |
| | 通风机 | 5.5 | 1 | 5.5 | |
| | 浴室排风机 | 0.37 | 1 | 0.37 | |

2. 系统设计

(1) 根据建筑结构及内部布局、电气设备的配置以及电源进线的方式方位，考虑在地下一层设置低压配电室，装设相应的配电柜；在各楼层设置配电小间，装设相应的配电箱。低压配电室采用放射式接线方式，对重要负荷和建筑内各楼层配电小间内的照明、动力配电箱供电。其配电干线系统如图 9-17 所示。

(2) 动力配电箱应靠近重点动力负荷。

(3) 在各楼层的相同位置（见建筑平面 1-2 轴和 C-D 轴之间）设置配电小间，放置各楼层的强电配电盘和弱电接线箱。强电配电盘采用放射与树干式相结合的供电方式，向楼层内的照明及插座回路供电。

(4) 消防负荷为保证其供电可靠性，采用双回电源供电，并在线路末端互投的供电方式。

(5) 二层预留配电箱的功率为 100kW。

(6) 由于从学校变电室采用低压供电，为降低电压损失，适当加大进线电缆截面。

(7) 防雷接地系统按 GB 50057—1994 的有关规定在建筑物的屋顶装设避雷带（网），使用建筑物钢筋混凝土柱内的主钢筋做引下线。

3. 设备选择计算原则

(1) 考虑安全，导线选择铜芯线缆，采用金属桥架或穿金属管暗敷的敷设方式。

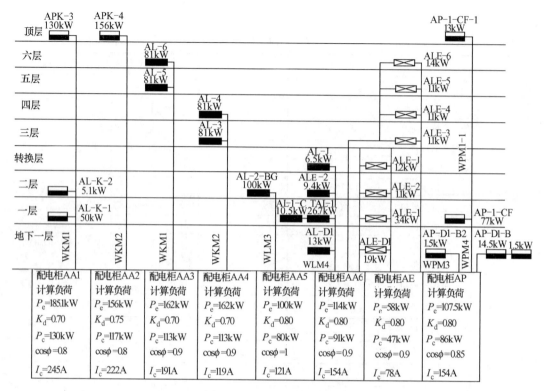

图 9-17 配电干线系统图

（2）低压动力线路按发热条件选择导线截面，环境温度：线缆在空气中敷设时为 40℃；线缆室内暗敷时为 35℃。

（3）低压照明线路按电压损失选择导线截面，允许电压损失为 $\Delta U\% = 3\%$（考虑从变电室到本建筑低压配电室线路的电压损失为 1%）。

4．导线截面的选择计算

（1）配电干线导线截面选择计算

这里所讲的配电干线是指图 9-17 中的配电干线。各支路的设备容量、需要系数、平均功率因数在此图中也已给出，导线选择 YJV 型铜芯电缆，金属桥架敷设，电缆持续载流量的校正系数为 0.65，或采用 BV 铜芯绝缘线，穿金属管暗敷。

1）WKM1 支路。

$P_N = 185.1\text{kW}$，$K_d = 0.70$，$\cos\varphi = 0.8$，$\tan\varphi = 0.75$，按发热条件选择导线截面。

$$P_C = K_d \times P_N = 0.7 \times 185.1 = 130(\text{kW})$$

$$I_C = \frac{P_C}{\sqrt{3} \times U_N \times \cos\varphi} = \frac{130}{\sqrt{3} \times 0.38 \times 0.8} = 247(\text{A})$$

选择导线型号为：$YJV-4\times185+1\times95$。

相线允许载流量为 390A，考虑修正系数后，导线允许载流量为

$$I_{al} = 0.65 \times 390 = 253(\text{A}) > I_C = 247(\text{A})$$

符合发热条件。

线路长度 $l = 0.054\text{km}$，线路阻抗 $r_0 = 0.13\Omega/\text{km}$，$x_0 = 0.07\Omega/\text{km}$，计算线路电压损

失。因为
$$Q_C = P_C \times \tan\varphi = 130 \times 0.75 = 97.5(\text{kvar})$$

则
$$\Delta U\% = \frac{P_C \times R_1 + Q_C \times X_1}{U_N^2} \times 100$$

$$= \frac{130 \times 0.13 \times 0.054 + 97.5 \times 0.07 \times 0.054}{0.38 \times 380} \times 100 = 0.824(\%)$$

小于允许电压损失。

2）WKM2 支路。

$P_N = 156(\text{kW})$，$K_d = 0.75$，$\cos\varphi = 0.8$，$\tan\varphi = 0.75$，按发热条件选择导线截面。

$$P_C = K_d \times P_N = 0.7 \times 156 = 117(\text{kW})$$

$$I_C = \frac{P_C}{\sqrt{3} \times U_N \times \cos\varphi} = \frac{117}{\sqrt{3} \times 0.38 \times 0.8} = 222(\text{A})$$

选择导线型号为：YJV-4×185+1×95。

相线允许载流量为 390A，考虑修正系数后，导线允许载流量为
$$I_{al} = 0.65 \times 390 = 253(\text{A}) > I_C = 222(\text{A})$$

符合发热条件。

线路长度 $l = 0.054\text{km}$，线路阻抗 $r_0 = 0.13\Omega/\text{km}$，$x_0 = 0.07\Omega/\text{km}$，计算线路电压损失。因为
$$Q_C = P_C \times \tan\varphi = 117 \times 0.75 = 87.75(\text{kvar})$$

$$\Delta U\% = \frac{P_C \times R_1 + Q_C \times X_1}{U_N^2} \times 100$$

$$= \frac{117 \times 0.13 \times 0.054 + 87.75 \times 0.07 \times 0.054}{0.38 \times 380} \times 100 = 0.799(\%)$$

小于允许电压损失。

3）WLM1 支路。

$P_N = 162(\text{kW})$，$K_d = 0.70$，$\cos\varphi = 0.9$，$\tan\varphi = 0.48$，按发热条件选择导线截面。

$$P_C = K_d \times P_N = 0.7 \times 162 = 113(\text{kW})$$

$$I_C = \frac{P_C}{\sqrt{3} \times U_N \times \cos\varphi} = \frac{113}{\sqrt{3} \times 0.38 \times 0.9} = 191(\text{A})$$

选择导线型号为：YJV-4×150+1×95。

相线允许载流量为 340A，考虑修正系数后，导线允许载流量为
$$I_{al} = 0.65 \times 340 = 221(\text{A}) > I_C = 191(\text{A})$$

符合发热条件。

线路长度 $l = 0.051\text{km}$，线路阻抗 $r_0 = 0.15\Omega/\text{km}$，$x_0 = 0.08\Omega/\text{km}$，计算线路电压损失。因为
$$Q_C = P_C \times \tan\varphi = 113 \times 0.48 = 54.24(\text{kvar})$$

$$\Delta U\% = \frac{P_C \times R_1 + Q_C \times X_1}{U_N^2} \times 100$$

$$= \frac{113 \times 0.15 \times 0.051 + 54.24 \times 0.08 \times 0.051}{0.38 \times 380} \times 100 = 0.752(\%)$$

小于允许电压损失。

4）WLM2 支路。

$P_N = 162(kW)$，$K_d = 0.70$，$\cos\varphi = 0.9$，$\tan\varphi = 0.48$，按发热条件选择导线截面。

$$P_C = K_d \times P_N = 0.7 \times 162 = 113(kW)$$

$$I_C = \frac{P_C}{\sqrt{3} \times U_N \times \cos\varphi} = \frac{113}{\sqrt{3} \times 0.38 \times 0.9} = 191(A)$$

选择导线型号为：YJV—4×150+1×95。

相线允许载流量为 340A，考虑修正系数后，导线允许载流量为

$$I_{al} = 0.65 \times 340 = 221(A) > I_C = 191(A)$$

符合发热条件。

线路长度 $l = 0.046km$，线路阻抗 $r_0 = 0.15\Omega/km$，$x_0 = 0.08\Omega/km$，计算线路电压损失。因为

$$Q_C = P_C \times \tan\varphi = 113 \times 0.48 = 54.24(kvar)$$

$$\Delta U\% = \frac{P_C \times R_1 + Q_C \times X_1}{U_N^2} \times 100$$

$$= \frac{113 \times 0.15 \times 0.046 + 54.24 \times 0.08 \times 0.046}{0.38 \times 380} \times 100 = 0.678(\%)$$

小于允许电压损失。

5）WLM3 支路。

$P_N = 100(kW)$，$K_d = 0.80$，$\cos\varphi = 0.9$，$\tan\varphi = 0.48$，按发热条件选择导线截面。

$$P_C = K_d \times P_N = 0.8 \times 100 = 80(kW)$$

$$I_C = \frac{P_C}{\sqrt{3} \times U_N \times \cos\varphi} = \frac{80}{\sqrt{3} \times 0.38 \times 0.9} = 135(A)$$

选择导线型号为：YJV—4×95+1×50。

相线允许载流量为 260A，考虑修正系数后，导线允许载流量为

$$I_{al} = 0.65 \times 260 = 169(A) > I_C = 135(A)$$

符合发热条件。

线路长度 $l = 0.090km$，线路阻抗 $r_0 = 0.23\Omega/km$，$x_0 = 0.09\Omega/km$，计算线路电压损失。因为

$$Q_C = P_C \times \tan\varphi = 80 \times 0.48 = 38.4(kvar)$$

$$\Delta U\% = \frac{P_C \times R_1 + Q_C \times X_1}{U_N^2} \times 100$$

$$= \frac{80 \times 0.23 \times 0.090 + 38.4 \times 0.09 \times 0.090}{0.38 \times 380} \times 100 = 1.36(\%)$$

小于允许电压损失。

6）WLM4 支路。

$P_N = 66.1(kW)$，$K_d = 0.80$，$\cos\varphi = 0.9$，$\tan\varphi = 0.48$，按发热条件选择导线截面。

$$P_C = K_d \times P_N = 0.8 \times 66.1 = 53 (kW)$$

$$I_C = \frac{P_C}{\sqrt{3} \times U_N \times \cos\varphi} = \frac{53}{\sqrt{3} \times 0.38 \times 0.9} = 90 (A)$$

选择导线型号为：YJV-5×50。

相线允许载流量为 170A，考虑修正系数后，导线允许载流量为

$$I_{al} = 0.65 \times 170 = 112 (A) > I_C = 90 (A)$$

符合发热条件。

线路长度 $l = 0.040km$，线路阻抗 $r_0 = 0.44\Omega/km$，$x_0 = 0.09\Omega/km$，计算线路电压损失。因为

$$Q_C = P_C \times \tan\varphi = 53 \times 0.48 = 25.44 (kvar)$$

$$\Delta U\% = \frac{P_C \times R_1 + Q_C \times X_1}{U_N^2} \times 100$$

$$= \frac{53 \times 0.44 \times 0.040 + 25.44 \times 0.09 \times 0.040}{0.38 \times 380} \times 100 = 0.709(\%)$$

小于允许电压损失。

7）WPM1 支路。

$P_N = 90kW$，$K_d = 0.80$，$\cos\varphi = 0.85$，$\tan\varphi = 0.62$，按发热条件选择导线截面。

$$P_C = K_d \times P_N = 0.8 \times 90 = 72 (kW)$$

$$Q_C = P_C \times \tan\varphi = 72 \times 0.62 = 44.64 (kvar)$$

$$I_C = \frac{P_C}{\sqrt{3} \times U_N \times \cos\varphi} = \frac{72}{\sqrt{3} \times 0.38 \times 0.85} = 129 (A)$$

选择导线型号为 YJV-4×70+1×35。

相线允许载流量为 215A，考虑修正系数后，导线允许载流量为

$$I_{al} = 0.65 \times 215 = 139 (A) > I_C = 129 (A)$$

符合发热条件。

线路长度 $l = 0.030km$，线路阻抗 $r_0 = 0.32\Omega/km$，$x_0 = 0.09\Omega/km$。

WPM1-1 支路

$P_N = 13(kW)$，$K_d = 0.90$，$\cos\varphi = 0.85$，$\tan\varphi = 0.62$，按发热条件选择导线截面。

$$P_C = K_d \times P_N = 0.9 \times 13 = 11.7 (kW)$$

$$Q_C = P_C \times \tan\varphi = 11.7 \times 0.62 = 7.254 (kvar)$$

$$I_C = \frac{P_C}{\sqrt{3} \times U_N \times \cos\varphi} = \frac{11.7}{\sqrt{3} \times 0.38 \times 0.85} = 21 (A)$$

选择导线型号为 BV-5×10-SC32。

相线允许载流量为 31A，大于计算电流 21A，符合发热条件。

线路长度 $l = 0.024km$，线路阻抗 $r_0 = 2.19\Omega/km$，$x_0 = 0.11\Omega/km$。

计算 WPM1 和 WPM1-1 总的线路电压损失为

$$\Delta U\% = \frac{\sum(P_{Ci} \times R_{1i}) + \sum(Q_{Ci} \times X_{1i})}{U_N^2} \times 100$$

$$= \frac{(72 \times 0.32 \times 0.030 + 11.7 \times 2.19 \times 0.024) + (44.64 \times 0.09 \times 0.030 + 7.254 \times 0.11 \times 0.024)}{0.38 \times 380}$$

$$\times 100 = 1(\%)$$

小于允许电压损失。

8）WPM2 支路。

$P_N = 16\text{kW}$，$K_d = 0.50$，$\cos\varphi = 0.85$，$\tan\varphi = 0.62$，按发热条件选择导线截面。

$$P_C = K_d \times P_N = 0.50 \times 16 = 8(\text{kW})$$

$$I_C = \frac{P_C}{\sqrt{3} \times U_N \times \cos\varphi} = \frac{8}{\sqrt{3} \times 0.38 \times 0.85} = 15(\text{A})$$

选择导线型号为：BV—5×6—SC25。

相线允许载流量为 21A，大于计算电流 15A，符合发热条件。

线路长度 $l = 0.029\text{km}$，线路阻抗 $r_0 = 3.6\Omega/\text{km}$，$x_0 = 0.11\Omega/\text{km}$，计算线路电压损失。因为

$$Q_C = P_C \times \tan\varphi = 8 \times 0.62 = 4.96(\text{kvar})$$

$$\Delta U\% = \frac{P_C \times R_1 + Q_C \times X_1}{U_N^2} \times 100$$

$$= \frac{8 \times 3.6 \times 0.029 + 4.96 \times 0.11 \times 0.029}{0.38 \times 380} \times 100 = 0.589(\%)$$

小于允许电压损失。

9）WPM3 支路。

$P_N = 1.5(\text{kW})$，$K_d = 0.50$，$\cos\varphi = 0.80$，$\tan\varphi = 0.75$，按发热条件选择导线截面。

$$P_C = K_d \times P_N = 0.50 \times 1.5 = 0.75(\text{kW})$$

$$I_C = \frac{P_C}{\sqrt{3} \times U_N \times \cos\varphi} = \frac{0.75}{\sqrt{3} \times 0.38 \times 0.80} = 2(\text{A})$$

选择导线型号为：BV—5×4—SC25。

相线允许载流量为 17A，大于计算电流 2A，符合发热条件。

线路长度 $l = 0.015\text{km}$，线路阻抗 $r_0 = 5.34\Omega/\text{km}$，$x_0 = 0.12\Omega/\text{km}$，计算线路电压损失。因为

$$Q_C = P_C \times \tan\varphi = 0.75 \times 0.75 = 0.5625(\text{kvar})$$

$$\Delta U\% = \frac{P_C \times R_1 + Q_C \times X_1}{U_N^2} \times 100$$

$$= \frac{0.75 \times 5.34 \times 0.015 + 0.5625 \times 0.12 \times 0.015}{0.38 \times 380} \times 100 = 0.042(\%)$$

小于允许电压损失。

配电干线导线选择结果如表 9-21 所示。

表 9-21                 配电干线导线选择结果表

| 支路编号 | 计算电流 $I_C$（A） | 电缆型号 | 允许载流量 $I_{al}$（A） | 线路长度（m） | 电压损失（%） |
|---|---|---|---|---|---|
| WKM1 | 245 | YJV—4×185+1×95 | 253 | 54 | 0.824 |
| WKM2 | 222 | YJV—4×185+1×95 | 253 | 54 | 0.799 |

续表

| 支路编号 | 计算电流 $I_C$ (A) | 电缆型号 | 允许载流量 $I_{al}$ (A) | 线路长度 (m) | 电压损失 (%) |
|---|---|---|---|---|---|
| WLM1 | 191 | YJV-4×150+1×95 | 221 | 51 | 0.752 |
| WLM2 | 191 | YJV-4×150+1×95 | 221 | 46 | 0.678 |
| WLM3 | 135 | YJV-4×95+1×50 | 169 | 90 | 1.36 |
| WLM4 | 90 | YJV-5×50 | 112 | 40 | 0.709 |
| WPM1 | 129 | YJV-4×70+1×35 | 139 | 30 | 1 |
| WPM1-1 | 21 | BV-5×10-SC32 | 31 | 24 | |
| WPM2 | 15 | BV-5×6-SC25 | 21 | 29 | 0.589 |
| WPM3 | 2 | BV-5×4-SC25 | 17 | 15 | 0.042 |

（2）主要负荷配电线路导线截面选择计算

这里所讲主要负荷为单机功率大于 5kW 的负荷，主要有以下线路：

1）空调 13kW 室外机供电线路。

按发热条件选择导线截面

$P_C = 13kW$，$\cos\varphi = 0.85$，$\tan\varphi = 0.62$。

$$Q_C = P_C \times \tan\varphi = 13 \times 0.62 = 8.06 (kvar)$$

$$I_C = \frac{P_C}{\sqrt{3} \times U_N \times \cos\varphi} = \frac{13}{\sqrt{3} \times 0.38 \times 0.85} = 24 (A)$$

导线选择为 BV-5×10-SC32-FC。

导线允许载流量为 $I_{al} = 31A > I_C = 24A$。

校验电压损失（选择一条线路最长的线路 AP-K-4 中的 WLK6 支路进行计算）为

$$r_0 = 2.19\Omega/km,\ x_0 = 0.11\Omega/km,\ l = 0.060km$$

则

$$\Delta U\% = \frac{P_C \times R_1 + Q_C \times X_1}{U_N^2} \times 100$$

$$= \frac{13 \times 2.19 \times 0.060 + 8.06 \times 0.11 \times 0.060}{0.38 \times 380} \times 100 = 1.220 (\%)$$

考虑变电站低压配电室至建筑低压配电室电压损失 1% 及低压配电室至动力配电箱 AP-K-4 配电干 WKM2 的电压损失 0.799%，此配电回路的总电压损失为 3.019%。满足低压动力线路允许电压损失 5% 的要求。

2）12kW 热风幕供电线路。

按发热条件选择导线截面

$$P_C = 12kW,\ \cos\varphi = 0.95,\ \tan\varphi = 0.33$$

$$Q_C = P_C \times \tan\varphi = 12 \times 0.33 = 3.96 (kvar)$$

$$I_C = \frac{P_C}{\sqrt{3} \times U_N \times \cos\varphi} = \frac{12}{\sqrt{3} \times 0.38 \times 0.95} = 19 (A)$$

导线选择为　BV－5×6－SC25－FC。

导线允许载流量为 $I_{al}=21A>I_C=19A$。

校验电压损失（选择一条线路最长的线路 AL－K－1 中的 WLK6 支路进行计算）为

$$r_0=3.62\Omega/km,\ x_0=0.11\Omega/km,\ l=0.020km$$

则

$$\Delta U\%=\frac{P_C\times R_1+Q_C\times X_1}{U_N^2}\times 100$$

$$=\frac{12\times3.62\times0.020+8.06\times0.11\times0.020}{0.38\times380}\times100=1.220(\%)$$

考虑变电站低压配电室至建筑低压配电室电压损失 1% 及低压配电室至动力配电箱 AL－K－1 的电压损失 0.824%，此配电回路的总电压损失为 2.432%。满足低压动力线路允许电压损失 5% 的要求。

3）7.5kW 通风机供电线路。

按发热条件选择导线截面

$$P_C=7.5kW,\ \cos\varphi=0.85,\ \tan\varphi=0.62$$

$$Q_C=P_C\times\tan\varphi=7.5\times0.62=4.65(kvar)$$

$$I_C=\frac{P_C}{\sqrt{3}\times U_N\times\cos\varphi}=\frac{7.5}{\sqrt{3}\times0.38\times0.85}=14(A)$$

导线选择为　BV－5×6－SC25－FC。

导线允许载流量为 $I_{al}=21A>I_C=14A$。

校验电压损失为

$$r_0=3.62\Omega/km,\ x_0=0.11\Omega/km,\ l=0.060km,\ \text{则}$$

$$\Delta U\%=\frac{P_C\times R_1+Q_C\times X_1}{U_N^2}\times100$$

$$=\frac{7.5\times3.62\times0.060+4.65\times0.11\times0.060}{0.38\times380}\times100=1.149(\%)$$

考虑变电站低压配电室至建筑低压配电室电压损失 1% 及低压配电室至动力配电箱 AP－1－CF－1 的电压损失 1%，此配电回路的总电压损失为 3.149%。满足低压动力线路允许电压损失 5% 的要求。

4）5.5kW 通风机供电线路。

选择与 7.5kW 通风机相同的导线，即 BV－5×6－SC25－FC，可满足发热与电压损失要求。

5）5.5kW 生活泵供电线路。

同上，选择 BV－5×6－SC25－FC 型导线，即可满足发热与电压损失要求。

综合上述计算结果，主要负荷配电线路导线截面选择计算结果如表 9-22 所示。

表 9-22　　　　　　　主要负荷配电线路导线截面选择计算结果表

| 配电箱编号 | 支路编号 | 负荷名称 | 计算电流 $I_C$（A） | 导线型号 | 允许载流量 $I_{al}$（A） |
|---|---|---|---|---|---|
| AP－K－3 | WLK1 至 WLK10 | 空调室外机 | 24 | BV－5×10－SC32－FC | 31 |

续表

| 配电箱编号 | 支路编号 | 负荷名称 | 计算电流 $I_C$（A） | 导线型号 | 允许载流量 $I_{al}$（A） |
|---|---|---|---|---|---|
| AP－K－4 | WLK1 至 WLK12 | 空调室内机 | 24 | BV－5×10－SC32－FC | 31 |
| AL－K－1 | WLK3 至 WLK6 | 热风幕 | 20 | BV－5×10－SC32－FC | 21 |
| AP－1－CF－1 | WL1 | 通风机 | 14 | BV－5×6－SC25－FC | 21 |
| | WL2 | 通风机 | 10 | BV－5×6－SC25－FC | 21 |
| AP－D1－B1 | WP3 | 生活泵 | 10 | BV－5×6－SC25－FC | 21 |
| | WP4 | 生活泵 | 10 | BV－5×6－SC25－FC | 21 |

（3）其他负荷配电线路导线截面选择计算

1）其他动力负荷功率不超过 3kW，均可选用 2.5mm² 的 BV 型导线，采用穿金属管暗敷的敷设方式；

2）照明系统中的每一单相回路，不宜超过 16A，一般可选择 2.5mm² 的 BV 型导线，采用穿金属管暗敷的敷设方式；

3）插座支路导线截面在每个支路所连接插座的总数不超过 10 个的条件下，可选择 2.5mm² 的 BV 型导线，采用穿金属管暗敷的敷设方式。

5. 开关电器的选择计算

根据前述各配电干线和支路电流的计算结果，选择相应的开关，以 SIEMENS 公司的 3LV 型低压塑壳断路器和 5SXC、5SUC 系列小型断路器（其技术数据如表 9-23 和表 9-24 所示）为例，做出如下选择：

**表 9-23　　　　　　　　SIEMENS 小型断路器技术数据表**

| 产品名称 | 产品型号 | 额定电流（A） | 漏电脱扣电流（mA） | 极数 | 额定短路分段能力（kA） |
|---|---|---|---|---|---|
| 电磁式微型漏电断路器 | 5SU | 6，10，16，20，25，32，40 | 30 | 1P＋N | 4.5 |
| | | | 300 | 3P＋N | 6 |
| 微型漏电断路器 | 5SX | 0.3～63 | | 1P | 6 |
| | | 6～50 | | 1P＋N | 6 |

**表 9-24　　　　　　　　SIEMENS 3LV 系列断路器技术数据表**

| 框架额定电流（A） | 脱扣器额定电流（A） | 脱扣类型 | 极数 | 额定短路分段能力（kA） |
|---|---|---|---|---|
| 160，250，400，630 | 25，30，40，63，80，100，125，160，200，220，250，280，315，350，400，500，630 | ETU：电子式 TM：电磁式 | 3 | L：40/45/50 H：70 L：100 |

(1) 对于各楼层的插座回路选择 5SUC16/30mA/1P＋N 型带漏电保护电磁式微型断路器；

(2) 对于各楼层的照明回路选择 5SXC16/1P 型微型断路器；

(3) 对于各备用回路可根据所在配电盘的主要负荷性质和对备用负荷的考虑，分别选择适合的微型断路器；

(4) 对于配电干线、主要负荷供电支路开关的选择结果如表 9-25 所示。

**表 9-25** 　　　　　　　　　　　配电干线、主要负荷供电支路开关选择结果表

| 配电箱号 | 配电支路号 | 负荷名称 | $P_C$ (kW) | $I_C$ (A) | 开关型号 |
|---|---|---|---|---|---|
| | | 配电箱主进线 | 35 | 67 | 3VL160/1603P |
| | WLK1 | 空调室内机 | 0.27 | 0.6 | 5SXD16/3P |
| | WLK2 | 空调室内机 | 0.8 | 1.6 | 5SXD16/3P |
| AL-K-1 | WLK3 | 热风幕 | 12 | 19 | 5SXD25/3P |
| | WLK4 | 热风幕 | 12 | 19 | 5SXD25/3P |
| | WLK5 | 热风幕 | 12 | 19 | 5SXD25/3P |
| | WLK6 | 热风幕 | 12 | 19 | 5SXD25/3P |
| | | 配电箱主进线 | 3.78 | 7 | 3VL160/25 3P |
| | WL1 | 空调室外机 | 0.54 | 1.1 | 5SXD16/3P |
| AL-K-2 | WL2 | 空调室外机 | 1.52 | 2.9 | 5SXD16/3P |
| | WL3 | 空调室外机 | 1.52 | 2.9 | 5SXD16/3P |
| | WL4 | 空调室外机 | 1.52 | 2.9 | 5SXD16/3P |
| | | 配电箱主进线 | 91 | 173 | 3VL400/260 3P |
| | WLK1 | 空调室外机 | 13 | 25 | 5SXD40/3P |
| | WLK2 | 空调室外机 | 13 | 25 | 5SXD40/3P |
| | WLK3 | 空调室外机 | 13 | 25 | 5SXD40/3P |
| | WLK4 | 空调室外机 | 13 | 25 | 5SXD40/3P |
| AL-K-3 | WLK5 | 空调室外机 | 13 | 25 | 5SXD40/3P |
| | WLK6 | 空调室外机 | 13 | 25 | 5SXD40/3P |
| | WLK7 | 空调室外机 | 13 | 25 | 5SXD40/3P |
| | WLK8 | 空调室外机 | 13 | 25 | 5SXD40/3P |
| | WLK9 | 空调室外机 | 13 | 25 | 5SXD40/3P |
| | WLK10 | 空调室外机 | 13 | 25 | 5SXD40/3P |

| 配电箱号 | 配电支路号 | 负荷名称 | $P_C$ (kW) | $I_C$ (A) | 开关型号 |
|---|---|---|---|---|---|
| AL－K－4 | | 配电箱主进线 | 133 | 252 | 3VL400/260 3P |
| | WLK1 | 空调室外机 | 13 | 25 | 5SXD40/3P |
| | WLK2 | 空调室外机 | 13 | 25 | 5SXD40/3P |
| | WLK3 | 空调室外机 | 13 | 25 | 5SXD40/3P |
| | WLK4 | 空调室外机 | 13 | 25 | 5SXD40/3P |
| | WLK5 | 空调室外机 | 13 | 25 | 5SXD40/3P |
| | WLK6 | 空调室外机 | 13 | 25 | 5SXD40/3P |
| | WLK7 | 空调室外机 | 13 | 25 | 5SXD40/3P |
| | WLK8 | 空调室外机 | 13 | 25 | 5SXD40/3P |
| | WLK9 | 空调室外机 | 13 | 25 | 5SXD40/3P |
| | WLK10 | 空调室外机 | 13 | 25 | 5SXD40/3P |
| | WLK11 | 空调室外机 | 13 | 25 | 5SXD40/3P |
| AP－1－CF | | 配电箱主进线 | 62 | 109 | 3VL160/125 3P |
| | WLF1 | 排风机 | 0.37 | 0.8 | 5SXD6/3P |
| | WLF2 | 通风机 | 3 | 5.7 | 5SXD10/3P |
| | WLF3 | 通风机 | 2.2 | 4.2 | 5SXD6/3P |
| | WLF4 | 空调机 | 24 | 37 | 5SXD63/3P |
| | WLF5 | 电加热 | 1.1 | 2.4 | 5SXD6/3P |
| AP－1－CF－1 | | 配电箱主进线 | | | 3VL160/125 3P |
| | WL1 | 通风机 | 7.5 | 14 | 5SXD20/3P |
| | WL2 | 通风机 | 5.5 | 11 | 5SXD20/3P |
| AL－2－BG | | 配电箱主进线 | | | 3VL125/160 3P |
| | WLF1 | 排风机 | 2.5 | 5 | 5SXD20/3P |
| | WLF2 | 排风机 | 2.5 | 5 | 5SXD20/3P |
| | WLF3 | 排风机 | 2.5 | 5 | 5SXD20/3P |
| | WLF4 | 排风机 | 2.5 | 5 | 5SXD20/3P |
| AP－D1－B1 | | 配电箱主进线 | 14 | 26 | 3VL100/40 3P |
| | WP1 | 污水泵 | 0.75 | 1.5 | 5SXD6/3P |
| | WP2 | 污水泵 | 0.75 | 1.5 | 5SXD6/3P |
| | WP3 | 生活泵 | 5.5 | 11 | 5SXD16/3P |
| | WP4 | 生活泵 | 5.5 | 11 | 5SXD16/3P |
| | WP5 | AP－D1－B1－1 | 1.5 | 3 | 5SXD25/3P |

6. 照明设计与计算

照度标准。根据国家标准 GBJ 133—1990《民用建筑照明设计标准》的要求，并考虑实际情况和用户要求，对本建筑物内部的照度标准作出如表 9-26 所示的选择。

**表 9-26**　　　　　　　　　　　　　　　　　　照 度 标 准 选 择 值

| 建 筑 部 位 | 照度值（lx） | 参 考 面 |
|---|---|---|
| 楼道 | 75 | 地面 |
| 学生宿舍 | 150 | 0.75m |
| 门厅 | 100 | 地面 |
| 餐厅 | 200 | 0.75m |
| 浴室 | 50 | 地面 |
| 卫生间 | 50 | 0.75m |
| 机房 | 200 | 0.75m |
| 自行车库 | 75 | 0.75m |
| 设备层 | 30 | 地面 |

光源选择。根据相关标准和规范对光源选择的要求，并从节能的角度考虑，主要选择荧光灯和节能灯作为照明光源。

灯具的选择。根据相关标准和规范对灯具选择的要求，室内灯具的效率不宜低于 70%。

照度计算方法。采用平均照度法，灯具亦采用均匀布置的方式。

（1）地下一层照明设计。

1）自行车库。

如地下一层建筑平面图所示，以 6—10 轴和 B—D 轴间的自行车库为例进行计算，其建筑尺寸为：长度 $L=24\text{m}$；宽度 $W=7.2\text{m}$；建筑高度 $h$ 为 3m。照度标准 $E$ 为 75lx。

选择蝠翼式配光荧光灯，光源功率为 36W，光通 $\phi$ 为 2700lm，吸顶安装，则室形系数 $K_{rc}$ 为

$$K_{rc}=\frac{5\times h\times(L+W)}{L\times W}=\frac{5\times3\times(24+7.2)}{24\times7.2}=2.71$$

查手册选择顶棚和墙壁反射系数均为 30%，使用插值法，查手册确定光通利用系数 $K_u$

$$K_u=0.69-\frac{0.69-0.61}{100}\times71=0.6332$$

查手册取照度补偿系数 $k=1.4$。则选择的灯具数为

$$N=\frac{E\times S\times k}{\phi\times K_u}=\frac{75\times24\times7.2\times1.4}{2700\times0.6332}\approx11$$

考虑建筑平面的实际情况和均匀布灯以及灯具距高比的要求，实际选择 16 只灯具，二排八列布置，灯具的中心距横向为 3m，纵向为 3.6m。其他自行车库亦参照此布灯间距布置。

2）弱电机房。

建筑尺寸为：长度 $L=9\text{m}$；宽度 $W=3\text{m}$；建筑高度 $h$ 为 3m。照度标准 $E$ 为 200lx。

选择简易型控照荧光灯，光源功率为 $2\times36\text{W}$，光通 $\phi$ 为 5400lm，吸顶安装，则室形

系数 $K_{rc}$ 为

$$K_{rc} = \frac{5 \times h \times (L+W)}{L \times W} = \frac{5 \times (3-0.75) \times (9+3)}{9 \times 3} = 5$$

查手册选择顶棚和墙壁反射系数均为 50%，查手册确定光通利用系数 $K_u = 0.43$，查手册取照度补偿系数 $k = 1.3$。则选择的灯具数为

$$N = \frac{E \times S \times k}{\phi \times K_u} = \frac{200 \times 9 \times 3 \times 1.3}{5400 \times 0.43} \approx 3$$

考虑建筑平面的实际情况，3 只灯具一排排列布置。

3）低压配电室。

建筑尺寸为：长度 $L = 9$m；宽度 $W = 4.5$m；建筑高度 $h$ 为 3m。照度标准 $E$ 为 200lx。

选择简易型控照荧光灯，光源功率为 $2 \times 36$W，光通 $\phi$ 为 5400lm，吸顶安装，则室形系数 $K_{rc}$ 为

$$K_{rc} = \frac{5 \times h \times (L+W)}{L \times W} = \frac{5 \times (3-0.75) \times (9+4.2)}{9 \times 4.2} = 3.93$$

查手册选择顶棚和墙壁反射系数均为 50%，查手册确定光通利用系数 $K_u = 0.4742$，查手册取照度补偿系数 $k = 1.3$。则选择的灯具数为

$$N = \frac{E \times S \times k}{\phi \times K_u} = \frac{200 \times 9 \times 4.2 \times 1.3}{5400 \times 0.4742} \approx 4$$

考虑低压配电室内配电柜的实际布置情况及配电柜安装维护需要，选择 3 只两管灯具一排排列布置，另选择两只单管荧光壁灯。

（2）首层照明设计。

1）餐厅。

建筑尺寸为：长度 $L = 33$m；宽度 $W = 14.4$m；建筑高度 $h$ 为 5m，吊顶高度为 1m。照度标准 $E$ 为 200lx。

选择嵌入式荧光灯，光源功率为 $2 \times 36$W，光通 $\phi$ 为 5400lm，室形系数 $K_{rc}$ 为

$$K_{rc} = \frac{5 \times h \times (L+W)}{L \times W} = \frac{5 \times (5-1.75) \times (33+14.4)}{33 \times 14.4} = 1.62$$

查手册选择顶棚和墙壁反射系数均为 50%，查手册确定光通利用系数 $K_u = 0.6128$，查手册取照度补偿系数 $k = 1.4$。则选择的灯具数为

$$N = \frac{E \times S \times k}{\phi \times K_u} = \frac{200 \times 33 \times 14.4 \times 1.4}{5400 \times 0.6128} \approx 41$$

考虑餐厅建筑平面的实际情况，选择 44 只灯具四排十一列排列布置，另选择 10 只荧光壁灯均匀布置。

2）门厅。

建筑尺寸为：长度 $L = 9$m；宽度 $W = 14.4$m；建筑高度 $h$ 为 5m，吊顶高度为 1m。照度标准 $E$ 为 100lx。

选择筒型灯具，嵌入式安装，节能灯功率为 20W，光通 $\phi$ 为 1200lm，室形系数 $K_{rc}$ 为

$$K_{rc} = \frac{5 \times h \times (L+W)}{L \times W} = \frac{5 \times (5-1) \times (9+14.4)}{9 \times 14.4} = 3.61$$

查手册选择顶棚和墙壁反射系数均为 50%，查手册确定光通利用系数 $K_u = 0.3634$，查手册

取照度补偿系数 $k=1.3$。则选择的灯具数为

$$N=\frac{E\times S\times k}{\phi\times K_{u}}=\frac{100\times9\times14.4\times1.3}{1200\times0.3634}\approx39$$

考虑门厅建筑平面的实际情况，选择 44 只灯具四排十一列排列布置，灯具的中心距为横向 1.5m，纵向 1.8m。与门厅相连的通道等部位，可参照此灯距布置灯具。

3）卫生间（以男卫生间为例）。

建筑尺寸为：长度 $L=5.4$m；宽度 $W=5$m；建筑高度 $h$ 为 5m，吊顶高度为 2.2m。照度标准 $E$ 为 50lx。

选择吸顶式灯具，节能灯功率为 $2\times11$W，光通 $\phi$ 为 1560lm，室形系数 $K_{rc}$ 为

$$K_{rc}=\frac{5\times h\times(L+W)}{L\times W}=\frac{5\times(5-2.95)\times(5.4+5)}{5.4\times5}=3.95$$

查手册选择顶棚和墙壁反射系数均为 50%，查手册确定光通利用系数 $K_{u}=0.4120$，查手册取照度补偿系数 $k=1.4$。则选择的灯具数为

$$N=\frac{E\times S\times k}{\phi\times K_{u}}=\frac{50\times5.4\times5\times1.4}{1560\times0.4120}\approx3$$

女卫生间亦按此标准布灯，考虑洗手间的照明，共选择 10 只灯具，另在洗手盆上方各放置 1 只镜前灯。

4）消防值班室。

建筑尺寸为：长度 $L=5$m；宽度 $W=3.5$m；建筑高度 $h$ 为 5m，吊顶高度为 2.2m。照度标准 $E$ 为 200lx。

选择嵌入式荧光灯，光源功率为 $2\times36$W，光通 $\phi$ 为 5400lm，室形系数 $K_{rc}$ 为

$$K_{rc}=\frac{5\times h\times(L+W)}{L\times W}=\frac{5\times(5-2.95)\times(5+3.5)}{5\times3.5}=4.98$$

查手册选择顶棚和墙壁反射系数均为 50%，查手册确定光通利用系数 $K_{u}=0.4510$，查手册取照度补偿系数 $k=1.3$。则选择的灯具数为

$$N=\frac{E\times S\times k}{\phi\times K_{u}}=\frac{200\times5\times3.5\times1.3}{5400\times0.4510}\approx2$$

选择 2 只灯具。

（3）二层照明设计。

1）门厅。选择 69 只筒型灯具，内置 20W 节能灯嵌入式安装，参照首层门厅安装灯距布置。

2）卫生间。与首层卫生间相同。

（4）设备转换层照明设计。取其一个轴间面积进行计算，其长度 $L=6$m；宽度 $W=7.2$m；建筑高度 $h$ 为 2.5m。照度标准 $E$ 为 30lx。

选择蝠翼式配光荧光灯，光源功率为 36W，光通 $\phi$ 为 2700lm，则室形系数 $K_{rc}$ 为

$$K_{rc}=\frac{5\times h\times(L+W)}{L\times W}=\frac{5\times2.5\times(6+7.2)}{6\times7.2}=3.82$$

查手册选择顶棚和墙壁反射系数均为 30%，查手册确定光通利用系数 $K_{u}=0.5526$，查手册取照度补偿系数 $k=1.4$。则选择的灯具数为

$$N = \frac{E \times S \times k}{\phi \times K_u} = \frac{30 \times 6 \times 7.2 \times 1.4}{2700 \times 0.5526} \approx 2$$

选择 2 只灯具均匀布置。其他轴间面积亦如此布灯。

（5）三层至六层照明设计

1）浴室。

建筑尺寸为：长度 $L = 6$m；宽度 $W = 8.5$m；建筑高度 $h$ 为 2.7m。照度标准 $E$ 为 50lx。

选择防水型吸顶灯具，内置 $2 \times 11$W 节能灯，光通 $\phi$ 为 1560lm，则室形系数 $K_{rc}$ 为

$$K_{rc} = \frac{5 \times h \times (L + W)}{L \times W} = \frac{5 \times 2.7 \times (6 + 8.5)}{6 \times 8.5} = 3.84$$

查手册选择顶棚和墙壁反射系数均为 50%，查手册确定光通利用系数 $K_u = 0.358$，查手册取照度补偿系数 $k = 1.4$。则选择的灯具数为

$$N = \frac{E \times S \times k}{\phi \times K_u} = \frac{50 \times 6 \times 8.5 \times 1.4}{1560 \times 0.358} \approx 17$$

考虑到建筑布局，选择 10 只灯具另加一盏镜前灯。

2）楼道。

建筑尺寸为：长度 $L = 45$m；宽度 $W = 2$m；建筑高度 $h$ 为 2.7m。照度标准 $E$ 为 75lx。

选择吸顶灯具，内置 $2 \times 11$W 节能灯，光通 $\phi$ 为 1560lm，则室形系数 $K_{rc}$ 为

$$K_{rc} = \frac{5 \times h \times (L + W)}{L \times W} = \frac{5 \times 2.7 \times (45 + 2)}{45 \times 2} = 7.05$$

查手册选择顶棚和墙壁反射系数均为 50%，查手册确定光通利用系数 $K_u = 0.2890$，查手册取照度补偿系数 $k = 1.4$。则选择的灯具数为

$$N = \frac{E \times S \times k}{\phi \times K_u} = \frac{75 \times 45 \times 2 \times 1.4}{1560 \times 0.2890} \approx 21$$

实际选择 23 只灯具均匀布置。

3）宿舍内。

建筑尺寸为：长度 $L = 3$m；宽度 $W = 7.8$m；建筑高度 $h$ 为 2.7m。照度标准 $E$ 为 150lx。

选择简易型控照荧光灯，光源功率 $2 \times 36$W，光通 $\phi$ 为 5400lm，则室形系数 $K_{rc}$ 为

$$K_{rc} = \frac{5 \times h \times (L + W)}{L \times W} = \frac{5 \times (2.7 - 0.75) \times (3 + 7.8)}{3 \times 7.8} = 4.5$$

查手册选择顶棚和墙壁反射系数均为 50%，查手册确定光通利用系数 $K_u = 0.45$，查手册取照度补偿系数 $k = 1.3$。则选择的灯具数为

$$N = \frac{E \times S \times k}{\phi \times K_u} = \frac{150 \times 3 \times 7.8 \times 1.3}{5400 \times 0.45} \approx 2$$

选择 2 只灯具均匀布置。

除上述设计计算结果外，楼道灯的选择与布置见各楼层的照明平面图。

7. 防雷接地系统设计计算

（1）防雷等级的确定

1）计算建筑物年计算雷击次数。根据《建筑物防雷设计规范》附录一可知，建筑物年计算雷击次数的经验公式为

$$N = K \times N_g \times A_e$$

其中
$$N_g = 0.024 \times T_d^{1.3}$$

根据 JGJ/T 16—1992 附录 D1《全国主要城镇雷暴日数》中提供的数据，北京地区年平均雷暴日数 $T_d$ 为 35.6。则
$$N_g = 0.024 \times 35.6^{1.3} = 2.4951$$

本建筑的外形尺寸为：长度 $L = 52.8\text{m}$，宽度 $W = 25.2\text{m}$，高度 $H = 24\text{m}$。由于其高度小于 100m，所以其截收相同雷击次数的等效面积为
$$A_e = [L \times W + 2 \times (L+W) \times \sqrt{H \times (200-H)} + \pi \times H \times (200-H)] \times 10^{-6}$$
$$= [52.8 \times 25.2 + 2 \times (52.8+25.2) \times \sqrt{24 \times (200-24)} + \pi \times 24 \times (200-24)] \times 10^{-6}$$
$$= 0.0247(\text{km}^2)$$

则年计算雷击次数为
$$N = K \times N_g \times A_e = 1 \times 2.4951 \times 0.0247 = 0.0616$$

2）建筑物防雷等级的确定。根据 GB50057—1994 中关于预计雷击次数大于或等于 0.06 次/年，且小于或等于 0.3 次/年的住宅、办公楼等一般性民用建筑物应划为第三类防雷建筑的规定，确定此建筑物为第三类防雷建筑物。

（2）直击雷的防护。由于建筑物属于第三类防雷建筑，根据国家标准 GB 50057—1994 的规定，在建筑物檐角、屋檐上装设避雷带，并在屋面 D—E 轴中间和 5 轴、8 轴上装设避雷带，组成不大于 20m×20m 网格的避雷网做接闪器。

在建筑物的 5 轴与 B 轴、8 轴和 B 轴、5 轴与 F 轴、8 轴和 F 轴及建筑物的四角各设一根引下线，共计八根引下线，各引下线使用建筑物内钢筋混凝土柱中两根不小于 $\phi16$ 的钢筋构成。引下线之间的距离符合 GB 50057—1994 的要求，不超过 25m。

由于与电气设备等共用接地装置，所以接地装置采用 $\phi12$ 的圆钢距本建筑物外墙 1m 埋设，且深埋于基础槽处。

（3）雷电波侵入的防护。根据国家标准规定，三类防雷建筑物为防止雷电波的侵入，应在电缆的进线处将电缆的金属外皮、钢管等与电气设备接地相连。

（4）雷击电磁脉冲的防护。考虑各种信息系统的安全，在配电系统中使用电涌保护器来防护雷击电磁脉冲。

**四、设计结果**

1. 设计说明书（略）

2. 电气平面图（见附录中的附图 4 二层照明电气平面图）

3. 电气系统图（见附录中的附图 5 配电干线系统图）

习题与解答

# 附　　　录

## 附录 A　短路电流运算曲线数字表

**附表 1**　　　　　　　　　　**汽轮发电机运算曲线数字表**

| $X_c$ | $t$ (s) | | | | | | | | | | |
|---|---|---|---|---|---|---|---|---|---|---|---|
| | 0 | 0.01 | 0.06 | 0.1 | 0.2 | 0.4 | 0.5 | 0.6 | 1 | 2 | 4 |
| 0.12 | 8.963 | 8.603 | 7.186 | 6.400 | 5.220 | 4.252 | 4.006 | 3.821 | 3.344 | 2.795 | 2.512 |
| 0.14 | 7.718 | 7.467 | 6.441 | 5.839 | 4.878 | 4.040 | 3.829 | 3.673 | 3.280 | 2.808 | 2.526 |
| 0.16 | 6.763 | 6.545 | 5.660 | 5.146 | 4.336 | 3.649 | 3.481 | 3.359 | 3.060 | 2.706 | 2.490 |
| 0.18 | 6.020 | 5.844 | 5.122 | 4.697 | 4.016 | 3.429 | 3.288 | 3.186 | 2.944 | 2.659 | 2.476 |
| 0.20 | 5.432 | 5.280 | 4.661 | 4.297 | 3.715 | 3.217 | 3.099 | 3.016 | 2.825 | 2.607 | 2.462 |
| 0.22 | 4.938 | 4.813 | 4.296 | 3.988 | 3.487 | 3.052 | 2.951 | 2.882 | 2.729 | 2.561 | 2.444 |
| 0.24 | 4.526 | 4.421 | 3.984 | 3.721 | 3.286 | 2.904 | 2.816 | 2.758 | 2.628 | 2.515 | 2.425 |
| 0.26 | 4.178 | 4.088 | 3.714 | 3.486 | 3.106 | 2.769 | 2.693 | 2.644 | 2.551 | 2.467 | 4.404 |
| 0.28 | 3.872 | 3.705 | 3.472 | 3.274 | 2.939 | 2.641 | 2.575 | 2.534 | 2.464 | 2.415 | 2.378 |
| 0.30 | 3.603 | 3.536 | 3.255 | 3.081 | 2.785 | 2.520 | 2.463 | 2.429 | 2.379 | 2.360 | 2.347 |
| 0.32 | 6.368 | 3.310 | 3.063 | 2.909 | 2.646 | 2.410 | 2.360 | 2.332 | 2.299 | 2.306 | 2.316 |
| 0.34 | 3.159 | 3.108 | 2.891 | 2.754 | 2.519 | 2.308 | 2.264 | 2.241 | 2.222 | 2.252 | 2.283 |
| 0.36 | 2.975 | 2.930 | 2.736 | 2.614 | 2.403 | 2.213 | 2.175 | 2.156 | 2.149 | 2.109 | 2.250 |
| 0.38 | 2.811 | 2.770 | 2.597 | 2.487 | 2.297 | 2.126 | 2.093 | 2.077 | 2.081 | 2.148 | 2.217 |
| 0.40 | 2.664 | 2.628 | 2.471 | 2.372 | 2.199 | 2.045 | 2.017 | 2.004 | 2.017 | 2.099 | 2.184 |
| 0.42 | 2.531 | 2.499 | 2.357 | 2.267 | 2.110 | 1.970 | 1.946 | 1.936 | 1.956 | 2.052 | 2.151 |
| 0.44 | 2.411 | 2.382 | 2.253 | 1.170 | 2.027 | 1.900 | 1.879 | 1.872 | 1.899 | 2.006 | 2.119 |
| 0.46 | 2.302 | 2.275 | 2.157 | 2.082 | 1.950 | 1.835 | 1.817 | 1.812 | 1.845 | 1.963 | 2.088 |
| 0.48 | 2.203 | 2.178 | 2.069 | 2.000 | 1.879 | 1.774 | 1.759 | 1.756 | 1.794 | 1.921 | 2.057 |
| 0.50 | 2.111 | 2.088 | 1.988 | 1.924 | 1.813 | 1.717 | 1.704 | 1.703 | 1.746 | 1.880 | 2.027 |
| 0.55 | 1.913 | 1.894 | 1.810 | 1.757 | 1.665 | 1.589 | 1.581 | 1.583 | 1.635 | 1.785 | 1.953 |
| 0.60 | 1.748 | 1.732 | 1.662 | 1.617 | 1.539 | 1.478 | 1.474 | 1.479 | 1.538 | 1.699 | 1.884 |
| 0.65 | 1.610 | 1.596 | 1.535 | 1.497 | 1.431 | 1.382 | 1.391 | 1.388 | 1.452 | 1.621 | 1.819 |
| 0.70 | 1.492 | 1.479 | 1.426 | 1.393 | 1.336 | 1.297 | 1.298 | 1.307 | 1.375 | 1.549 | 1.734 |
| 0.75 | 1.390 | 1.379 | 1.332 | 1.302 | 1.253 | 1.221 | 1.225 | 1.235 | 1.305 | 1.484 | 1.596 |
| 0.80 | 1.301 | 1.291 | 1.249 | 1.223 | 1.179 | 1.154 | 1.159 | 1.171 | 1.243 | 1.424 | 1.474 |
| 0.85 | 1.222 | 1.214 | 1.176 | 1.152 | 1.114 | 1.094 | 1.100 | 1.112 | 1.186 | 1.358 | 1.370 |
| 0.90 | 1.153 | 1.145 | 1.110 | 1.089 | 1.055 | 1.039 | 1.047 | 1.060 | 1.134 | 1.279 | 1.279 |
| 0.95 | 1.091 | 1.084 | 1.052 | 1.032 | 1.002 | 0.990 | 0.998 | 1.012 | 1.087 | 1.200 | 1.200 |
| 1.00 | 1.035 | 1.028 | 0.999 | 0.981 | 0.954 | 0.945 | 0.954 | 0.968 | 1.043 | 1.129 | 1.129 |
| 1.05 | 0.985 | 0.979 | 0.952 | 0.935 | 0.910 | 0.904 | 0.914 | 0.928 | 1.003 | 1.067 | 1.067 |
| 1.10 | 0.940 | 0.934 | 0.908 | 0.893 | 0.870 | 0.866 | 0.876 | 0.891 | 0.966 | 0.011 | 0.011 |
| 1.15 | 0.898 | 0.892 | 0.869 | 0.854 | 0.833 | 0.832 | 0.842 | 0.857 | 0.932 | 0.961 | 0.961 |
| 1.20 | 0.860 | 0.855 | 0.832 | 0.819 | 0.800 | 0.800 | 0.811 | 0.825 | 0.898 | 0.915 | 0.915 |
| 1.25 | 0.825 | 0.820 | 0.799 | 0.786 | 0.769 | 0.770 | 0.781 | 0.796 | 0.864 | 0.874 | 0.874 |
| 1.30 | 0.793 | 0.788 | 0.768 | 0.756 | 0.740 | 0.743 | 0.754 | 0.769 | 0.621 | 0.836 | 0.836 |

| $X_c$ | $t$ (s) | | | | | | | | | | |
|---|---|---|---|---|---|---|---|---|---|---|---|
| | 0 | 0.01 | 0.06 | 0.1 | 0.2 | 0.4 | 0.5 | 0.6 | 1 | 2 | 4 |
| 1.35 | 0.763 | 0.758 | 0.739 | 0.728 | 0.713 | 0.717 | 0.728 | 0.743 | 0.800 | 0.802 | 0.802 |
| 1.40 | 0.735 | 0.731 | 0.713 | 0.703 | 0.688 | 0.693 | 0.705 | 0.720 | 0.769 | 0.770 | 0.770 |
| 1.45 | 0.710 | 0.705 | 0.688 | 0.678 | 0.665 | 0.671 | 0.682 | 0.697 | 0.740 | 0.740 | 0.740 |
| 1.50 | 0.686 | 0.682 | 0.665 | 0.656 | 0.644 | 0.650 | 0.662 | 0.676 | 0.713 | 0.713 | 0.713 |
| 1.55 | 0.663 | 0.659 | 0.644 | 0.635 | 0.623 | 0.630 | 0.642 | 0.657 | 0.687 | 0.687 | 0.687 |
| 1.60 | 0.642 | 0.639 | 0.623 | 0.615 | 0.604 | 0.612 | 0.624 | 0.638 | 0.664 | 0.664 | 0.664 |
| 1.65 | 0.622 | 0.619 | 0.605 | 0.596 | 0.586 | 0.594 | 0.606 | 0.621 | 0.642 | 0.642 | 0.642 |
| 1.70 | 0.604 | 0.601 | 0.587 | 0.579 | 0.570 | 0.478 | 0.590 | 0.604 | 0.621 | 0.621 | 0.621 |
| 1.75 | 0.586 | 0.583 | 0.570 | 0.562 | 0.554 | 0.562 | 0.574 | 0.589 | 0.602 | 0.602 | 0.602 |
| 1.80 | 0.570 | 0.567 | 0.554 | 0.547 | 0.539 | 0.548 | 0.559 | 0.573 | 0.584 | 0.584 | 0.584 |
| 1.85 | 0.554 | 0.551 | 0.539 | 0.532 | 0.524 | 0.534 | 0.545 | 0.559 | 0.566 | 0.566 | 0.566 |
| 1.90 | 0.540 | 0.537 | 0.525 | 0.518 | 0.511 | 0.521 | 0.532 | 0.544 | 0.550 | 0.550 | 0.550 |
| 1.95 | 0.526 | 0.523 | 0.511 | 0.505 | 0.498 | 0.508 | 0.520 | 0.530 | 0.535 | 0.535 | 0.535 |
| 2.00 | 0.512 | 0.510 | 0.498 | 0.492 | 0.486 | 0.796 | 0.508 | 0.517 | 0.521 | 0.521 | 0.521 |
| 2.05 | 0.500 | 0.497 | 0.486 | 0.480 | 0.474 | 0.485 | 0.496 | 0.504 | 0.507 | 0.507 | 0.507 |
| 2.10 | 0.488 | 0.485 | 0.475 | 0.469 | 0.463 | 0.474 | 0.485 | 0.792 | 0.494 | 0.494 | 0.494 |
| 2.15 | 0.476 | 0.474 | 0.464 | 0.458 | 0.453 | 0.463 | 0.474 | 0.481 | 0.482 | 0.482 | 0.482 |
| 2.20 | 0.465 | 0.463 | 0.453 | 0.448 | 0.443 | 0.453 | 0.464 | 0.470 | 0.470 | 0.470 | 0.470 |
| 2.25 | 0.455 | 0.453 | 0.443 | 0.438 | 0.430 | 0.444 | 0.454 | 0.459 | 0.459 | 0.459 | 0.459 |
| 2.30 | 0.445 | 0.443 | 0.433 | 0.428 | 0.424 | 0.435 | 0.444 | 0.448 | 0.448 | 0.448 | 0.448 |
| 2.35 | 0.435 | 0.433 | 0.424 | 0.419 | 0.415 | 0.426 | 0.435 | 0.438 | 0.438 | 0.438 | 0.438 |
| 2.40 | 0.426 | 0.424 | 0.415 | 0.411 | 0.407 | 0.418 | 0.426 | 0.428 | 0.428 | 0.428 | 0.428 |
| 2.45 | 0.417 | 0.415 | 0.407 | 0.402 | 0.399 | 0.410 | 0.417 | 0.419 | 0.419 | 0.419 | 0.419 |
| 2.50 | 0.409 | 0.407 | 0.399 | 0.394 | 0.391 | 0.402 | 0.409 | 0.410 | 0.410 | 0.410 | 0.410 |
| 2.55 | 0.400 | 0.399 | 0.391 | 0.387 | 0.383 | 0.394 | 0.401 | 0.402 | 0.402 | 0.402 | 0.402 |
| 2.60 | 0.392 | 0.391 | 0.383 | 0.379 | 0.376 | 0.387 | 0.393 | 0.393 | 0.393 | 0.393 | 0.393 |
| 2.65 | 0.385 | 0.384 | 0.376 | 0.372 | 0.369 | 0.380 | 0.385 | 0.386 | 0.386 | 0.386 | 0.386 |
| 2.70 | 0.377 | 0.377 | 0.369 | 0.365 | 0.362 | 0.373 | 0.378 | 0.378 | 0.378 | 0.378 | 0.378 |
| 2.75 | 0.370 | 0.370 | 0.362 | 0.359 | 0.356 | 0.367 | 0.371 | 0.371 | 0.371 | 0.371 | 0.371 |
| 2.80 | 0.363 | 0.363 | 0.356 | 0.352 | 0.350 | 0.361 | 0.364 | 0.364 | 0.364 | 0.364 | 0.364 |
| 2.85 | 0.357 | 0.356 | 0.350 | 0.346 | 0.344 | 0.354 | 0.357 | 0.357 | 0.357 | 0.357 | 0.357 |
| 2.90 | 0.350 | 0.350 | 0.344 | 0.340 | 0.338 | 0.348 | 0.351 | 0.351 | 0.351 | 0.351 | 0.351 |
| 2.95 | 0.344 | 0.344 | 0.338 | 0.335 | 0.333 | 0.343 | 0.344 | 0.344 | 0.344 | 0.344 | 0.344 |
| 3.00 | 0.338 | 0.338 | 0.332 | 0.329 | 0.327 | 0.337 | 0.338 | 0.338 | 0.338 | 0.338 | 0.338 |
| 3.05 | 0.332 | 0.332 | 0.327 | 0.324 | 0.322 | 0.331 | 0.332 | 0.332 | 0.332 | 0.332 | 0.332 |
| 3.10 | 0.327 | 0.326 | 0.322 | 0.319 | 0.317 | 0.326 | 0.327 | 0.327 | 0.327 | 0.327 | 0.327 |
| 3.15 | 0.321 | 0.321 | 0.317 | 0.314 | 0.312 | 0.321 | 0.321 | 0.321 | 0.321 | 0.321 | 0.321 |
| 3.20 | 0.316 | 0.316 | 0.312 | 0.309 | 0.307 | 0.316 | 0.316 | 0.316 | 0.316 | 0.316 | 0.316 |
| 3.25 | 0.311 | 0.311 | 0.307 | 0.304 | 0.303 | 0.311 | 0.311 | 0.311 | 0.311 | 0.311 | 0.311 |
| 3.30 | 0.306 | 0.306 | 0.302 | 0.300 | 0.298 | 0.306 | 0.306 | 0.306 | 0.306 | 0.306 | 0.306 |
| 3.35 | 0.301 | 0.301 | 0.298 | 0.295 | 0.294 | 0.301 | 0.301 | 0.301 | 0.301 | 0.301 | 0.301 |
| 3.40 | 0.297 | 0.297 | 0.293 | 0.291 | 0.290 | 0.297 | 0.297 | 0.297 | 0.297 | 0.297 | 0.297 |
| 3.45 | 0.292 | 0.292 | 0.289 | 0.287 | 0.286 | 0.292 | 0.292 | 0.292 | 0.292 | 0.292 | 0.292 |

附表 2　　　　　　　　　　　　水轮发电机运算曲线数字表

| $X_c$ | $t$ (s) | | | | | | | | | | |
|---|---|---|---|---|---|---|---|---|---|---|---|
| | 0 | 0.01 | 0.06 | 0.1 | 0.2 | 0.4 | 0.5 | 0.6 | 1 | 2 | 4 |
| 0.18 | 6.127 | 5.695 | 4.623 | 4.331 | 4.100 | 3.933 | 3.867 | 3.807 | 3.605 | 3.300 | 3.081 |
| 0.20 | 5.526 | 5.184 | 4.297 | 4.045 | 3.856 | 3.754 | 3.716 | 3.681 | 3.563 | 3.378 | 3.234 |
| 0.22 | 5.5055 | 4.767 | 4.026 | 3.806 | 3.633 | 3.556 | 3.531 | 3.508 | 3.430 | 3.302 | 3.191 |
| 0.24 | 4.647 | 4.402 | 3.764 | 3.575 | 3.433 | 3.378 | 3.363 | 3.348 | 3.300 | 3.220 | 3.151 |
| 0.26 | 4.290 | 4.083 | 3.538 | 3.375 | 3.253 | 3.216 | 3.208 | 3.200 | 3.174 | 3.133 | 3.098 |
| 0.28 | 3.993 | 3.816 | 3.343 | 3.200 | 3.096 | 3.073 | 3.070 | 3.067 | 3.060 | 3.049 | 3.043 |
| 0.30 | 3.727 | 3.574 | 3.163 | 3.039 | 2.950 | 2.938 | 2.941 | 2.943 | 2.952 | 2.970 | 2.993 |
| 0.32 | 3.494 | 3.360 | 3.001 | 2.892 | 2.817 | 2.815 | 2.822 | 3.828 | 2.851 | 2.895 | 2.943 |
| 0.34 | 3.285 | 3.168 | 2.851 | 2.755 | 2.692 | 2.699 | 2.709 | 2.719 | 2.754 | 2.820 | 2.891 |
| 0.36 | 3.095 | 2.991 | 2.712 | 2.627 | 2.574 | 2.589 | 2.602 | 2.614 | 2.660 | 2.745 | 2.837 |
| 0.38 | 2.922 | 2.831 | 2.583 | 2.508 | 2.464 | 2.484 | 2.500 | 2.515 | 2.569 | 2.671 | 2.782 |
| 0.40 | 2.767 | 2.685 | 2.464 | 2.398 | 2.361 | 2.388 | 2.405 | 2.422 | 2.484 | 2.600 | 2.728 |
| 0.42 | 2.627 | 2.554 | 2.356 | 2.297 | 2.267 | 2.297 | 2.317 | 2.336 | 2.404 | 2.532 | 2.675 |
| 0.44 | 2.500 | 2.434 | 2.256 | 2.204 | 2.179 | 2.214 | 2.235 | 2.255 | 2.329 | 2.467 | 2.624 |
| 0.46 | 2.385 | 2.325 | 2.164 | 2.117 | 2.098 | 2.136 | 2.158 | 2.480 | 2.258 | 2.406 | 2.575 |
| 0.48 | 2.280 | 2.225 | 2.079 | 2.038 | 2.023 | 2.064 | 2.087 | 2.110 | 2.192 | 2.348 | 2.527 |
| 0.50 | 2.183 | 2.134 | 2.001 | 1.964 | 1.953 | 1.996 | 2.021 | 2.044 | 2.130 | 2.293 | 2.482 |
| 0.52 | 2.095 | 2.050 | 1.928 | 1.895 | 1.887 | 1.933 | 1.958 | 1.983 | 2.071 | 2.241 | 2.438 |
| 0.54 | 2.013 | 1.972 | 1.861 | 1.831 | 1.826 | 1.874 | 1.900 | 1.925 | 2.015 | 2.191 | 2.396 |
| 0.56 | 1.938 | 1.899 | 1.798 | 1.771 | 1.769 | 1.818 | 1.845 | 1.870 | 1.963 | 2.143 | 2.355 |
| 0.60 | 1.802 | 1.770 | 1.683 | 1.662 | 1.665 | 1.717 | 1.744 | 1.770 | 1.866 | 2.054 | 2.263 |
| 0.65 | 1.658 | 1.630 | 1.559 | 1.543 | 1.550 | 1.605 | 1.633 | 1.660 | 1.759 | 1.950 | 2.137 |
| 0.70 | 1.534 | 1.511 | 1.452 | 1.440 | 1.451 | 1.507 | 1.535 | 1.562 | 1.663 | 1.846 | 1.964 |
| 0.75 | 1.428 | 1.408 | 1.358 | 1.349 | 1.363 | 1.420 | 1.449 | 1.476 | 1.578 | 1.741 | 1.794 |
| 0.80 | 1.336 | 1.318 | 1.276 | 1.270 | 1.286 | 1.343 | 1.372 | 1.400 | 1.498 | 1.620 | 1.642 |
| 0.85 | 1.254 | 1.239 | 1.203 | 1.199 | 1.217 | 1.274 | 1.303 | 1.331 | 1.423 | 1.507 | 1.513 |
| 0.90 | 1.182 | 1.169 | 1.138 | 1.135 | 1.155 | 1.121 | 1.241 | 1.268 | 1.352 | 1.403 | 1.403 |
| 0.95 | 1.118 | 1.106 | 1.080 | 1.078 | 1.099 | 1.156 | 1.185 | 1.210 | 1.282 | 1.308 | 1.308 |
| 1.00 | 1.061 | 1.050 | 1.027 | 1.027 | 1.048 | 1.105 | 1.132 | 1.156 | 1.211 | 1.225 | 1.225 |
| 1.05 | 1.009 | 0.999 | 0.979 | 0.980 | 1.002 | 1.058 | 1.084 | 1.105 | 1.146 | 1.152 | 1.152 |
| 1.10 | 0.962 | 0.953 | 0.936 | 0.937 | 0.959 | 1.015 | 1.038 | 1.057 | 1.085 | 1.087 | 1.087 |
| 1.15 | 0.919 | 0.911 | 0.896 | 0.898 | 0.920 | 0.974 | 0.995 | 1.011 | 1.029 | 1.029 | 1.029 |
| 1.20 | 0.880 | 0.872 | 0.859 | 0.862 | 0.885 | 0.936 | 0.955 | 0.966 | 0.977 | 0.977 | 0.977 |
| 1.25 | 0.843 | 0.837 | 0.825 | 0.829 | 0.852 | 0.900 | 0.916 | 0.923 | 0.930 | 0.930 | 0.930 |
| 1.30 | 0.810 | 0.804 | 0.794 | 0.798 | 0.821 | 0.866 | 0.878 | 0.884 | 0.888 | 0.888 | 0.888 |
| 1.35 | 0.780 | 0.774 | 0.765 | 0.769 | 0.792 | 0.834 | 0.843 | 0.847 | 0.849 | 0.849 | 0.849 |
| 1.40 | 0.751 | 0.746 | 0.738 | 0.743 | 0.766 | 0.803 | 0.810 | 0.712 | 0.813 | 0.813 | 0.813 |
| 1.45 | 0.725 | 0.720 | 0.713 | 0.718 | 0.740 | 0.774 | 0.778 | 0.780 | 0.780 | 0.780 | 0.780 |
| 1.50 | 0.700 | 0.696 | 0.690 | 0.695 | 0.717 | 0.746 | 0.749 | 0.750 | 0.750 | 0.750 | 0.750 |
| 1.55 | 0.677 | 0.673 | 0.668 | 0.673 | 0.694 | 0.719 | 0.722 | 0.722 | 0.722 | 0.722 | 0.722 |

| $X_c$ | $t$ (s) | | | | | | | | | | |
|---|---|---|---|---|---|---|---|---|---|---|---|
| | 0 | 0.01 | 0.06 | 0.1 | 0.2 | 0.4 | 0.5 | 0.6 | 1 | 2 | 4 |
| 1.60 | 0.655 | 0.652 | 0.647 | 0.652 | 0.673 | 0.694 | 0.696 | 0.696 | 0.696 | 0.696 | 0.696 |
| 1.65 | 0.635 | 0.632 | 0.628 | 0.633 | 0.653 | 0.671 | 0.672 | 0.672 | 0.672 | 0.672 | 0.672 |
| 1.70 | 0.616 | 0.613 | 0.610 | 0.615 | 0.634 | 0.649 | 0.649 | 0.649 | 0.649 | 0.649 | 0.649 |
| 1.75 | 0.598 | 0.595 | 0.592 | 0.598 | 0.616 | 0.628 | 0.628 | 0.628 | 0.628 | 0.628 | 0.628 |
| 1.80 | 0.581 | 0.578 | 0.576 | 0.582 | 0.599 | 0.608 | 0.608 | 0.608 | 0.608 | 0.608 | 0.608 |
| 1.85 | 0.565 | 0.563 | 0.561 | 0.566 | 0.582 | 0.590 | 0.590 | 0.590 | 0.590 | 0.590 | 0.590 |
| 1.90 | 0.550 | 0.548 | 0.546 | 0.552 | 0.566 | 0.572 | 0.572 | 0.572 | 0.572 | 0.572 | 0.572 |
| 1.95 | 0.536 | 0.533 | 0.532 | 0.538 | 0.551 | 0.556 | 0.556 | 0.556 | 0.556 | 0.556 | 0.556 |
| 2.00 | 0.522 | 0.520 | 0.519 | 0.524 | 0.537 | 0.540 | 0.540 | 0.540 | 0.540 | 0.540 | 0.540 |
| 2.05 | 0.509 | 0.507 | 0.507 | 0.512 | 0.523 | 0.525 | 0.525 | 0.525 | 0.525 | 0.525 | 0.525 |
| 2.10 | 0.497 | 0.495 | 0.495 | 0.500 | 0.510 | 0.512 | 0.512 | 0.512 | 0.512 | 0.512 | 0.512 |
| 2.15 | 0.485 | 0.483 | 0.483 | 0.488 | 0.497 | 0.498 | 0.498 | 0.498 | 0.498 | 0.498 | 0.498 |
| 2.20 | 0.474 | 0.472 | 0.472 | 0.477 | 0.485 | 0.486 | 0.486 | 0.486 | 0.486 | 0.486 | 0.486 |
| 2.25 | 0.463 | 0.462 | 0.462 | 0.466 | 0.473 | 0.474 | 0.474 | 0.474 | 0.474 | 0.474 | 0.474 |
| 2.30 | 0.453 | 0.452 | 0.452 | 0.456 | 0.462 | 0.462 | 0.462 | 0.462 | 0.462 | 0.462 | 0.462 |
| 2.35 | 0.443 | 0.442 | 0.442 | 0.446 | 0.452 | 0.452 | 0.452 | 0.452 | 0.452 | 0.452 | 0.452 |
| 2.40 | 0.434 | 0.433 | 0.433 | 0.436 | 0.441 | 0.441 | 0.441 | 0.441 | 0.441 | 0.441 | 0.441 |
| 2.45 | 0.425 | 0.424 | 0.424 | 0.427 | 0.431 | 0.431 | 0.431 | 0.431 | 0.431 | 0.431 | 0.431 |
| 2.50 | 0.416 | 0.415 | 0.415 | 0.419 | 0.422 | 0.422 | 0.422 | 0.422 | 0.422 | 0.422 | 0.422 |
| 2.55 | 0.408 | 0.407 | 0.407 | 0.410 | 0.413 | 0.413 | 0.413 | 0.413 | 0.413 | 0.413 | 0.413 |
| 2.60 | 0.400 | 0.399 | 0.399 | 0.402 | 0.404 | 0.404 | 0.404 | 0.404 | 0.404 | 0.404 | 0.404 |
| 2.65 | 0.392 | 0.391 | 0.392 | 0.394 | 0.396 | 0.396 | 0.396 | 0.396 | 0.396 | 0.396 | 0.396 |
| 2.70 | 0.385 | 0.384 | 0.384 | 0.387 | 0.388 | 0.388 | 0.388 | 0.388 | 0.388 | 0.388 | 0.388 |
| 2.75 | 0.378 | 0.377 | 0.377 | 0.379 | 0.380 | 0.380 | 0.380 | 0.380 | 0.380 | 0.380 | 0.380 |
| 2.80 | 0.371 | 0.370 | 0.370 | 0.372 | 0.373 | 0.373 | 0.373 | 0.373 | 0.373 | 0.373 | 0.373 |
| 2.85 | 0.364 | 0.363 | 0.364 | 0.365 | 0.366 | 0.366 | 0.366 | 0.366 | 0.366 | 0.366 | 0.366 |
| 2.90 | 0.358 | 0.357 | 0.357 | 0.359 | 0.359 | 0.359 | 0.359 | 0.359 | 0.359 | 0.359 | 0.359 |
| 2.95 | 0.351 | 0.351 | 0.351 | 0.352 | 0.353 | 0.353 | 0.353 | 0.353 | 0.353 | 0.353 | 0.353 |
| 3.00 | 0.345 | 0.345 | 0.345 | 0.346 | 0.346 | 0.346 | 0.346 | 0.346 | 0.346 | 0.346 | 0.346 |
| 3.05 | 0.339 | 0.339 | 0.339 | 0.340 | 0.340 | 0.340 | 0.340 | 0.340 | 0.340 | 0.340 | 0.340 |
| 3.10 | 0.334 | 0.333 | 0.333 | 0.334 | 0.334 | 0.334 | 0.334 | 0.334 | 0.334 | 0.334 | 0.334 |
| 3.15 | 0.328 | 0.328 | 0.328 | 0.329 | 0.329 | 0.329 | 0.329 | 0.329 | 0.329 | 0.329 | 0.329 |
| 3.20 | 0.323 | 0.322 | 0.322 | 0.323 | 0.323 | 0.323 | 0.323 | 0.323 | 0.323 | 0.323 | 0.323 |
| 3.25 | 0.317 | 0.317 | 0.317 | 0.318 | 0.318 | 0.318 | 0.318 | 0.318 | 0.318 | 0.318 | 0.318 |
| 3.30 | 0.312 | 0.312 | 0.312 | 0.313 | 0.313 | 0.313 | 0.313 | 0.313 | 0.313 | 0.313 | 0.313 |
| 3.35 | 0.307 | 0.307 | 0.307 | 0.308 | 0.308 | 0.308 | 0.308 | 0.308 | 0.308 | 0.308 | 0.308 |
| 3.40 | 0.303 | 0.302 | 0.302 | 0.303 | 0.303 | 0.303 | 0.303 | 0.303 | 0.303 | 0.303 | 0.303 |
| 3.45 | 0.298 | 0.298 | 0.298 | 0.298 | 0.298 | 0.298 | 0.298 | 0.298 | 0.298 | 0.298 | 0.298 |

# 附录 B　电器设备、导线技术数据

**附表 3** 　　　　　　　　　　　　部分汽轮发电机技术参数

| 型号 | TQSS2 −6−2 | QF2 −12−2 | QF2 −25−＊2 | QFS −50−2 | QFN −100−2 | QFS −125−2 | QFS −200−2 | QFS −300−2 | QFSN −600−2 |
|---|---|---|---|---|---|---|---|---|---|
| 额定容量 （MW） | 6 | 12 | 25 | 50 | 100 | 125 | 200 | 300 | 600 |
| 额定电压 （kV） | 6.3 | 6.3（10.5） | 6.3 （10.5） | 10.5 | 10.5 | 13.8 | 15.75 | 18 | 20 |
| 功率因素 （$\cos\varphi$） | 0.8 | 0.8 | 0.8 | 0.8 | 0.85 | 0.85 | 0.85 | 0.85 | 0.90 |
| 同步电抗 （$X_d$） | 2.680 | 1.598 (2.127) | 1.944 (2.256) | 2.14 | 1.806 | 1.867 | 1.962 | 2.264 | 2.150 |
| 暂态电抗 （$X_d'$） | 0.290 | 0.180 (0.232) | 0.196 (0.216) | 0.393 | 0.286 | 0.257 | 0.246 | 0.269 | 0.265 |
| 次暂态电抗 （$X_d''$） | 0.185 | 0.1133 (0.1426) | 0.122 (0.136) | 0.195 | 0.183 | 0.18 | 0.146 | 0.167 | 0.205 |
| 负序电抗 （$X_2$） | 0.22 | 0.138 (0.174) | 0.149 (0.166) | 0.238 | 0.223 | 0.22 | 0.178 | 0.204 | 0.203 |
| $T_{d0}'$(s) | 2.59 | 8.18 | 11.585 | 4.22 | 6.20 | 6.9 | 7.40 | 8.376 | 8.27 |
| $T_{d0}''$(s) | 0.0549 | 0.0712 | 0.2089 | 0.2089 | 0.1916 | 0.1916 | 0.1714 | 0.998 | 0.045 |
| 发电机 $GD^2$ （t·m²） | | 1.80 | 4.94 | 5.7 | 13.00 | 14.20 | 23.00 | 34.00 | 40.82 |
| 汽轮机 $GD^2$ （t·m²） | | 1.80 | 4.93 | 8.74 | 13.00 | 21.40 | | 41.47 | 46.12 |

　　**注**　型号含义：T（位于第一个字母）—同步；T（位于第二个字母）—调相；Q（位于第一或第二个字母）—汽轮；F—发电机；Q（位于第三个字母）—氢内冷；S 或 SS—双内冷；K—快装；G—改进；TH—湿热。

**附表 4** 　　　　　　　　　　　　部分水轮发电机的技术参数

| 型号 | TS425/65−32 | TS425/94−28 | TS854/184−44 | TS1280/180−60 | TS1264/160−48 |
|---|---|---|---|---|---|
| 额定容量 （MW） | 7.5 | 10 | 72.5 | 150 | 300 |
| 额定电压 （kV） | 6.3 | 10.5 | 13.8 | 15.75 | 18 |
| 功率因素 （$\cos\phi$） | 0.8 | 0.8 | 0.85 | 0.85 | 0.875 |
| $X_d$ | 1.186 | 1.070 | 0.845 | 1.036 | 1.253 |
| $X_d'$ | 0.346 | 0.305 | 0.275 | 0.314 | 0.425 |
| $X_d''$ | 0.234 | 0.219 | 0.193 | 0.218 | 0.280 |
| $X_q$ | 0.746 | 0.749 | 0.554 | 0.684 | 0.88 |
| $X_q'$ | | | 0.200 | | 0.322 |
| $X_q''$ | 0.547 | 0.228 | 0.197 | | 0.289 |
| $T_{d0}'$ （s） | | 3.43 | 5.90 | 7.27 | 4.88 |
| $GD^2$ （t·m²） | | 540 | 12600 | 52000 | 53000 |

附表 5　　　　　　　6～10kV 低损耗全密封波纹油箱配电变压器技术参数

| 型　　号 | 额定容量（kVA） | 额定电压（kV） | | 连接组标号 | 空载损耗（kW） | 负载损耗（kW） | 空载电流（%） | 阻抗电压（%） |
|---|---|---|---|---|---|---|---|---|
| | | 高压 | 低压 | | | | | |
| S9－M－30 | 30 | | | | 0.13 | 0.60 | 2.1 | 4 |
| S9－M－50 | 50 | | | | 0.17 | 0.87 | 2.0 | 4 |
| S9－M－63 | 63 | | | | 0.20 | 1.04 | 1.9 | 4 |
| S9－M－80 | 80 | | | | 0.25 | 1.25 | 1.8 | 4 |
| S9－M－100 | 100 | | | | 0.29 | 1.50 | 1.6 | 4 |
| S9－M－125 | 125 | | | | 0.34 | 1.80 | 1.5 | 4 |
| S9－M－160 | 160 | | | | 0.40 | 2.20 | 1.4 | 4 |
| S9－M－200 | 200 | 6.3 | | | 0.48 | 2.60 | 1.3 | 4 |
| S9－M－250 | 250 | 6.3 | | | 0.56 | 3.05 | 1.2 | 4 |
| S9－M－315 | 315 | 10 | 0.4 | Y，yn0 | 0.67 | 3.65 | 1.1 | 4 |
| S9－M－400 | 400 | 10.5 | | | 0.80 | 4.30 | 1.0 | 4 |
| S9－M－500 | 500 | 11 | | | 0.96 | 5.10 | 1.0 | 4 |
| S9－M－630 | 630 | | | | 1.20 | 6.20 | 0.9 | 4 |
| S9－M－800 | 800 | | | | 1.40 | 7.50 | 0.8 | 4 |
| S9－M－1000 | 1000 | | | | 1.70 | 10.3 | 0.7 | 4 |
| S9－M－1250 | 1250 | | | | 1.95 | 12.8 | 0.6 | 4 |
| S9－M－1600 | 1600 | | | | 2.4 | 14.5 | 0.6 | 4 |
| S9－M－2000 | 2000 | | | | 2.85 | 17.8 | 0.6 | 4 |

附表 6　　　　　　　35kV 级 SZ9 型有载调压电力变压器技术参数

| 型　　号 | 电压组合及分接范围（kV） | | | 连接组 | 空载损耗（kW） | 负载损耗（kW） | 空载电流（%） | 短路阻抗（%） |
|---|---|---|---|---|---|---|---|---|
| | 高压（kV） | 高压分接范围 | 低压（kV） | | | | | |
| SZ9－1000/35 | 35 | ±3×2.5% | 0.4 | Yyn0 | 1.53 | 12.04 | 0.9 | |
| SZ9－1250/35 | | | | | 1.81 | 14.23 | 0.8 | |
| SZ9－1600/35 | | | | | 2.17 | 17.13 | 0.8 | 0.65 |
| SZ9－2000/35 | 35 | | | | 2.57 | 20.25 | 0.7 | |
| SZ9－2500/35 | | | 6.3 | | 3.06 | 21.74 | 0.7 | |
| SZ9－3150/35 | | | 10.5 | Yd11 | 3.64 | 26.01 | 0.7 | 7 |
| SZ9－4000/35 | | （±3×2.5%） | | | 4.4 | 30.69 | 0.8 | 7 |
| SZ9－5000/35 | | （+4×2.5%～ | | | 5.2 | 36 | 0.7 | 7 |
| SZ9－6300/35 | 35 | －2×2.5%） | | | 6.24 | 38.7 | 0.8 | 7.5 |
| SZ9－8000/35 | 38.5 | | 6 6.3 | YNd11 | 8.8 | 42.75 | 0.5 | 7.5 |
| SZ9－10000/35 | | | 10.5 11 | | 10.4 | 50.58 | 0.4 | 7.5 |

附表 7　　　　　　　　　　　**110kV 双绕组电力变压器技术参数**

| 型　号 | 额定容量（kVA） | 额定电压（kV） | | 连接组标号 | 空载损耗（kW） | 负载损耗（kW） | 空载电流（%） | 阻抗电压（%） |
| --- | --- | --- | --- | --- | --- | --- | --- | --- |
| | | 高压 | 低压 | | | | | |
| S7－6300/110 | 6300 | 121±2×2.5%<br>110±2×2.5% | 11<br>10.5<br>6.6<br>6.3 | | 11.6 | 41 | 1.1 | |
| S7－8000/110 | 8000 | | | | 14.0 | 50 | 1.1 | |
| SF7－10000/110 | 10000 | | | | 16.5 | 50 | 1.0 | |
| SF7－12500/110 | 12500 | | | | 19.5 | 70 | 1.0 | |
| SF7－16000/110 | 16000 | | | | 23.5 | 86 | 0.9 | |
| SF7－20000/110 | 20000 | | | | 27.5 | 104 | 0.9 | |
| SF7－25000/110 | 25000 | | | | 32.5 | 125 | 0.8 | |
| SF7－31500/110 | 31500 | | | | 38.5 | 140 | 0.8 | |
| SF7－40000/110 | 40000 | | | | 46.0 | 174 | 0.8 | |
| SFP7－50000/110 | 50000 | | | | 55.0 | 215 | 0.7 | |
| SFP7－63000/110 | 63000 | | | | 65.0 | 260 | 0.6 | |
| SFP7－90000/110 | 90000 | | | | 85.0 | 300 | 0.6 | |
| SFZ9－6300/110 | 6300 | 110±8×1.25% | 11<br>10.5<br>6.6<br>6.3 | YNd11 | 10 | 36.9 | 0.8 | 10.5 |
| SFZ9－8000/110 | 8000 | | | | 12 | 45.0 | 0.76 | |
| SFZ9－10000/110 | 10000 | | | | 14.24 | 53.1 | 0.72 | |
| SFZ9－12500/110 | 12500 | | | | 16.8 | 63.0 | 0.67 | |
| SFZ9－16000/110 | 16000 | | | | 20.24 | 77.4 | 0.63 | |
| SFZ9－20000/110 | 20000 | | | | 24 | 93.6 | 0.62 | |
| SFZ9－25000/110 | 25000 | | | | 28.4 | 110.7 | 0.55 | |
| SFZ9－31500/110 | 31500 | | | | 37.76 | 133.2 | 0.55 | |
| SFZ9－40000/110 | 40000 | | | | 40.4 | 156.6 | 0.5 | |
| SFZ9－50000/110 | 50000 | | | | 47.76 | 194.4 | 0.5 | |
| SFZ9－63000/110 | 63000 | | | | 56.8 | 234.0 | 0.4 | |
| SFZ10－10000/110 | 10000 | | | | 12.46 | 50.15 | 0.65 | |
| SFZ10－12500/110 | 12500 | | | | 17.70 | 59.50 | 0.60 | |
| SFZ10－16000/110 | 16000 | | | | 17.71 | 73.10 | 0.57 | |
| SFZ10－20000/110 | 20000 | | | | 21 | 88.40 | 0.56 | |
| SFZ10－25000/110 | 25000 | | | | 24.85 | 104.55 | 0.50 | |
| SFZ10－31500/110 | 31500 | | | | 29.54 | 125.80 | 0.50 | |
| SFZ10－40000/110 | 40000 | | | | 35.35 | 147.90 | 0.45 | |
| SFZ10－50000/110 | 50000 | | | | 41.79 | 183.60 | 0.45 | |
| SFZ10－63000/110 | 63000 | | | | 49.70 | 221 | 0.36 | |

附表 8　　　　　　　　　　　　**220kV 双绕组无励磁电力变压器技术参数**

| 型　　号 | 额定容量（kVA） | 额定电压（kV） | | 空载损耗（kW） | 负载损耗（kW） | 空载电流（%） | 阻抗电压（%） |
|---|---|---|---|---|---|---|---|
| | | 高压 | 低压 | | | | |
| SFP－400000/220 | 400000 | 236±2×2.5% | 18 | 250 | 970 | 0.8 | 14 |
| SFP7－360000/220 | 360000 | 242±2×2.5% | 18 | 190 | 860 | 0.28 | 14.3 |
| SFP3－340000/220 | 340000 | | 20 | 190 | 860 | 1.0 | 14.3 |
| SSP2－260000/220 | 260000 | | 15.75 | 255 | 1553 | 0.7 | 14 |
| SFP7－240000/220 | 240000 | | 15.75 | 185 | 620 | 0.4 | 14 |
| SSP3－200000/220 | 200000 | | 13.8 | 216 | 854 | 1.1 | 14.1 |
| SFP3－180000/220 | 180000 | | 69 | 200 | 830 | 1.2 | 14 |
| SFP7－120000/220 | 120000 | | 10.5 | 118 | 385 | 0.9 | 13 |
| SFP7－40000/220 | 40000 | 220±2×1.5% 或 242±2×1.5% | 6.3、6.6 10.5、11 | 52 | 175 | 1.1 | 12 |

附表 9　　　　　　　　　　　　**矩形铝导体长期允许载流量**

| 导体尺寸 $h\times b$（mm×mm） | 集肤效应系数 $K_f$ | 允许载流量（A） | | 惯性半径（cm） | |
|---|---|---|---|---|---|
| | | 平放 | 竖放 | 平放 $r_{i(x)}$ | 竖放 $r_{i(y)}$ |
| 60×6 | 1 | 827 | 870 | 1.734 | 0.173 |
| 60×8 | 1 | 974 | 1025 | 1.734 | 0.231 |
| 60×10 | 1 | 1097 | 1155 | 1.734 | 0.290 |
| 80×6 | 1 | 1093 | 1150 | 2.312 | 0.173 |
| 80×8 | 1 | 1249 | 1358 | 2.312 | 0.231 |
| 80×10 | 1 | 1411 | 1535 | 2.312 | 0.289 |
| 100×6 | 1 | 1311 | 1425 | 2.890 | 0.173 |
| 100×8 | 1 | 1547 | 1682 | 2.890 | 0.231 |
| 100×10 | 1.1 | 1663 | 1807 | 2.890 | 0.289 |
| 120×10 | 1.1 | 1967 | 2070 | 3.468 | 0.289 |
| 2（80×8） | 1.12 | 1858 | 2020 | 2.31 | 0.832 |
| 2（80×10） | 1.14 | 2185 | 2375 | 2.31 | 1.04 |
| 2（100×8） | 1.14 | 2259 | 2455 | 2.89 | 0.832 |
| 2（100×10） | 1.20 | 2613 | 2840 | 2.89 | 1.04 |
| 2（120×10） | 1.24 | 2900 | 3200 | 3.47 | 1.04 |
| 3（80×8） | 1.22 | 2355 | 2560 | 2.31 | 1.33 |
| 3（80×10） | 1.28 | 2806 | 3050 | 2.31 | 1.66 |
| 3（100×8） | 1.28 | 2778 | 3020 | 2.89 | 1.33 |
| 3（100×10） | 1.40 | 3284 | 3570 | 2.89 | 1.66 |
| 3（120×10） | 1.47 | 3770 | 4100 | 3.47 | 1.66 |
| 4（100×10） | 1.62 | 3819 | 4180 | 2.89 | 2.55 |
| 4（120×10） | 1.70 | 4248 | 4650 | 3.47 | 2.55 |

**注**　以上是在基准环境温度＋25℃；导体长期允许发热温度为＋70℃条件下的数据。

附表 10

## 槽型母线的技术特性

| 截面尺寸 (mm) 高度 $h$ | 宽度 $b$ | 壁厚 $c$ | 弯曲半径 $r$ | 双槽导体截面 (mm²) | 铜母线 双槽允许电流(A) 25 | 30 | 40 | 铜母线 集肤效应系数 $k_f$ | 铝母线 双槽允许电流(A) 25 | 30 | 40 | 铝母线 集肤效应系数 $k_f$ | $h$抗弯 截面系数 $W_x$ (cm³) | 惯性矩 $I_x$ (cm⁴) | 惯性半径 $r_x$ (cm) | $b$抗弯 截面系数 $W_y$ (cm³) | 惯性矩 $I_y$ (cm⁴) | 惯性半径 $r_y$ (cm) | 双槽焊成整体 截面系数 $W_{y0}$ (cm³) | 惯性矩 $I_{y0}$ (cm⁴) | 惯性半径 $r_{y0}$ (cm) |
|---|---|---|---|---|---|---|---|---|---|---|---|---|---|---|---|---|---|---|---|---|---|
| 75 | 35 | 4 | 6 | 1040 | 2730 | | | 1.02 | | | | | 10.1 | 41.6 | 2.83 | 2.52 | 6.2 | 1.09 | 23.7 | 89 | 2.93 |
| 75 | 35 | 5.5 | 6 | 1390 | 3250 | | | 1.04 | 2670 | 2350 | 2160 | 1.025 | 14.1 | 53.1 | 2.76 | 3.17 | 7.6 | 1.05 | 30.1 | 113 | 2.85 |
| 100 | 45 | 4.5 | 8 | 1550 | 3620 | | | 1.038 | 2820 | 2480 | 2280 | 1.02 | 22.2 | 111 | 3.78 | 4.51 | 14.5 | 1.33 | 48.6 | 243 | 3.96 |
| 100 | 45 | 6 | 8 | 2020 | 4300 | | | 1.074 | 3500 | 3080 | 2830 | 1.038 | 27 | 135 | 3.7 | 5.9 | 18.5 | 1.37 | 58 | 290 | 3.85 |
| 125 | 55 | 6.5 | 10 | 2740 | 5500 | | | 1.085 | 4640 | 4080 | 3760 | 1.05 | 50 | 290 | 4.7 | 9.5 | 37 | 1.65 | 100 | 620 | 4.8 |
| 150 | 65 | 7 | 10 | 3570 | 7000 | | | 1.126 | 5650 | 4970 | 4580 | 1.075 | 74 | 560 | 5.65 | 14.7 | 68 | 1.97 | 167 | 1260 | 6 |
| 175 | 80 | 8 | 12 | 4880 | 8550 | | | 1.195 | 6430 | 5660 | 5210 | 1.103 | 122 | 1070 | 6.65 | 25 | 144 | 2.4 | 250 | 2300 | 6.9 |
| 200 | 90 | 10 | 14 | 6870 | 9900 | | | 1.32 | 7550 | 6640 | 6120 | 1.175 | 193 | 1930 | 7.55 | 40 | 254 | 2.75 | 422 | 4220 | 7.9 |
| 200 | 90 | 12 | 16 | 8080 | 10500 | | | 1.465 | 8830 | 7770 | 7150 | 1.237 | 225 | 2250 | 7.6 | 46.5 | 294 | 2.7 | 490 | 4900 | 7.9 |
| 225 | 105 | 12.5 | 16 | 9760 | 12500 | | | 1.515 | 10300 | 9070 | 8350 | 1.285 | 307 | 3450 | 8.5 | 66.5 | 490 | 3.2 | 645 | 7240 | 8.7 |
| 250 | 115 | 12.5 | 16 | 10900 | | | | 1.563 | 10800 | 9500 | 8750 | 1.313 | 360 | 4500 | 9.2 | 81 | 660 | 3.52 | 824 | 10300 | 9.82 |

附表 11　　　　　　常用铝芯电力电缆长期允许载流量　　　　　　（A）

| 导体截面（mm²） | 6kV | | | | | | 10kV | | | | 20～35kV | | | |
|---|---|---|---|---|---|---|---|---|---|---|---|---|---|---|
| | 黏性纸绝缘 | | 聚氯乙烯绝缘 | | 交联聚乙烯绝缘 | | 黏性纸绝缘 | | 交联聚乙烯绝缘 | | 黏性纸绝缘 | | 交联聚乙烯绝缘 | |
| | 直埋地下 | 置空气中 | 直埋地下 | 置空气中 | 直埋地下 | 置空气中 | 直埋地下 | 置空气中 | 直埋地下 | 置空气中 | 直埋地下 | 置空气中 | 直埋地下 | 置空气中 |
| 10 | 55 | 48 | 46 | 43 | 70 | 60 | — | — | — | 60 | — | — | — | — |
| 16 | 70 | 60 | 63 | 56 | 95 | 85 | 65 | 60 | 90 | 80 | — | — | — | — |
| 25 | 95 | 85 | 81 | 73 | 110 | 100 | 90 | 80 | 105 | 95 | 80 | 75 | 90 | 85 |
| 35 | 110 | 100 | 102 | 90 | 135 | 125 | 105 | 95 | 130 | 120 | 90 | 85 | 115 | 110 |
| 50 | 135 | 125 | 127 | 114 | 165 | 155 | 130 | 120 | 150 | 145 | 115 | 110 | 135 | 135 |
| 70 | 165 | 155 | 154 | 143 | 195 | 190 | 150 | 145 | 185 | 180 | 135 | 135 | 165 | 165 |
| 95 | 205 | 190 | 182 | 168 | 230 | 220 | 185 | 180 | 215 | 205 | 165 | 165 | 185 | 180 |
| 120 | 230 | 220 | 209 | 194 | 260 | 255 | 215 | 205 | 245 | 235 | 185 | 180 | 210 | 200 |
| 150 | 260 | 255 | 237 | 223 | 295 | 295 | 245 | 235 | 275 | 270 | 210 | 200 | 230 | 230 |
| 185 | 295 | 295 | 270 | 256 | 345 | 345 | 278 | 270 | 325 | 320 | 230 | 230 | 250 | |
| 240 | 345 | 345 | 313 | 301 | 395 | | 325 | 320 | 375 | | | | | |

**注**　1. 铜芯电缆的载流量为同等条件下铝电缆的 1.3 倍。

　　2. 本表为单根电缆的载流量。

附表 12　　　　　　充油电缆（无钢铠）长期允许载流量　　　　　　（A）

| 导体截面（mm²） | 110kV | | 220kV | | 330kV | |
|---|---|---|---|---|---|---|
| | 直埋地下 | 置空气中 | 直埋地下 | 置空气中 | 直埋地下 | 置空气中 |
| 100 | 290 | 330 | | | | |
| 240 | 400 | 515 | 390 | 490 | | |
| 400 | 470 | 655 | 460 | 625 | 430 | 590 |
| 600 | 520 | 780 | 515 | 750 | 480 | 705 |
| 700 | 540 | 820 | 535 | 795 | 500 | 750 |
| 845 | | | 575 | 875 | | |

**注**　1. 充油电力电缆均为单芯铜电缆。

　　2. 直埋地下敷设条件：埋深 1m，水平排列中心距 250mm；导体工作温度 75℃。环境温度 25℃，土壤热阻率 80℃·cm/W，护层两端接地。

　　3. 在空气中敷设条件：水平靠紧排列，导体工作温度 +75℃，环境温度 30℃，护层两端接地。

　　4. 在上述条件下，若电缆护层一段接地时载流量可以大于表中数值。

附表 13　　　　　　电缆直埋地多根并列敷设时载流量的校正系数

| 电缆间净距（mm²） | 并列根数 | | | | | | | | | | |
|---|---|---|---|---|---|---|---|---|---|---|---|
| | 2 | 3 | 4 | 5 | 6 | 7 | 8 | 9 | 10 | 11 | 12 |
| 100 | 0.90 | 0.85 | 0.80 | 0.78 | 0.75 | 0.73 | 0.72 | 0.71 | 0.70 | 0.70 | 0.69 |
| 200 | 0.92 | 0.87 | 0.84 | 0.82 | 0.81 | 0.80 | 0.79 | 0.79 | 0.78 | 0.78 | 0.77 |
| 300 | 0.93 | 0.90 | 0.87 | 0.86 | 0.85 | 0.85 | 10.84 | 0.84 | 0.83 | 0.83 | 0.83 |

附表 14　　　　　　电力电缆在空气中多根并列敷设时载流量的修正系数

| 电缆根数 | | 2 | 3 | 4 | 5 | 4 | 6 |
|---|---|---|---|---|---|---|---|
| 排列方式 | | ○○ | ○○○ | ○○○○ | ○○○○○ | ○○<br>○○ | ○○○<br>○○○ |
| 电缆<br>中心<br>距离 | $S=d$ | 0.9 | 0.85 | 0.82 | 0.80 | 0.80 | 0.75 |
| | $S=2d$ | 1.0 | 0.98 | 0.95 | 0.90 | 0.90 | 0.90 |
| | $S=3d$ | 1.0 | 1.0 | 0.98 | 0.96 | 1.0 | 0.96 |

注　$S$ 为电缆中心距离；$d$ 为电缆的直径。

附表 15　　　　　　不同土壤热阻系数时载流量的校正系数

| 导体截面<br>（mm²） | 土壤热阻系数（℃·cm/W） | | | | |
|---|---|---|---|---|---|
| | 60 | 80 | 120 | 160 | 200 |
| 2.5～16 | 1.06 | 1.0 | 0.9 | 0.83 | 0.77 |
| 25～95 | 1.08 | 1.0 | 0.88 | 0.80 | 0.73 |
| 120～240 | 1.09 | 1.0 | 0.86 | 0.78 | 0.71 |

附表 16　　　　　　断 路 器 技 术 参 数

| 型　号 | 额定电压<br>（kV） | 额定电流<br>（A） | 额定开断<br>电流（kA） | 极限通过电流（kA） | | 热稳定电流（kA） | | | | | |
|---|---|---|---|---|---|---|---|---|---|---|---|
| | | | | 峰值 | 有效值 | 1s | 2s | 3s | 4s | 5s | 10s |
| SN10－10/630 | 10 | 630 | 16 | 40 | | | 16 | | | | |
| SN10－10/1000 | 10 | 1000 | 31.5 | 80 | | | 31.5 | | | | |
| SN10－10/2000 | 10 | 2000 | 43.3 | 130 | | | | | 43.3 | | |
| SN10－10/3000 | 10 | 3000 | 43.3 | 130 | | | | | 43.3 | | |
| SN9－10/600 | 10 | 600 | 14.4 | 36.8 | | | | | 14.4 | | |
| SN8－10/600 | 10 | 600 | 11.6 | 33 | 19 | | | | 11.6 | | |
| SN3－10/2000 | 10 | 2000 | 29 | 75 | 43.5 | 43.5 | | | | 30 | 21 |
| SN3－10/3000 | 10 | 3000 | 29 | 75 | 43.5 | 43.5 | | | | 30 | 21 |
| SN4－10G/6000 | 10 | 6000 | 105 | 300 | 173 | 173 | | | | 120 | 85 |
| SN4－20G/8000 | 20 | 8000 | 87 | 300 | 173 | 173 | | | | 120 | 85 |
| SN5－20G/6000 | 20 | 6000 | 87 | 300 | 173 | 173 | | | | 120 | 85 |
| SN4－20G/12000 | 20 | 12 000 | 87 | 300 | 173 | 173 | | | | 120 | 85 |
| ZN5－10/630 | 10 | 630 | 20 | 50 | | | | | 20 | | |
| ZN5－10/1000 | 10 | 1000 | 25 | 63 | | | | | 25 | | |
| ZN9－10/1250 | 10 | 1250 | 20 | 50 | | | | | 20 | | |
| ZN13－10/1250 | 10 | 1250 | 31.5 | 80 | | | | | 31.5 | | |
| ZN4－10/1000 | 10 | 1000 | 17.3 | 44 | | | | | 17.3 | | |
| ZN12－10/1250 | 10 | 1250 | 31.5 | 80 | | | | 31.5 | | | |
| ZN12－10/1600 | 10 | 1600 | 31.5 | 80 | | | | 31.5 | | | |
| ZN12－10/2000 | 10 | 2000 | 40 | 100 | | | | | 40 | | |

续表

| 型 号 | 额定电压 (kV) | 额定电流 (A) | 额定开断电流 (kA) | 极限通过电流 (kA) | | 热稳定电流 (kA) | | | | | |
|---|---|---|---|---|---|---|---|---|---|---|---|
| | | | | 峰值 | 有效值 | 1s | 2s | 3s | 4s | 5s | 10s |
| ZN12－10/2500 | 10 | 2500 | 31.5 | 80 | | | | 31.5 | | | |
| ZN12－10/3150 | 10 | 3150 | 55 | 125 | | | | 50 | | | |
| LN2－10/1250 | 10 | 1250 | 25 | 63 | | | | 25 | | | |
| LW－110I/2500 | 110 | 2500 | 31.5 | 125 | | | | 50 | | | |
| LW6－110II/3150 | 110 | 3150 | 40 | 125 | | | | 50 | | | |
| LW1－220/2000 | 220 | 2000 | 31.5 | 80 | | | | | 31.5 | | |
| LW1－220/2000 | 220 | 2000 | 40 | 100 | | | | | 40 | | |
| LW1－220/3150 | 220 | 3150 | 31.5 | 80 | | | | | 31.5 | | |
| LW1－220/3150 | 220 | 2500 | 40 | 100 | | | | | 40 | | |
| LW2－132/2500 | 220 | 2500 | 31.5，40 | 80，100 | | | | | 31.5，40 | | |
| LW2－220/2500 | 220 | 2500 | 31.5，40，50 | 80，100，125 | | | | | 31.5，40，50 | | |
| LW6－220/3150 | 220 | 3150 | 40，50 | 100，125 | | | | 40，50 | | | |
| LW6－500/3150 | 500 | 3150 | 40，50 | 100，125 | | | | 40，50 | | | |

注　SN—户内少油式；ZN—户内真空式；LN—户内六氟化硫式；LW—户外六氟化硫式。

**附表 17　　　　　　　　隔 离 开 关 技 术 参 数**

| 型 号 | 额定电压 (kV) | 额定电流 (A) | 极限通过电流 (kA) | | 5s 热稳定 电流 (kA) | 操动机构 型号 |
|---|---|---|---|---|---|---|
| | | | 峰值 | 有效值 | | |
| GN$_2$－10/2000 | 10 | 2000 | 85 | 50 | 36（10s） | CS$_6$－2 |
| GN$_2$－10/3000 | 10 | 3000 | 100 | 60 | 50（10s） | CS$_7$ |
| GN$_2$－20/400 | 20 | 400 | 50 | 30 | 10（10s） | CS$_6$－2 |
| GN$_2$－35/400 | 35 | 400 | 50 | 30 | 10（10s） | CS$_6$－2 |
| GN$_2$－35/600 | 35 | 600 | 50 | 30 | 14（10s） | CS$_6$－2 |
| GN$_2$－35T/400 | 35 | 400 | 52 | 30 | 14 | CS－2T |
| GN$_2$－35T/600 | 35 | 600 | 64 | 37 | 25 | CS$_6$－2T |
| GN$_2$－35T/1000 | 35 | 1000 | 70 | 49 | 27.5 | CS$_6$－2T |
| GN$_6$－6T/200 | 6 | 200 | 25.5 | 14.7 | 10 | |
| GN$_6$－6T/400 | 6 | 400 | 52 | 30 | 14 | |
| GN$_6$－6T/600 | 6 | 600 | 52 | 30 | 20 | |
| GN$_6$－10T/200 | 10 | 200 | 25.5 | 14.7 | 10 | CS$_6$－1T |
| GN$_6$－10T/400 | 10 | 400 | 52 | 30 | 14 | |
| GN$_6$－10T/600 | 10 | 600 | 52 | 30 | 20 | |
| GN$_6$－10T/1000 | 10 | 1000 | 75 | 43 | 30 | |

| 型　号 | 额定电压（kV） | 额定电流（A） | 极限通过电流（kA） | | 5s 热稳定电流（kA） | 操动机构型号 |
|---|---|---|---|---|---|---|
| | | | 峰值 | 有效值 | | |
| GN$_{10}$－10T/3000 | 10 | 3000 | 160 | 90 | 75 | CS9 或 CJ2 |
| GN$_{10}$－10T/4000 | 10 | 4000 | 160 | 90 | 80 | CS9 或 CJ2 |
| GN$_{10}$－10T/5000 | 10 | 5000 | 200 | 110 | 100 | CJ2 |
| GN$_{10}$－10T/6000 | 10 | 6000 | 200 | 110 | 105 | CJ26 |
| GN$_6$－20T/8000 | 20 | 8000 | 250 | 145 | 80 | CJ2 |
| GW$_4$－35/1250 | 35 | 1250 | 50 | | 20（4s） | |
| GW$_4$－35/2000 | 35 | 2000 | 80 | | 31.5（4s） | |
| GW$_4$－35/2500 | 35 | 2500 | 100 | | 40（4s） | |
| GW$_4$－110/1250 | 110 | 1250 | 50 | | 20（4s） | |
| GW$_4$－110G/1250 | 110 | 1250 | 80 | | 31.5（4s） | CS11G 或 CS14G |
| GW$_4$－110/2000 | 110 | 2000 | 80 | | 31.5（4s） | |
| GW$_4$－110/2500 | 110 | 2500 | 100 | | 40（4s） | |
| GW$_4$－220/1250 | 220 | 1250 | 80 | | 31.5（4s） | |
| GW$_4$－220/2000 | 220 | 2000 | 100 | | 40（4s） | |
| GW$_4$－220/2500 | 220 | 2500 | 125 | | 50（4s） | |
| GW$_5$－35/630 | 35 | 630 | 50，80 | | 20，31.5（4s） | |
| GW$_5$－35/1250 | 35 | 1250 | 50，80 | | 20，31.5（4s） | |
| GW$_5$－35/1600 | 35 | 1600 | 50，80 | | 20，31.5（4s） | |
| GW$_5$－110/630 | 110 | 630 | 50，80 | | 20，31.5（4s） | CS17 |
| GW$_5$－110/1250 | 110 | 1250 | 50，80 | | 20，31.5（4s） | |
| GW$_5$－110/1600 | 110 | 1600 | 50，80 | | 20，31.5（4s） | |
| GW$_7$－220/1250 | 220 | 1250 | 80 | | 31.5（4s） | |
| GW$_7$－220/2500 | 220 | 2500 | 125 | | 50（3s） | |
| GW$_7$－220/3150 | 220 | 3150 | 125 | | 50（3s） | |
| GW$_7$－330/1600 | 330 | 1600 | 100 | | 40（4s） | CJ16 |
| GW$_7$－500/2500 | 500 | 2500 | 125 | | 50（3s） | |
| GW$_7$－500/3150 | 500 | 3150 | 125 | | 50（3s） | |
| GW$_{10}$－220/1600 | 220 | 1600 | 100 | | 40（3s） | |
| GW$_{10}$－220/2500 | 220 | 2500 | 125 | | 50（3s） | |
| GW$_{10}$－220/3150 | 220 | 3150 | 125 | | 50（3s） | |
| GW$_{10}$－330/1600 | 330 | 1600 | 100 | | 40（3s） | CJ16－1 |
| GW$_{10}$－330/2500 | 330 | 2500 | 100 | | 40（3s） | |
| GW$_{10}$－500/2500 | 500 | 2500 | 125 | | 50（3s） | |
| GW$_{10}$－500/3150 | 500 | 3150 | 125 | | 50（3s） | |

附表 18　　　　　　　　　　　　电压互感器技术参数

| 型　号 | 额定电压（kV） | | | 二次额定容量（VA） | | | 最大容量（VA） |
|---|---|---|---|---|---|---|---|
| | 一次绕组 | 二次绕组 | 辅助绕组 | 0.5 级 | 1 级 | 3 级 | |
| JDG6－0.38 | 0.38 | 0.1 | | 15 | 25 | 60 | 100 |
| JDZ－3 | 3（3/√3） | 0.1（0.1/√3） | | 30 | 50 | 120 | 200 |
| JDZ－6 | 6（6/√3） | 0.1（0.1/√3） | | 50 | 80 | 200 | 400 |
| JDZ－10 | 10（10/√3） | 0.1（0.1/√3） | | 50 | 80 | 200 | 400 |
| JDZ－35 | 35 | 0.1 | | 150 | 250 | 500 | 1000 |
| JDZJ－3 | 3/√3 | 0.1/√3 | 0.1/3 | 25 | 40 | 100 | 200 |
| JDZJ－6 | 6/√3 | 0.1/√3 | 0.1/3 | 50 | 80 | 200 | 400 |
| JDZJ－10 | 10/√3 | 0.1/√3 | 0.1/3 | 50 | 80 | 200 | 400 |
| JDZJ－35 | 35/√3 | 0.1/√3 | 0.1/3 | 150 | 250 | 500 | 1000 |
| JDJ－3 | 3 | 0.1 | | 30 | 50 | 120 | 240 |
| JDJ－6 | 6 | 0.1 | | 50 | 80 | 200 | 400 |
| JDJ－10 | 10 | 0.1 | | 80 | 150 | 320 | 640 |
| JDJ－13.8 | 13.8 | 0.1 | | 80 | 150 | 320 | 640 |
| JDJ－15 | 15 | 0.1 | | 80 | 150 | 320 | 640 |
| JDJ－35 | 35 | 0.1 | | 150 | 250 | 600 | 1200 |
| JSJB－3 | 3 | 0.1 | | 50 | 80 | 200 | 400 |
| JSJB－6 | 6 | 0.1 | | 80 | 150 | 320 | 640 |
| JSJB－10 | 10 | 0.1 | | 120 | 200 | 480 | 960 |
| JSJW－3 | 3/√3 | 0.1/√3 | 0.1/3 | 50 | 80 | 200 | 400 |
| JSJW－6 | 6/√3 | 0.1/√3 | 0.1/3 | 80 | 150 | 320 | 640 |
| JSJW－10 | 10/√3 | 0.1/√3 | 0.1/3 | 120 | 200 | 480 | 960 |
| JSJW－13.8 | 13.8/√3 | 0.1/√3 | 0.1/3 | 120 | 200 | 480 | 960 |
| JSJW－15 | 15/√3 | 0.1/√3 | 0.1/3 | 120 | 200 | 480 | 960 |
| JDJJ－35 | 35/√3 | 0.1/√3 | 0.1/3 | 150 | 250 | 600 | 1000 |
| JCC－60 | 60/√3 | 0.1/√3 | 0.1/3 | | 500 | 1000 | 2000 |
| JCC－110 | 110/√3 | 0.1/√3 | 0.1 | | 500 | 1000 | 2000 |
| JCC1－110GY | 110/√3 | 0.1/√3 | 0.1/3 | | 500 | 1000 | 2000 |
| JCC2－110 | 110/√3 | 0.1/√3 | 0.1 | | 500 | 1000 | 2000 |
| JCC2－220 | 220/√3 | 0.1/√3 | 0.1 | | 500 | 1000 | 2000 |
| JCC2－220TH | 220/√3 | 0.1/√3 | 0.1 | | 500 | 1000 | 2000 |

续表

| 型号 | 额定电压（kV） | | | 二次额定容量（VA） | | | 最大容量（VA） |
| --- | --- | --- | --- | --- | --- | --- | --- |
| | 一次绕组 | 二次绕组 | 辅助绕组 | 0.5级 | 1级 | 3级 | |
| YDR－110 | $110/\sqrt{3}$ | $0.1/\sqrt{3}$ | 0.1 | | 220 | 440 | 1200 |
| YDR－220 | $220/\sqrt{3}$ | $0.1/\sqrt{3}$ | 0.1 | | 220 | 440 | 1200 |

注　J—电压互感器（第一字母），油浸式（第三字母），接地保护用（第四字母）；Y—电压互感器；D—单相；S—三相；G—干式；C—串级式（第二字母），瓷绝缘（第三字母）；W—五柱三绕组（第四字母），防污型（在额定电压后）；B—防爆型（在额定电压后）；R—电容式；F—测量和保护二次绕组分开；型号加GY用于高原地区；型号后加TH为用于湿热地区。

附表19　　　　　　　　　　　　　电流互感器主要技术参数

| 型号 | 额定电流比（A/A） | 级次组合 | 准确级次 | 二次负荷 | | | 二次负荷 | 1s热稳定倍数 | 动稳定倍数 |
| --- | --- | --- | --- | --- | --- | --- | --- | --- | --- |
| | | | | 0.5级 | 1级 | 3级 | | | |
| LFZ1－3<br>LFZ1－6<br>LFZ1－10 | 5~200/5 | 0.5/3 | 0.5 | 0.4 | | | 0.40 | 90 | 160 |
| | 300/5 | | | | | | | 80 | 140 |
| | 400/5 | | | | | | | 75 | 130 |
| | 5~200/5 | | 3 | | | 0.6 | 0.6 | 90 | 160 |
| | 300/5 | | | | | | | 80 | 140 |
| | 400/5 | | | | | | | 75 | 130 |
| | 5~200/5 | 1/3 | 1 | 0.4 | | | 0.4 | 90 | 160 |
| | 300/5 | | | | | | | 80 | 140 |
| | 400/5 | | | | | | | 75 | 130 |
| | 5~200/5 | | 3 | | | 0.6 | 0.6 | 90 | 160 |
| | 300/5 | | | | | | | 80 | 140 |
| | 400/5 | | | | | | | 75 | 130 |
| LFZJ1－3<br>LFZJ1－6<br>LFZJ1－10 | 200~400/5 | 0.5/3 | 0.5 | 0.8 | 1.2 | | | 120* | 210* |
| | | | 1 | | 0.8 | | | | |
| | | 1/3 | 3 | | | 1 | | 800** | 140** |
| | | | D | | | | 1.2 | | |
| LFZDJ1－3<br>LFZDJ1－6<br>LFZDJ1－10 | 75~400/5 | 0.5/D | 0.5 | 0.8 | 1.2 | | | | |
| | | | 1 | | 0.8 | | | | |
| | | D/D | 3 | | | 1 | | 75*** | 130*** |
| | | | D | | | | 1.2 | | |
| LFZB－10 | 5~400/4 | 0.5/D | 0.5 | 0.4 | | | | 85 | 153 |
| | | | D | | | | 1.2 | | |
| LFZJD－15 | 200，300/5 | 0.5/D | | | | | 0.8 | 80 | 140 |

注　F—复匝贯穿式；Z—浇注绝缘；J—加大容量；D或B（最后一个字母）—差动保护用。

\*　　当电流互感器的电流为5~200A时；

\*\*　　当电流互感器的电流为300A时；

\*\*\*　当电流互感器的电流为400A时。

附表 20　　　　　　　　　　**LA 系列电流互感器主要技术参数**

| 型　号 | 额定电流比（A/A） | 级次组合 | 准确级次 | 二次负荷 | | | | 10%倍数 | 1s热稳定倍数 | 动稳定倍数 |
|---|---|---|---|---|---|---|---|---|---|---|
| | | | | 0.5级 | 1级 | 3级 | D级 | | | |
| LA—10 | 100～200/5 | 0.5/3 及 1/3 | 0.5 | 0.4 | | | | <10 | 90 | 160 |
| | | | 1 | | 0.4 | | | <10 | | |
| | | | 3 | | | 0.6 | | >10 | | |
| | 300～400/5 | 0.5/3 及 1/3 | 0.5 | 0.4 | | | | <10 | 75 | 135 |
| | | | 1 | | 0.4 | | | <10 | | |
| | | | 3 | | | 0.6 | | >10 | | |
| | 500/5 | 0.5/3 及 1/3 | 0.5 | 0.4 | | | | <10 | 60 | 110 |
| | | | 1 | | 0.4 | | | <10 | | |
| | | | 3 | | | 0.6 | | >10 | | |
| | 600～1000/5 | 0.5/3 及 1/3 | 0.5 | 0.4 | | | | <10 | 50 | 90 |
| | | | 1 | | 0.4 | | | <10 | | |
| | | | 3 | | | 0.6 | | >10 | | |
| LAJ—10 LBJ—10 | 300/5 | | 0.5 | 1 | | | | <10 | 100 | 180 |
| | | | 1 | | 1 | | | <10 | | |
| | | | D | | | | 2.4 | >15 | | |
| | 400/5 | | 0.5 | 1 | | | | <10 | 75 | 135 |
| | | | 1 | | 1 | | | <10 | | |
| | | | D | | | | 2.4 | >15 | | |
| | 500/5 | | 0.5 | 1 | | | | <10 | 60 | 110 |
| | | | 1 | | 1 | | | <10 | | |
| | | | D | | | | 2.4 | >15 | | |
| | 600～800/5 | | 0.5 | 1 | | | | <10 | 50 | 90 |
| | | | 1 | | 1 | | | <10 | | |
| | | | D | | | | 2.4 | >15 | | |
| | 1000～1500/5 | | 0.5 | 1.6 | | | | <10 | 50 | 90 |
| | | | 1 | | 1.6 | | | <10 | | |
| | | | D | | | | 3.0 | >15 | | |
| | 2000～6000/5 | | 0.5 | 2.4 | | | | <10 | 50 | 90 |
| | | | 1 | | 2.4 | | | <10 | | |
| | | | D | | | | 4.0 | >15 | | |

**注**　A—穿墙式；B—支持式；J—加大容量；L—电流互感器；LA—浇注绝缘。

附表 21　　　　　　　　　　　**LDZ1－10 型电流互感器主要技术参数**

| 型　号 | 额定电流比（A/A） | 级次组合 | 准确级次 | 二次负荷 | | | | 二次负荷 | 1s热稳定倍数 | 动稳定倍数 |
|---|---|---|---|---|---|---|---|---|---|---|
| | | | | 0.5级 | 1级 | 3级 | D级 | | | |
| LDZ1－10 | 600～1000/5 | 0.5/3 | 0.5 | 0.4 | 0.6 | | | 0.4 | 50 | 90 |
| | | | 3 | | | 0.6 | | 0.6 | | |
| | 600～1000/5 | 1/3 | 1 | | 0.4 | | | 0.4 | | |
| | | | 3 | | | 0.6 | | 0.6 | | |
| | 600～1500/5 | 0.5/3 | 0.5 | 1.2 | 1.6 | | | 0.2 | | |
| | | | 3 | | | 1.2 | | 1.2 | | |
| | 600～1500/5 | 1/3 | 1 | | 1.2 | | | 1.2 | | |
| | | | 3 | | | 1.2 | | 1.2 | | |
| | 600～1500/5 | 0.5/D | 0.5 | 1.2 | 1.6 | | | 1.2 | | |
| | | | D | | | | 1.6 | 1.6 | | |
| | 600～1500/5 | DD | D | | | | 1.6 | 1.6 | | |

附表 22　　　　　　　　　**35～330kV 户外独立电流互感器主要技术参数**

| 型　号 | 额定电流比（A/A） | 级次组合 | 准确级次 | 二次负荷 | | | | 10%倍数 | | 1s热稳定倍数 | 动稳定倍数 |
|---|---|---|---|---|---|---|---|---|---|---|---|
| | | | | 0.5级 | 1级 | 3级 | D级 | 二次负荷 | 倍数 | | |
| LCWDL－35 | (2×20)～(2×300)/5 | 0.5/D | 0.5 | 2 | | | | | | 75 | 135 |
| | | | D | | | | | 2 | 15 | | |
| LCWDL－110 LCWDL110GY | (2×50)～(2×600)/5 | 0.5/D | 0.5 | 2 | | | | | | 75 | 135 |
| | | | D | | | | | 2 | 15 | | |
| LCWDL－220 LCWDL220GY | (4×300)/5 | 0.5/D | 0.5 | 2 | | | | | | 35 (5s) | 65 |
| | | | D | | | | | 2.4 | 15 | | |
| LQZ－35 | 15～600/5 | D/0.5 | 0.5 | 2 | 4 | | | | | 65 (5s) | 100 |
| | | | D | | 1.2 | 3 | | 0.8 | 35 | | |
| LQZ－110 | (2×50)～(2×300)/5 | D/D/0.5 | D | | | | | 2 | 15 | 75 | 135 |
| | | | 0.5 | 2 | | | | | | | |
| LCW－35 | 15～600/5 | 0.5/3 | 0.5 | 2 | 4 | | | 2 | 28 | 65 | 100 |
| | | | 3 | | | 2 | 4 | 2 | 5 | | |
| LCWD－35 | 15～600/5 | D/0.5 | D | | 1.2 | 3 | | 0.8 | 35 | 65 | 150 |
| | | | 0.5 | 1.2 | 3 | | | | | | |
| LCWQ－35 | 15～600/5 | 0.5/1 | 0.5 | 1.2 | 3 | | | | | 90 | 150 |
| | | | 1 | | 1.2 | 3 | | 1.2 | 30 | | |
| LCW－60 | (20～40)～(300～600)/5 | 0.5/1 | 0.5 | 1.2 | 2.4 | | | | | 75 | 150 |
| | | | 1 | | 1.2 | 4 | | 1.2 | 15 | | |

续表

| 型　号 | 额定电流比（A/A） | 级次组合 | 准确级次 | 二次负荷 | | | | 10%倍数 | | 1s热稳定倍数 | 动稳定倍数 |
|---|---|---|---|---|---|---|---|---|---|---|---|
| | | | | 0.5级 | 1级 | 3级 | D级 | 二次负荷 | 倍数 | | |
| LCWD—60 | (20~40)~(300~600)/5 | D/1 | D | | 1.2 | | | 0.8 | 30 | 75 | 150 |
| | | | 1 | | 1.2 | 4 | | 1.2 | 15 | | |
| LCW—110 | (50~100)~(300~600)/5 | 0.5/1 | 0.5 | 1.2 | 2.4 | | | | | 75 | 150 |
| | | | 1 | | 1.2 | | | 1.2 | 15 | | |
| LCWD—60 | (50~100)~(300~600)/5 | D/1 | D | | 1.2 | | | 0.8 | 30 | 75 | 150 |
| | | | 1 | | 1.2 | 4 | | 1.2 | 15 | | |
| LCWD—110 | (2×50)~(2×600)/5 | D1/D2/0.5 | D1 | | | | | 1.2 | 20 | 75 | 150 |
| | | | D2 | | | | | 1.2 | 15 | | |
| | | | 0.5 | | | | | | | | |
| LCWD—110GY | (2×50)~(2×600)/5 | D1/D2/0.5 | D1 | | | | | 1.2 | 20 | 75 | 150 |
| | | | D2 | | | | | 1.2 | 15 | | |
| | | | 0.5 | | | | | | | 34 | 60 |
| LCW—220 | 4×300/5 | D/D/D/0.5 | D | | 1.2 | | | 1.2 | 30 | 60 | 60 |
| | | | 0.5 | | 2 | 4 | | 2 | 20 | | |
| LCLWD1—220 | 4×300/5 | D/D/D/0.5 | D | | 1.2 | | | 1.2 | 30 | 60 | 60 |
| | | | 0.5 | 2 | | | | | | | |
| LCLWD2—220 | 2×300/5 | 0.5/D/D/D | 0.5 | | 20(VA) | | | | | 21 | 38 |
| | | | D | | | | | 20(VA) | 40 | | |
| | | | D | | | | | 20(VA) | 40 | | |
| | | | D | | | | | 15(VA) | 20 | | |
| LCLWD2—220 | 2×600/1 | 0.5/D1/D1/D2 | 0.5 | 20(VA) | | | | | | 21(5s) | 38 |
| | | | D1 | | | | | 20(VA) | 40 | | |
| | | | D2 | | | | | 20(VA) | 20 | | |

**注**　LCWD型号由一次线圈串、并联改变变比。110kV可得两种变比，220kV可得4种变比。

**附表23**　　　　　　　　　　　支柱绝缘子技术参数

| 型　号 | | 额定电压（kV） | 绝缘子高度（mm） | 机械破坏负荷（kg） |
|---|---|---|---|---|
| 户　内 | ZA—10 | 10 | 190 | 375 |
| | ZA—35 | 35 | 380 | |
| | ZNA—10 | 10 | 125 | |
| | ZLA—35 | 35 | 380 | |
| | ZB—10 | 10 | 215 | 750 |
| | ZB—35 | 35 | 400 | |
| | ZLB—10 | 10 | 125 | |
| | ZLB—35 | 35 | 380 | |

续表

| 型　号 | | 额定电压（kV） | 绝缘子高度（mm） | 机械破坏负荷（kg） |
|---|---|---|---|---|
| 户　内 | ZC—10 | 10 | 225 | 1250 |
| | ZPC—35 | 35 | 400 | |
| | ZD—10 | 10 | 235 | 2000 |
| | ZD—20 | 20 | 315 | |
| | ZND—10 | 10 | 215 | |
| | ZND—20 | 20 | 315 | |
| | ZNE—20 | 20 | 203 | 3000 |
| 户　外 | ZPB—10 | 10 | 180 | 750 |
| | ZPD—10 | 10 | 210 | 2000 |
| | ZPD—35 | 35 | 400 | |
| | ZS—10 | 10 | 210 | 500 |
| | ZS—20 | 20 | 350 | 1000 |
| | ZS—35 | 35 | 400 | 400 |
| | | | 420 | 600，800 |
| | | | 485 | 1000 |
| | ZS—110 | 110 | 1060 | 300，400，500，800，850 |
| | | | 1200 | 1500，2000 |
| | ZS—220 | 220 | 2100 | 250，400 |
| | ZS—330 | 330 | 3200 | 400 |

**附表 24　　　　　　　穿墙套管技术参数**

| 型　号 | | 额定电压（kV） | 额定电流（母线尺寸）（A） | 套管长度（mm） | 机械破坏负荷（kg） |
|---|---|---|---|---|---|
| 户　内 | CLB—10 | 10 | 250，400，600 | 505 | 750 |
| | | | 1000，1500 | 520 | |
| | CLB—35 | 35 | 250，400 | 980 | |
| | | | 600，1000，1500 | 1020 | |
| | CLC—10 | 10 | | 620 | 1250 |
| | CLC—20 | 20 | 2000，3000 | 820 | |
| | CLD—10 | 10 | 2000 | 580 | 2000 |
| | | | 3000，4000 | 620 | |
| | CMD—10 | 10 | （60×8，60×6） | 480 | 2000 |
| | CMD—20 | 20 | （60×8，80×8，80×10） | 720 | |
| | CME—10 | 10 | （60×8，80×8，80×10，100×10） | 488 | 3000 |
| | CMF1—20 | 20 | 6000 | 782 | 4000 |
| | CMF2—20 | 20 | 8000（220×210） | 600 | |
| | CNR—110 | 110 | 600 | 3050 | |

续表

| 型　　号 | | 额定电压（kV） | 额定电流（母线尺寸）（A） | 套管长度（mm） | 机械破坏负荷（kg） |
|---|---|---|---|---|---|
| 户　外 | CWLB—10 | 10 | 250，400，600 | 230 | 750 |
| | | | 1000，1500 | 600 | |
| | CWLB—35 | 35 | 250，400 | 1020 | |
| | | | 600，1000，1500 | 1060 | |
| | CWLC—10 | 10 | 1000，1500 | 570 | 1250 |
| | | | 2000，3000 | 650 | |
| | CWLC—20 | 20 | 2000，3000 | 880 | |
| | CLWD—10 | 10 | 2000，3000 | 645 | 2000 |
| | | | 4000 | 685 | |
| | CMWD2—20 | 20 | 4000（220×210） | 645 | 2000 |
| | CMWF2—20 | 20 | 8000（220×210） | 625 | 4000 |
| | CMWF1—35 | 35 | 6000 | 942 | |
| | CRL2—110 | 110 | 600，1200 | ～3700 | 4000 |
| | CR—220 | 220 | 600，1200 | ～5500 | |
| | CRQ—330 | 330 | 800 | 7300 | |

注　括号内数字为母线孔尺寸（mm）。

附表 25　　　　　　　　　限流式熔断器技术参数

| 型号 | 额定电压（kV） | 额定电流（A） | 最大开断容量（MVA） | 最大切除电流（有效值）（kA） | 最小切断电流或过电压倍数 | 备注 |
|---|---|---|---|---|---|---|
| RN1 | 3 | 20～400 | 200 | | $1.3I_N$ | 电力线路短路或过电流保护用 |
| | 6 | 20～300 | | | | |
| | 10 | 20～200 | | | | |
| | 15 | 5～40 | | | | |
| RN2 | 3，6 | 0.5 | 500 | 85 | 0.6～1.8（A） | 保护屋内 TV |
| | 10，20，35 | 0.5 | 1000 | 50，28，17 | | |
| RW10—35 | 35 | 0.5 | 2000 | 28 | ≤$2.5U_N$ | 保护屋外 TV |

注　R—熔断器；N—户内；W—户外。

附表 26　　　　　　　　　避 雷 器 技 术 参 数

| 型号 | 组合方式 | 额定电压（kV） | 灭弧电压（kV，有效值） | 工频放电（kV，有效值） | | 预放电时间1.5～20μs 的冲击放电电压（kV，幅值）不大于 | 5、10kA 冲击电流（波形 10/20μs）下的残压（kV，幅值） | |
|---|---|---|---|---|---|---|---|---|
| | | | | 不小于 | 不大于 | | 5kA 下不大于 | 10kA 下不大于 |
| FZ—3 | 单独元件 | 3 | 3.8 | 9 | 11 | 20 | 14.5 | （16） |
| FZ—6 | 单独元件 | 6 | 7.6 | 16 | 19 | 30 | 27 | （30） |

续表

| 型号 | 组合方式 | 额定电压（kV） | 灭弧电压（kV，有效值） | 工频放电（kV，有效值）不小于 | 工频放电（kV，有效值）不大于 | 预放电时间1.5～20μs的冲击放电电压（kV，幅值）不大于 | 5、10kA冲击电流（波形10/20μs）下的残压（kV，幅值）5kA下不大于 | 5、10kA冲击电流（波形10/20μs）下的残压（kV，幅值）10kA下不大于 |
|---|---|---|---|---|---|---|---|---|
| FZ—10 | 单独元件 | 10 | 12.7 | 26 | 31 | 45 | 45 | (50) |
| FZ—15 | 单独元件 | 15 | 20.5 | 42 | 52 | 78 | 67 | (74) |
| FZ—20 | 单独元件 | 20 | 25 | 49 | 60.5 | 85 | 80 | (88) |
| FZ—30J | 组合元件 | — | 25 | 56 | 67 | 110 | 83 | (91) |
| FZ—30 | 单独元件 | 30 | 38 | 80 | 91 | 116 | 121 | (134) |
| FZ—35 | 2×FZ—15 | 35 | 41 | 84 | 104 | 134 | 134 | (148) |
| FZ—60 | 2*FZ—20+FZ—15— | 60 | 70.5 | 140 | 173 | 220 | 227 | (250) |
| FZ—110J | 4*FZ—30J | 110 | 100 | 224 | 268 | 310 | 332 | (364) |
| FZ—110 | FZ—20+5*FZ—15 | 110 | 126 | 254 | 312 | 375 | 375 | (440) |
| FZ—154J | 4*FZ—30J+2*FZ—15 | 154 | 141 | 306 | 372 | 420 | 466 | (512) |
| FZ—154 | 3*FZ—30J+5*FZ—15 | 154 | 177.5 | 352 | 441 | 500 | 575 | (634) |
| FZ—220J | 8*FZ—30J | 220 | 200 | 448 | 536 | 630 | 664 | (728) |
| FCZ—35 | | 35 | 40 | 72 | 85 | 108 | 103 | (113) |
| FCZ—110J | | 110 | 100 | 170 | 195 | 265 | 265 | (295) |
| FCZ—110 | | 110 | 126 | 255 | 290 | 345 | 332 | (365) |
| FCZ—154J | | 154 | 142 | 241 | 277 | 374 | 374 | (412) |
| FCZ—154 | | 154 | 177 | 330 | 377 | 500 | 466 | (512) |
| FCZ—220J | | 220 | 200 | 340 | 390 | 515 | 515 | (570) |
| FCZ—330J | | 330 | 290 | 510 | 58 | 780 | 740 | 820 |

**注** 括号中数值为参考值。

**附表 27　　LJ 铝绞线的长期允许载流量（环境温度 20℃）**

| 标称截面（mm²） | 长期允许载流量（A）+70℃ | 长期允许载流量（A）+80℃ | 标称截面（mm²） | 长期允许载流量（A）+70℃ | 长期允许载流量（A）+80℃ |
|---|---|---|---|---|---|
| 16 | 112 | 117 | 185 | 534 | 543 |
| 25 | 151 | 157 | 210 | 584 | 593 |
| 35 | 183 | 190 | 240 | 634 | 643 |
| 50 | 231 | 239 | 300 | 731 | 738 |
| 70 | 291 | 301 | 400 | 879 | 883 |
| 95 | 351 | 360 | 500 | 1023 | 1023 |

续表

| 标称截面 (mm²) | 长期允许载流量（A） | | 标称截面 (mm²) | 长期允许载流量（A） | |
|---|---|---|---|---|---|
| | +70℃ | +80℃ | | +70℃ | +80℃ |
| 120 | 410 | 420 | 630 | 1185 | 1180 |
| 150 | 466 | 476 | 800 | 1388 | 1377 |

**附表 28 LGJ 铝绞线的长期允许载流量（环境温度 20℃）**

| 标称截面 (mm²) | 长期允许载流量（A） | | 标称截面 (mm²) | 长期允许载流量（A） | |
|---|---|---|---|---|---|
| | +70℃ | +80℃ | | +70℃ | +80℃ |
| 10 | 88 | 93 | 185 | 539 | 548 |
| 16 | 115 | 121 | 210 | 577 | 586 |
| 25 | 154 | 160 | 240 | 655 | 662 |
| 35 | 189 | 195 | 300 | 735 | 742 |
| 50 | 234 | 240 | 400 | 898 | 901 |
| 70 | 289 | 297 | 500 | 1025 | 1024 |
| 95 | 357 | 365 | 630 | 1187 | 1182 |
| 120 | 408 | 417 | 800 | 1403 | 1390 |
| 150 | 463 | 472 | | | |

**附表 29 6～110kV 架空线路的电阻和电抗值** Ω/(km)

| 导线型号 | 电阻 $r_1$ | 电抗 $x_1$ | | | |
|---|---|---|---|---|---|
| | | 6kV | 10kV | 35kV | 110kV |
| LGJ—16/3 | 1.969 | 0.414 | 0.414 | | |
| LGJ—25/4 | 1.260 | 0.399 | 0.399 | | |
| LGJ—35/6 | 0.900 | 0.389 | 0.389 | 0.433 | |
| LGJ—50/8 | 0.630 | 0.379 | 0.379 | 0.423 | 0.452 |
| LGJ70/10 | 0.450 | 0.368 | 0.368 | 0.412 | 0.441 |
| LGJ—95/20 | 0.332 | 0.356 | 0.356 | 0.400 | 0.429 |
| LGJ—120/25 | 0.223 | 0.348 | 0.348 | 0.392 | 0.421 |
| LGJ—150/25 | 0.210 | | | 0.387 | 0.416 |
| LGJ—185/30 | 0.170 | | | 0.380 | 0.410 |
| LGJ—210/35 | 0.150 | | | 0.376 | 0.405 |
| LGJ—240/40 | 0.131 | | | 0.372 | 0.401 |
| LGJ—300/40 | 0.105 | | | 0.365 | 0.395 |
| LGJ400/50 | 0.079 | | | | 0.386 |

附表 30　　　　　　　220～500kV 架空线路的电阻和电抗值　　　　　　Ω/(km)

| 导线型号 | 220kV | | | | 330kV | | 500kV | |
|---|---|---|---|---|---|---|---|---|
| | 单根 | | 二分裂 | | 二分裂 | | 四分裂 | |
| | $r_1$ | $x_1$ | $r_1$ | $x_1$ | $r_1$ | $x_1$ | $r_1$ | $x_1$ |
| LGJ－185/30 | 0.170 | 0.440 | 0.085 | 0.320 | | | | |
| LGJ－210/35 | 0.150 | 0.435 | 0.075 | 0.317 | | | | |
| LGJ－240/40 | 0.131 | 0.432 | 0.066 | 0.315 | 0.066 | 0.324 | | |
| LGJ－300/40 | 0.105 | 0.425 | 0.053 | 0.312 | 0.053 | 0.320 | 0.026 | 0.279 |
| LGJ－400/50 | 0.079 | 0.416 | 0.039 | 0.308 | 0.039 | 0.316 | 0.020 | 0.276 |
| LGJ－500/45 | 0.063 | 0.411 | 0.032 | 0.305 | 0.032 | 0.313 | 0.016 | 0.275 |
| LGJ－630/55 | | | | | 0.025 | 0.308 | 0.013 | 0.273 |
| LGJ－800/70 | | | | | | | 0.010 | 0.271 |

附表 31　　　　　　　常用三芯电缆电阻电抗及电纳值

| 导体截面 (mm²) | 电阻 （Ω/km） | | 电抗 （Ω/km） | | | | 电纳 （10⁻⁶S/km） | | | |
|---|---|---|---|---|---|---|---|---|---|---|
| | 铜芯 | 铝芯 | 6kV | 10kV | 20kV | 35kV | 6kV | 10kV | 20kV | 35kV |
| 10 | | | 0.100 | 0.113 | | | 60 | 50 | | |
| 16 | | | 0.094 | 0.104 | | | 69 | 57 | | |
| 25 | 0.74 | 1.28 | 0.085 | 0.094 | 0.135 | | 91 | 72 | 57 | |
| 35 | 0.52 | 0.92 | 0.079 | 0.083 | 0.129 | | 104 | 82 | 63 | |
| 50 | 0.37 | 0.64 | 0.076 | 0.082 | 0.119 | | 119 | 94 | 72 | |
| 70 | 0.26 | 0.46 | 0.072 | 0.079 | 0.116 | 0.132 | 141 | 100 | 82 | 63 |
| 95 | 0.194 | 0.34 | 0.069 | 0.076 | 0.110 | 0.126 | 163 | 119 | 91 | 68 |
| 120 | 0.153 | 0.27 | 0.069 | 0.076 | 0.107 | 0.1169 | 179 | 132 | 97 | 72 |
| 150 | 0.122 | 0.21 | 0.066 | 0.072 | 0.104 | 0.116 | 202 | 144 | 107 | 79 |
| 185 | 0.099 | 0.17 | 0.066 | 0.069 | 0.100 | 0.113 | 229 | 163 | 116 | 85 |
| 240 | | | 0.063 | 0.069 | | | 257 | 182 | | |
| 300 | | | 0.063 | 0.066 | | | | | | |

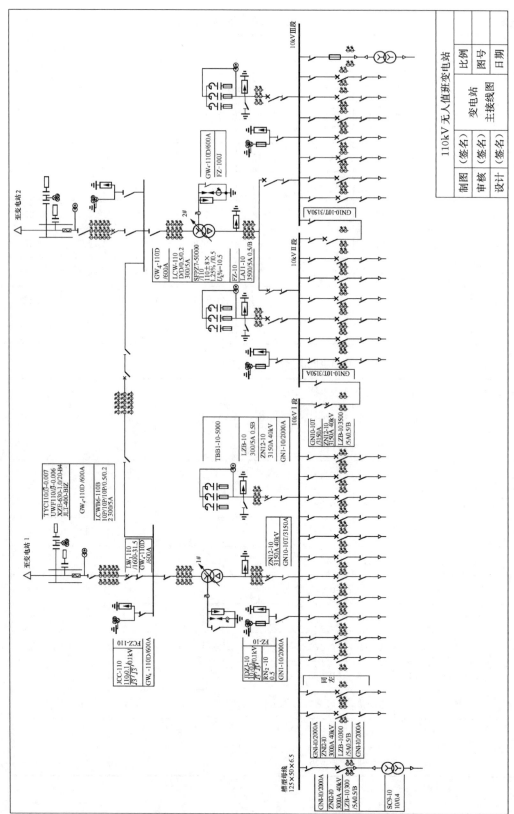

附图 1　主接线

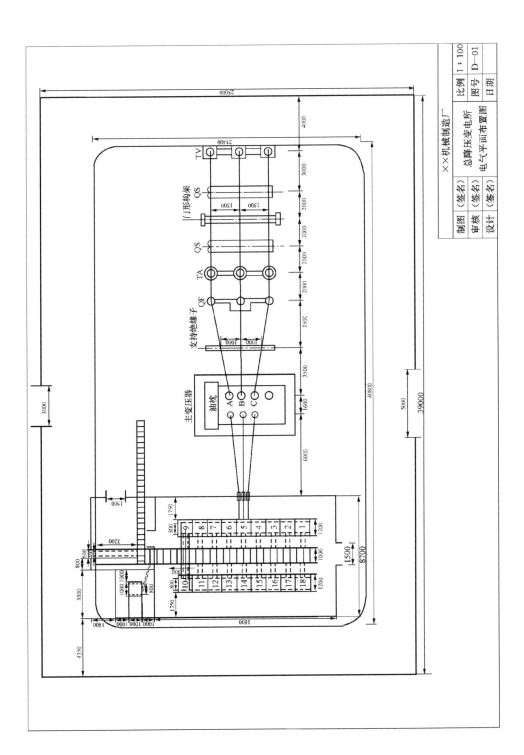

附图 2　平面布置

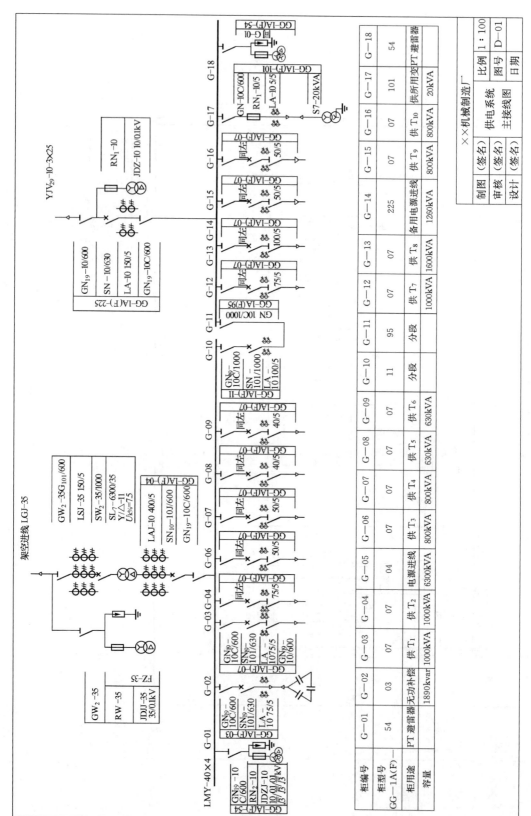

附图 3　工厂供电系统主接线图

| 柜编号 | G—01 | G—02 | G—03 | G—04 | G—05 | G—06 | G—07 | G—08 | G—09 | G—10 | G—11 | G—12 | G—13 | G—14 | G—15 | G—16 | G—17 | G—18 |
|---|---|---|---|---|---|---|---|---|---|---|---|---|---|---|---|---|---|---|
| 柜型号 GG—1A(F)— | 54 | 03 | 07 | 07 | 04 | 07 | 07 | 07 | 07 | 11 | 95 | 07 | 07 | 225 | 07 | 07 | 101 | 54 |
| 柜用途 | PT 避雷器 | 无功补偿 | 供 $T_1$ | 供 $T_2$ | 电源进线 | 供 $T_3$ | 供 $T_4$ | 供 $T_5$ | 供 $T_6$ | 分段 | 分段 | 供 $T_7$ | 供 $T_8$ | 备用电源进线 | 供 $T_9$ | 供 $T_{10}$ | 供所用变PT避雷器 | |
| 容量 | | 1890kvar | 1000kVA | 1000kVA | 6300kVA | 800kVA | 800kVA | 630kVA | 630kVA | | | 1000kVA | 1600kVA | 1260kVA | 800kVA | 800kVA | 20kVA | |

| ××机械制造厂 | | |
|---|---|---|
| 供电系统 主接线图 | | |
| 比例 | 1：100 | |
| 图号 | D—01 | |
| 日期 | | |
| 制图 | (签名) | |
| 审核 | (签名) | |
| 设计 | (签名) | |

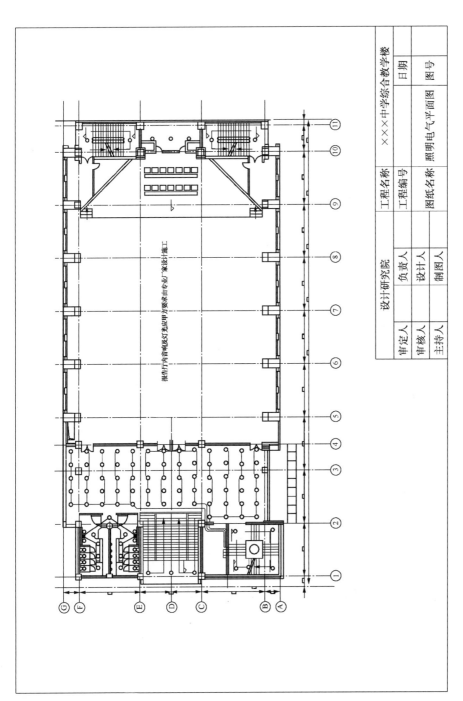

报告厅内音响灯光按甲方要求由专厂家设计施工

| 设计研究院 | | ×××中学综合教学楼 |
|---|---|---|
| 工程名称 | | |
| 审定人 | 负责人 | 工程编号 |
| 审核人 | 设计人 | 图纸名称 |
| 主持人 | 制图人 | 照明电气平面图 |

| 日期 | | |
|---|---|---|
| 图号 | | |

附图 4　照明电气平面

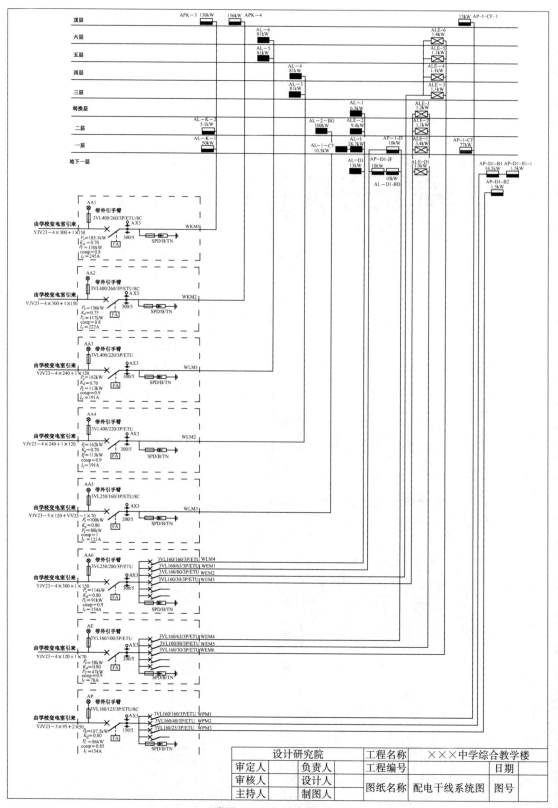

附图 5　配电干线分系统

# 参 考 文 献

[1] 王承煦，张源. 风力发电. 北京：中国电力出版社，2003.
[2] 陆虎瑜，马胜红. 光伏－风力及互补发电村落系统. 北京：中国电力出版社，2004.
[3] 张贵元，刘玉明，杜文惠，等. 实用节电技术与方法. 北京：中国电力出版社，1997.
[4] 王辑祥，梁志坚. 电气接线原理及运行. 北京：中国电力出版社，2005.
[5] 张芙蓉，倪良华. 电气工程专业毕业设计指南－输配电分册. 北京：中国水利水电出版社，2003.
[6] 范锡普. 发电厂电气部分. 北京：水利电力出版社，1990.
[7] 陈珩. 电力系统稳态分析. 北京：中国电力出版社，1995.
[8] 苑舜，韩水. 配电网无功优化及无功补偿装置. 北京：中国电力出版社，2003.
[9] 刘健，毕鹏翔，董海鹏. 复杂配电网简化分析与优化. 北京：中国电力出版社，2002.
[10] 国家电网公司农电工作部. 农村电网电压质量和无功电力管理培训教材. 北京：中国电力出版社，2004.
[11] 孙树勤. 电压波动与闪变. 北京：中国电力出版社，1998.
[12] 蔡邠. 电力系统频率. 北京：中国电力出版社，1998.
[13] 马维新. 电力系统电压. 北京：中国电力出版社，1998.
[14] 王晓文. 供用电系统. 北京：中国电力出版社，2005.
[15] 贺家李，宋从矩. 电力系统继电保护原理. 北京：中国电力出版社，2004.
[16] 刘学军. 继电保护原理. 北京：中国电力出版社，2004.
[17] 苏文成. 工厂供电. 2版. 北京：机械工业出版社，1999.
[18] 王艳华. 工业企业供电. 北京：中国电力出版社，2005.
[19] 居荣. 供配电技术. 北京：化学工业出版社，2005.
[20] 杨期余. 配电网络. 北京：中国电力出版社，1998.
[21] 刘增良，刘国亭. 电气工程CAD. 北京：中国水利水电出版社，2003.
[22] 周泽存. 高电压技术. 北京：水利电力出版社，1988.
[23] 杜松怀. 接地技术. 北京：中国农业出版社，1995.
[24] 高满茹. 建筑配电与设计. 北京：中国电力出版社，2003.